简单轻松学技能丛书

简单轻松学

韩雪涛　主　编
韩广兴　吴　瑛　副主编

机械工业出版社

本书从初学者的学习目的出发，将电动机检修技能的行业标准和从业要求融入到图书的架构体系中。同时，本书注重知识的循序渐进，在整个编写架构上做了全新的调整以适应读者的学习习惯和学习特点，将电动机检修这项技能划分成如下10个教学模块：第1章，搞不懂的电动机；第2章，见识一下电动机检修的材料和工具；第3章，到底直流电动机是如何工作的；第4章，到底交流电动机是如何工作的：第5章，轻松搞定电动机的控制电路；第6章，电动机应该怎么拆；第7章，开始苦练电动机主要零部件的检修技能；第8章，电动机线圈绕组的绕制是个细致活：第9章，实战中检验电动机故障检修的技能；第10章，多学一些电动机保养维护的方法。

本书可作为电工电子专业技能培训的辅导教材，以及各职业技术院校电工电子专业的实训教材，也适合从事电工电子行业生产、调试、维修的技术人员和业余爱好者阅读。

图书在版编目（CIP）数据

简单轻松学电动机检修/韩雪涛主编. —北京：机械工业出版社，2013.12

（简单轻松学技能丛书）

ISBN 978-7-111-44919-5

Ⅰ.①简… Ⅱ.①韩… Ⅲ.①电动机-检修 Ⅳ.①TM320.7

中国版本图书馆CIP数据核字（2013）第281999号

机械工业出版社（北京市百万庄大街22号 邮政编码100037）

策划编辑：张俊红 责任编辑：赵玲丽 版式设计：常天培

责任校对：闫玥红 封面设计：路恩中 责任印制：李 洋

三河市宏达印刷有限公司印刷

2014年3月第1版第1次印刷

184mm×260mm·15.75印张·431千字

0001－4000册

标准书号：ISBN 978-7-111-44919-5

定价：39.80元

凡购本书，如有缺页、倒页、脱页，由本社发行部调换

电话服务 网络服务

社服务中心：（010）88361066 教材网：http://www.cmpedu.com

销售一部：（010）68326294 机工官网：http://www.cmpbook.com

销售二部：（010）88379649 机工官博：http://weibo.com/cmp1952

读者购书热线：（010）88379203 **封面无防伪标均为盗版**

前言

近几年，随着电工电子技术的发展，电工电子市场空前繁荣，各种新型、智能的家用电子产品不断融入到人们的学习、生产和生活中。产品的丰富无疑带动了整个电工电子产品的生产制造、调试维修等行业的发展，具备专业电工电子维修技能的专业技术人员越来越受到市场的青睐和社会的认可，越来越多的人希望从事电工电子维修的相关工作。

在电工电子产品的安装、调试、维修的各个领域中，电动机检修技能是非常重要的一项实用操作技能。随着社会现代化和智能化进程的加剧，该项技能被越来越多的学习者所重视，越来越多的人希望掌握电动机检修的技能，并凭借该技能实现就业或为自己的职业生涯提供更多的机会和选择。

因此，纵观整个电子电工图书市场，与电动机检修技能有关的图书是近些年各个出版机构关注的重点，同时也被越来越多的读者所关注；加之该项技能与社会岗位需求紧密相关，技术的更新、行业竞争的加剧，都对电动机检修技能的学习提出了更多的要求。电动机检修类的图书每年都有很多新的品种推出，对于我们而言，从2005年至今，有关电动机检修方面的选题也就从不曾间断，这充分说明了这项技能的受众群体巨大。同时，这项技能作为一项非常重要的基础技能，会随着整个产业链条的发展而发展，随着市场的更新而更新。

我们作为专业的技能培训鉴定和咨询机构，每天都会接到很多读者的来信和来电。他们在对我们出版的有关电动机检修内容的图书表示认可的同时，也对我们提出了更多的希望和要求，并提出了很多针对实际工作现状的图书改进方案。我们对这些意见进行归纳汇总，并结合当前市场的培训就业特点，精心组织编写了这套《简单轻松学技能丛书》，希望通过机械工业出版社出版这套重点图书的契机，再创精品。

本书根据目前的国家考核标准和岗位需求，将电动机检修的技能进行重组，完全从初学者的角度出发，将学习技能作为核心内容、将岗位需求作为目标导向，将近一段时间收集整理的包含电动机检修技能的案例和资料进行筛选整理，充分发挥图解的优势，为本书增添更多新的素材和实用内容。

为确保本书的知识内容能够直接指导实际工作和就业，本书在内容的选取上从实际岗位需求的角度出发，将国家职业技能鉴定和数码维修工程师的考核认证标准融入到本书的各个知识点和技能点中，所有的知识技能在满足实际工作需要的同时，也完全符合国家职业技能和数码维修工程师相关专业的考核规范。读者通过学习不仅可以掌握电工电子的专业知识技能，同时还可以申报相应的国家工程师资格或国家职业资格的认证，以争取获得国家统一的专业技术资格证书，真正实现知识技能与人生职业规划的巧妙融合。

本书在编写内容和编写形式上做了较大的调整和突破，强调技能学习的实用性、便捷性和时效性。在内容的选取方面，本书也下了很大的工夫，结合国家职业资格认证、数码维修工程师考核认证的专业考核规范，对电工电子行业需要的相关技能进行整理，并将其融入到实际的应用案例中，力求让读者能够学到有用的东西，能够学以致用。另外，本书在表现形式方面也更加多样，将“图解”、“图表”、“图注”等多种表现形式融入到知识技能的讲解中，使之更加生动形象。

此外，本书在语言表达上做了大胆的突破和尝试：从目录开始，章节的标题就采用更加直接、更加口语化的表述方式，让读者一看就能明白所要表达的内容是什么；书中的文字表述也是力求更加口语化，更加简洁明确。在此基础上，与书中众多模块的配合，本书营造出一种情景课堂的学习氛围，充分调动读者的学习兴趣，确保在最短时间内完成知识技能的飞速提升，使读者学习兴趣和学习效果都大大提升。同时在语言文字和图形符号方面，本书尽量与广大读者的行业用语习惯贴近，而非机械地向有关标准看齐，这点请广大读者注意。

本书由韩雪涛任主编，韩广兴、吴瑛任副主编，参与编写的人员还有张丽梅、宋永欣、梁明、宋明芳、孙涛、马楠、韩菲、张湘萍、吴鹏飞、韩雪冬、吴玮、高瑞征、吴惠英、周文静、王新霞、孙承满、周洋、马敬宇等。

另外，本书得到了数码维修工程师鉴定指导中心的大力支持。为了更好地满足广大读者的需求，以达到最佳的学习效果，本书读者除可获得免费的专业技术咨询外，每本图书都附赠价值50积分的数码维修工程师远程培训基金（培训基金以“学习卡”的形式提供），读者可凭借此卡登录数码维修工程师的官方网站（www.chinadse.org）获得超值技术服务。网站提供有最新的行业信息，大量的视频教学资源、图纸手册等学习资料，以及技术论坛等。读者凭借学习卡可随时了解最新的数码维修工程师考核培训信息；知晓电工电子领域的业界动态：实现远程在线视频学习；下载需要的图纸、技术手册等学习资料。此外，读者还可通过网站的技术交流平台进行技术交流与咨询。

读者通过学习与实践后，还可报名参加相关资质的国家职业资格或工程师资格认证，通过考核后可获得相应等级的国家职业资格或数码维修工程师资格证书。如果读者在学习和考核认证方面有什么问题，可通过以下方式与我们联系。

数码维修工程师鉴定指导中心

网址：http://www.chinadse.org

联系电话：022-83718162/83715667/13114807267

E-mail：chinadse@163.com

地址：天津市南开区榕苑路4号天发科技园8-1-401

邮编：300384

编　者

2014年春

目录

第1章 搞不懂的电动机

现在，开始进入第1章的学习。本章我们首先要认识一下电动机。电动机是一种利用电磁感应原理将电能转换为机械能的动力部件。在实际应用中，不同应用场合下，电动机的种类多种多样，分类方式也各式各样。其中，最简单的分类，则是按照电动机供电类型不同，将电动机分为直流电动机和交流电动机两大类。这一章我们就来简单认识一下这两种电动机，希望大家在学习本章后能够对电动机有个初步的认识和了解。好了，下面让我们开始学习吧。

1.1 认识一下直流电动机

大家在日常工作和生活中，可能都听说过直流电动机，也会接触到不少带有电动机的设备和产品，那么，什么样的电动机才算是直流电动机？哪些设备和产品中会有直流电动机？直流电动机还能不能进一步细致划分？这些都是这一节中我们亟待解决的问题，下面就来逐一为大家解答。

1.1.1 什么算是直流电动机

图1-1所示为常见直流电动机的实物外形，这种电动机在小型电气设备和一些专用领域应用较为广泛。

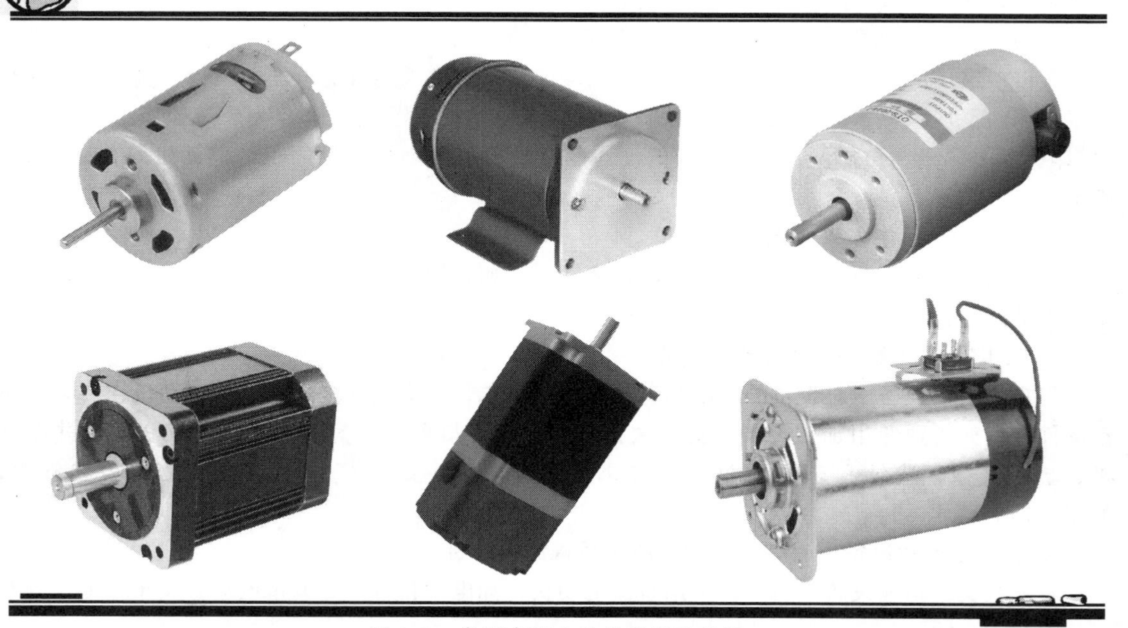

图1-1 常见直流电动机的实物外形

一般来说，直流电动机主要采用直流供电方式，即由直流电源（电源具有正负极之分）为电动机提供电能，如图 1-2 所示。

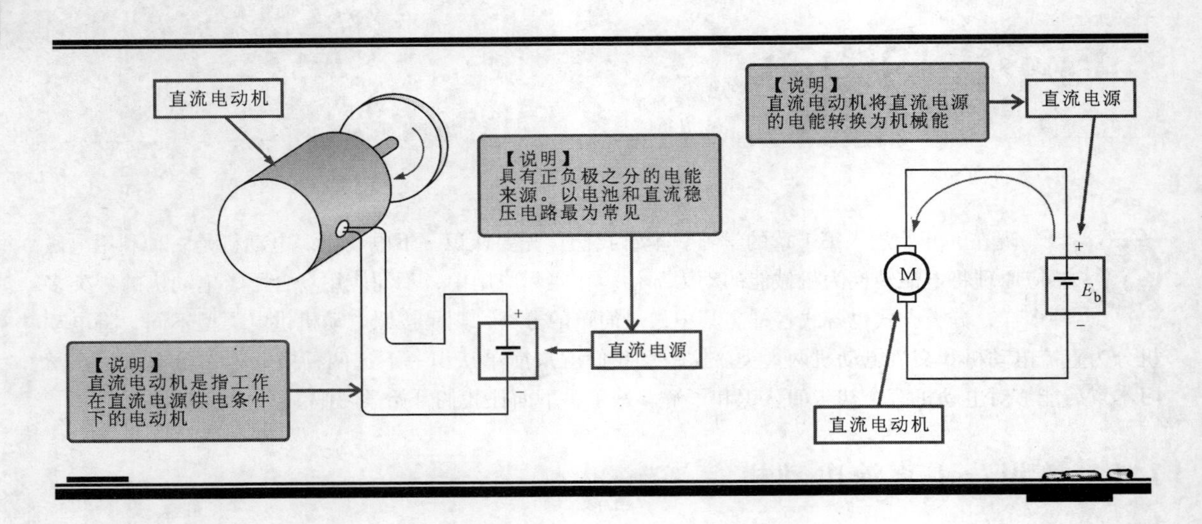

图 1-2　直流电动机的基本特点

直流电动机具有良好的起动性能和控制性能，且能在较宽的调速范围内实现均匀、平滑的无级调速，适用于起停控制频繁的控制系统。

1.1.2　哪些产品中使用直流电动机

直流电动机由于具有良好的可控性能，因此很多对调速性能要求较高的产品或设备中都采用了直流电动机作为动力源。可以说，直流电动机几乎涉及各个领域。例如，在家用电子电器产品、电动产品、工农业设备、交通运输设备，甚至在军事和宇航方面等很多对调速和起动性能要求高的场合都有广泛应用。

1. 在家用电子电器产品中采用直流电动机

在很多家用电子电器产品中，需要动力驱动的部件大都采用直流电动机驱动，例如，影音产品（影碟机、收录机、录像机）的机械传动部分、计算机的散热风扇及光驱等设备、办公设备（打印机、复印机、扫描仪、绘图仪）的动力驱动部件、电动缝纫机的驱动电动机等，如图 1-3 所示。

2. 在电动产品中多采用直流电动机

很多电动产品采用直流电动机作为动力驱动源，如各种电动玩具、电动剃须刀、充电式手电钻、电动割草机、车用吸尘器等，如图 1-4 所示。

3. 在工农业设备也采用直流电动机

很多工农业设备中对设备的起动和调速有较高要求，这类设备多采用直流电动机作为动力驱动部件，例如工业专用加工设备、精密数控机床、工业机器人、大型可逆式轧钢机、矿井卷扬机、塑料机械、造纸和印刷机械，绕线机、纺织机械、传送带、电磁泵、大型起重机等，如图 1-5所示。

4. 在交通运输设备中也有很多动力源采用直流电动机

在一些交通运输设备中也广泛采用直流电动机，如电动自行车、城市电动公交车、地铁列车等，如图 1-6 所示。

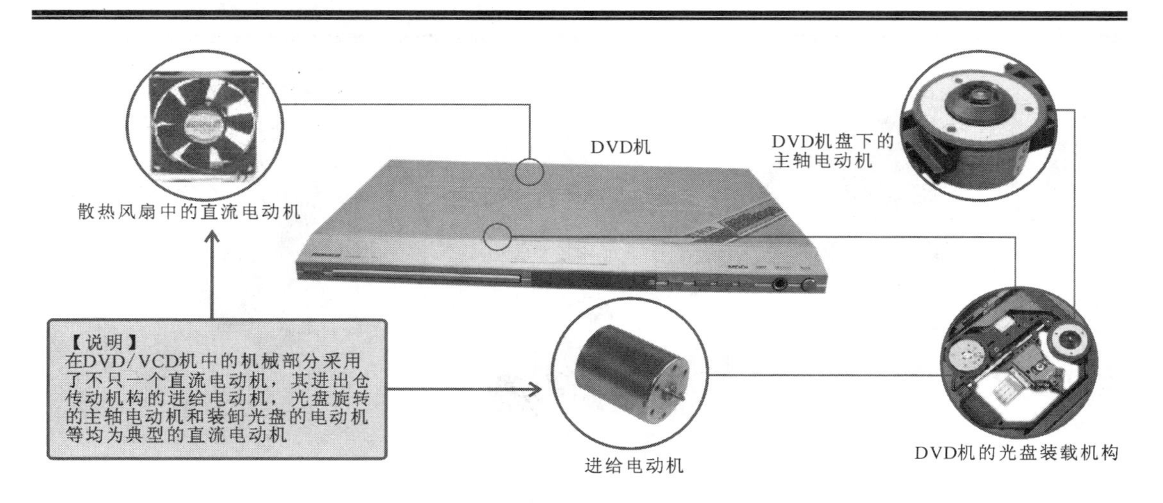

a）直流电动机在影音产品动力驱动部件中的应用

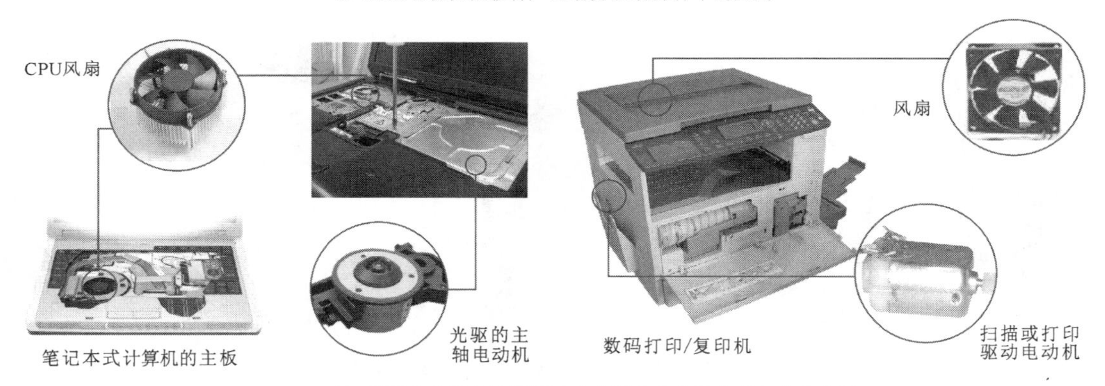

b）直流电动机在计算机及办公设备动力驱动部件中的应用

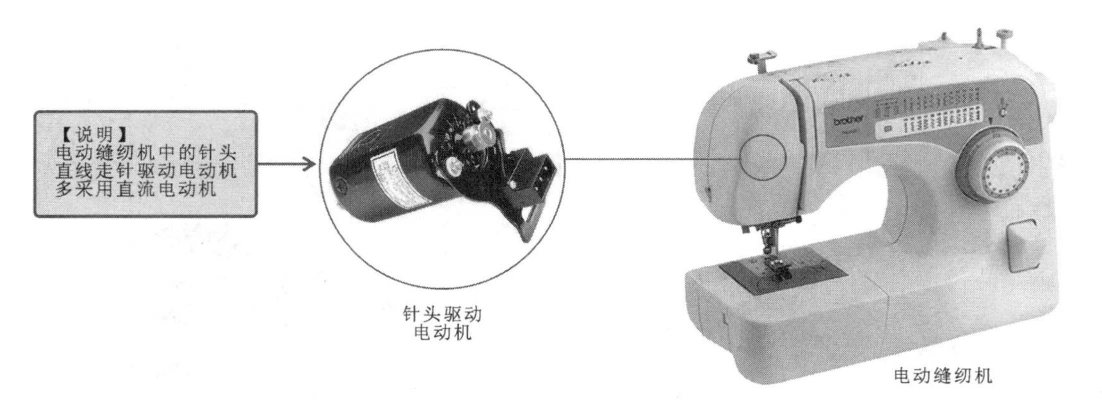

c）直流电动机在电动缝纫机等电器产品中的应用

图1-3　直流电动机在家用电子电器产品中的应用

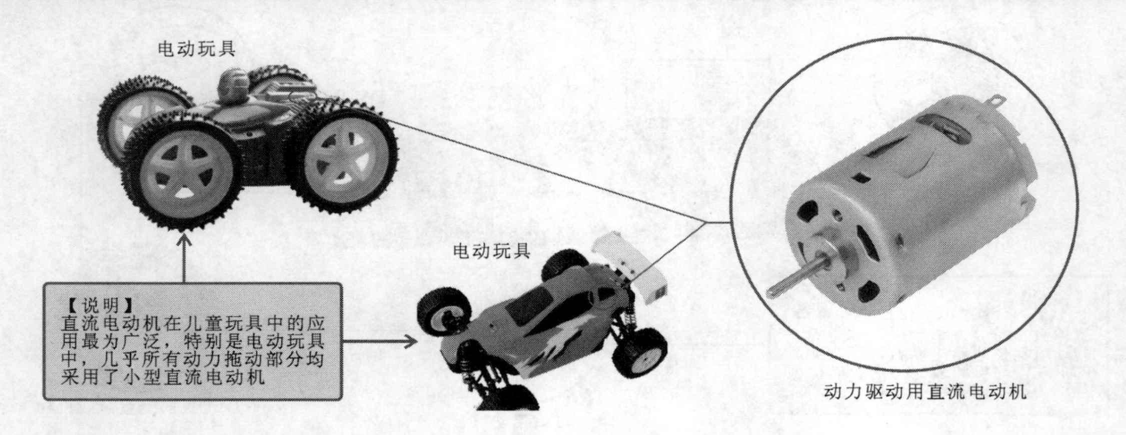

a）电动玩具中的直流电动机

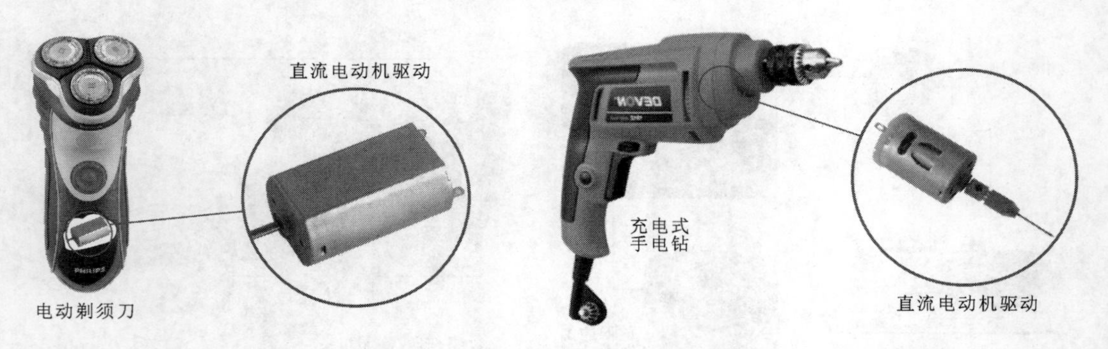

b）电动剃须刀、充电式手电钻中的直流电动机

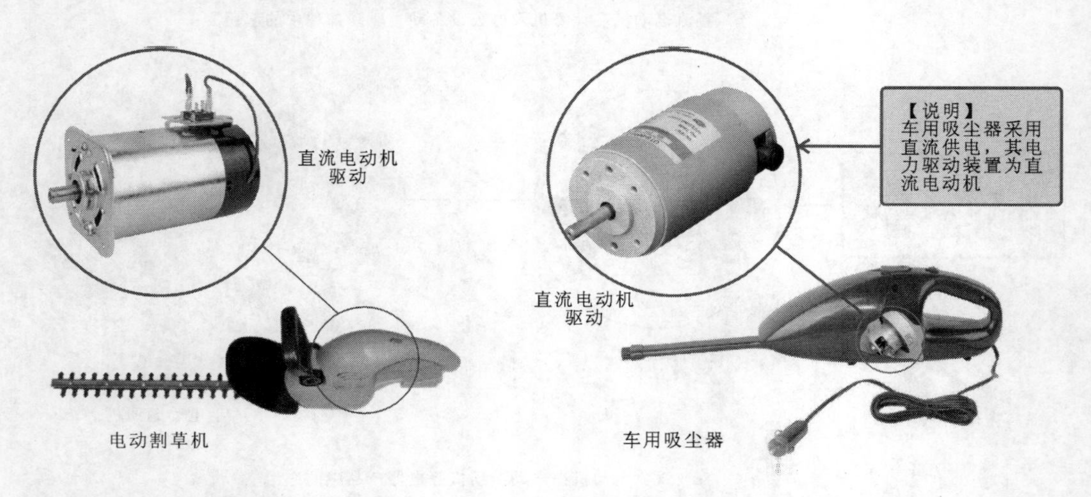

c）电动割草机、车用吸尘器中的直流电动机

图 1-4　直流电动机在某些电动产品中的应用

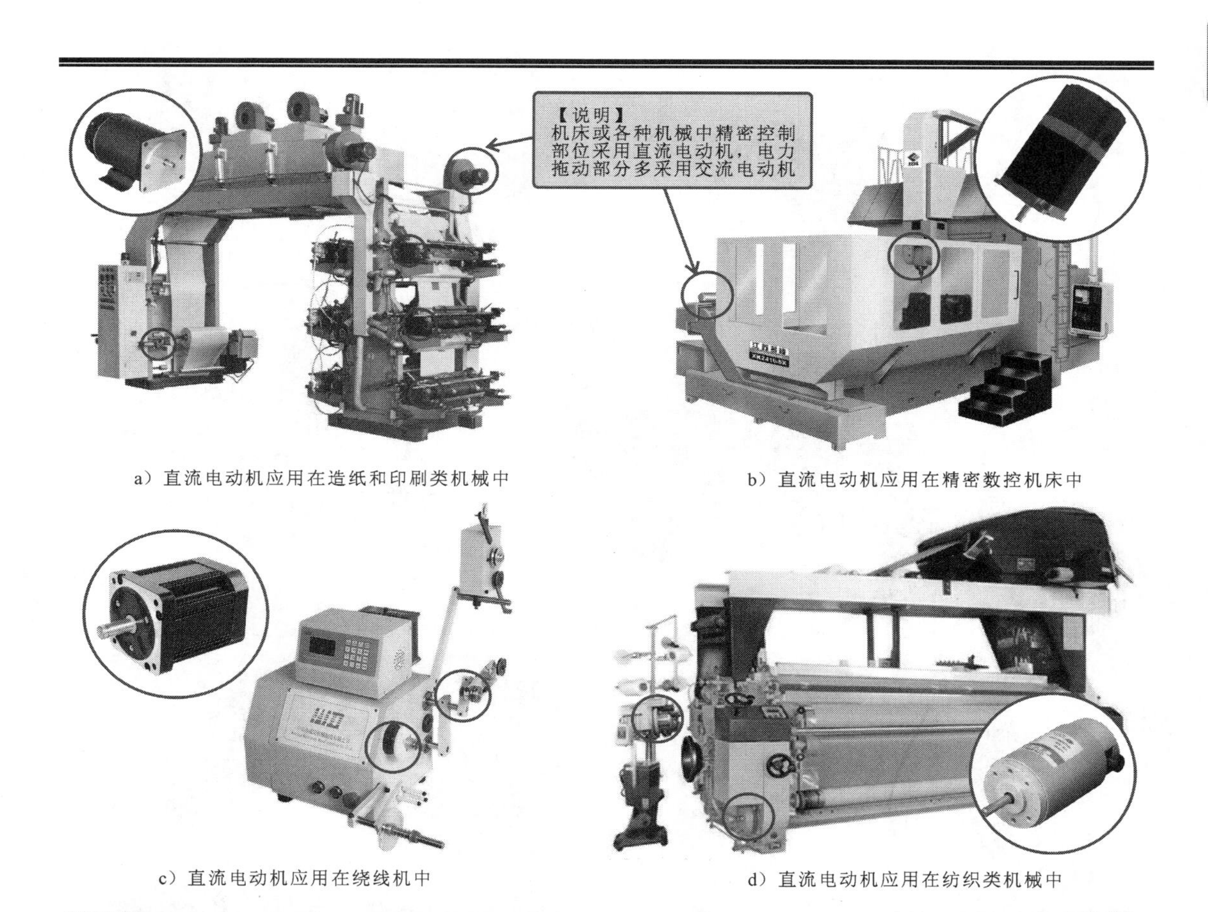

a）直流电动机应用在造纸和印刷类机械中

b）直流电动机应用在精密数控机床中

c）直流电动机应用在绕线机中

d）直流电动机应用在纺织类机械中

图 1-5　直流电动机在一些工农业设备中的应用

5. 在军事和宇航领域中也有很多动力源采用直流电动机

直流电动机的应用范围不仅仅局限于基本的家用、机械生产等行业，甚至在军事和宇航等很多对调速和起动性能要求高的场合都有广泛应用。例如，军事和宇航方面的雷达天线、火炮瞄准、惯性导航、卫星跟踪调控等，如图 1-7 所示。

1.1.3　原来直流电动机还可以细分

直流电动机其实是对采用直流供电的旋转电动机的一种统称，在这一范围内还可以按照不同划分依据进一步对直流电动机进行细分。

1. 按照定子磁场的不同进行分类

直流电动机按照定子磁场的不同，可以分为永磁式直流电动机和电磁式直流电动机。其中，永磁式直流电动机的定子或转子磁极是由永久磁体组成的，它是利用永磁体提供磁场，使转子在磁场的作用下旋转。电磁式直流电动机的定子磁极是由铁心和绕组组成的，在直流电流的作用下，定子绕组产生磁场，驱动转子旋转。

图 1-8 所示为永磁式和电磁式直流电动机的实物外形。

c）直流电动机应用在城市电动公交车中

d）直流电动机应用在地铁列车中

图 1-6 直流电动机在交通运输设备中的应用

a）直流电动机应用在雷达天线中

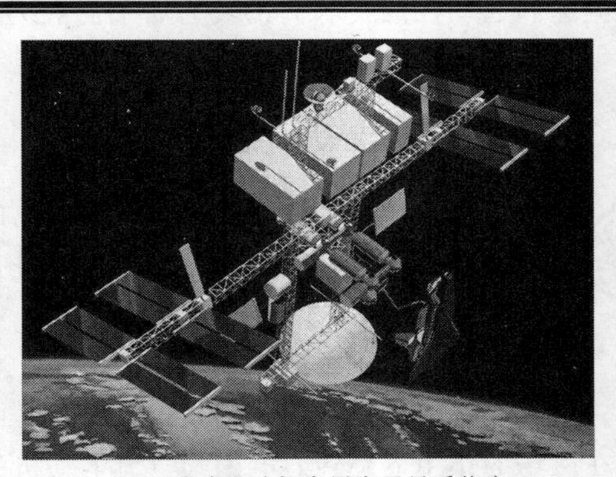
b）直流电动机应用在卫星系统中

图 1-7 直流电动机在军事和宇航领域中的应用

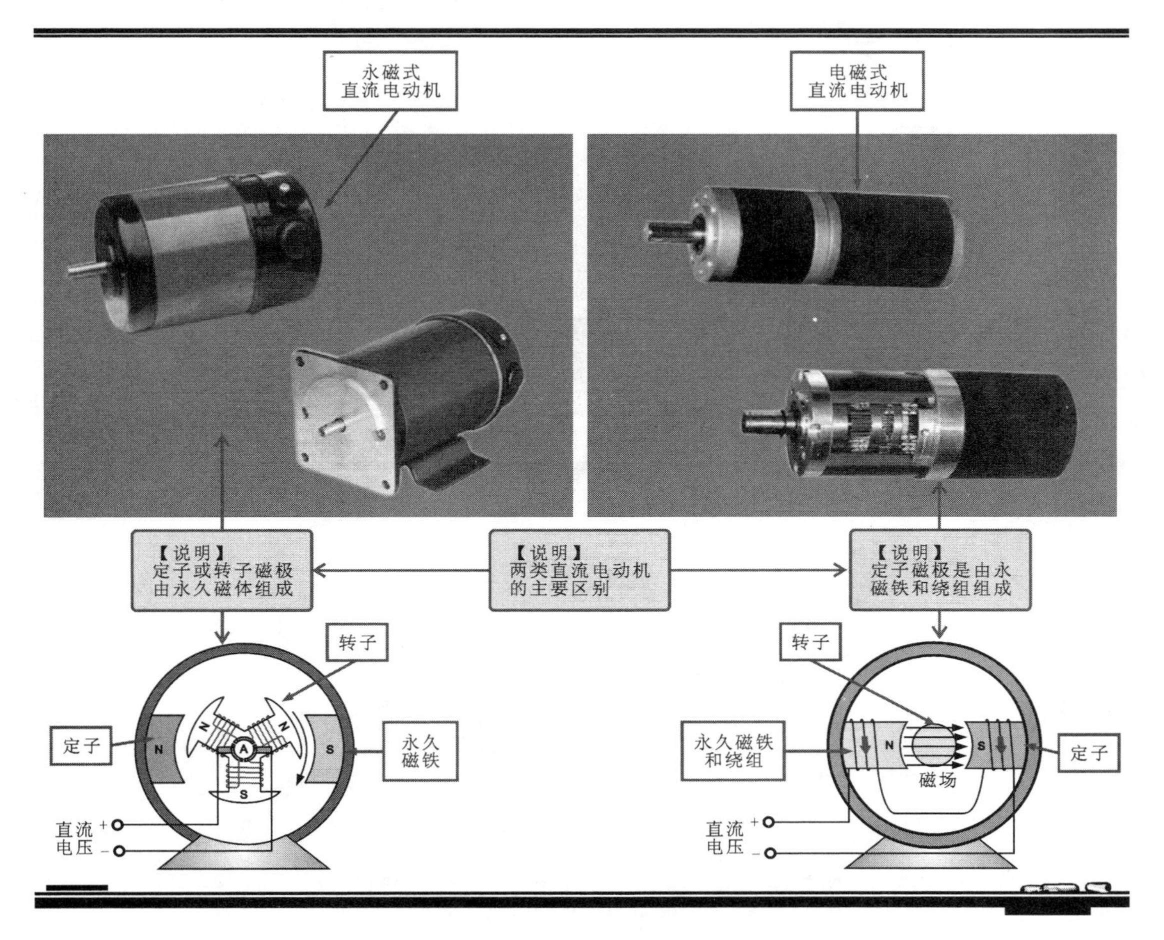

图 1-8　永磁式和电磁式直流电动机的实物外形

【资料】

电磁式直流电动机根据其线圈供电方式的不同，又可以分为他励式、并励式、串励式、复励式等几种。

2. 按照结构的不同进行分类

直流电动机按照结构的不同，可以分为有刷直流电动机和无刷直流电动机。有刷直流电动机和无刷直流电动机外形相似，主要是通过内部是否包含电刷和换向器进行区分。

有刷电动机的定子是永磁体，绕组绕在转子铁心上。有刷电动机工作时，绕组和换向器旋转，直流电源通过电刷为转子上的绕组供电。

无刷电动机的转子是由永久磁钢（多磁极）制成的，设有多对磁极（N、S），不需要电刷供电。绕组设置在定子上。控制加给定子绕组的信号，使之形成旋转磁场，通过磁场的作用使转子旋转起来，属于电子换向方式，可有效消除电刷火花的干扰。

图 1-9 所示为典型有刷直流电动机和无刷直流电动机的实物外形。

图 1-10 所示为有刷直流电动机和无刷直流电动机的内部结构。

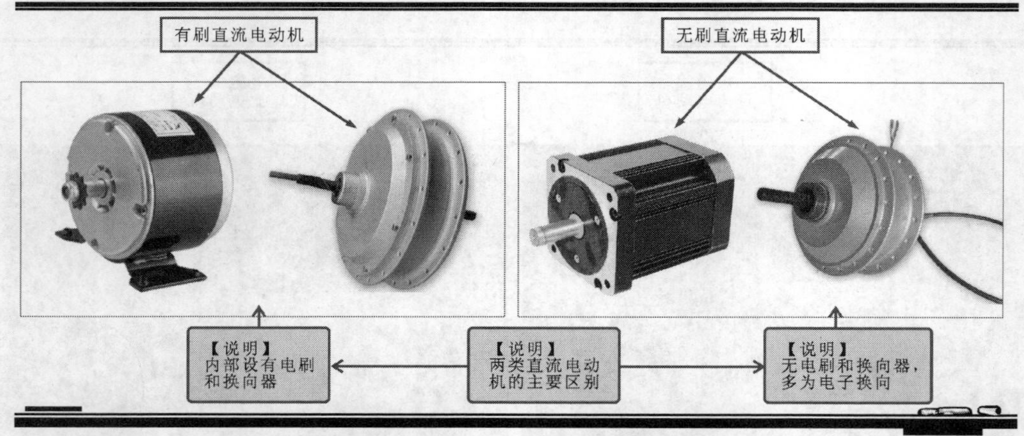

图 1-9　典型有刷直流电动机和无刷直流电动机的实物外形

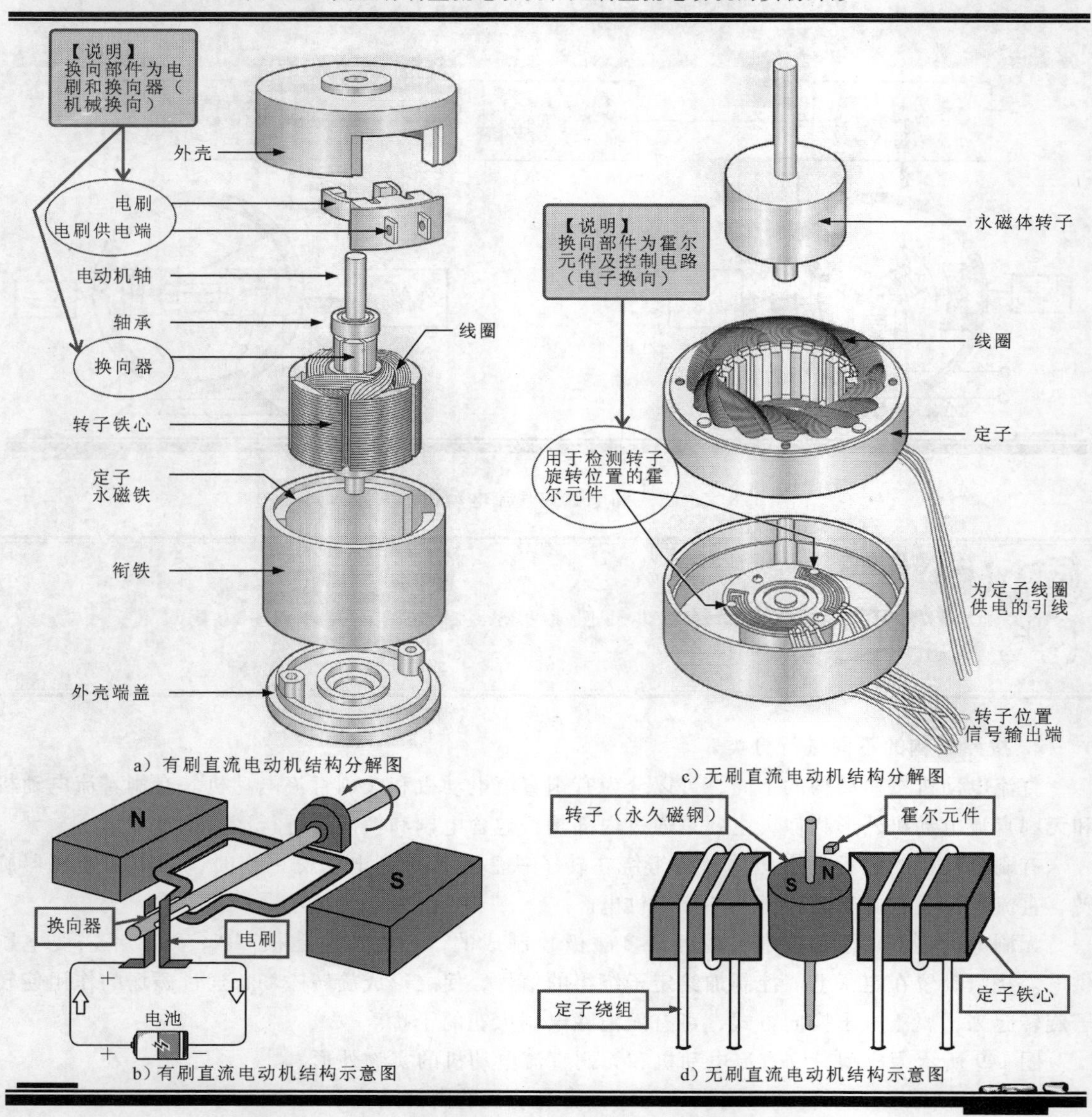

图 1-10　有刷直流电动机和无刷直流电动机的内部结构

【注意】

●有刷直流电动机的定子是由永久磁体组成的，转子由绕组和整流子构成。电刷安装在定子机座上，电源通过电刷及换向器来实现电动机绕组（线圈）中电流方向的变化；有刷直流电动机由于电刷和换向器是靠弹性压力互相接触传送电流的，因而存在磨损和电火花的问题，在使用过程中，需要经常清洁和更换刷片，这些问题限制了有刷直流电动机的使用环境。

●为了去掉电刷，就设法将绕组安装在不旋转的定子上，由定子产生磁场驱使转子旋转。转子由永久磁体制成，这样就无须为转子供电而省去了电刷和换向器，转子磁极受到定子磁场的作用才能转动，即无刷直流电动机。

3. 按照功能和驱动方式的不同进行分类

直流电动机按功能和驱动方式的不同，还可以细分为步进电动机和伺服电动机。其中，步进电动机是将电脉冲信号转变为角位移或线位移的开环控制器件。在负载正常的情况下，电动机的转速，停止的位置（或相位）只取决于驱动脉冲信号的频率和脉冲数。不受负载变化的影响。

伺服是英文 Servo 的音译，伺服系统是指具有反馈环节的自动控制系统，该系统中的电动机是动力元件，所以这种电动机又称伺服电动机。伺服电动机中又有直流电动机、交流电动机和步进电动机。

图 1-11 所示为典型步进电动机和伺服电动机的实物外形。

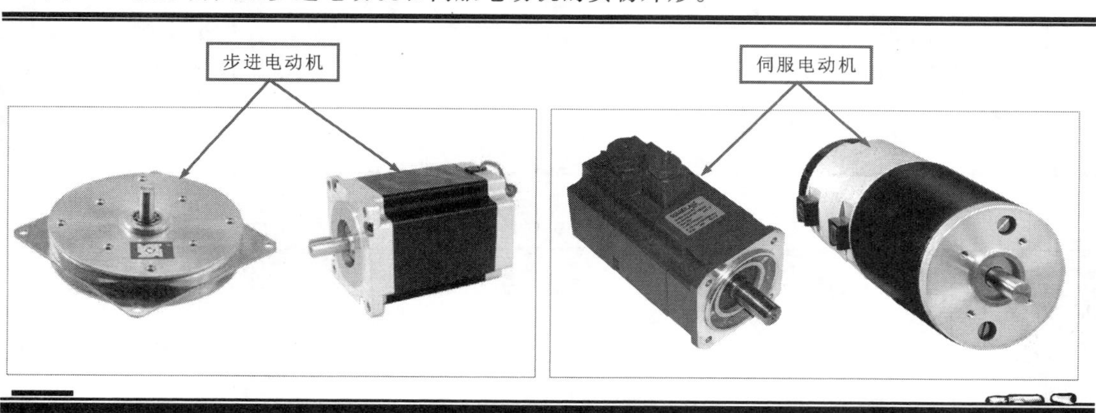

图 1-11　典型步进电动机和伺服电动机的实物外形

【注意】

直流电动机的分类是相对而言的，即在直流电动机范围内根据某种依据，如结构、功能可以进行不同命名，但如果将这些名称反过来说不一定正确。例如，直流电动机中有步进电动机、伺服电动机，但不能说伺服电动机就是直流电动机。在伺服电动机范围内有直流伺服电动机也有交流伺服电动机，甚至还有伺服类的步进电动机。可见，对于电动机的类型需要准确分析和了解。

提问

我想知道，既然直流电动机有这么多的分类方式和类型，那么我们平时如何对见到的电动机进行辨认呢？怎样确定它属于什么类型呢？

从电动机的外观上一般无法直接判断它属于哪种类型，但如果这种电动机工作时采用了直流电源进行供电，那么它一定是直流电动机，这是从大范围内先确定它的主要类型，然后可以从电动机铭牌标识或应用场合进行进一步细分。通常情况下，在直流电动机外壳铭牌上，会有明显的标识，如直流电动机的型号、额定电压、额定电流、转速等相关规格参数。从直流电动机的型号中可以对其类型进行进一步确认，如图1-12所示。

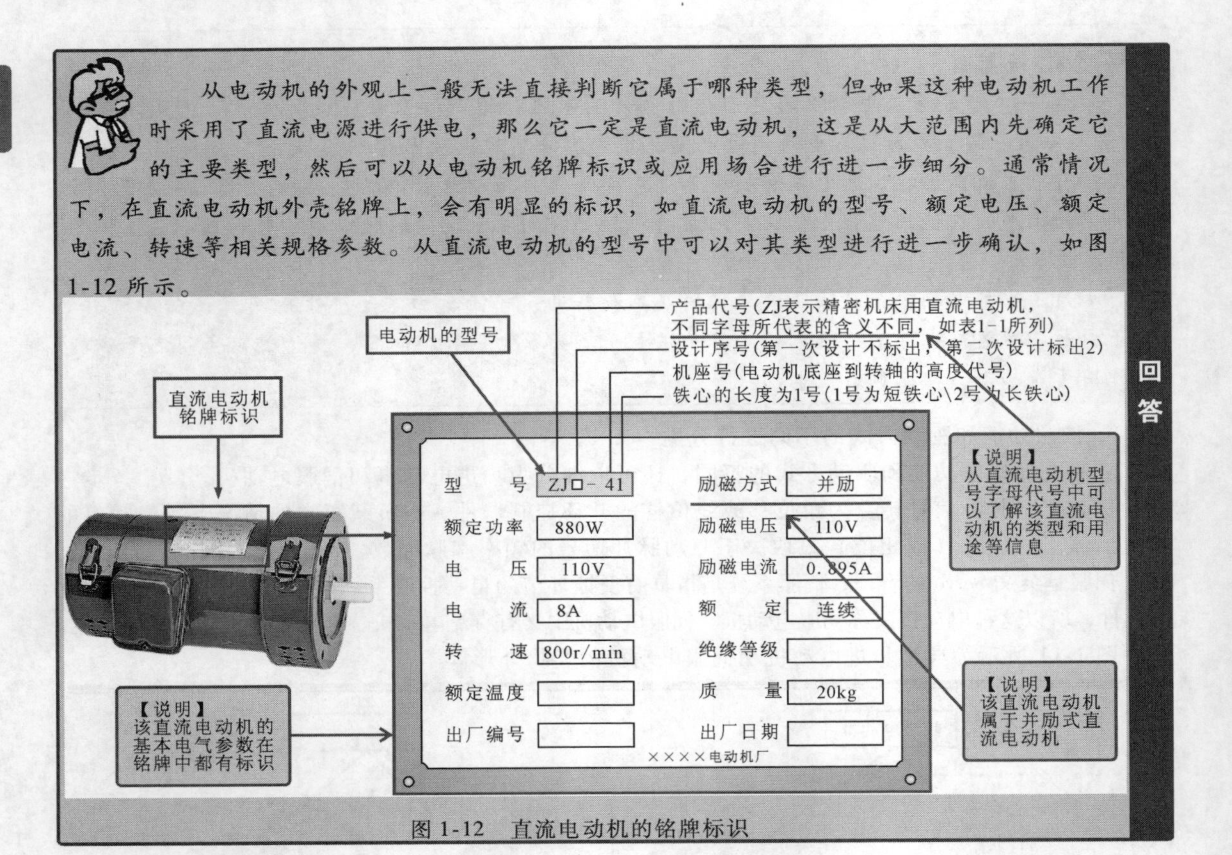

图1-12 直流电动机的铭牌标识

【资料】

直流电动机铭牌中，型号标识中的字母代号所表示的含义如表1-1所列。

表1-1 型号标识中的字母代号所表示的含义

型号	含义	型号	含义	型号	含义
Z	直流电动机	ZWH	无换向器式	ZZF	轧机辅传动用
ZK	高速直流电动机	ZX	空心杯式	ZDC	电铲起重用
ZYF	幅压直流电动机	ZN	印刷绕组式	ZZJ	冶金起重用
ZY	永磁（铝镍钴）式	ZYJ	减速永磁式	ZZT	轴流式通风用
ZYT	永磁（铁氧体）式	ZYY	石油井下用永磁式	ZDZY	正压型
ZYW	稳速永磁（铝镍钴）式	ZJZ	静止整流电源供电用	ZA	增安型
ZTW	稳速永磁（铁氧体）式	ZJ	精密机床用	ZB	防爆型
ZW	无槽直流电动机	ZTD	电梯用	ZM	脉冲直流电动机
ZZ	轧机主传动直流电动机	ZU	龙门刨床用	ZS	试验用
ZLT	他励直流电动机	ZKY	空气压缩机用	ZL	录音机用永磁式
ZLB	并励直流电动机	ZWJ	挖掘机用	ZCL	电唱机永磁机
ZLC	串励直流电动机	ZKJ	矿井卷扬机用	ZW	玩具用
ZLF	复励直流电动机	ZG	辊道用	FZ	纺织用

1.2 认识一下交流电动机

通过上面的学习，我们对直流电动机有了初步认识，相对而言，什么样的电动机才算是交流电动机呢？哪些设备或产品中采用交流电动机？交流电动机还能不能进一步细致划分类型呢？下面就来逐一为大家解答。

1.2.1 什么算是交流电动机

综合来说，由交流电源（如市电交流 220V 和动力电交流 380V）进行供电，并可将电能转化为机械能的电动机都称为交流电动机，图 1-13 所示为典型交流电动机的基本特点。

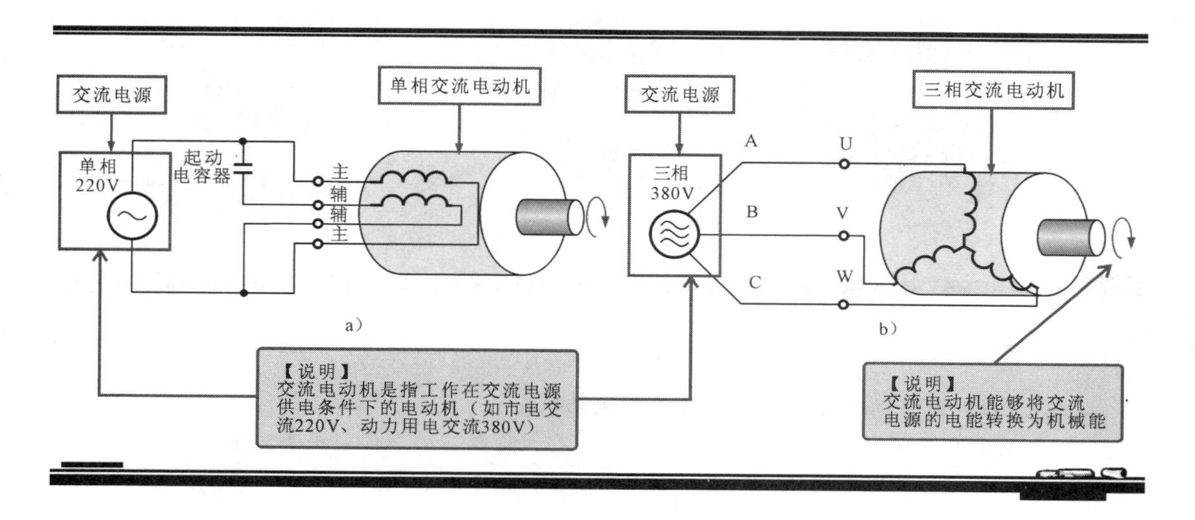

图 1-13　典型交流电动机的基本特点

图 1-14 所示为几种典型交流电动机的实物外形。交流电动机一般具有输出转矩大、运行可靠、负载能力强的特点。

1.2.2 哪些设备中采用交流电动机

由于交流电动机的结构简单、工作可靠、效率较高、带负载能力强等特点，其在现代各行各业以及日常生活中都有着广泛的应用。例如，交流电动机在家用电器、工农业生产机械、交通运输、国防、商业及医疗电气设备等各方面，都有广泛应用。

1. 在家用电器产品中也采用交流电动机

目前，很多具有动力功能的家用电器产品中采用了交流电动机作为动力拖动设备，例如，生活中常见的洗衣机、电风扇、吸尘器、电吹风、排风扇以及电冰箱和空调器的压缩机等，大都采用交流电动机作为动力源，如图 1-15 所示。

2. 在工农业生产机械中也采用交流电动机

在工农业生产中，各类生产型机械设备都要进行能量转换，而这种能量大多依靠设备中的交流电动机来完成。常见的工农业生产机械设备有各种机床、起重设备、农业机械、鼓风机、泵类、风机等，如图 1-16 所示。

图 1-14　几种典型交流电动机的实物外形

3. 在医用器械、自动化仪表中也使用交流电动机

交流电动机不仅仅局限于各种电力拖动场合，在医疗领域中，很多医用器械、自动化仪表中都可作为动力源为设备提供移动、进给、旋转的动力，如图 1-17 所示。

1.2.3　原来交流电动机还可以细分

交流电动机是对采用交流供电的旋转电动机的一种统称，在这一范围内还可以按照不同划分依据进一步对交流电动机进行细分。

1. 根据供电方式不同进行分类

根据供电方式不同，交流电动机可分为单相交流电动机和三相交流电动机。其中，单相交流电动机是利用单相交流电源供电，也就是由一根相线（俗称火线）和一根零线构成的（220V）交流市电进行供电的电动机，在一些电器产品中应用比较广泛。

三相交流电动机是利用三相交流电源供电的电动机，一般供电电压为 380V，在动力设备中应用较多。

图 1-18 所示为典型单相交流电动机和三相交流电动机的实物外形。

2. 根据转动速率与电源频率关系不同进行分类

交流电动机根据转动速率与电源频率关系的不同，可以分为交流同步电动机和交流异步电动机。

交流同步电动机包含单相交流同步电动机和三相交流同步电动机。交流异步电动机也可分为单相交流异步电动机和三相交流异步电动机。其中，单相异步电动机和三相异步电动机最为常见。

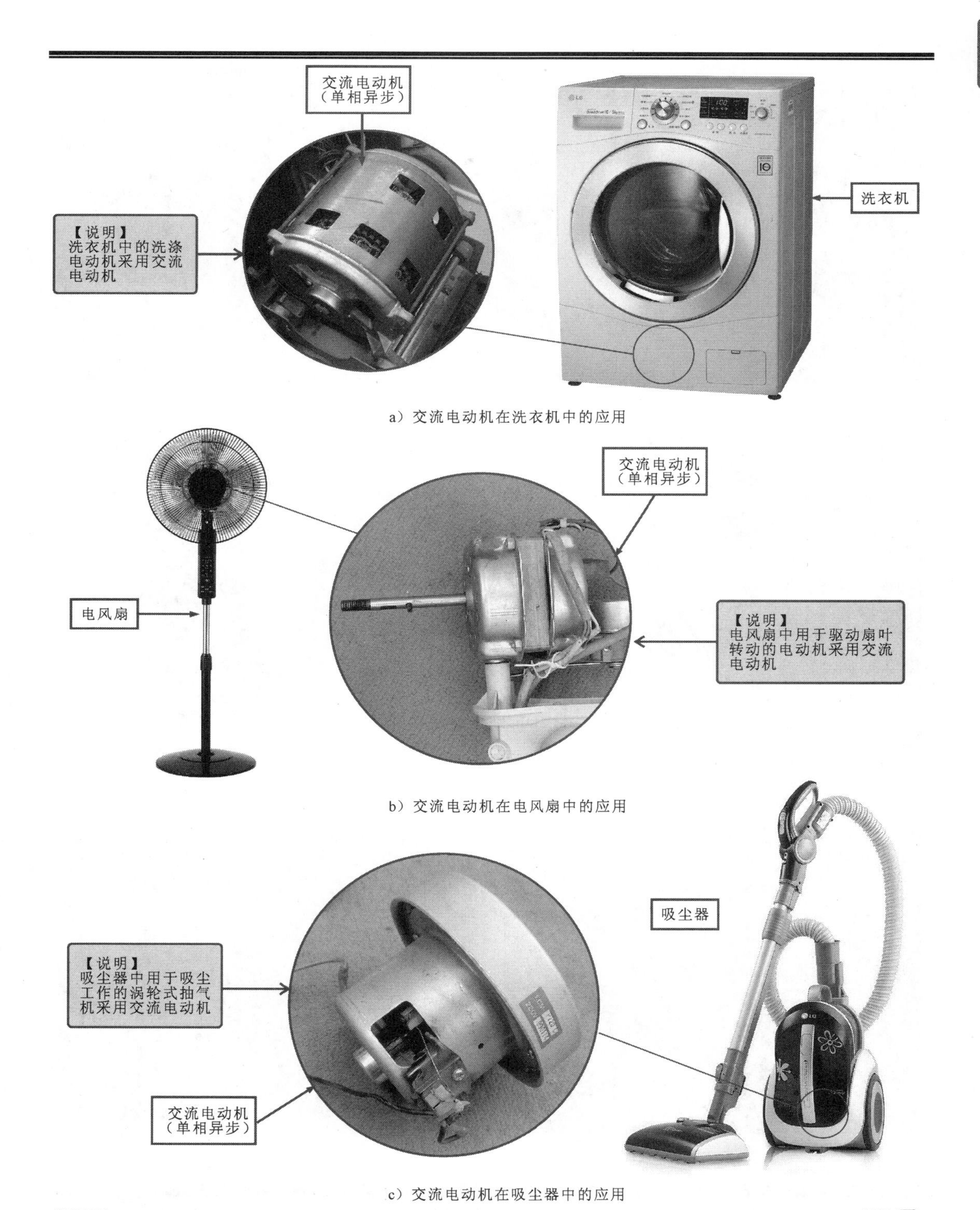

图1-15　交流电动机在家用电器产品中的应用

a）交流电动机应用在粮食升降机中

b）交流电动机应用在铁丝织网机床设备中

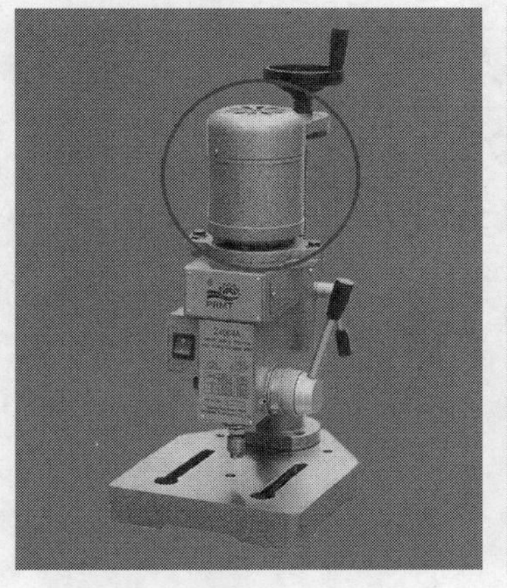

c）交流电动机应用在钻床设备中

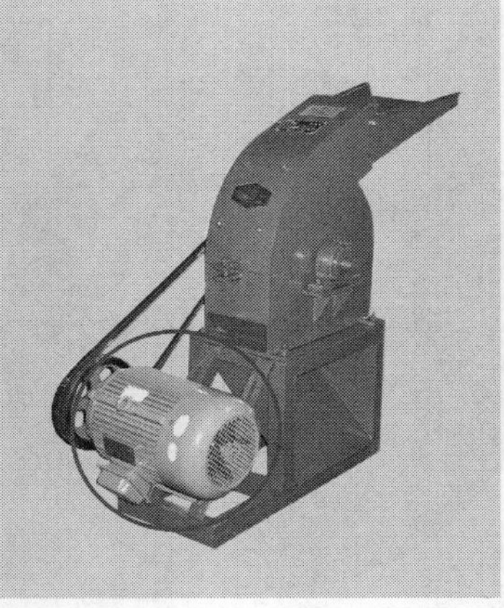

d）交流电动机应用在饲料机中

e）交流电动机应用在泵类设备中

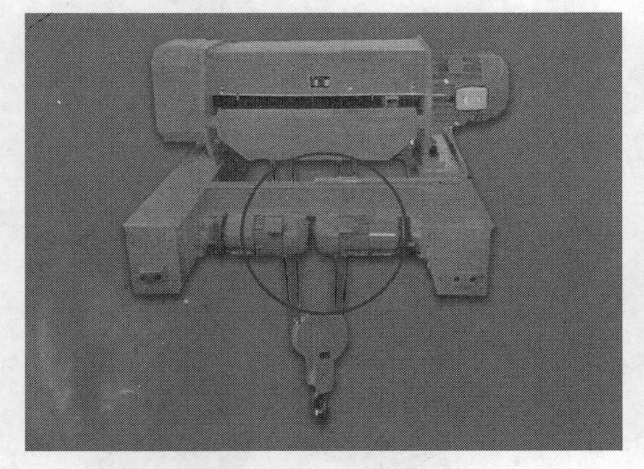

f）交流电动机应用在起重机中

g）交流电动机应用在卷扬机中

图 1-16　交流电动机在工农业生产机械设备中的应用

a）交流电动机应用在药用粉碎机中　b）交流电动机应用在医用饮片机中　c）交流电动机应用在自动化仪表设备中

图 1-17　交流电动机在医用器械、自动化仪表中的应用

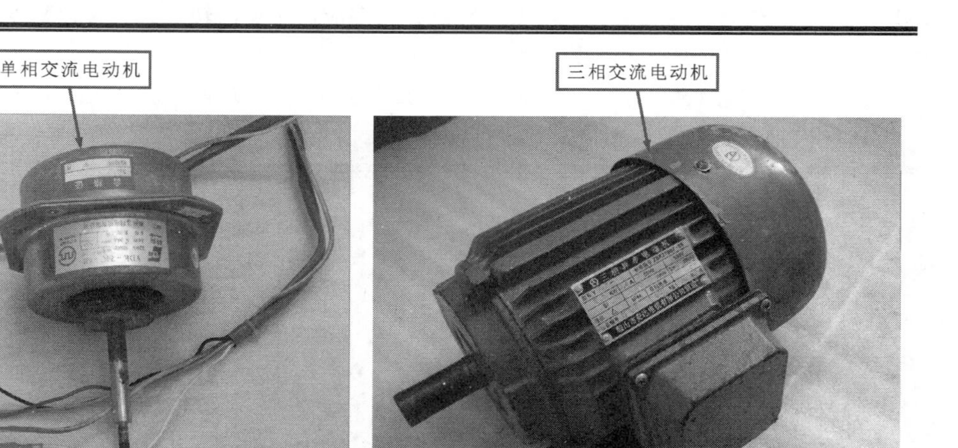

图 1-18　典型单相交流电动机和三相交流电动机的实物外形

（1）单相交流同步电动机和三相交流同步电动机

单相交流同步电动机是指电动机的转动速度与供电电源的频率保持同步，其速度不随负载变化，主要应用于对转速有一定要求的自动化仪器和生产设备中。

三相交流同步电动机是指三相交流电动机的转速与电源供电频率同步的电动机，其转速不随负载变化，功率因数可调节，通常应用于转速恒定的、对转速有严格要求的大功率机电设备中。

图 1-19 所示为典型单相交流同步电动机和三相交流同步电动机实物外形。

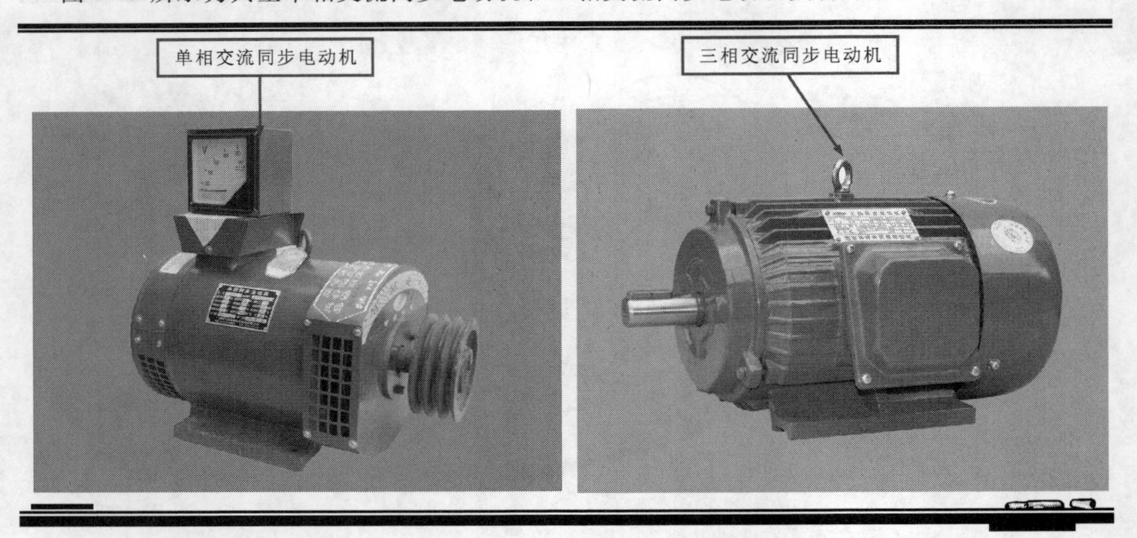

图 1-19 典型单相交流同步电动机和三相交流同步电动机的实物外形

（2）单相交流异步电动机和三相交流异步电动机

单相交流异步电动机是指电动机的转动速度与供电电源的频率不同步，其转速始终低于同步转速，但它具有输出转矩大、成本低的特点，大多应用于输出转矩大、转速精度要求不高的产品中，例如常用的电风扇、洗衣机等都是采用了单相交流异步电动机。

三相交流异步电动机是指由三相电源供电的异步电动机，该类是目前应用最广泛的一类动力电动机。

图 1-20 所示为典型单相交流异步电动机和三相交流异步电动机实物外形。

图 1-20 典型单相交流异步电动机和三相交流异步电动机的实物外形

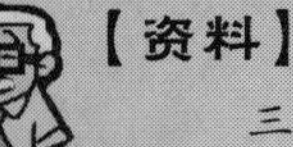

【资料】

三相交流异步电动机作为目前应用最为广泛的动力设备，根据其内部转子结构的不同还可以分为线绕型和笼型两大类。

【资料】

通过上面的学习，根据供电方式将电动机分为直流电动机和交流电动机两大类，这两大类也是我们日常可以接触或电子电工领域中应用比较广泛的两类电动机。实际上，在各行各业电动机的应用都比较广泛，电动机的类型也不仅仅局限于直流和交流两种，还可以根据应用场合或领域进行多种类型的划分。例如，图1-21所示为电动机的几种常见的分类方式，从图中不难看出电动机作为一种电力设备的多样型和广泛性。

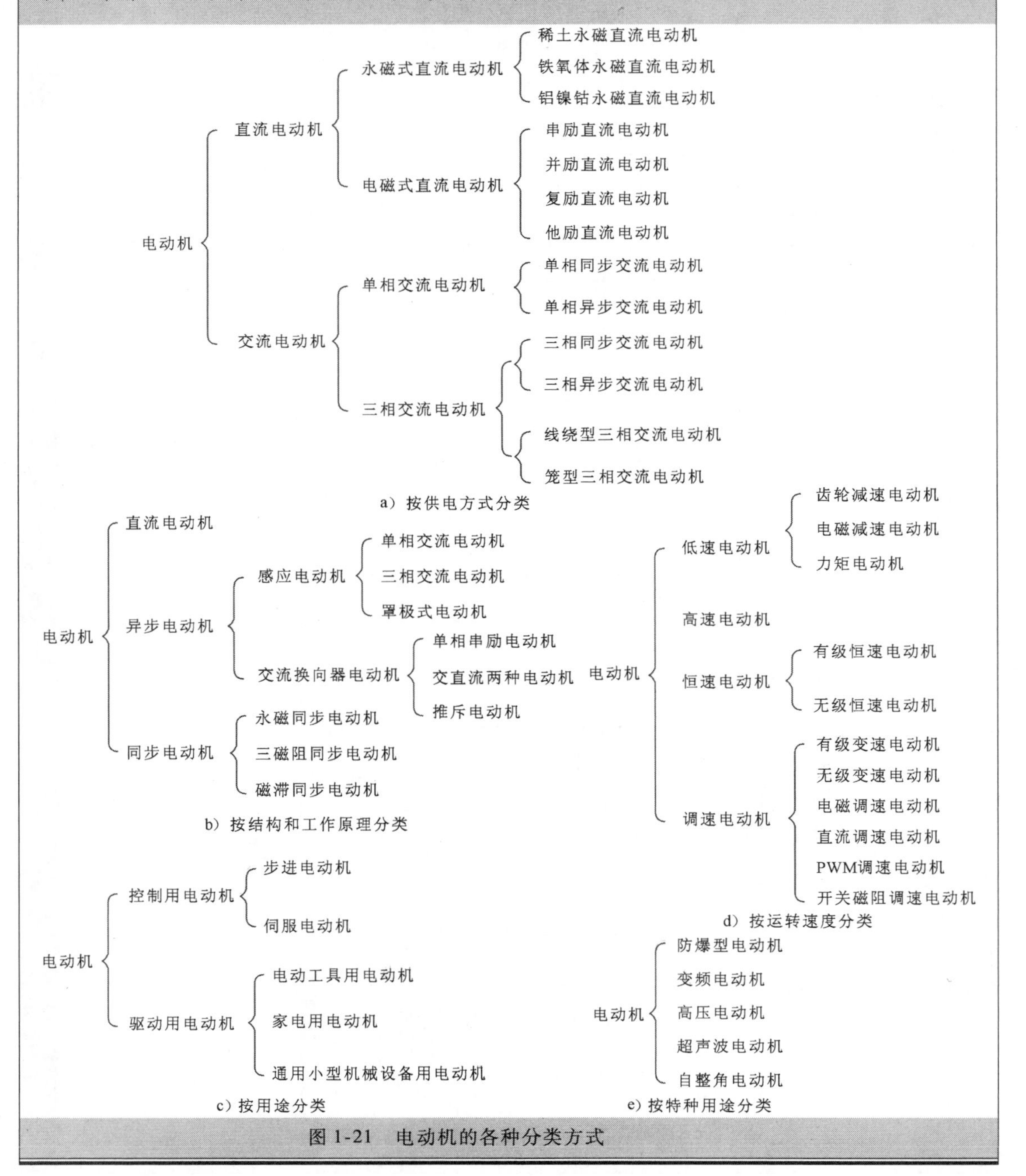

图1-21　电动机的各种分类方式

提问

请问，在前面我们学习直流电动机时了解到，直流电动机种类多样，可以从它的铭牌上对其具体类型进行大致了解，交流电动机是不是也是这样，可以根据铭牌上的字母代号或者文字标识来确认它的类型和用途呢？

回答

认识交流电动机，同样先根据它的供电方式来确认属于交流电动机的哪一种，然后可根据交流电动机上的铭牌信息进一步了解和判断，不同类型交流电动机铭牌上的信息不同。例如图1-22、图1-23所示分别为单相和三相交流电动机的铭牌标识。

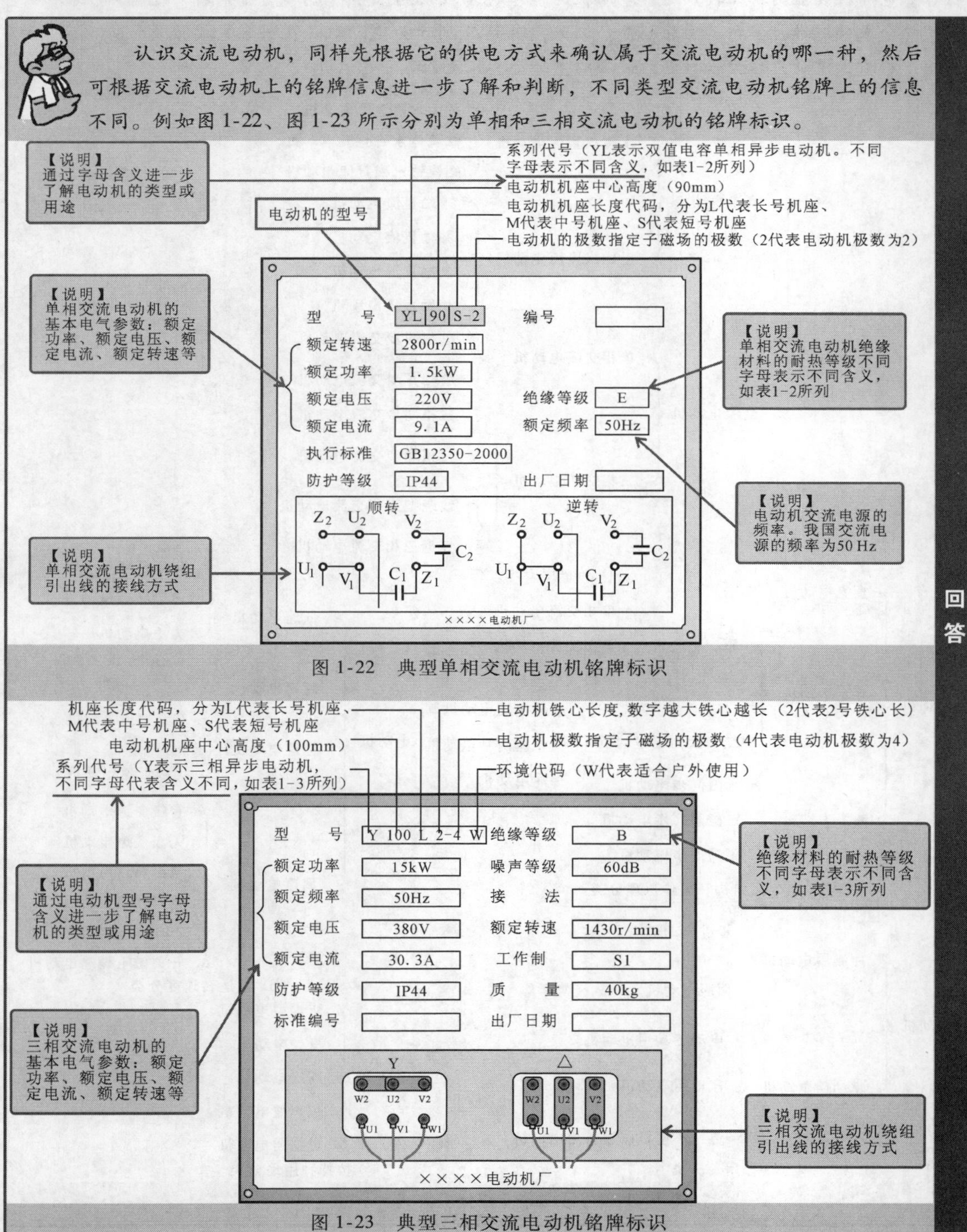

图1-22　典型单相交流电动机铭牌标识

图1-23　典型三相交流电动机铭牌标识

表 1-2　单相交流电动机铭牌标识信息中不同字母或数字的含义

系列代号含义		防护等级（IPmn）			
字母	含　　义	*m* 值	防护固体能力	*n* 值	防护液体能力
YL	双值电容单相异步电动机	0	没有防护措施	0	没有专门的防护措施
YY	单相电容运转异步电动机	1	防护物体直径为 50mm	1	可防护滴水
YC	单相电容起动异步电动机	2	防护物体直径为 12mm	2	水平方向夹角 15 滴水
绝缘等级		3	防护物体直径为 2.5mm	3	60 方向内的淋水
代码	耐热温度/℃	4	防护物体直径为 1mm	4	可任何方向溅水
E	120	5	防尘	5	可防护一定压力的喷水
B	130	6	严密防尘	6	可防护一定强度的喷水
F	155			7	可防护一定压力的浸水
H	180			8	可防护长期浸在水里

表 1-3　三相交流电动机常用系列代号含义

字母	名称	字母	名称	字母	名称
Y	基本系列	YBS	隔爆型运输机用	YPG	高压屏蔽式
YA	增安型	YBT	隔爆型轴流局部扇风机	YPJ	泥浆屏蔽式
YACJ	增安型齿轮减速	YBTD	隔爆型电梯用	YPL	制冷屏蔽式
YACT	增安型电磁调速	YBY	隔爆型链式运输机用	YPT	特殊屏蔽式
YAD	增安型多速	YBZ	隔爆型起重用	YQ	高起动转矩
YADF	增安型电动阀门用	YBZD	隔爆型起重用多速	YQL	井用潜卤
YAH	增安型高转差率	YBZS	隔爆型起重用双速	YQS	井用（充水式）潜水
YAQ	增安型高起动转矩	YBU	隔爆型掘进机用	YQSG	井用（充水式）高压潜水
YAR	增安型绕线转子	YBUS	隔爆型掘进机用冷水	YQSY	井用（充油式）高压潜水
YATD	增安型电梯用	YBXJ	隔爆型摆线针轮减速	YQY	井用潜油
YB	隔爆型	YCJ	齿轮减速	YR	绕线转子
YBB	耙斗式装岩机用隔爆型	YCT	电磁调速	YRL	绕线转子立式
YBCJ	隔爆型齿轮减速	YD	多速	YS	分马力
YBCS	隔爆型采煤机用	YDF	电动阀门用	YSB	电泵（机床用）
YBCT	隔爆型齿轮减速	YDT	通风机用多速	YSDL	冷却塔用多速
YBD	隔爆型多速	YEG	制动（杠杆式）	YSL	离合器用
YBDF	隔爆型电动阀门用	YEJ	制动（附加制动器式）	YSR	制冷机用耐氟
YBEG	隔爆型杠杆式制动	YEP	制动（旁磁式）	YTD	电梯用
YBEJ	隔爆型	YEZ	锥形转子制动	YTTD	电梯用多速
YBEP	隔爆型旁磁式制动	YG	辊道用	YUL	装入式
YBGB	隔爆型管道泵用	YGB	管道泵用	YX	高效率
YBH	隔爆型高转差率	YGT	滚筒用	YXJ	摆线针轮减速
YBHJ	隔爆型回柱绞车用	YH	高转差	YZ	冶金及起重
YBI	隔爆型钻岩机用	YHJ	行星齿轮减速	YZC	低振动低噪声
YBJ	隔爆型绞车用	YI	装煤机用	YZD	冶金及起重用多速
YBK	隔爆型矿用	YJI	谐波齿轮减速	YZE	冶金及起重用制动
YBLB	隔爆型	YK	大型高速	YZJ	冶金及起重减速
YBPG	隔爆型高压屏蔽式	YLB	立式深井泵用	YZR	冶金及起重用绕线转子
YBPJ	隔爆型泥浆屏蔽式	YLJ	力矩	YZRF	冶金及起重用绕线转子（自带风机式）
YBPL	隔爆型	YLS	立式	YZRG	冶金及起重用绕线转子（管道通风式）
YBPL	隔爆型制冷屏蔽式	YM	木工用	YZRW	冶金及起重用涡流制动绕线转子
YBPT	隔爆型特殊屏蔽式	YNZ	耐振用	YZS	低振动精密机床用
YBQ	隔爆型高起动转矩	YOJ	石油井下用	YZW	冶金及起重用涡流制动
YBR	隔爆型绕线转子	YP	屏蔽式		

第2章 见识一下电动机检修的材料和工具

现在，开始第2章的学习：本章我们先认识一下电动机检修用的材料和工具。俗话说："工欲善其事，必先利其器"。学习电动机检修，首先要了解电动机检修中用到的材料和工具，掌握不同类型材料和工具特定的适用场合和使用特点，这些知识对电动机维修人员来说非常重要。

接下来，我们就来见识一下电动机检修操作中经常使用的材料和工具，希望大家在学习本章后能够熟练掌握电动机检修的材料和工具在具体环境中的应用及使用方法。好了，下面让我们开始学习吧。

2.1 必不可少的电动机拆装工具

在电动机检修操作中，经常需要借助一些拆装工具对电动机进行拆卸和安装操作，其中最常用的拆装工具有螺丝刀、钳子、扳手、锤子、绕线机、压线板、刮板等。

2.1.1 螺丝刀

在电动机检修操作中，螺丝刀是用来紧固和拆卸螺钉的工具。螺丝刀又称螺钉旋具，俗称改锥，主要是由螺丝刀头与手柄构成的。常用的螺丝刀主要有一字头螺丝刀和十字头螺丝刀，如图2-1所示。

使用一字头螺丝刀或十字头螺丝刀对螺钉进行紧固和拆卸时，首先选择合适刀口的螺丝刀，然后将刀口对准螺钉螺口，在压紧的同时，旋动螺丝刀手柄即可实现螺钉的紧固和拆卸，一般情况下，紧固螺钉时，顺时针拧动螺丝刀手柄；拆卸螺钉时，逆时针拧动螺丝刀手柄。另外，一字头螺丝刀除紧固和拆卸螺钉外，使用其撬动卡扣或紧固件也是检修电动机时经常进行的操作。

图2-2所示为螺丝刀在电动机检修操作中的功能和使用特点。

【注意】

一字头螺丝刀和十字头螺丝刀分别对应不同规格螺口的固定螺钉，并且每种规格固定螺钉的螺口尺寸不同，操作时，要选择与螺钉螺口尺寸对应的螺丝刀；否则会出现螺丝刀无法操作、拧螺钉费力、螺钉溢扣等情况。

2.1.2 扳手

在电动机检修操作中，扳手是用于紧固和拆卸螺栓或螺母的工具，如图2-3所示，常用的扳手主要有活扳手（又称活口扳手）、呆扳手（又称死扳手、开口扳手）和梅花棘轮扳手。

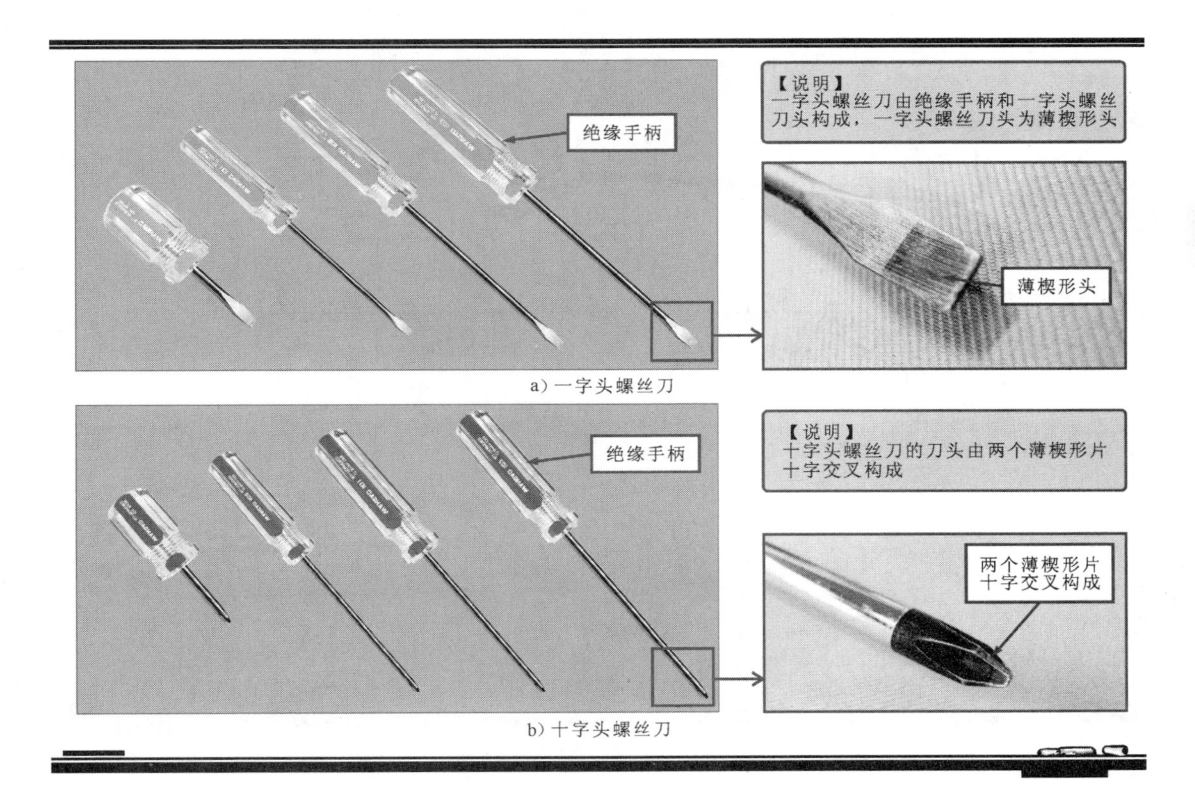

图 2-1　螺丝刀的实物外形

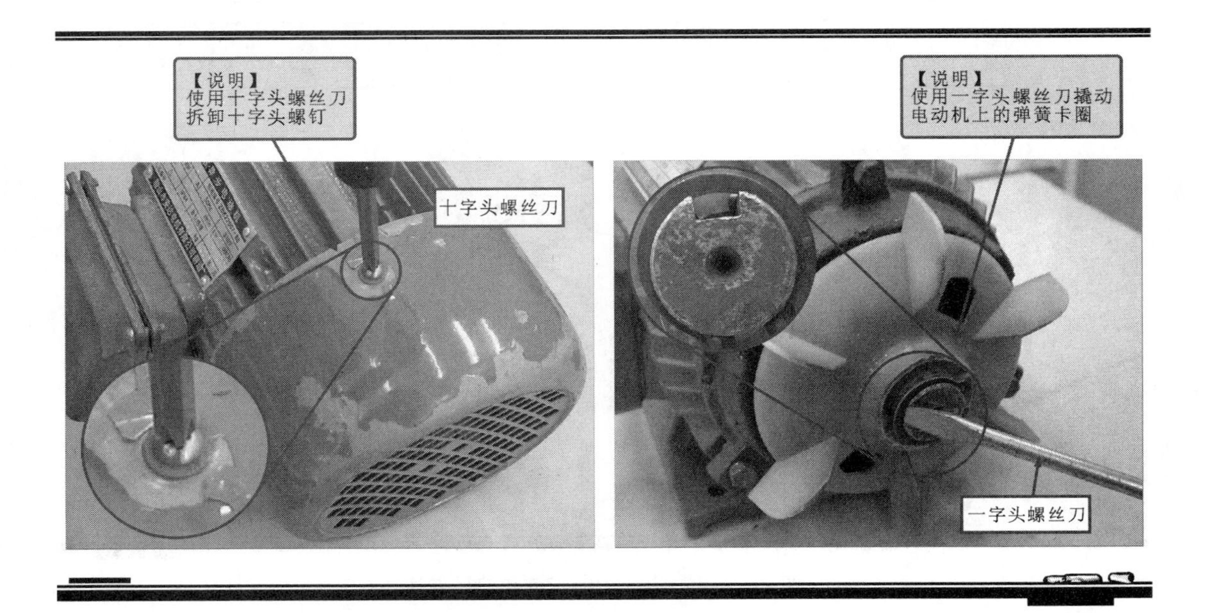

图 2-2　螺丝刀在电动机检修操作中的功能和使用特点

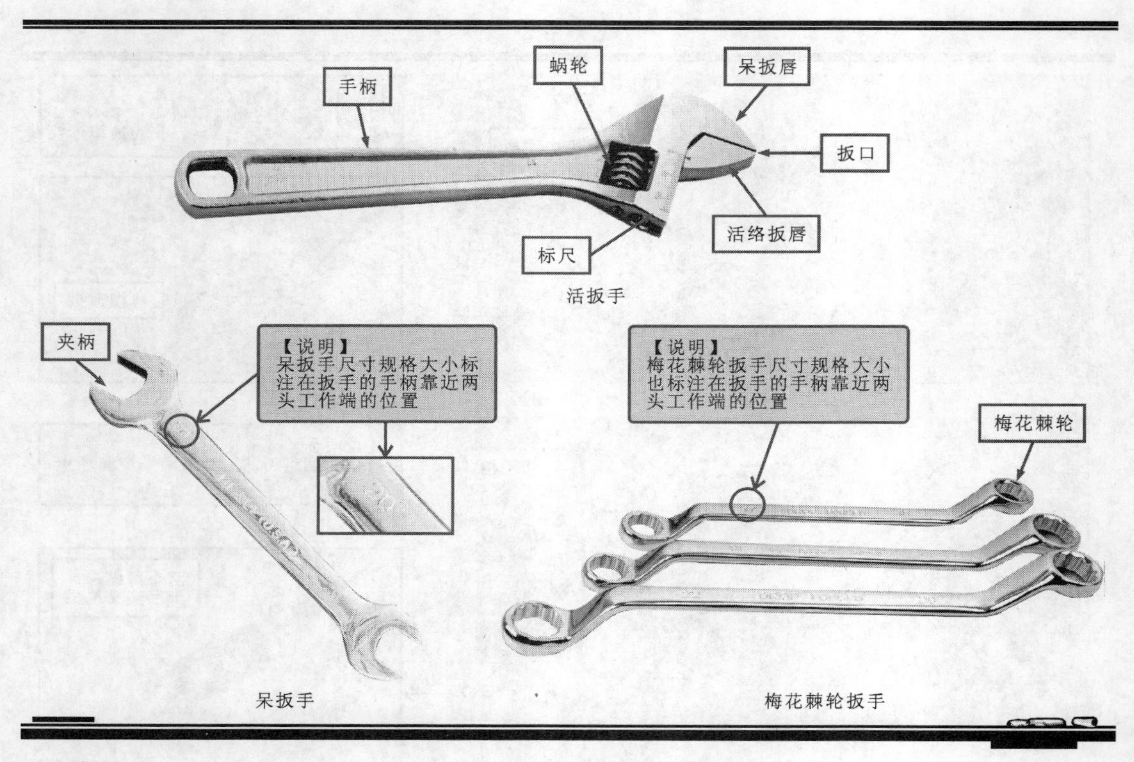

图 2-3　各种扳手的实物外形

活扳手的开口宽度可在一定尺寸范围内随意自行调节，以适应不同规格的螺栓或螺母。图2-4所示为活扳手的功能特点和使用方法。

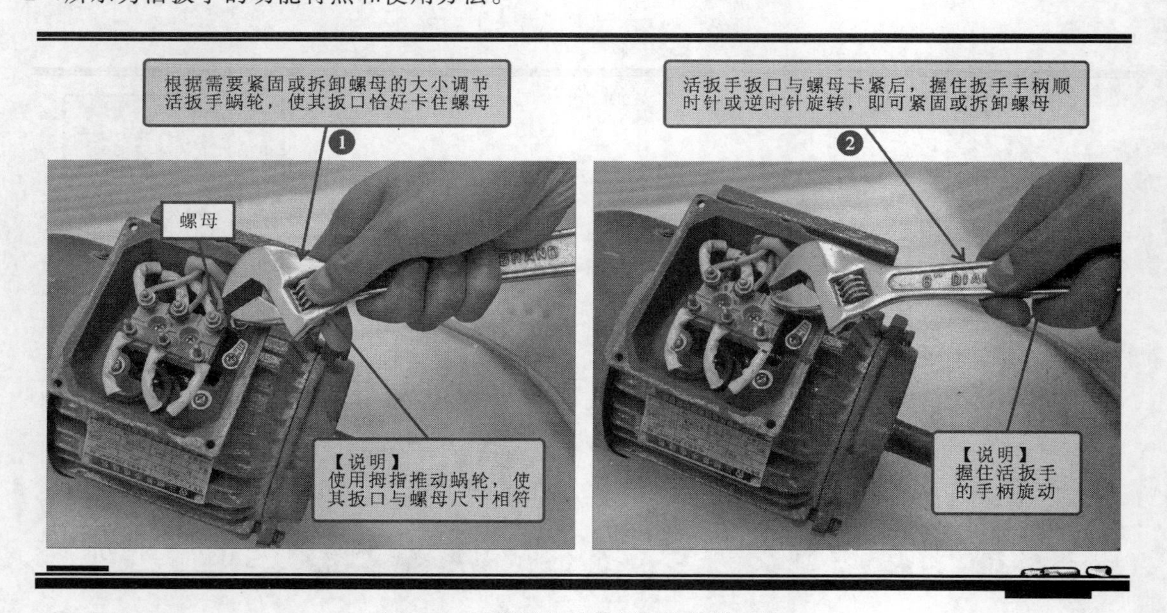

图 2-4　活扳手的功能特点和使用方法

呆扳手只能用于与其卡口相对应的螺栓或螺母。使用呆扳手夹柄夹住需要紧固或拆卸的螺母后，握住手柄，与螺母成水平状态转动开口扳手的手柄即可，如图 2-5 所示。

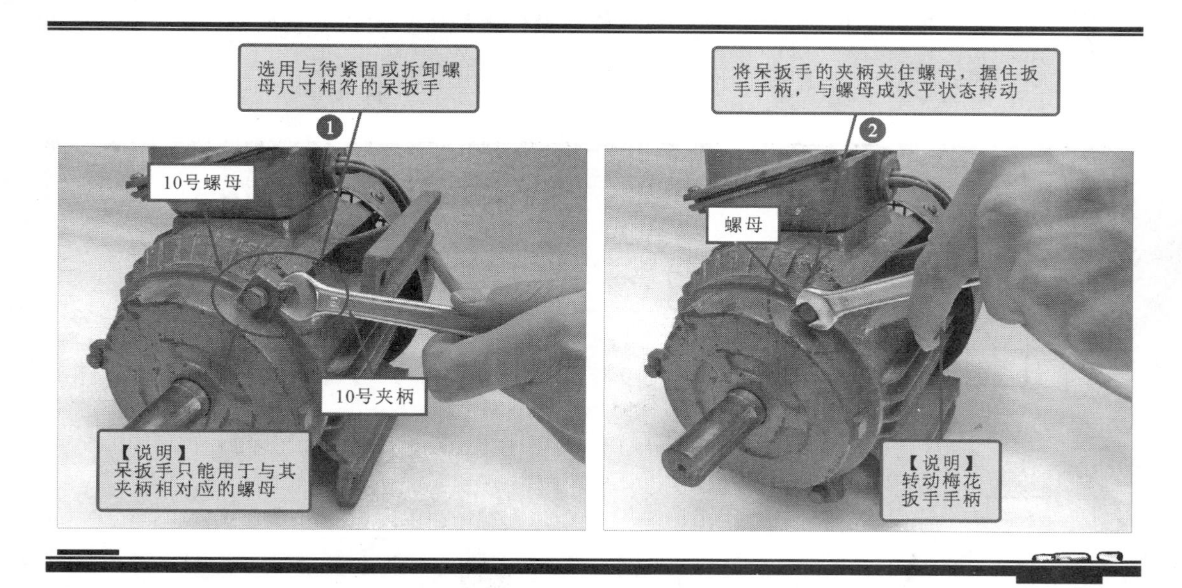

图 2-5　呆扳手的功能特点和使用方法

梅花棘轮扳手的两端通常带有环形的六角孔或十二角孔的工作端，适于工作空间狭小的场合，使用较为灵敏。在使用梅花棘轮扳手时，也应当先查看螺母的尺寸，选择合适尺寸的梅花棘轮扳手后，将梅花棘轮扳手的环孔套在螺母外侧，转动梅花棘轮扳手的手柄即可，如图 2-6 所示。

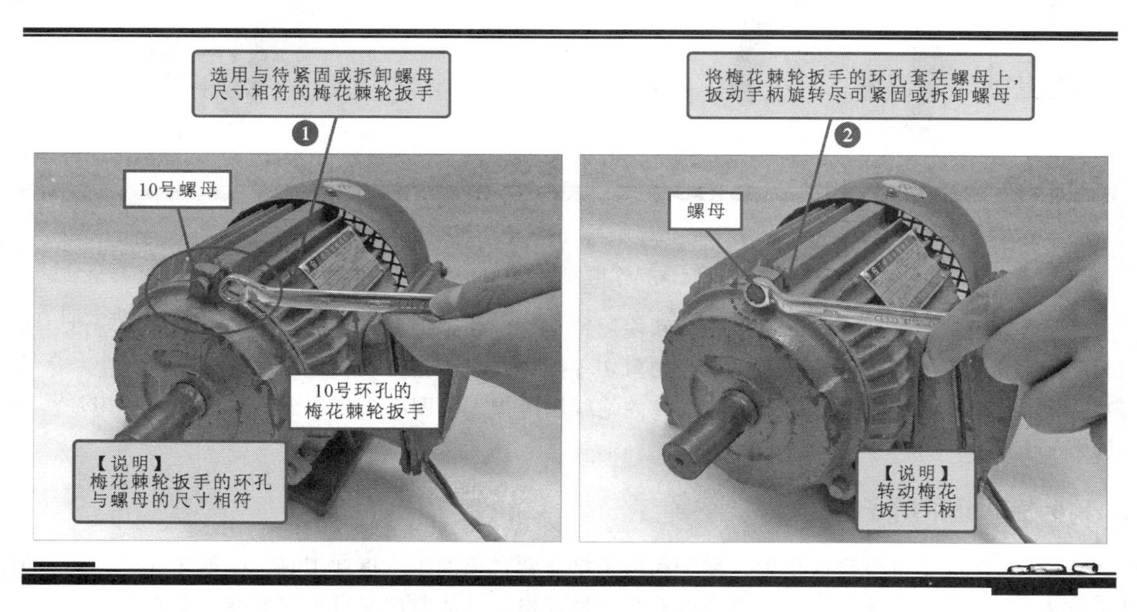

图 2-6　梅花棘轮扳手的功能特点和使用方法

2.1.3　钳子

在电动机检修操作中，钳子在电动机引线或绕组的连接、弯制、剪切以及紧固件的夹持等场合都有广泛的应用，如图 2-7 所示。从结构上看，钳子主要由钳头和钳柄两部分构成。根据钳头设计和功能上的区别，在电动机检修操作中的钳子主要有钢丝钳、斜口钳、尖嘴钳、剥线钳等几种。

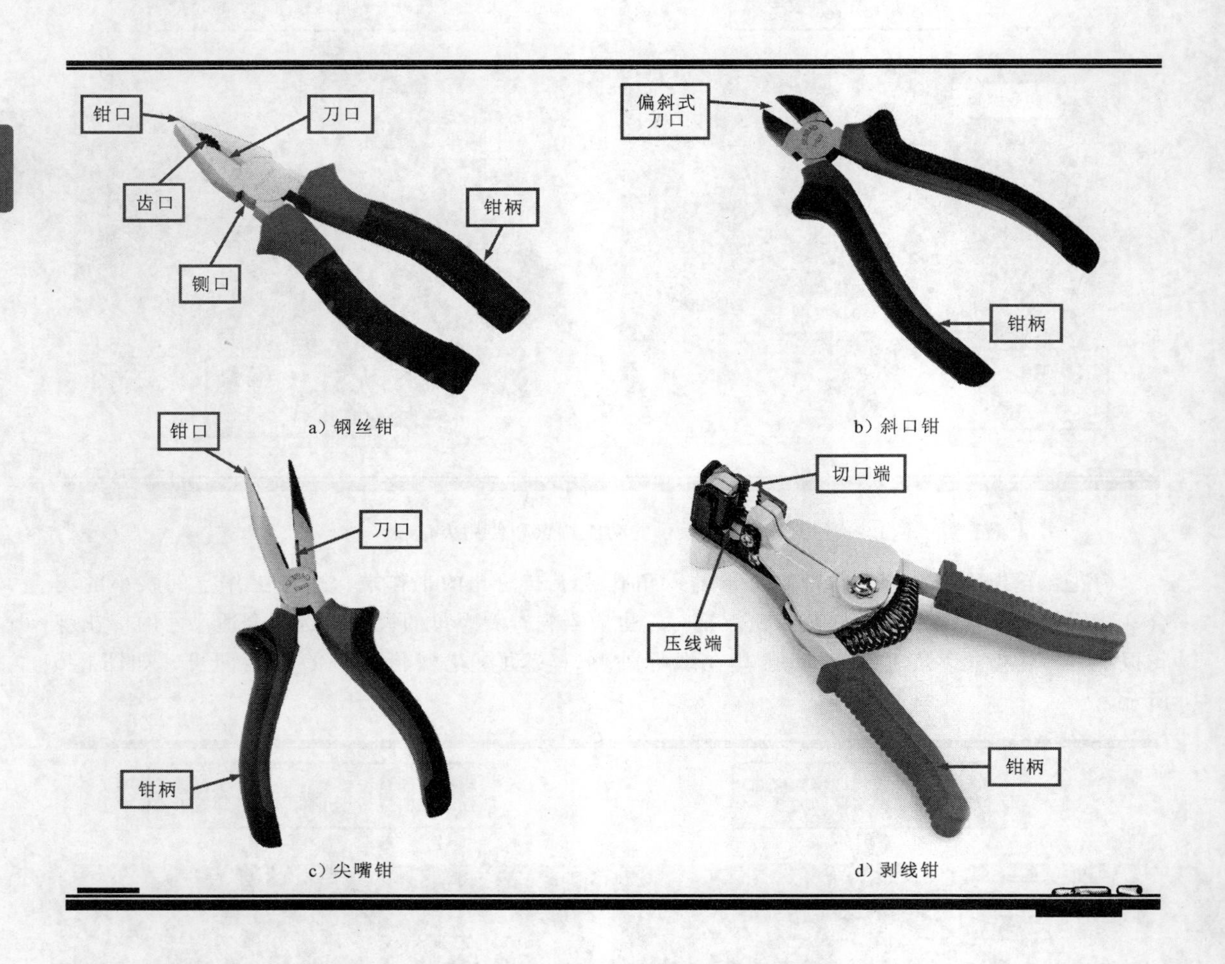

图 2-7　电动机检修操作中常用到的几种钳子的实物外形

不同类型钳子有其特定的适用场合和使用特点。例如：钢丝钳一般用于弯绞、修剪导线；斜口钳主要用于线缆绝缘皮的剥削或线缆的剪切等操作；尖嘴钳可以在较小的空间中进行夹持、弯制导线等操作；剥线钳则多用来剥除线缆的绝缘层等操作。图 2-8 所示为不同钳子的适用场合和使用特点。

2.1.4　锤子和凿子

在电动机检修操作中，锤子和凿子是非常常用的手工拆卸工具，一般多配合使用。为适应不同的需求，锤子和凿子都有很多种规格，具体应用时可根据实际需要自行选择适合的工具进行操作，如图 2-9 所示。

锤子和凿子多用于在电动机紧固程度较高的部位拆卸时辅助使用，例如，在拆卸电动机端盖时，由于端盖与轴承之间连接紧密，无法直接用手的力量分离，此时可借助锤子和凿子进行操作，如图 2-10 所示，锤子主要用于捶打，即提供力量；凿子则直接与操作部位接触起到传递力量的作用。

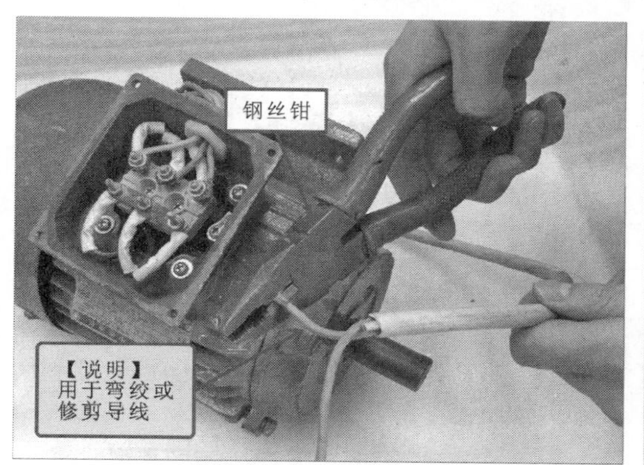

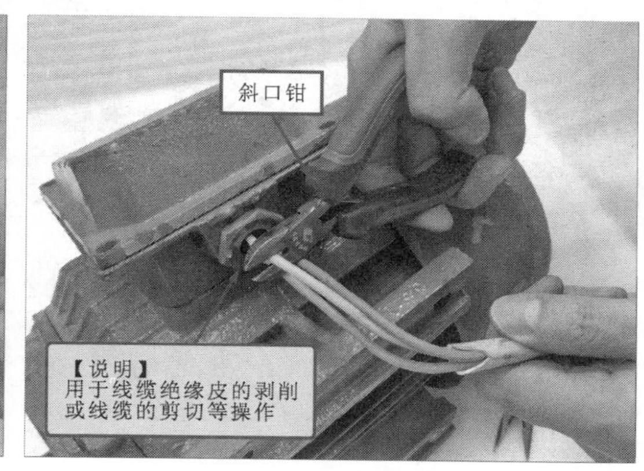

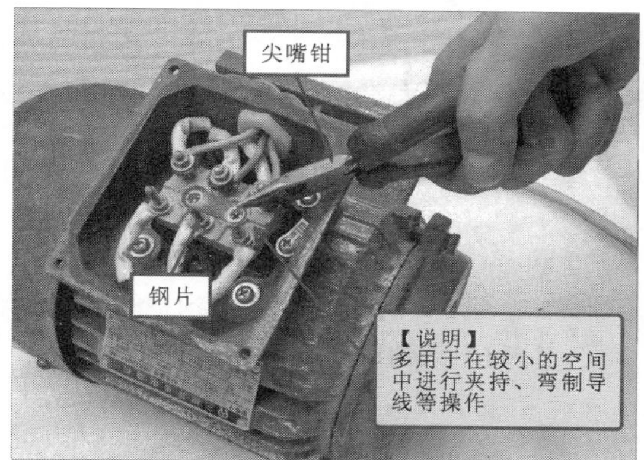

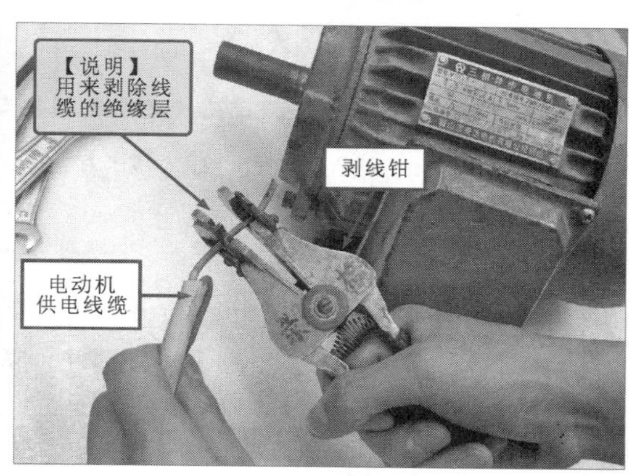

图 2-8　不同钳子的适用场合和使用特点

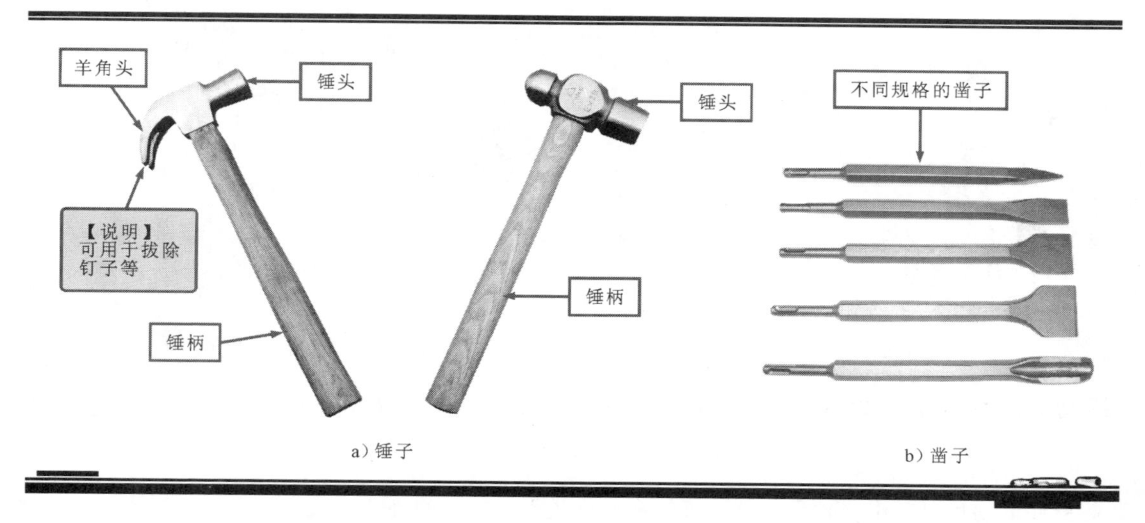

a）锤子　　b）凿子

图 2-9　锤子和凿子的实物外形

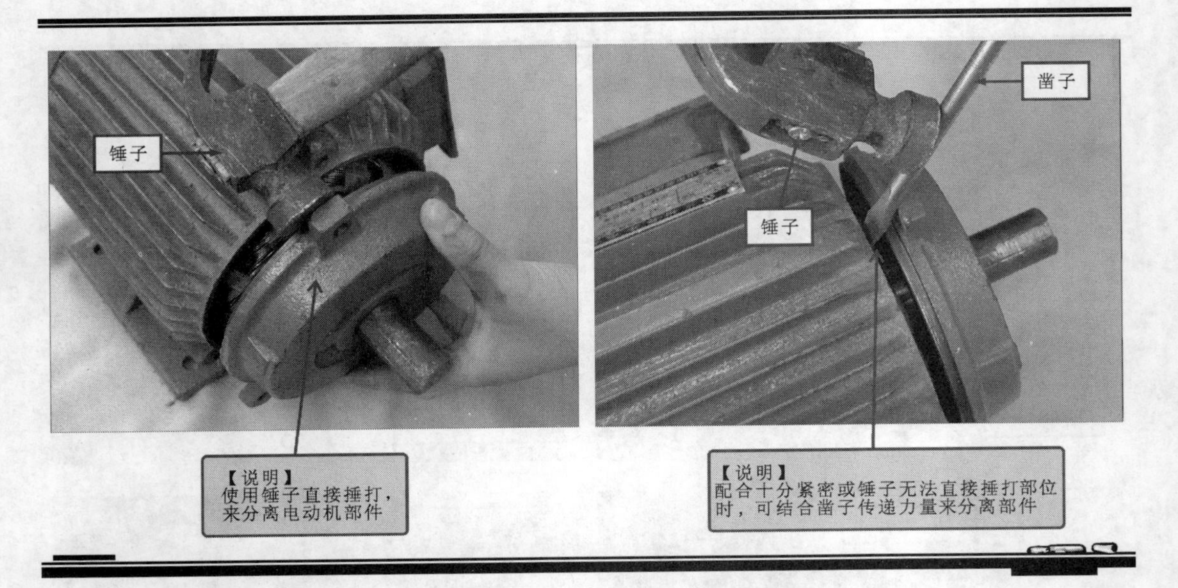

图 2-10　锤子和凿子的适用场合和使用特点

2.1.5　拉拔器和喷灯

在电动机检修操作中，拉拔器是经常用到拆卸工具，一般用于拆卸电动机轴承、轴承联轴器和带轮（俗称皮带轮）等部件；喷灯是一种利用汽油或煤油当作燃料的加热工具，常用于对部件进行局部加热，可辅助拉拔器对电动机中配合很紧的联轴器或轴承进行拆卸。图 2-11 所示为拉拔器和喷灯的实物外形。

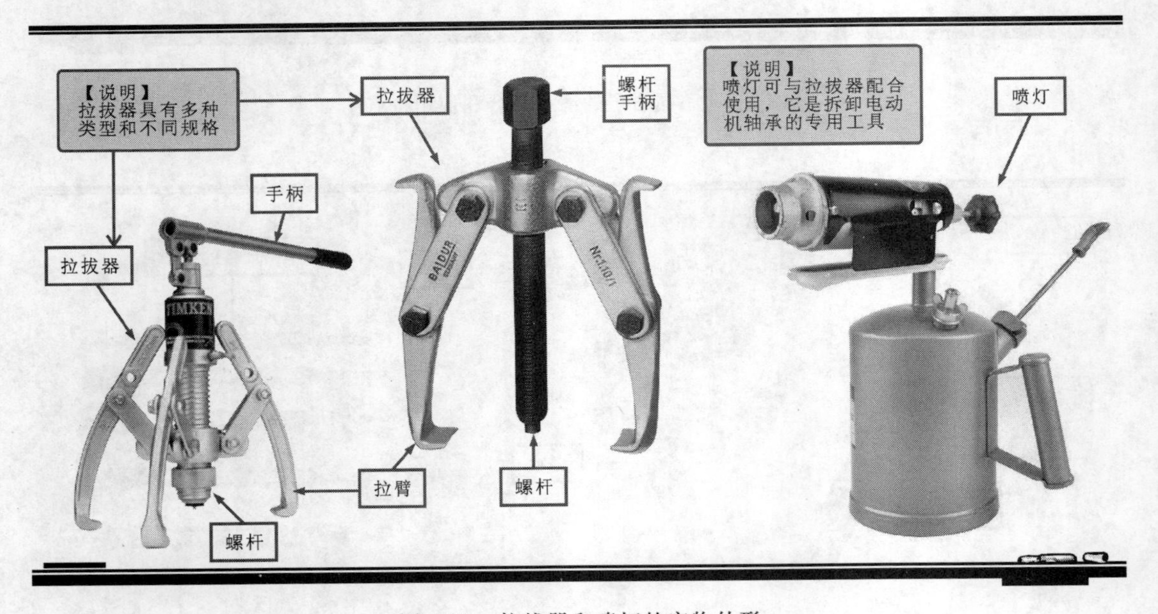

图 2-11　拉拔器和喷灯的实物外形

检修电动机过程中，轴承部分的拆卸和检修是十分重要的环节，且为确保轴承拆下后还能够使用，需要借助专用的拉拔器进行拆卸，如图 2-12 所示，首先将拉拔器的拉臂放到待拆的轴承

处，调整好拉臂的位置，旋转拉拔器的螺杆手柄，使螺杆顶住电动机轴中心，然后，继续旋转螺杆手柄即可将轴承拆下。若拆卸过程过于费力，可借助喷灯对轴承进行加热，使其膨胀，再用拉拔器，易于拆卸。

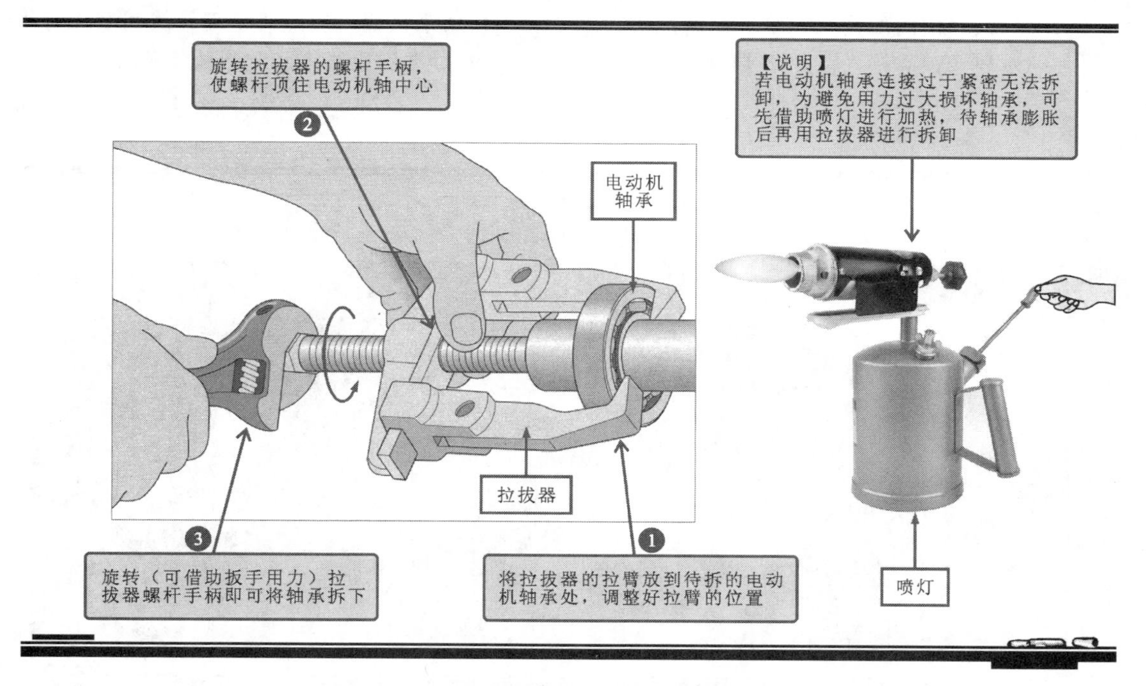

图 2-12　拉拔器和喷灯的适用场合和使用特点

2.1.6　绕线机

绕线机是用于绕制电动机绕组的设备，是电动机检修操作中的重要工具之一。当电动机定子或转子绕组损坏，需要重新绕制和装配时需要借助绕线机来完成。目前，常见的电动机绕组绕线机主要有手摇式和数控自动式两种，如图 2-13 所示。

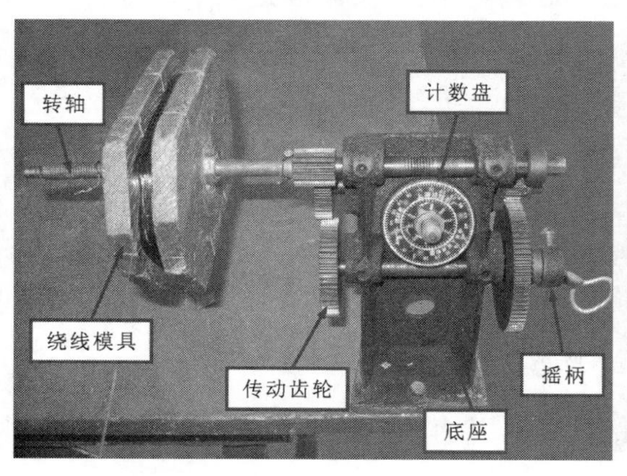

手摇式绕线机

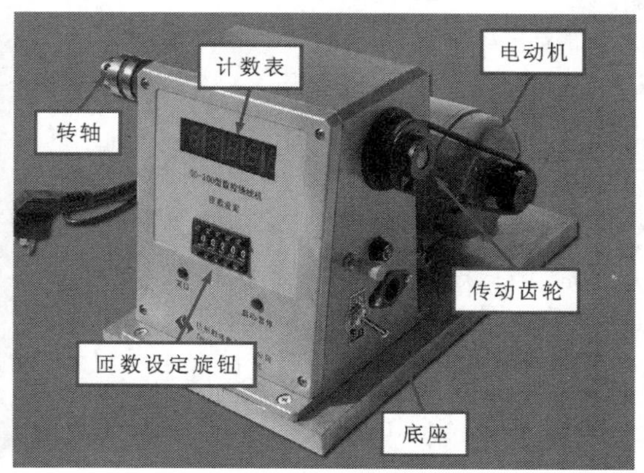

数控自动式绕线机

图 2-13　绕线机的实物外形

2.1.7 压线板和刮板

压线板和刮板也是电动机绕组装配时常用的辅助工具。其中，压线板用来压紧嵌入电动机铁心槽内的绕组边缘，对绕组进行平整；刮板用来在绕组装配时整理导线和划线时将导线划入铁心槽内。图 2-14 所示为电动机绕组装配时常用压线板和刮板的实物外形。

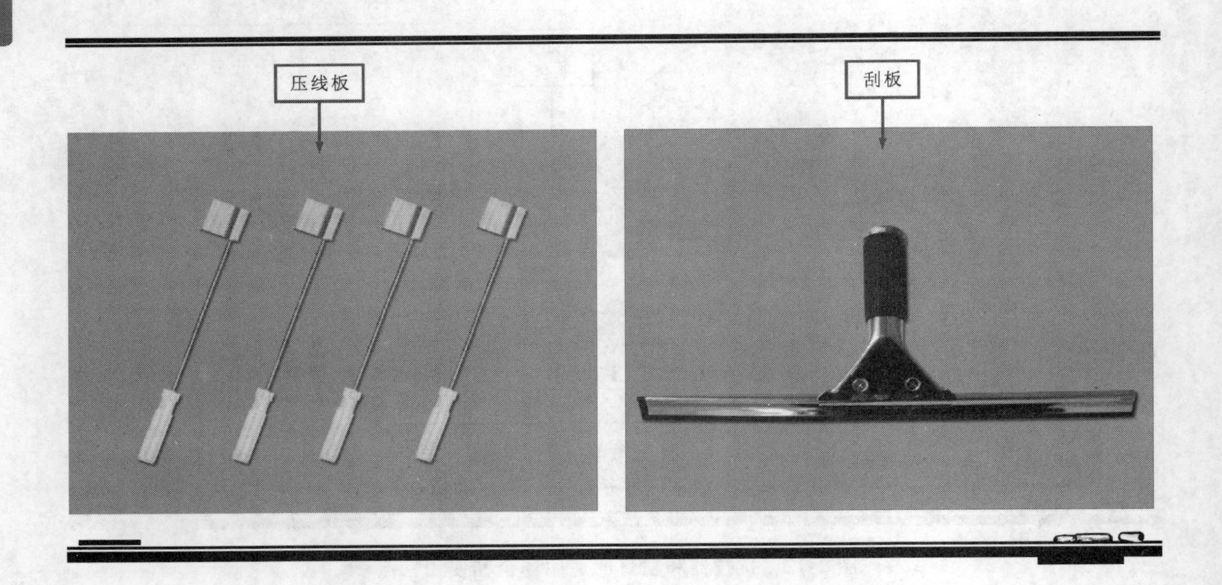

图 2-14 压线板和刮板的实物外形

2.2 神奇的电动机检测仪表

在电动机检修操作中，电动机各项电气性能需要借助一些检测仪表进行测量和判断，其中最常使用的检测仪表有万用表、钳形表、绝缘电阻表（又称兆欧表）、转速表、相序仪、万能电桥、千分表、螺旋测微仪等，下面就来逐一为大家介绍神奇的电动机检测仪表。

2.2.1 万用表

万用表是电动机检修操作中最常用的检测仪表之一。万用表是一种多功能、多量程的便携式仪表，主要用来检测直流电流、交流电流、直流电压、交流电压及电阻值等电气参数。图 2-15 所示为万用表的实物外形。

图 2-16 所示为使用万用表测量电动机绕组的实际应用案例。

2.2.2 钳形表

钳形表是一种操作简单、功能强大的检测仪表。在电动机检修操作中可以用于检测电动机或控制线路工作时的电压与电流，图 2-17 所示为钳形表的结构和功能特点。

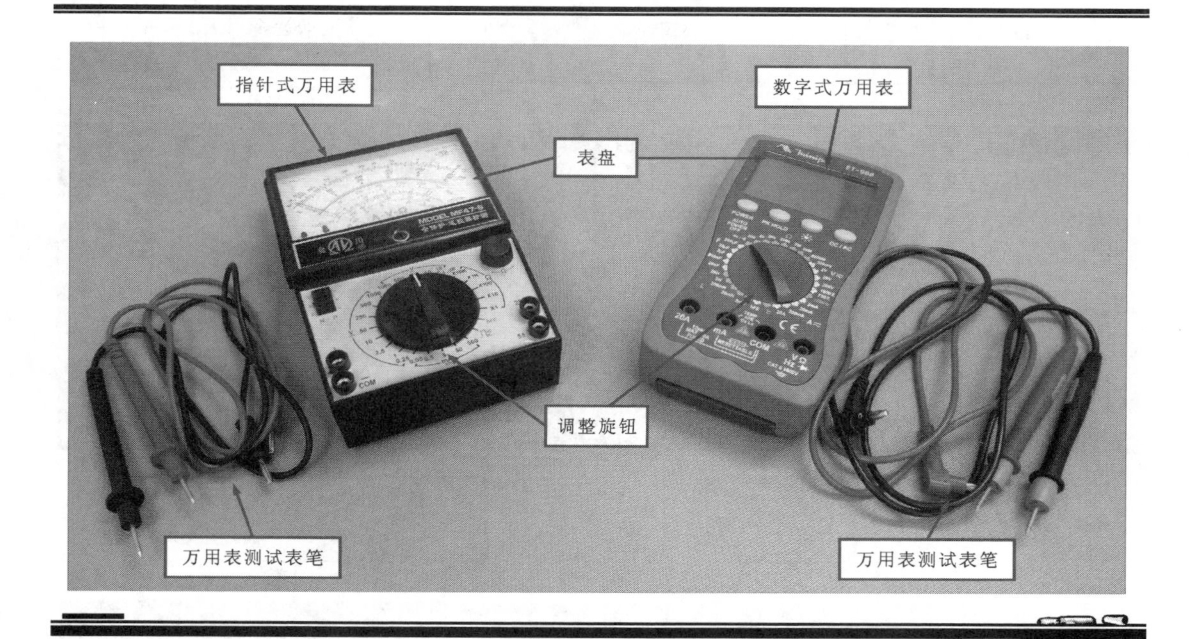

图 2-15　万用表的结构和功能特点

【资料】

钳形表主要由钳头、钳头扳机、锁定开关、功能旋钮、显示屏、表笔插孔及红、黑表笔等构成。

● 钳头和钳头扳机：用于控制钳头部分开启和闭合的工具，当钳头闭合时可以进行电磁感应，主要用于电流的检测。

● 锁定开关：用于锁定显示屏上显示的数据，方便在空间较小或黑暗的地方锁定检测数值，便于识读；若需要继续进行检测，则再次按下锁定开关解除锁定功能。

● 功能旋钮：用于控制钳形表的测量挡位，当需要检测的数据不同时，只需要将功能旋钮旋转至对应的挡位即可。

● 显示屏：主要用于显示检测时的量程、单位、检测数值的极性及检测到的数值等。

● 表笔插孔：位于数字式万用表操作面板的下方，用于插接表笔进行测量。

● 表笔：表笔分别使用红色和黑色标识，一般称为红表笔和黑表笔，用于待测点与钳形表之间的连接。

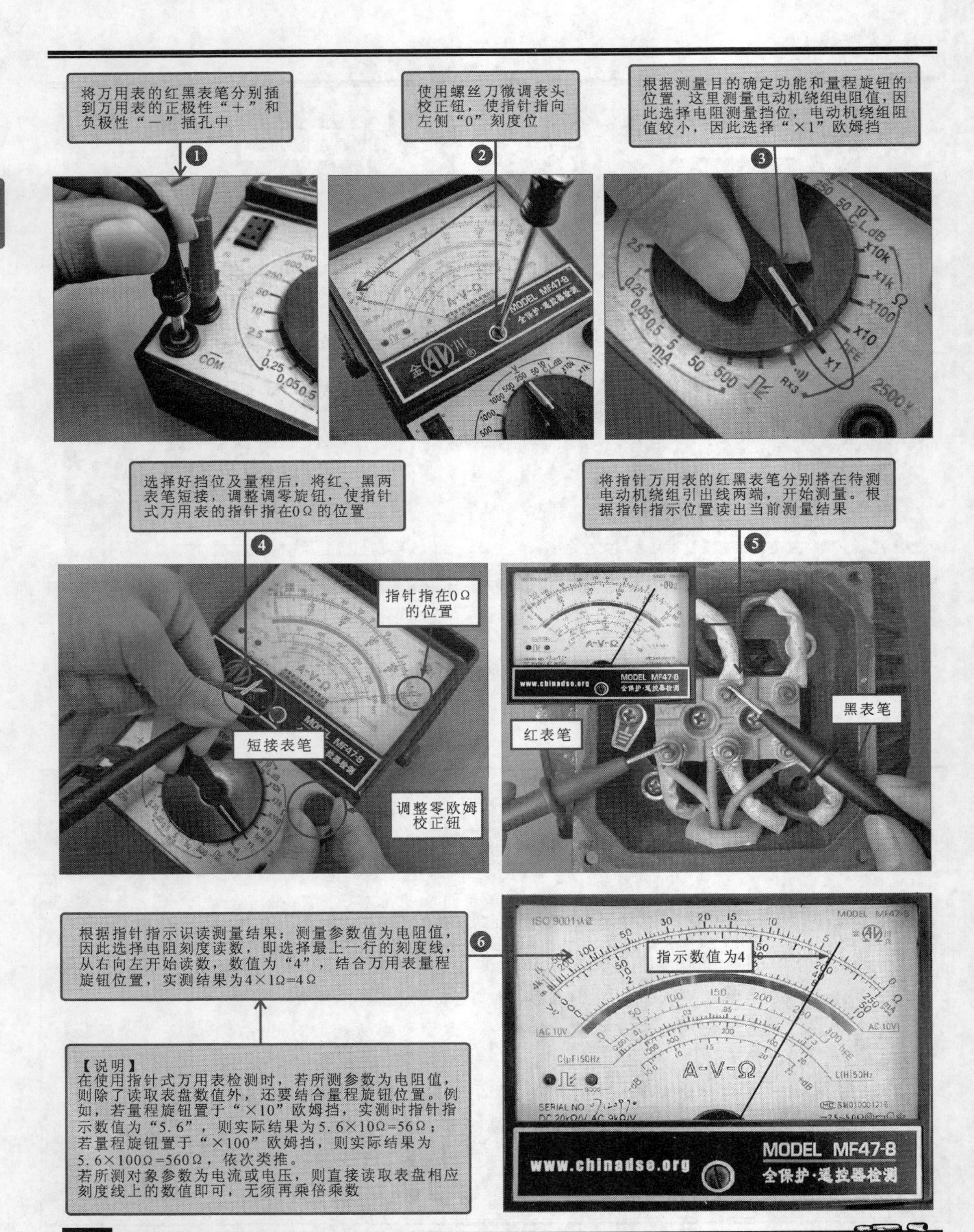

图 2-16　使用万用表检测电动机绕组的应用案例

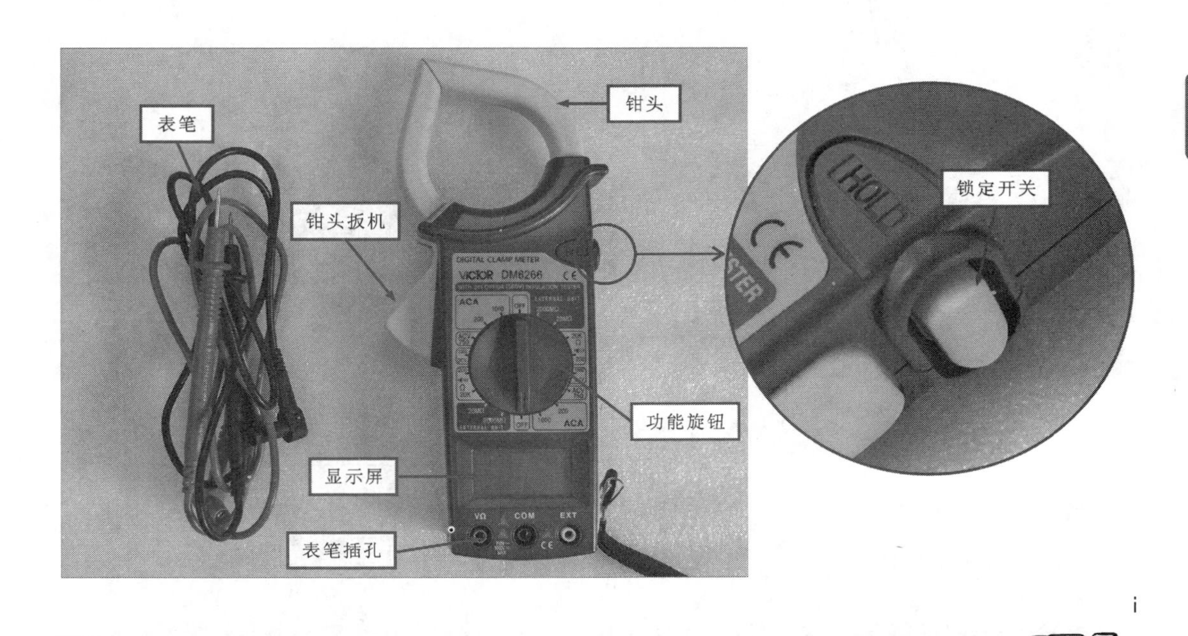

图 2-17　钳形表的结构和功能特点

钳形表的使用方法比较简单，特别是在用钳形表检测电流时，不需要断开电路，即可通过钳形表对导线的电磁感应对电流进行测量，如图 2-18 所示。

【注意】

值得注意的是，在使用钳形表带电测量时不可转换量程，否则会损坏钳形表。另外，测量电流中，钳口内只能有一根导线，如果钳口中同时有多条线缆，将无法得到准确的结果。

提问

我想问一下，我们之前学习的检测仪表都需要用表的测试表笔与待测元件或电路接触才能测得结果，为什么钳形表检测电流的时候，把待测线缆“圈入”钳形表的钳头中就能完成检测呢？

根据测量目的确定功能旋钮的位置，这里选择“200”交流电流挡

❶

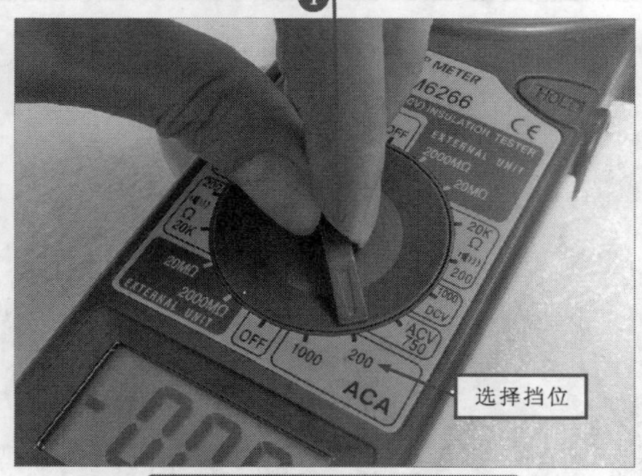

按下钳头扳机，打开钳形表钳头

❷

打开钳口

将钳口套在所测线路其中的一根供电线上，这里测电动机供电电流，钳住其中一根供电引线即可

❸

待检测数值稳定后按下锁定开关，读取电动机供电电流数值为3. 5A

❹

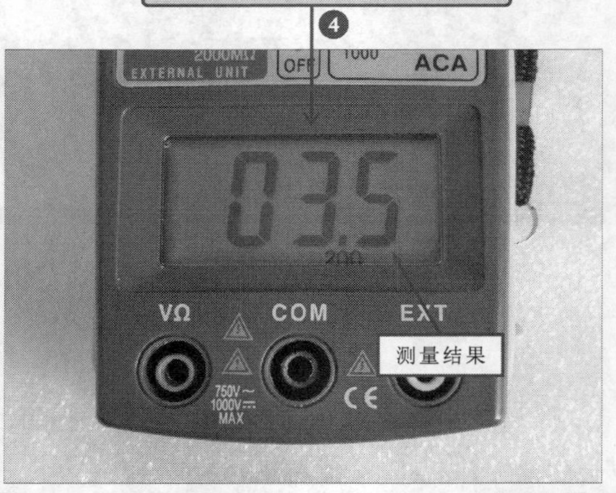

图 2-18　钳形表的使用方法

这是因为钳形表检测交流电流的原理建立在电流互感器工作原理的基础上。当按下钳形表钳头扳机时，钳头铁心可以张开，被测导线进入钳口内作为电流互感器的一次绕组，在钳头内部二次绕组均匀地缠绕在圆形铁心上，导线通过交流电时产生的交变磁通，使二次绕组感应产生按比例减小的感应电流，如图 2-19 所示。

【说明】
钳头内的绕组相当于电流互感器的二次绕组

【说明】
导线相当于电流互感器的一次绕组

交变磁通

接电流检测电路

图 2-19　钳形表测量交流电动机的工作原理示意图

回答

2.2.3 兆欧表

兆欧表通常又称为绝缘电阻表，主要可用于检测电动机的绝缘电阻，以判断电动机电气部分的绝缘性能，从而判断电动机的状态，可以有效地避免发生触电伤亡及设备损坏等事故，是检修电动机过程中不可缺少的测量仪表之一。图2-20所示为兆欧表的结构和功能特点。

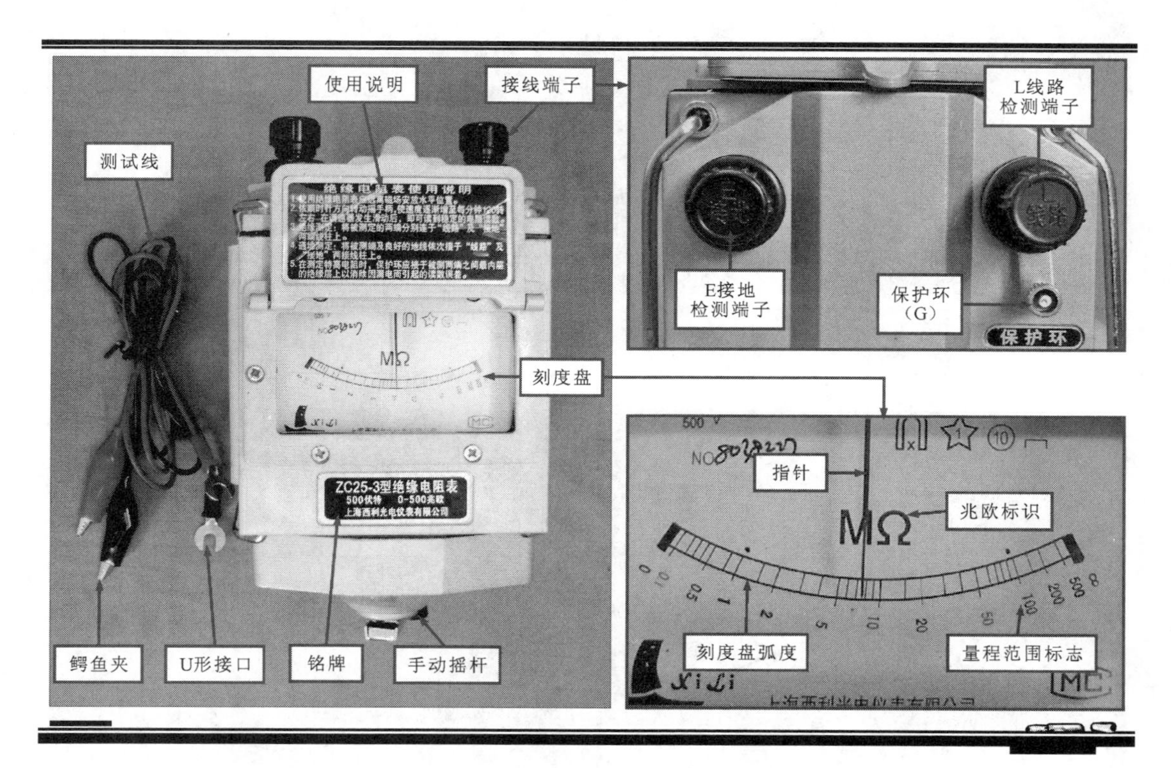

图2-20 兆欧表的结构和功能特点

【资料】

兆欧表主要由刻度盘、接线端子、手动摇杆、测试线、铭牌标志及使用说明等部分构成。

● 刻度盘：兆欧表会以指针指示的方式指示出测量结果，测量者根据指针在刻度线上的指示位置即可读出当前测量的具体数值。

● 接线端子：用于与测试线进行连接，通过测试线与待测设备进行连接，对其绝缘阻值进行检测。

● 手动摇杆：手动摇杆与内部的发电机相连，当顺时针摇动摇杆时，兆欧表中的小型发电机开始发电，为检测电路提供高压。

● 测试线：分为红色测试线和黑色测试线，用于连接手摇式兆欧表和待测设备。

● 铭牌标志和使用说明：位于上盖处，可以通过观察铭牌标志和使用说明对该手摇式兆欧表有所了解。

如图 2-21 所示，使用兆欧表检测绝缘电阻的方法相对比较简单。首先连接好测试线后，将测试线端头的鳄鱼夹夹在待测设备上即可。

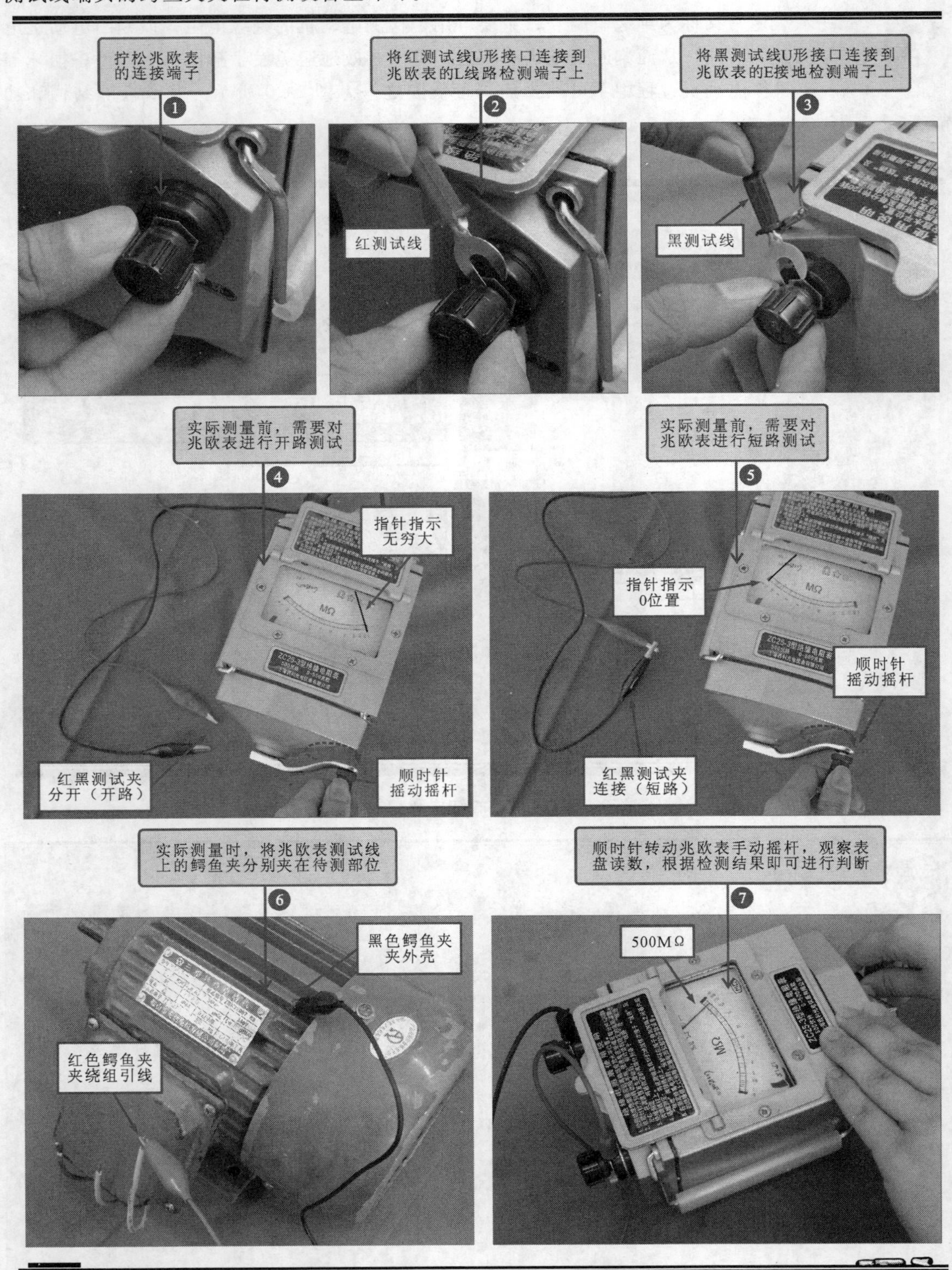

图 2-21　兆欧表的使用方法

【注意】

使用兆欧表进行测量时，要保持手持式兆欧表稳定，防止兆欧表在摇动摇杆时晃动，在转动手动摇动时，应当由慢至快，若发现指针指向零时，则应当立即停止摇动，以防兆欧表损坏。在检测过程中，严禁用手触碰测试端，以防电击。检测结束，进行拆线时，也不要触及引线的金属部分。

2.2.4 万能电桥

万能电桥是一种精密的测量仪表，可用于准确测量电容量、电感量和电阻值等电气参数。在电动机检修操作中，主要用于测量检测电动机绕组的直流电阻，可以准确测量出每组绕组的直流电阻值，即使微小偏差也能够发现，是判断电动机的制造工艺和性能是否良好的专用检测仪表。

图2-22所示为万能电桥的结构和功能特点。

图2-22 万能电桥的结构和功能特点

【资料】

万能电桥主要是由切换开关、量程旋钮、外接插孔、接线柱、测量选择旋钮、损耗平衡旋钮、损耗微调旋钮、损耗倍率旋钮、指示电表、接地端、灵敏度调节旋钮、读数旋钮等部分构成。

- 切换开关：可以选择内振荡或外振荡的模式。
- 量程旋钮：用来选择测量范围，上面所表示的刻度均为电桥在满偏时的最大

【资料】

值，每一个挡位均分为电容量、电感量和电阻值三个数值。

● 外接插孔：该插孔有两个用途，一个用途为在测量有极性的电容器和铁心电感器时，若需要外部叠加直流电压，则可通过该插孔连接；另一个用途为外接振荡器信号时，通过外接导线连接到该插孔（此时拨动开关应置于“外”上）。

● 接线柱：该接线柱用来连接被测的元器件，接线柱“1”表示高电位接口，接线柱“2”表示低电位接口，在一般情况下，连接时不必考虑。

● 测量选择旋钮：用来选择被测元件的类型，检测电容器时，将旋钮调至“C”处；检测电感器时，调至“L”处；检测10Ω以下的电阻器件，应置于$R<10$处；选择10Ω以上的电阻器时，应置于$R>10$处。

● 损耗平衡旋钮：在检测电容器或电感器的损耗时，须调整此旋钮，该旋钮的数值乘上损耗倍率的数值，即为被测元件的损耗值。

● 损耗微调旋钮：用来选择被测元件的损耗精度，一般应置于“0”位上。

● 损耗倍率旋钮：用来扩展损耗平衡旋钮的测量范围，在检测空心电感器时，应将此开关置于“QX1”位置上；检测一般电容器时，应将旋钮置于“DX. 01”位置上；检测大容量电解电容器时，置于“DX1”位置上。

● 指示电表：电桥平衡时，指示电表的指针应指向“0”位。

● 接地端：与机壳连接，用来接地。

● 灵敏度调节旋钮：用来调节内部放大器的倍数，在最初调节电桥平衡时，应降低灵敏度，在使用时，应逐步增大灵敏度，使电桥平衡。

● 读数旋钮：调整这两个旋钮可以使电桥平衡，读数为这两个值相加。

万能电桥的灵敏度和精确度非常高，检测操作方法也相对较复杂一些，很多功能旋钮需要配合使用才能完成测量。图2-23所示为使用万能电桥进行测量的基本操作步骤和方法。

【注意】

使用万能电桥进行测量时，测量电阻的最终数值＝量程读数×旋钮读数。则上述检测过程中电动机绕组的直流为电阻为：$R=10\times0.43\Omega=4.3\Omega$。此外，还可以读出绕组的损耗因数：损耗因数＝损耗倍率×损耗平衡读数＝$1\times1=1$。

2.2.5 转速表

转速表通常用于在电动机工作状态下，检测其旋转速度、线速度或频率等，根据电动机在工作状态下的电气参数，判断电动机工作是否正常，是电动机检修操作中的必备测量仪表之一。图2-24所示为两种转速表的结构和功能特点。

一般情况下，每只转速表都配备了不同规格的连接头等配件，以供测量使用。检测时，先将连接头与转速表连接，然后将连接头顶住电动机转轴的中心部分，使转速表与电动机轴同步旋转即可完成电动机的转速测量，如图2-25所示。

2.2.6 相序仪

相序仪也是电动机检修操作中的常用的测量仪表之一，通常用来判断三相交流电动机的三相供电线与电源的连接是否正常、相位顺序是否正确等。图2-26所示为相序仪的结构和功能特点。

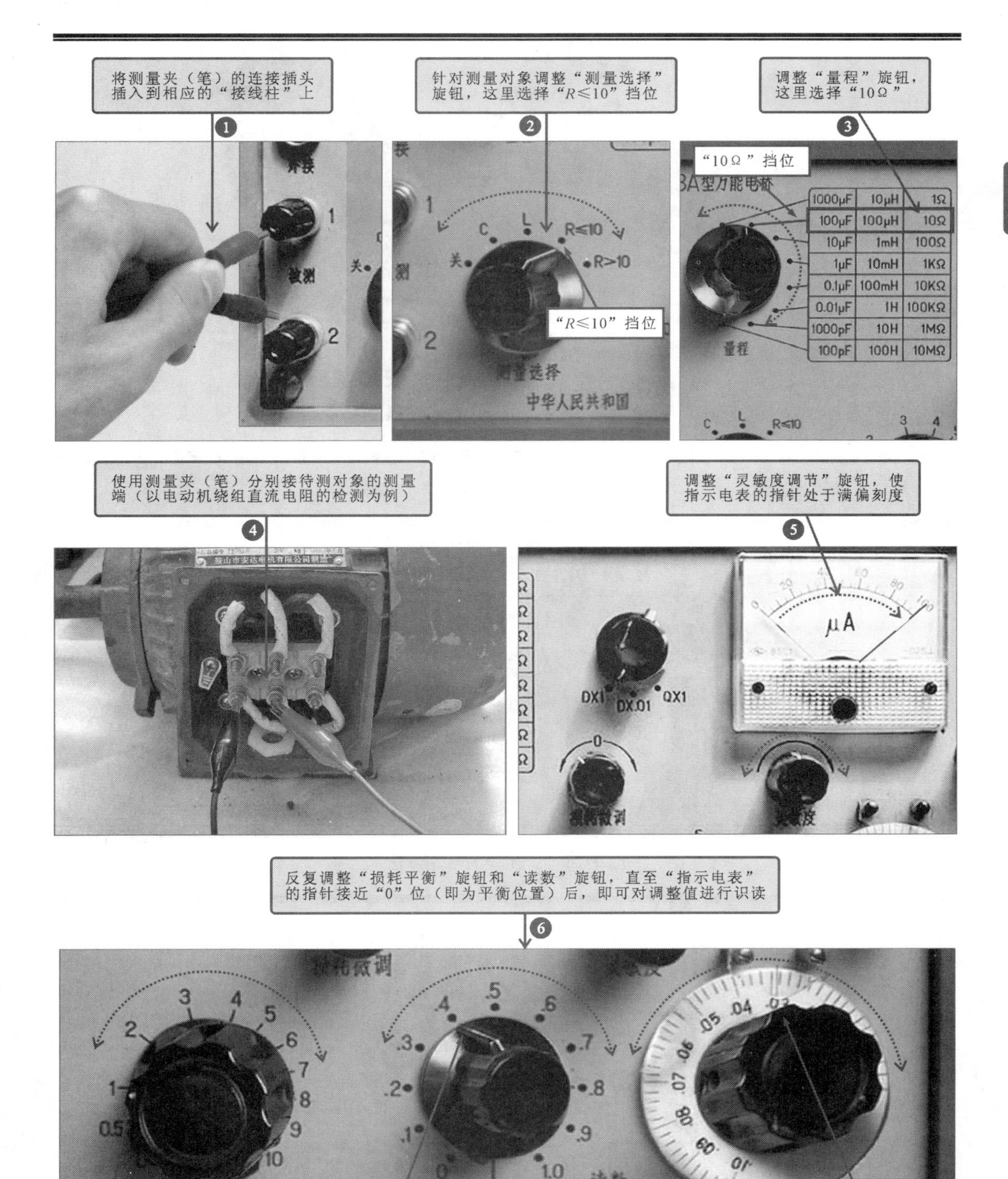

图2-23 使用万能电桥进行测量的基本操作步骤和方法

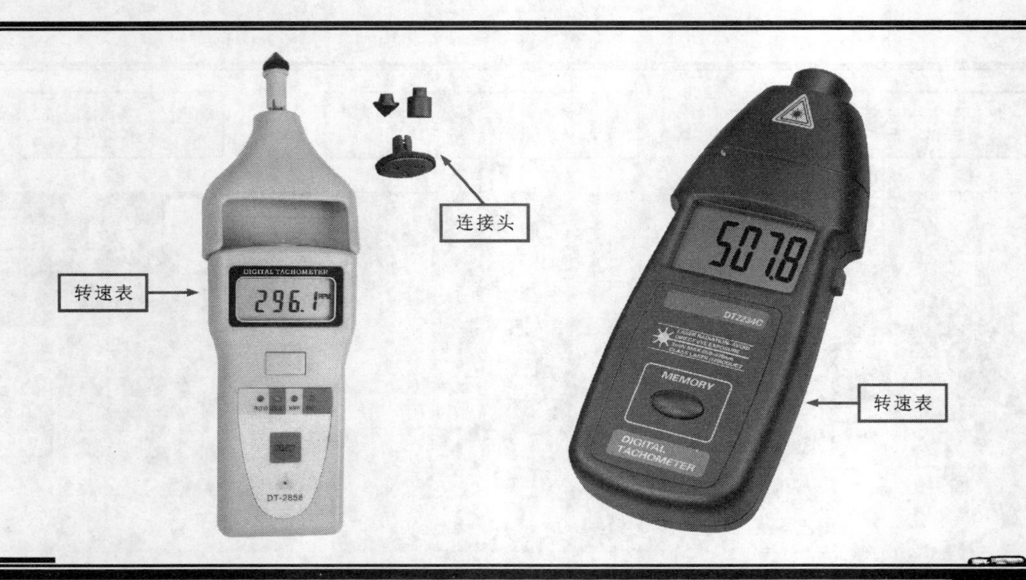

图 2-24　两种转速表的结构和功能特点

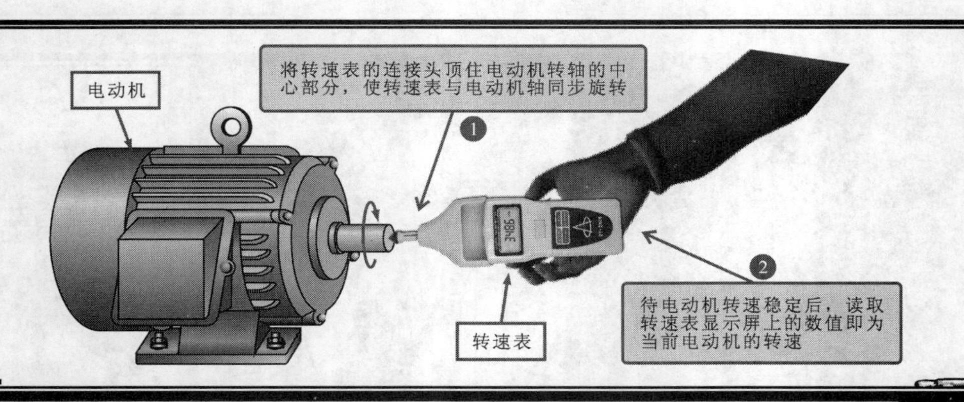

图 2-25　转速表的使用方法

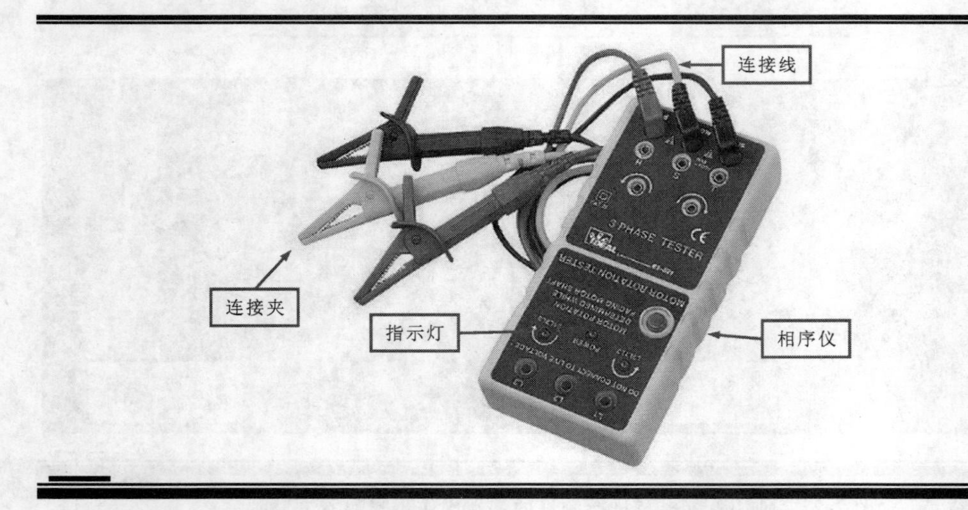

图 2-26　相序仪的结构和功能特点

相序仪的使用方法相对比较简单，将相序仪的三个连接夹分别与电动机三相电源线连接即可检测出电源相序，如图2-27所示，该操作是在进行电动机控制线路连接操作中的重要环节。相序仪是确保三相电源与电动机三相绕组连接相序正确的重要仪表。

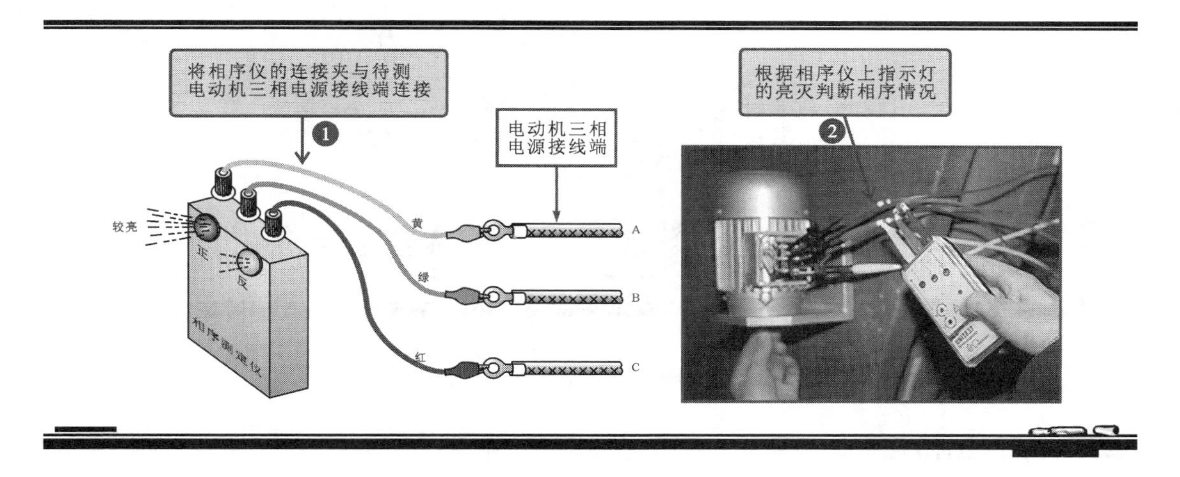

图2-27　相序仪的使用方法

2.2.7　千分表

千分表是一种精确度非常高的测量仪表，它通过齿轮或杠杆将微小直线移动经过传动放大，变为指针在刻度盘上的转动，然后在刻度盘上进行读数，进而测量出被测尺寸的大小，千分表的结构和功能特点如图2-28所示。

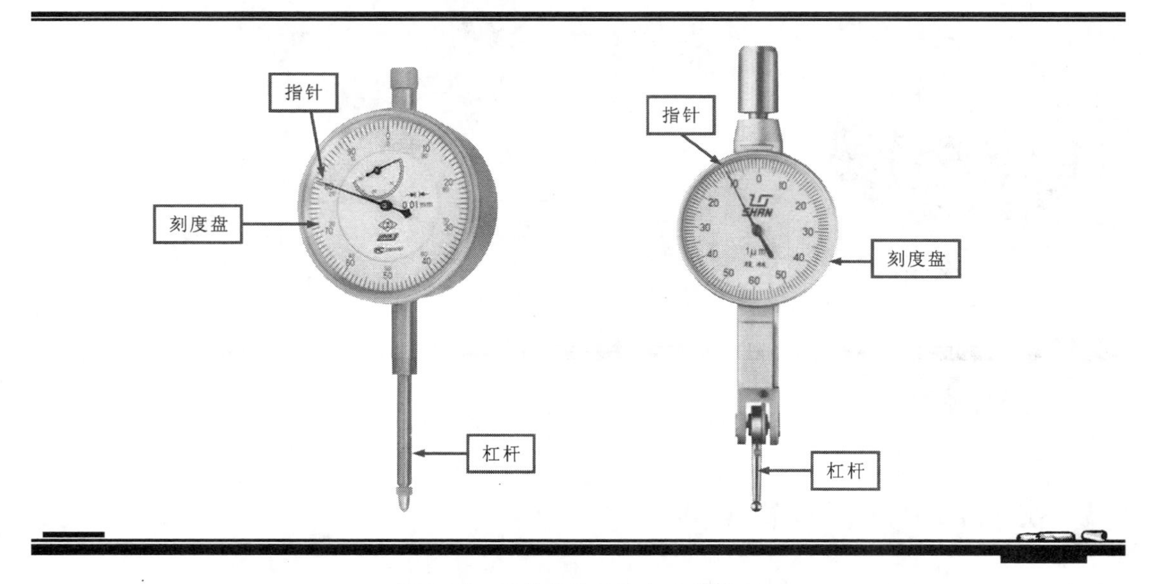

图2-28　千分表的结构和功能特点

在电动机检修操作中，常借助千分表测定电动机转轴的弯曲程度，并在转轴校直过程中辅助监测校直效果，图2-29所示为千分表在电动机检修中的使用方法。

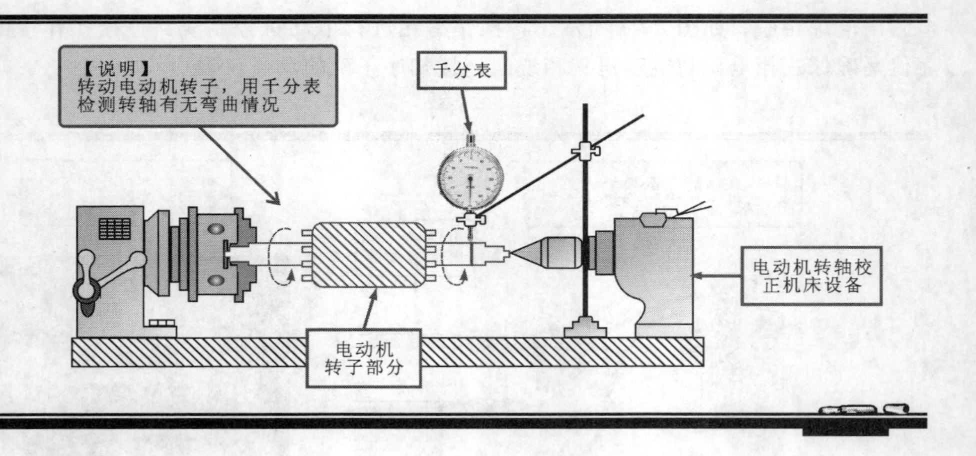

图 2-29　千分表在电动机检修中的使用方法

2.2.8　螺旋测微仪

螺旋测微仪又称千分尺，是一种测量准确度十分精密的测量工具，螺旋测微仪的结构和功能特点如图 2-30 所示。在电动机检修操作中，主要用来检测电动机绕组的线径，即在代换电动机绕组、绕组的重新绕制等环节中使用。

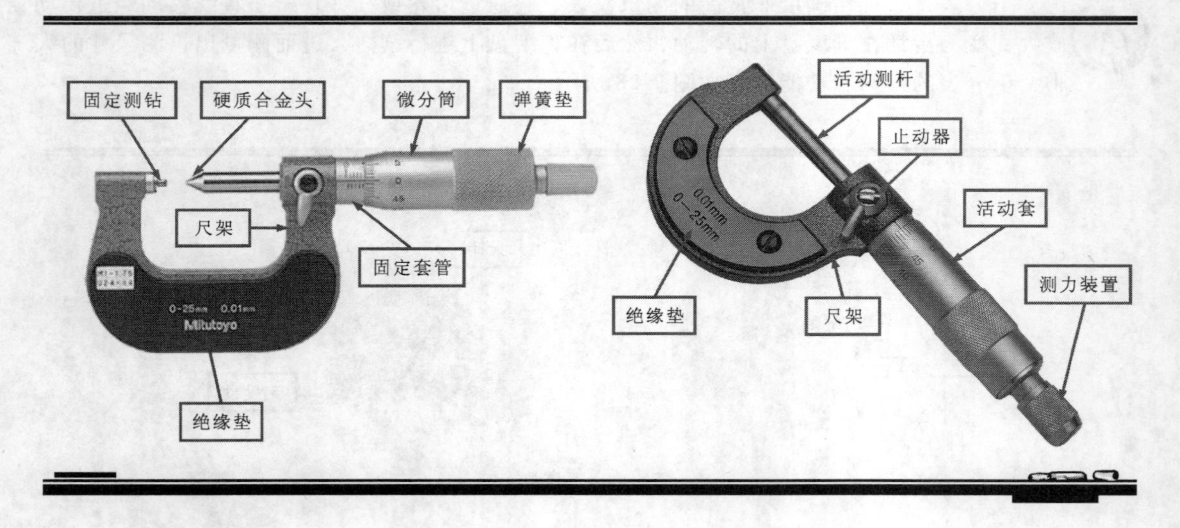

图 2-30　螺旋测微仪的结构和功能特点

2.3　必备的电动机检修工具和材料

在电动机检修操作中，除了必不可少的拆装工具和检测用仪表外，还需要准备一些基本的检修工具和材料，借助这些检修工具和材料完成对电动机故障的排查和修复。下面，我们就来看一看检修电动机必须具备哪些工具和材料。

2.3.1 检修工具

电动机的检修工具是指在检修过程中，用以完成电动机故障排查和修复的必备工具和设备，如修复转轴缺损或裂纹的电焊设备，打磨或修复电动机铁心毛刺的细锉、车床、电钻等，绕组绕制操作中用到的热烘箱、浸泡箱等。

1. 电焊设备

电焊设备的应用比较广泛，在电动机维修操作中，主要用于对电动机轴颈缺损部位进行补焊。电焊设备一般包括电焊机、电焊钳和焊条几部分，典型的电焊设备如图2-31所示。

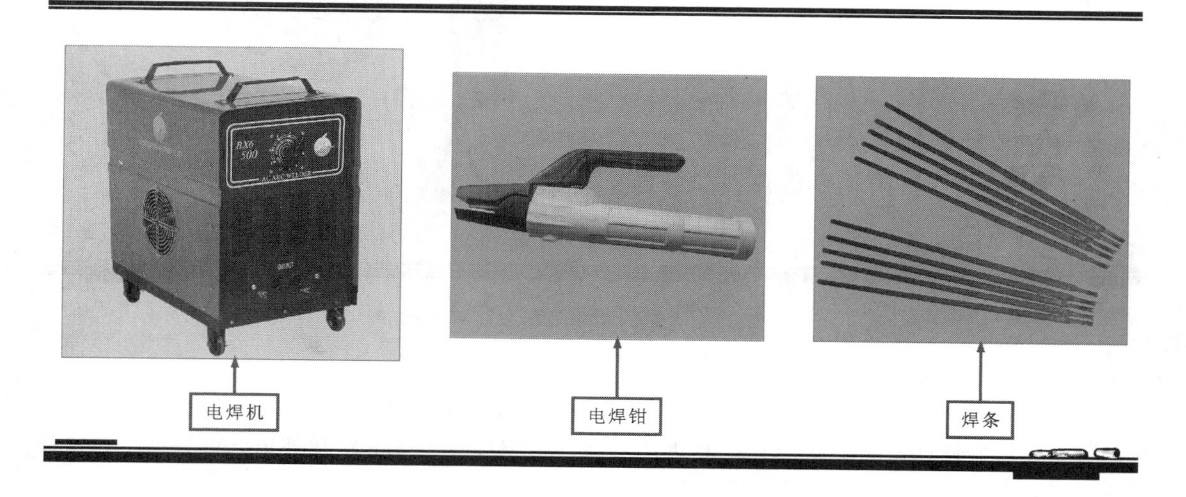

图2-31 典型的电焊设备

操作电焊设备需要具备规范的专业技能，图2-32所示为使用电焊设备对电动机转轴缺损部件进行补焊的操作示意图。

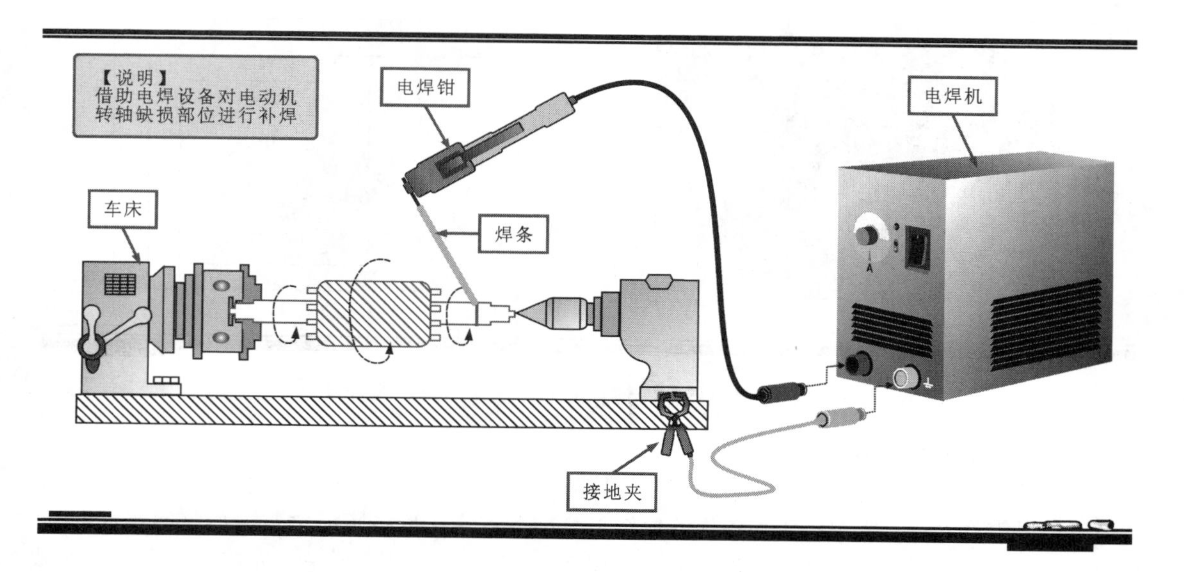

图2-32 使用电焊设备对电动机转轴缺损部件进行补焊的操作示意图

2. 电钻

电钻是一种用于钻孔的专用设备，其实物外形和使用特点如图 2-33 所示。在电动机检修过程中，主要用于对电动机外壳进行钻孔操作。

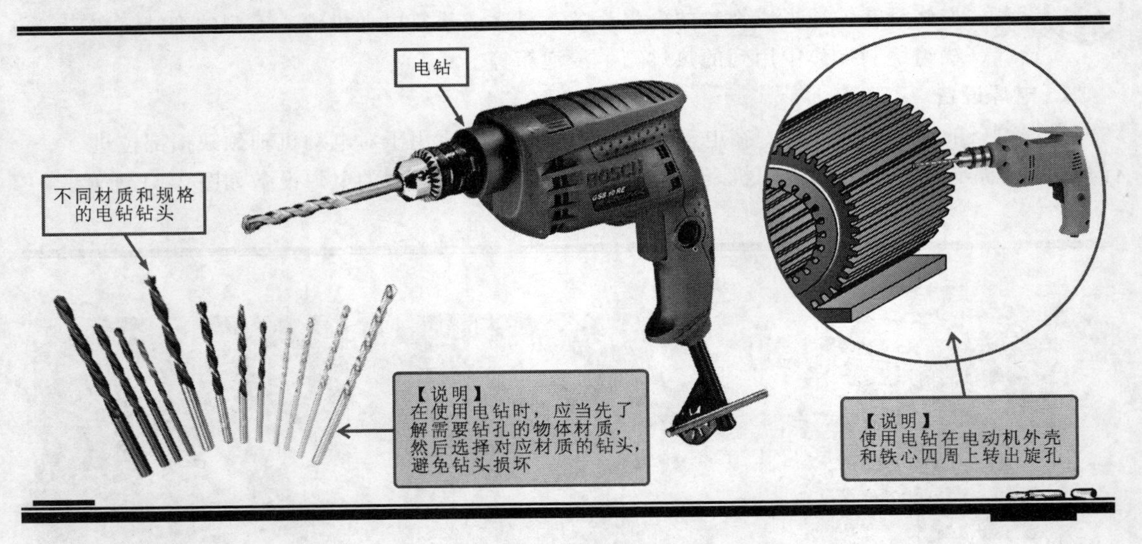

图 2-33　电钻的实物外形和使用特点

3. 热烘箱、浸泡箱

热烘箱和浸泡箱是指专门用于对电动机绕组进行绝缘软化或绕组浸漆与烘干操作的设备，外形示意图及功能特点如图 2-34 所示。热烘箱和浸泡箱都呈长方体形箱状外形，可根据具体检修需求选择对电动机绕组软化或烘干的方式。

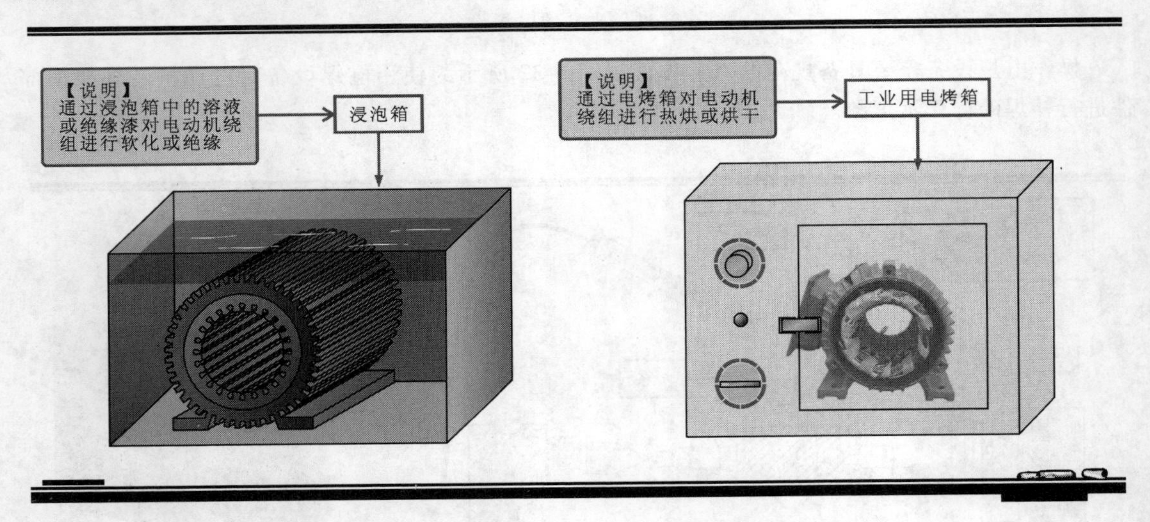

图 2-34　热烘箱、浸泡箱的外形示意图及功能特点

4. 其他必备检修工具

在电动机检修操作中，电动机出现不同的故障，所需要借助的检修工具也不同，因此，作为一名电动机维修人员，需要将各种各样的检修工具准备齐全，以备不时之需，如打磨用的砂纸、剪刀、电工刀、电工笔、毛刷、钢丝刷等，如图 2-35 所示，这里不再一一介绍，可在维修实践中掌握这些工具的使用特点。

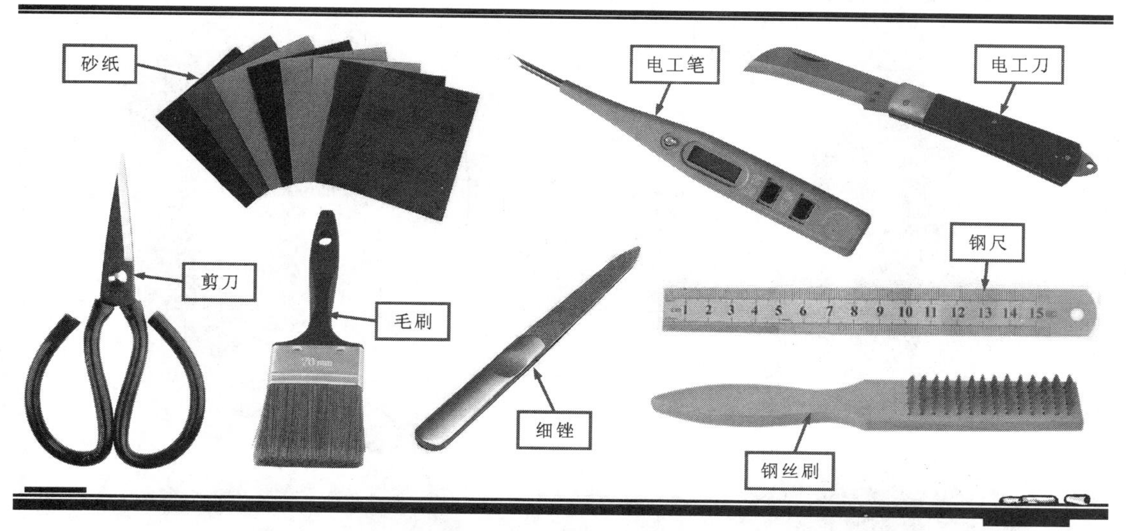

图 2-35　电动机检修操作中的其他必备检修工具

2.3.2　检修材料

在电动机的检修过程中，大多故障都以拆装、代换、清洗、修复的方式排除，在这些操作用，需要用到很多检修材料，如导电材料、绝缘材料、清洗润滑材料等，这些都是实现电动机故障排查的必备材料。

1. 导电材料

导电材料是指能够导电的线材类材料，如电动机绕组所用的电磁线（漆包线）、电动机供电引线端的电源线等，如图 2-36 所示。

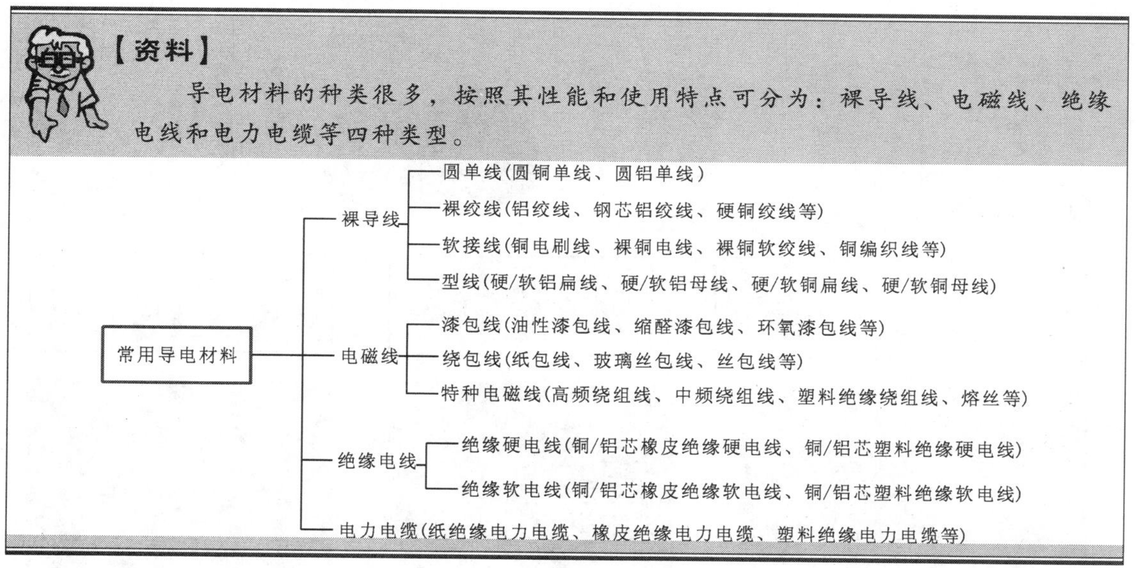

【资料】

导电材料的种类很多，按照其性能和使用特点可分为：裸导线、电磁线、绝缘电线和电力电缆等四种类型。

2. 绝缘材料

绝缘材料是指不能导电的一类材料。在电动机维修操作中，常用的绝缘材料主要有绝缘布、绝缘漆、绝缘胶带和绝缘管等，如图 2-37 所示。

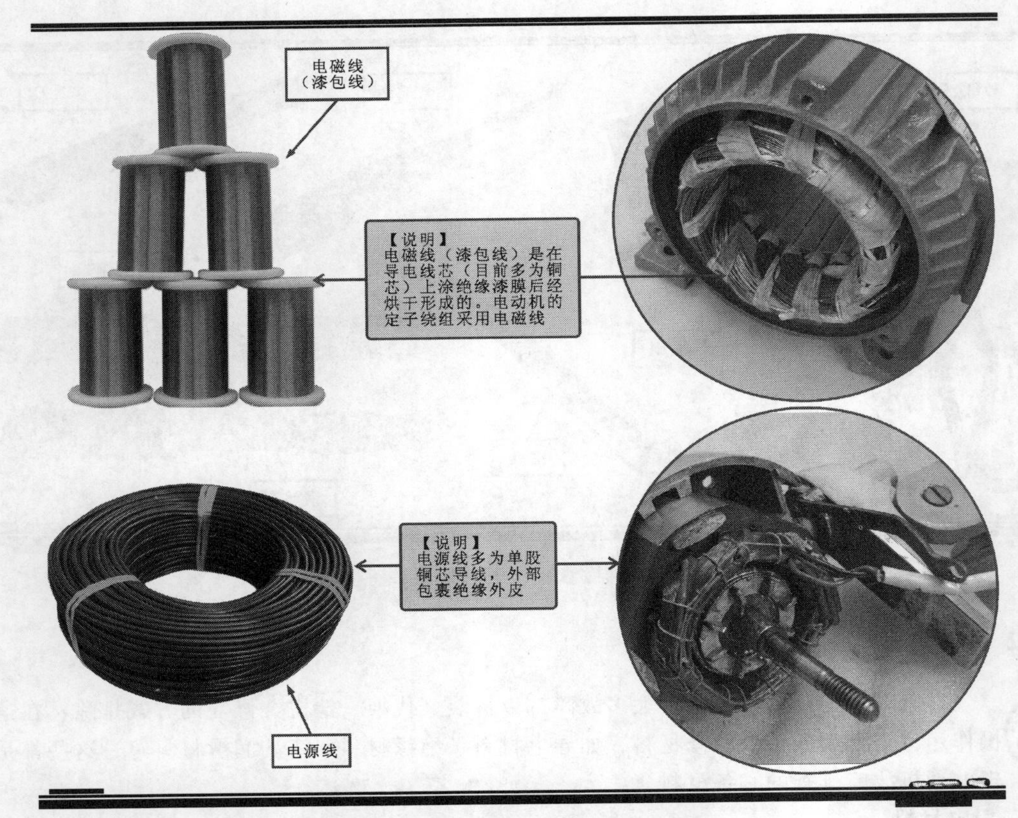

图 2-36　电动机维修中所需的导电材料

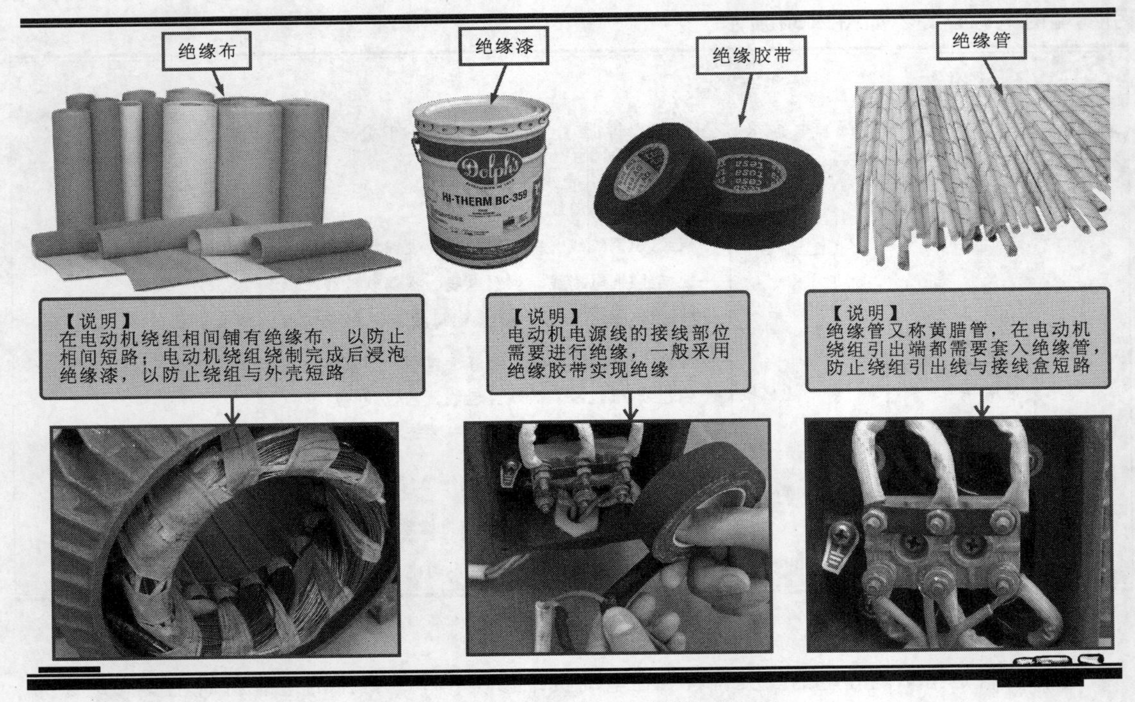

图 2-37　电动机维修中所需的绝缘材料

3. 清洗润滑材料

在电动机维护、维修项目中，清洗和润滑是十分关键环节，常用的清洗润滑材料主要有煤油、汽油、机油、润滑油和润滑脂等，如图2-38所示，可用于对电动机转轴、轴承等传动部件进行清洗和润滑。

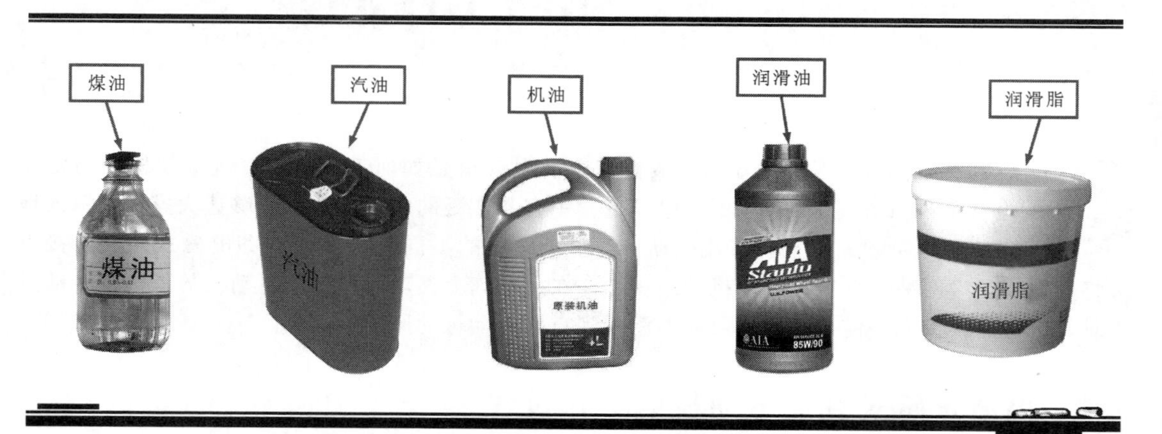

图2-38　电动机维修中所需的清洗润滑材料

第3章 到底直流电动机是如何工作的

现在我们开始学习第3章：搞清楚直流电动机是如何工作的。直流电动机作为常见的电气部件（设备），在电工、电子行业中有着广泛的应用。为了能够让大家全面深入地了解直流电动机，我们将直流电动机按定子磁场的不同分为永磁式和电磁式两类，接下来将分别认识这两种典型直流电动机的结构，并在此基础上，对两种直流电动机的特性及转动过程对其进行深入探究，使我们的学习能够深入到直流电动机的原理层面上。

3.1　搞清永磁式直流电动机的工作过程

大家都知道，直流电动机是指由直流电源（电源具有正负极之分）进行供电的电动机，它主要包括两个部分，即定子部分和转子部分。如果其中的定子部分或转子部分由永久磁体构成，则称之为永磁式直流电动机。下面首先来了解永磁式直流电动机的结构，并弄清楚这种直流电动机是如何工作的。

3.1.1　原来永磁式直流电动机的结构是这样的

永磁式直流电动机定子磁体与圆柱形外壳制成一体，转子绕组绕制在铁心上与转轴制成一体，绕组的引线焊接在换向器上，通过电刷为其供电，电刷安装在定子机座上与外部电源相连。图3-1所示为典型永磁式直流电动机的结构。

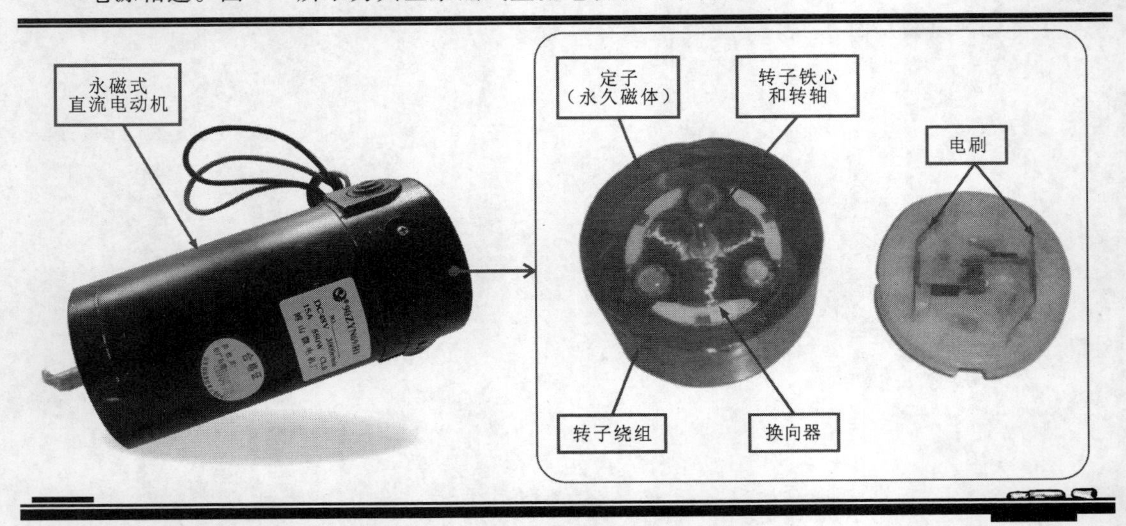

图3-1　典型永磁式直流电动机的结构

1. 转子

永磁式直流电动机的转子是由绝缘轴套、换向器、转子铁心、绕组和转轴（电动机轴）等

部分构成的，如图3-2所示。

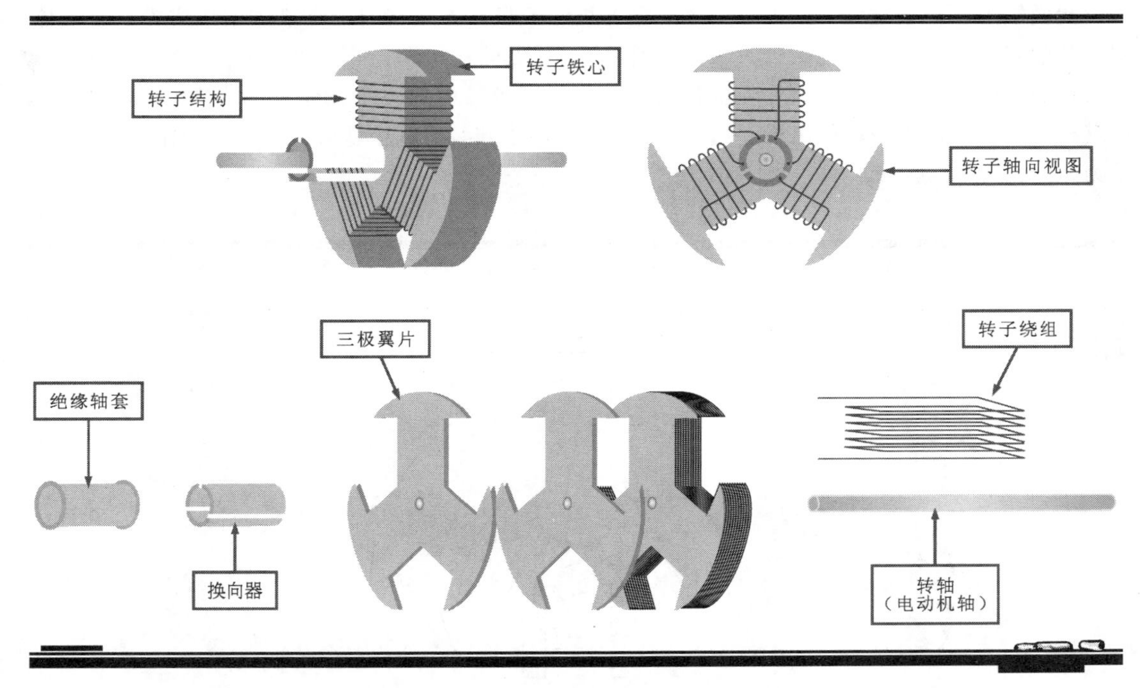

图3-2　典型永磁式直流电动机转子的结构

绕组绕制在转子铁心上，分成三组对称均匀地绕在三极翼片上，三组绕组的引线分别焊接在三片换向器上，为了防止换向器焊片之间短路，将换向器安装在绝缘轴套上，同时也防止与转轴短路。

2. 换向器与电刷

换向器是将三个（或多个）环形金属片（铜或银材料）嵌在绝缘轴套上制成的，是转子绕组的供电端。电刷是由铜石墨或银石墨组成的导电块，电刷通过压力弹簧压力接触到换向器上，也就是说电刷和换向器是靠弹性压力互相接触向转子绕组传送电流的，其位置关系如图3-3所示。

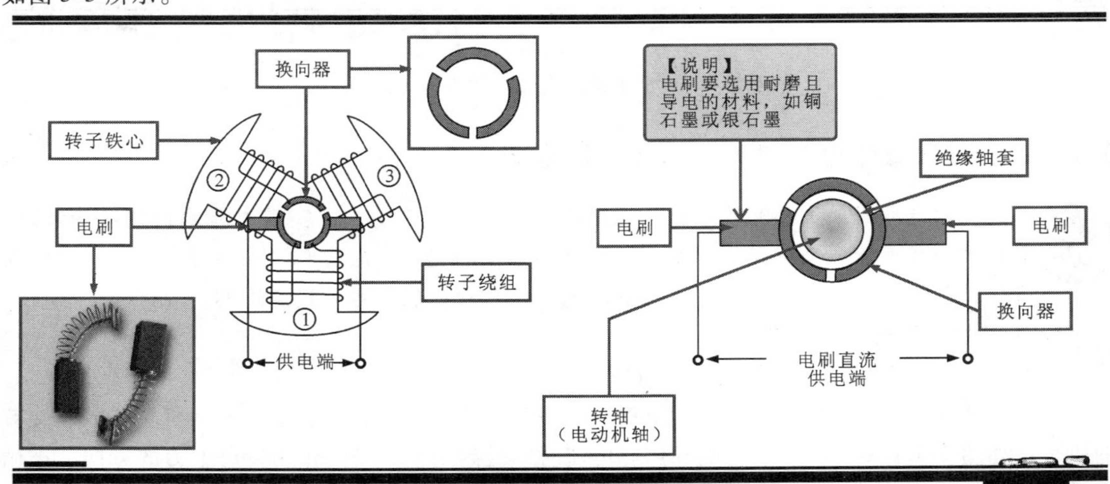

图3-3　典型永磁式直流电动机换向器与电刷的结构

3. 定子

我们知道一个永磁体不论大小，都具有N极和S极。如果将两个小磁体粘接成为一个磁体，则中间的部分就会变成中性磁极，两侧分别为N、S磁极；如果将两个永磁体安装到一个由铁磁性材料制成的圆筒内，则圆筒外壳就称为中性磁极部分，内部两个磁体分别为N极和S极，这样就构成了产生定子磁场的磁极，如图3-4所示，转子安装于其中就会受到磁场的作用而产生转动力矩。

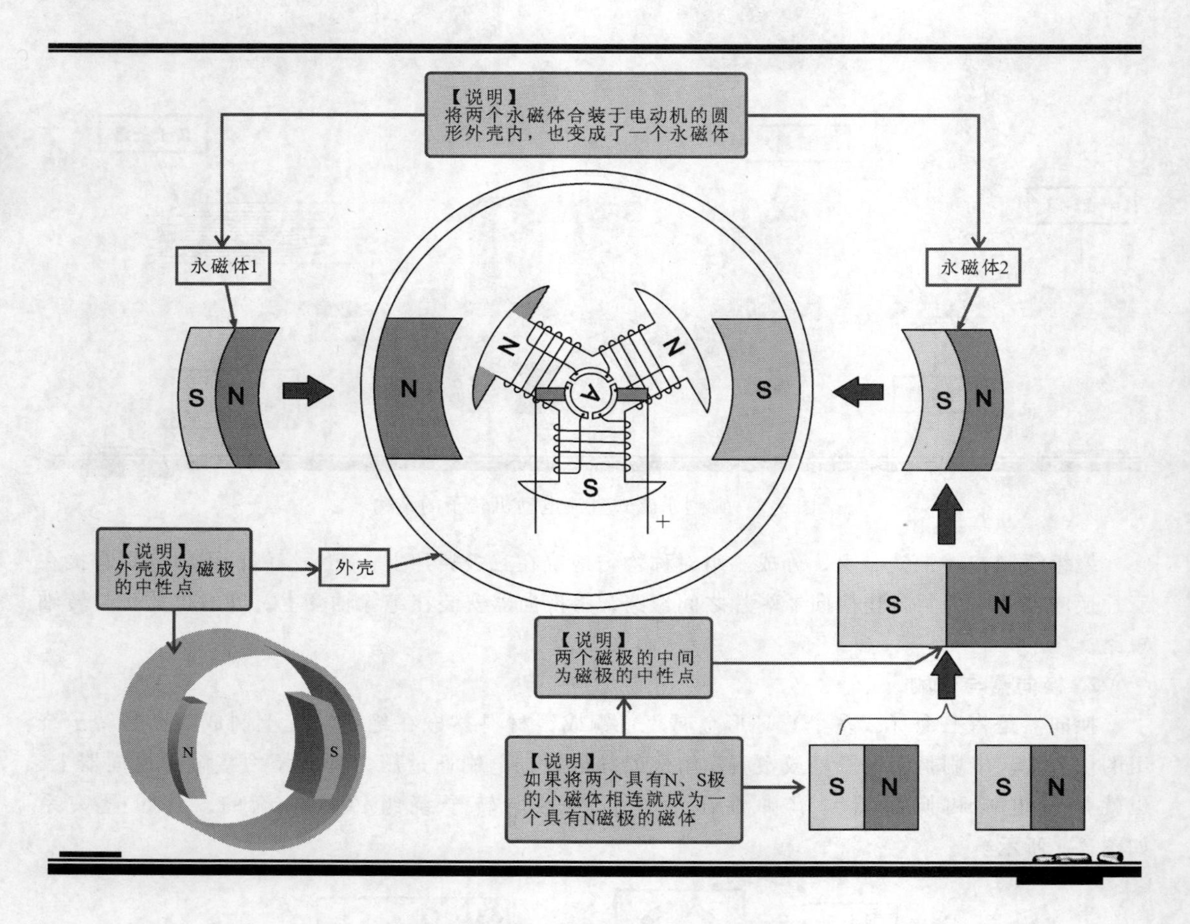

图3-4　典型永磁式直流电动机定子的结

3.1.2　永磁式直流电动机的工作过程挺好玩

一台电动机最重要的特点就是能在通电的状态下转动，即实现电能到机械能的转换，那么永磁式直流电动机是如何实现这一转换过程的呢？下面我们深入学习永磁式直流电动机的转动原理中去，探究一下这个好玩的工作过程，从学习中找到乐趣。

1. 永磁式直流电动机的特性

（1）永磁式直流电动机转矩的产生原理

由于导体在磁场中有电流流过时就会受到磁场的作用而产生转矩，这是电动机转子能够旋转的机理，如图3-5所示。转子绕组的导体有电流时，受到定子磁场的作用所产生力的方向，遵循左手定则，这就是电动机的起动转矩产生的原理。

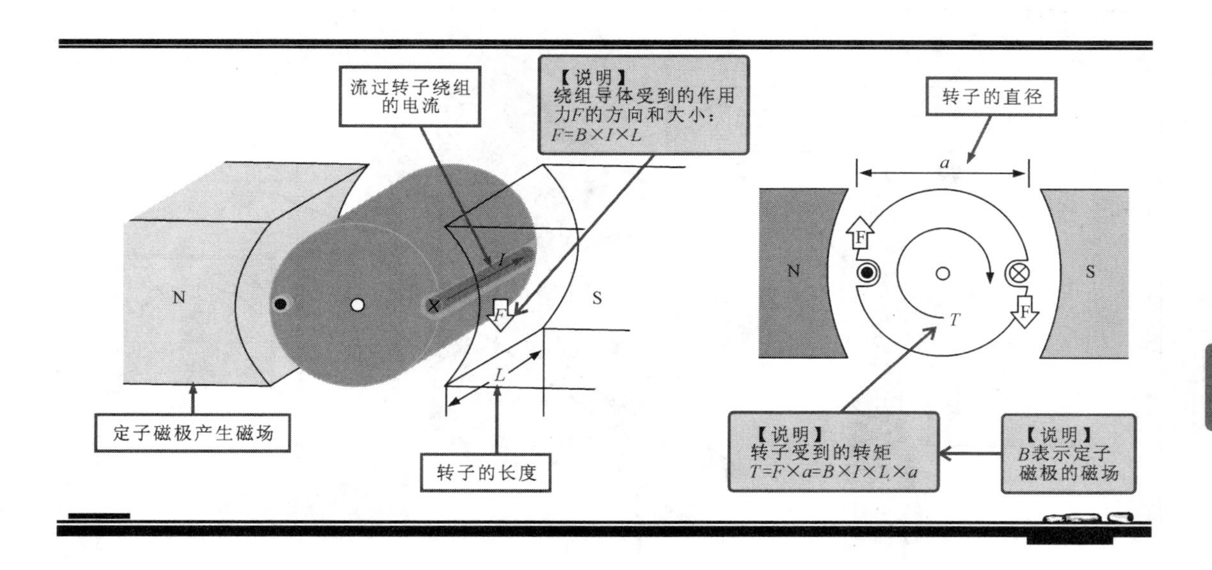

图 3-5　永磁式直流电动机转矩的产生原理

由此可见，增加转子的直径，加长转子轴向的长度，增强转子绕组的电流以及增强定子磁极的磁场都会增强电动机的转矩。

（2）永磁式直流电动机的反电动势

永磁式直流电动机外加直流电源后，转子会受到磁场的作用力而旋转，但是当转子绕组旋转时又会切割磁力线而产生电动势，该电动势的方向与外加电源的方向相反，因而被称为反电动势，如图 3-7 所示，所以当电动机旋转起来后，电动机绕组所加电压等于外加电源电压与反电动势之差，其电压小于起动电压。

2. 永磁式直流电动机的转动原理

永磁式直流电动机工作时，转子绕组和换向器旋转，定子永磁体及电刷不转，转子绕组中的电流是电刷与换向器靠压力弹簧压力（或靠接）互相接触传送的；转子绕组电流方向的交替变化是随电动机转动的换向器以及与其相关的电刷完成的。

图 3-8 为永磁式直流电动机中各主要部件的关系图。

将永磁式直流电动机接通直流电源时，直流电源的正负极通过电刷、换向器与电动机的转子绕组接通，图 3-9 所示为永磁式直流电动机接通电源时，电动机中线圈的电流方向以及转子受力旋转方向。

可以看到，有刷电动机接通电源一瞬间时，直流电源的正、负两极通过电刷 A 和 B 与电动机的转子绕组接通，直流电流经电刷 A、换向器 1、绕组 ab 和 cd、换向器 2、电刷 B 返回到电源的负极。根据电磁感应理论，载流导体 ab 和 cd 在磁场中要受到电磁力的作用。

【资料】

左手定则是确定通电导体在外磁场中受力方向的定则。其判断方法如图 3-6 所示。即伸开左手，使拇指与其余四指垂直，并都与手掌在同一平面内，让磁力线穿入手心（手心面向磁场 N 极），四指指向电流方向，拇指所指方向就是导体的受力方向。

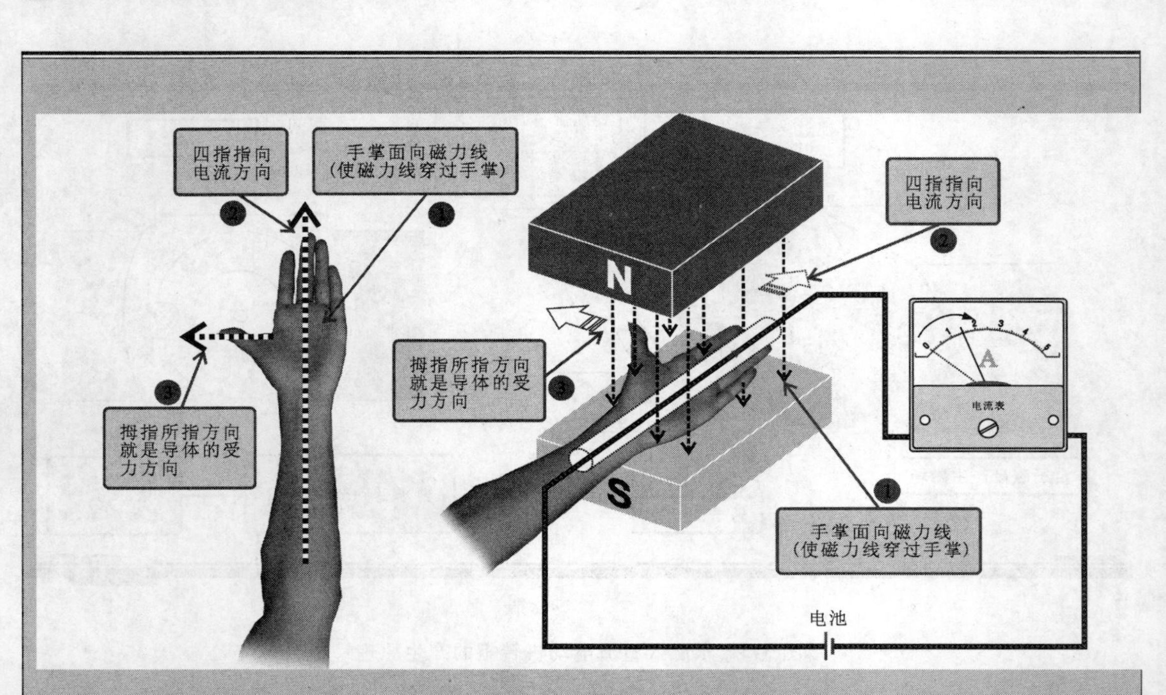

图 3-6　左手定则

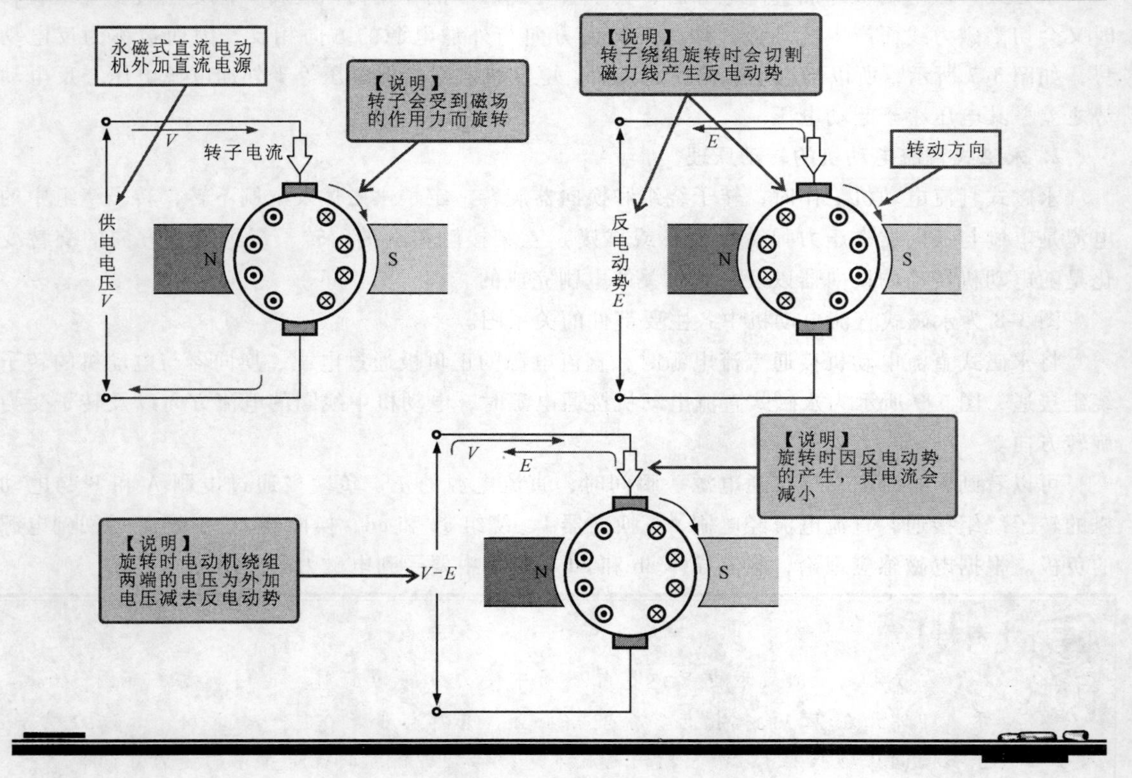

图 3-7　永磁式直流电动机的反电动势

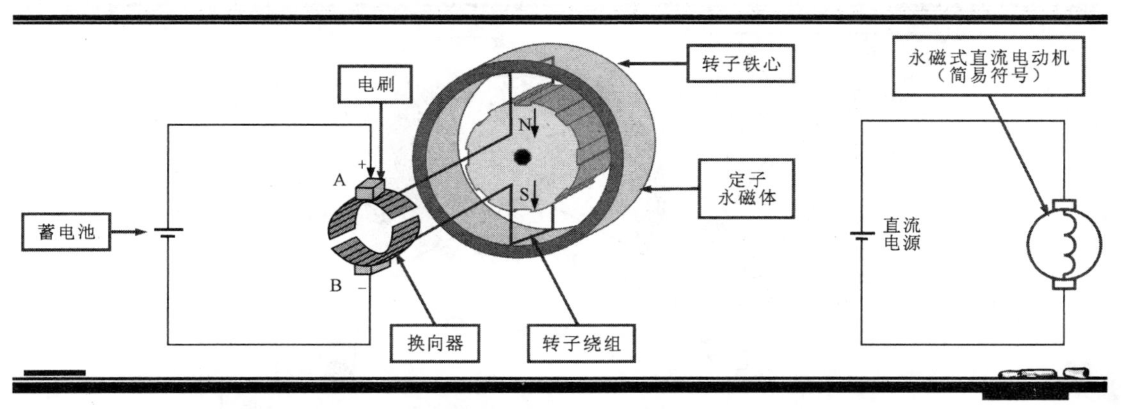

图 3-8　永磁式直流电动机主要部件的关系示意图

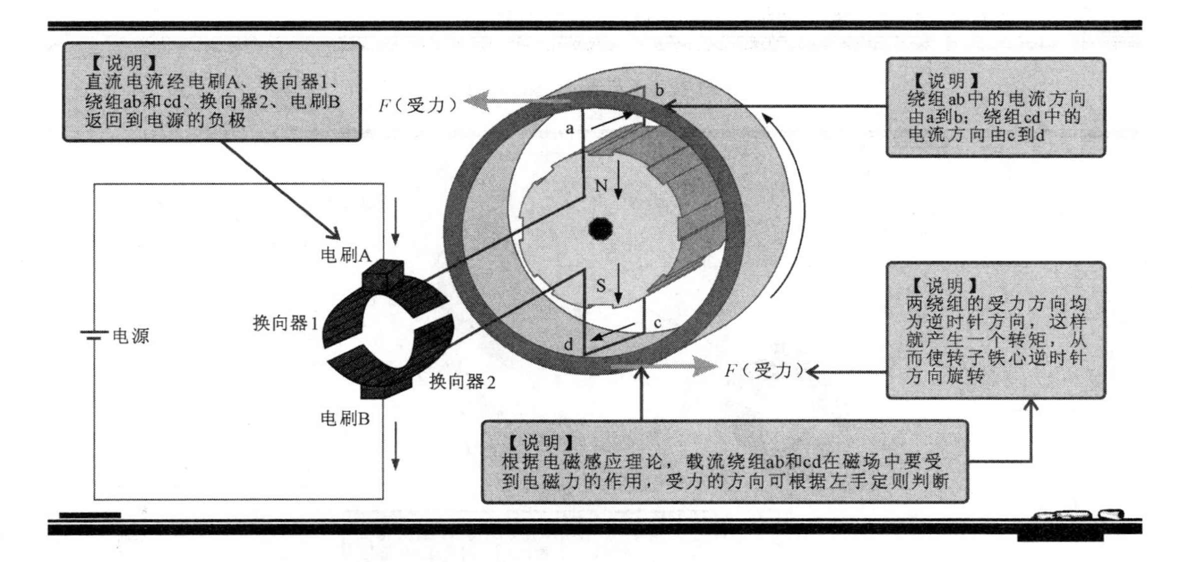

图 3-9　电源接通瞬间有刷电动机线圈电流方向以及转子受力旋转方向

根据左手定则，由于导体 ab 中的电流方向由 a 到 b，而导体 cd 中的电流方向由 c 到 d，因此，两者的受力方向均为逆时针方向。这样就产生一个转矩，从而使电枢（转子）逆时针方向旋转。

图 3-10 所示为有刷电动机转子转过 90°时的工作过程。当有刷电动机转子转过 90°时，两个绕组边处于磁场物理中性面，且电刷不与换向器接触，绕组中没有电流流过，$F=0$，转矩消失。

图 3-11 所示为有刷电动机转子再经 90°旋转的工作过程。由于机械惯性的作用，有刷电动机的转子将冲过一个角度（90°），这时绕组中又有电流流过，此时直流电流经电刷 A、换向器 2，绕组 dc 和 ba、换向器 1、电刷 B 返回到电源的负极。

【注意】

上述直流电动机转动过程中，一个线圈边从一个磁极范围经过中性面到相邻的异性磁极范围时，通过线圈的电流方向已改变一次，因而转子的转动方向保持不变。改变线圈中电流方向是靠换向器和电刷来完成的。

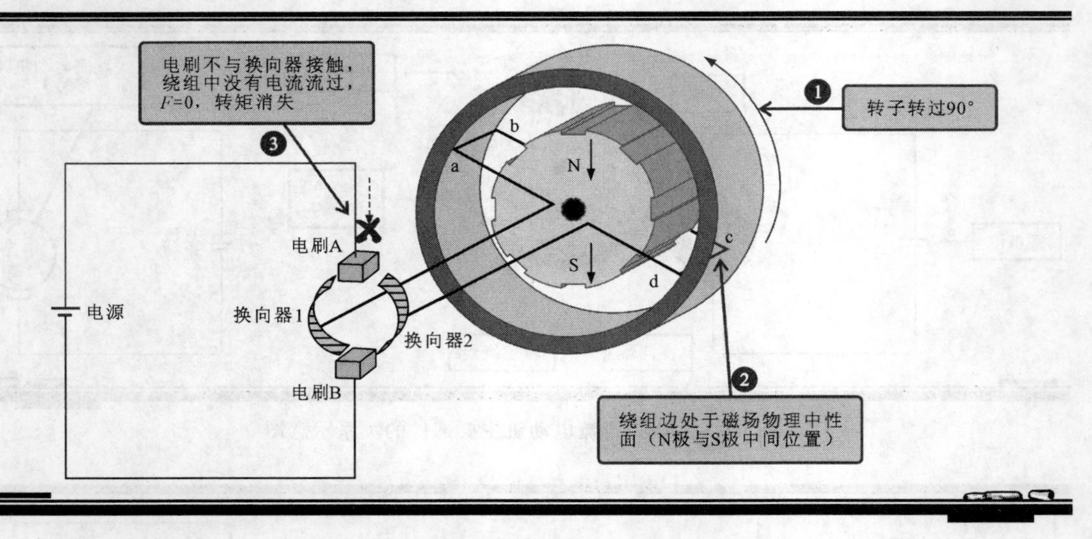

图 3-10　有刷电动机转子转过 90°时的工作过程

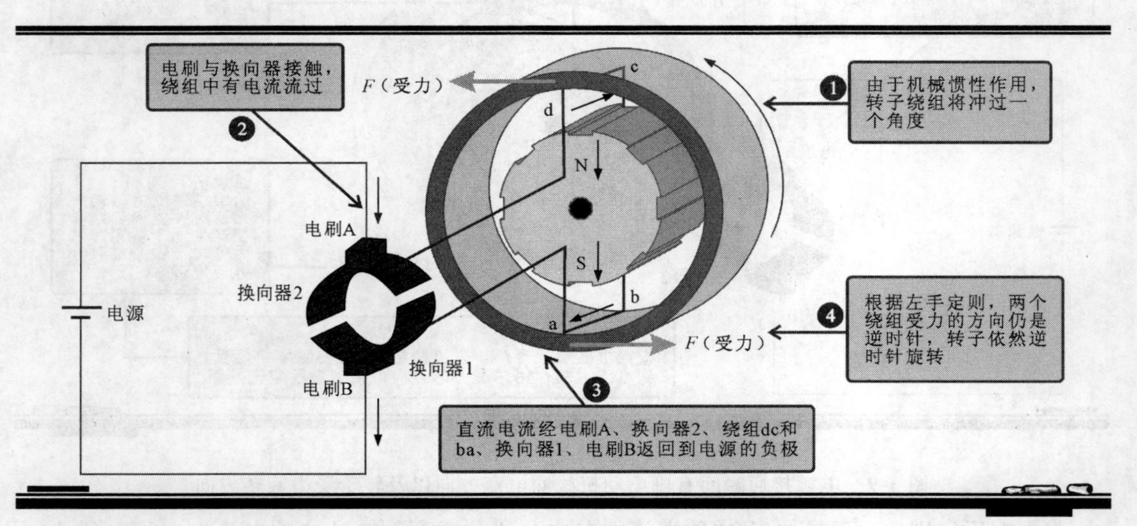

图 3-11　有刷电动机转子再经 90°旋转的工作过程

3. 永磁式直流电动机的转动过程

永磁式直流电动机有两极转子、三极转子和多极转子之分，其内部结构略有不同，因此其工作原理也有部分差异，但其基本的原理大致相同，下面我们以两极和三极两种永磁式直流电动机为例，介绍一下这种类型直流电动机的转动过程。

（1）两极转子永磁式直流电动机的转动过程

两极式转子是将转子铁心制成两翼形，每个翼片上绕一组绕组，共有两组绕组和两个换向器接线片，如图 3-12 所示，两个电刷分别接电源的正负极。

图 3-13 所示为两极转子永磁式直流电动机的转动过程。

（2）三极式转子的转动过程

三极式转子是将转子铁心制成三翼形，每个翼片上绕一组绕组，共有三组绕组和三个换向器接线片，但电刷仍为两个，分别接电源的正负极，图 3-14 所示为电刷与换向器、三相绕组的连接关系。

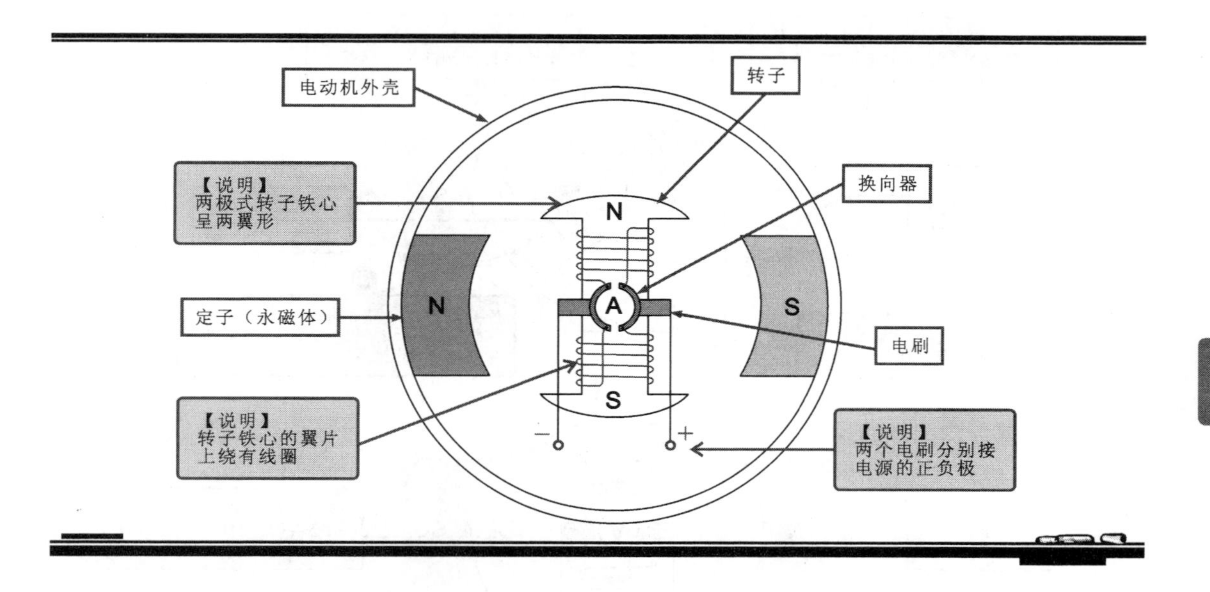

图 3-12　两极转子永磁式直流电动机的结构原理示意图

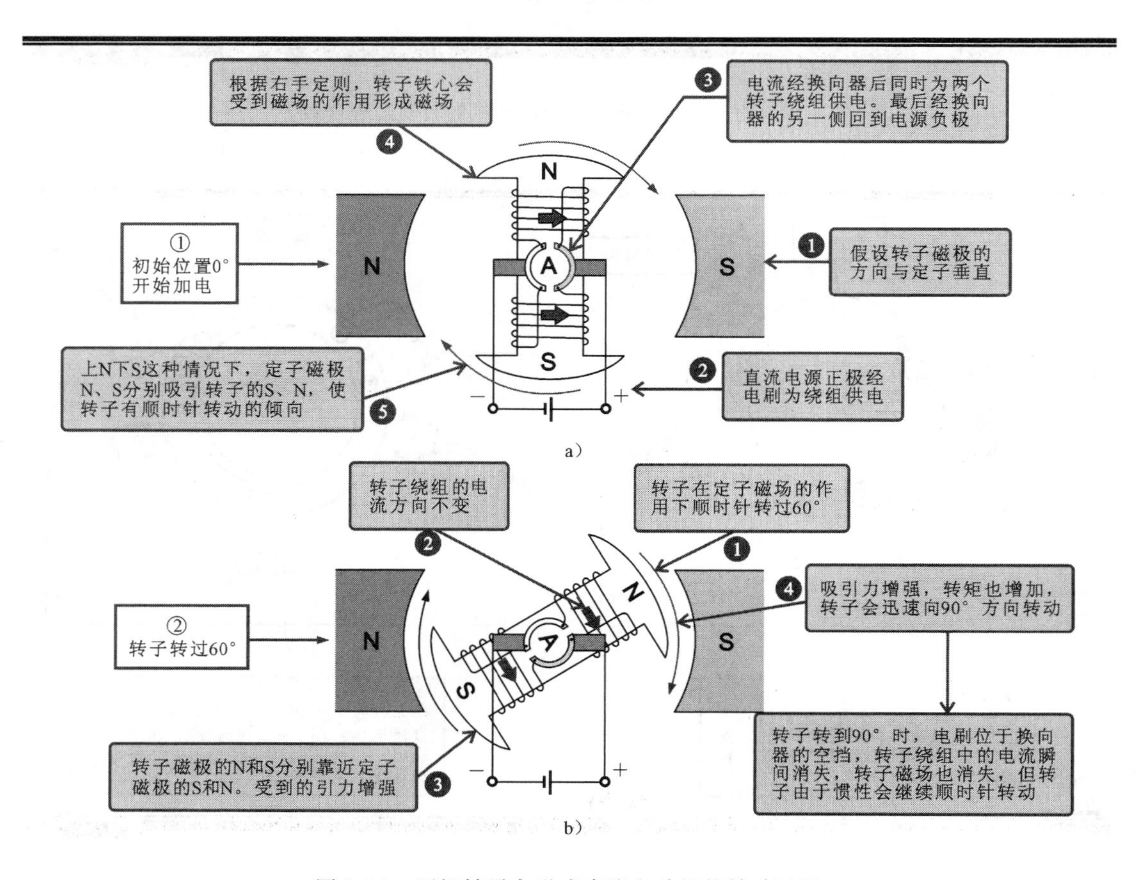

图 3-13　两极转子永磁式直流电动机的转动过程

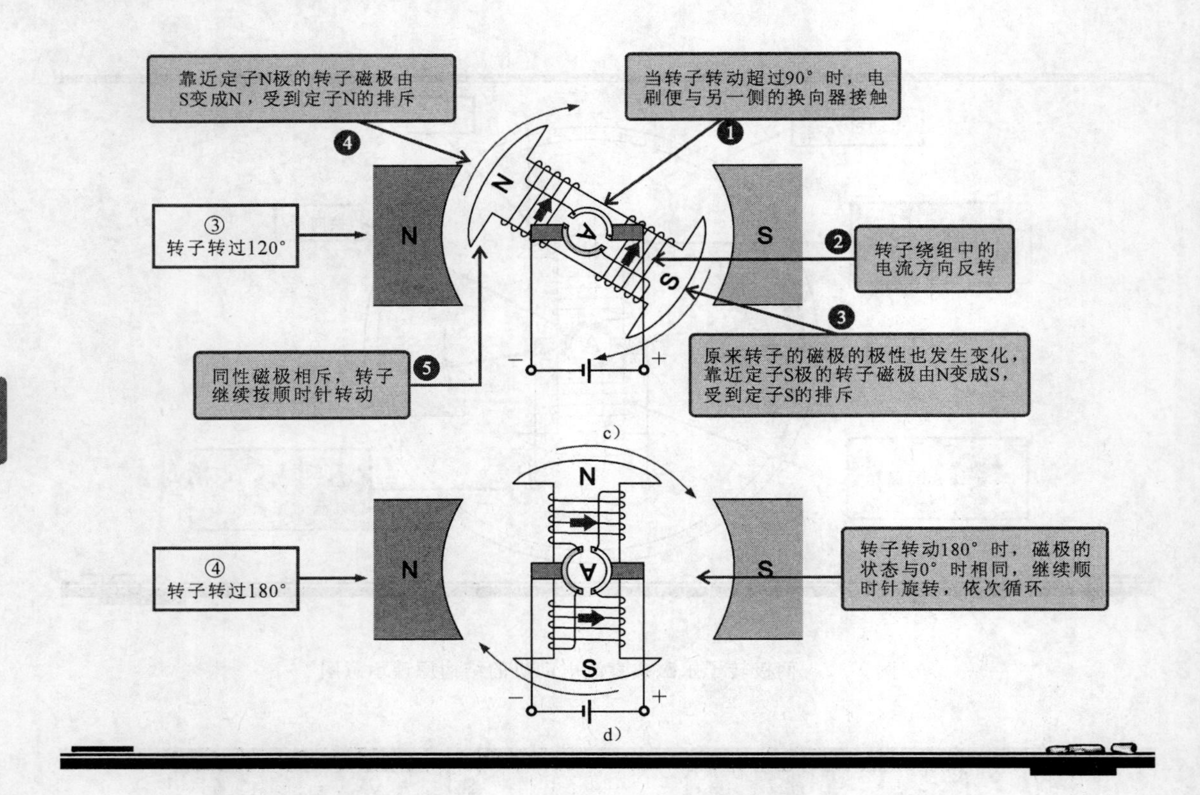

图 3-13　两极转子永磁式直流电动机的转动过程（续）

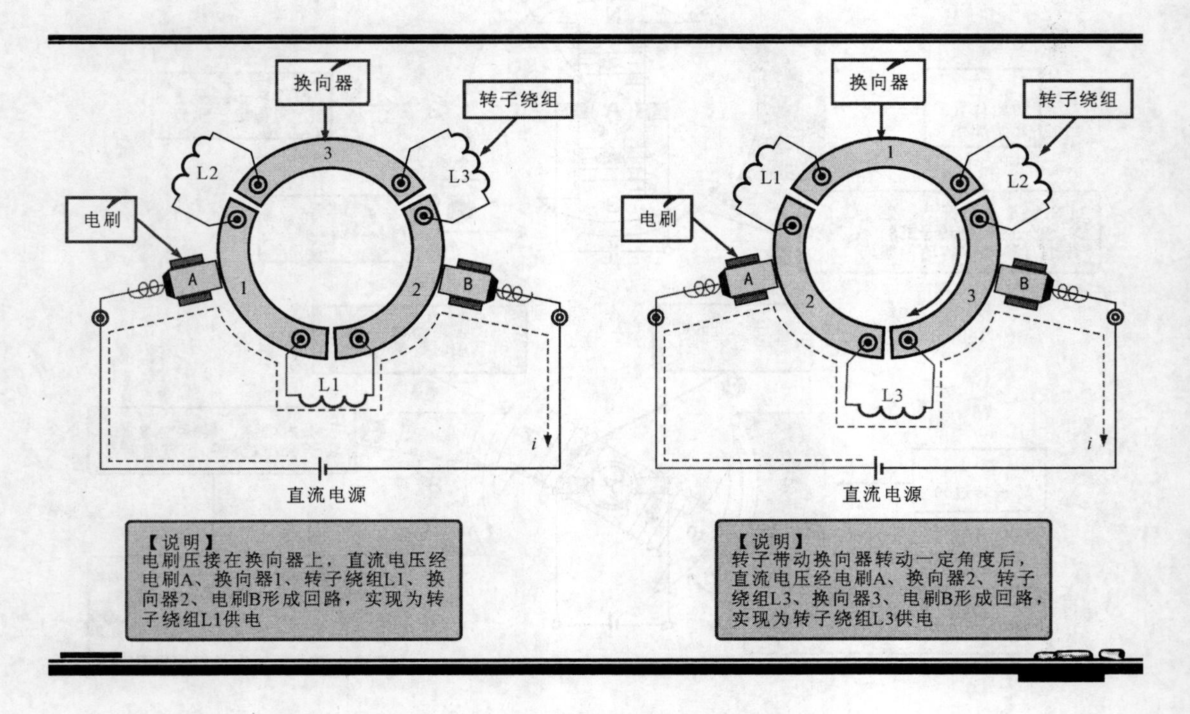

图 3-14　电刷与换向器、三相绕组的连接关系

【注意】

由于转子工作时是旋转的，因此安装在转子上换向器也是旋转的，供电电源的引线不能与绕组引线或换向器引线焊接在一起，电源是通过压在换向器上的电刷进行供电，借助于弹性压力为转动的绕组供电，三片换向片在转动过程中与两个电刷的刷片接触，从而获得电能。

图3-15所示为三极永磁式直流电动机的结构与原理示意图，电源供电时，转子磁极是根据转角与电刷的接触状态变化。

图3-16所示为三极转子永磁式直流电动机的转动过程。

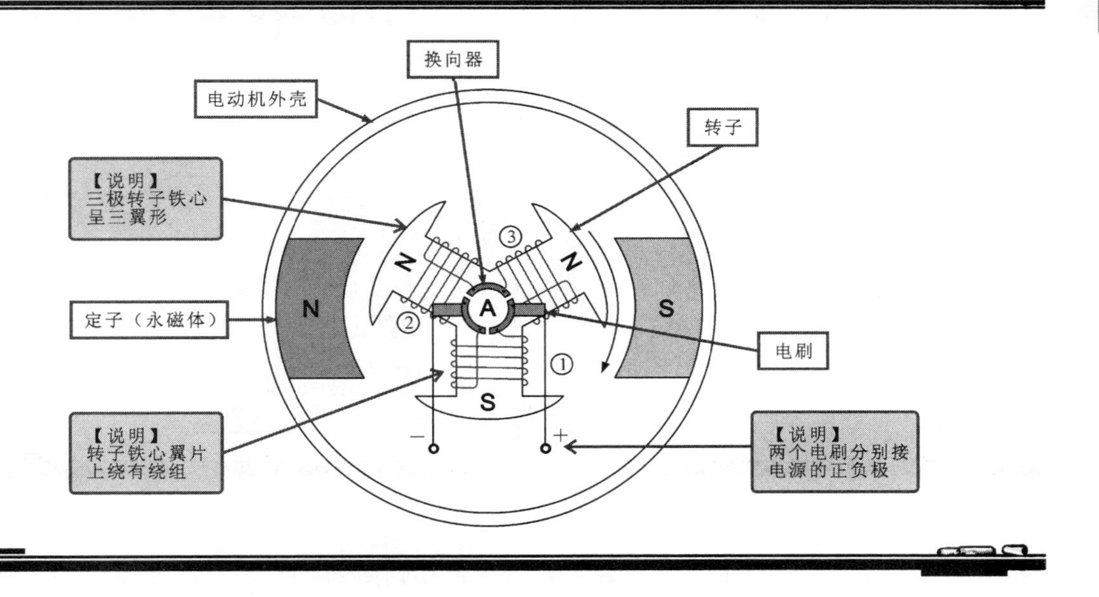

图3-15　三极转子永磁式直流电动机的结构与原理示意图

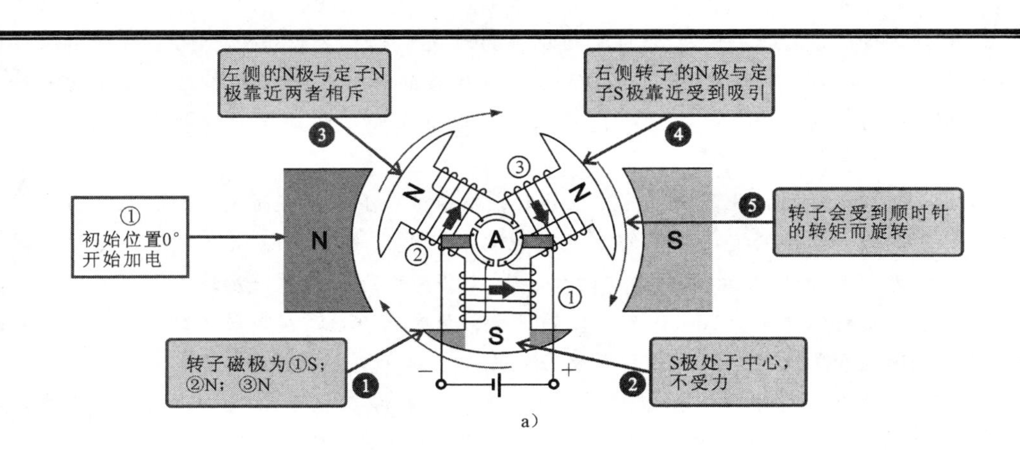

图3-16　三极转子永磁式直流电动机的转动过程

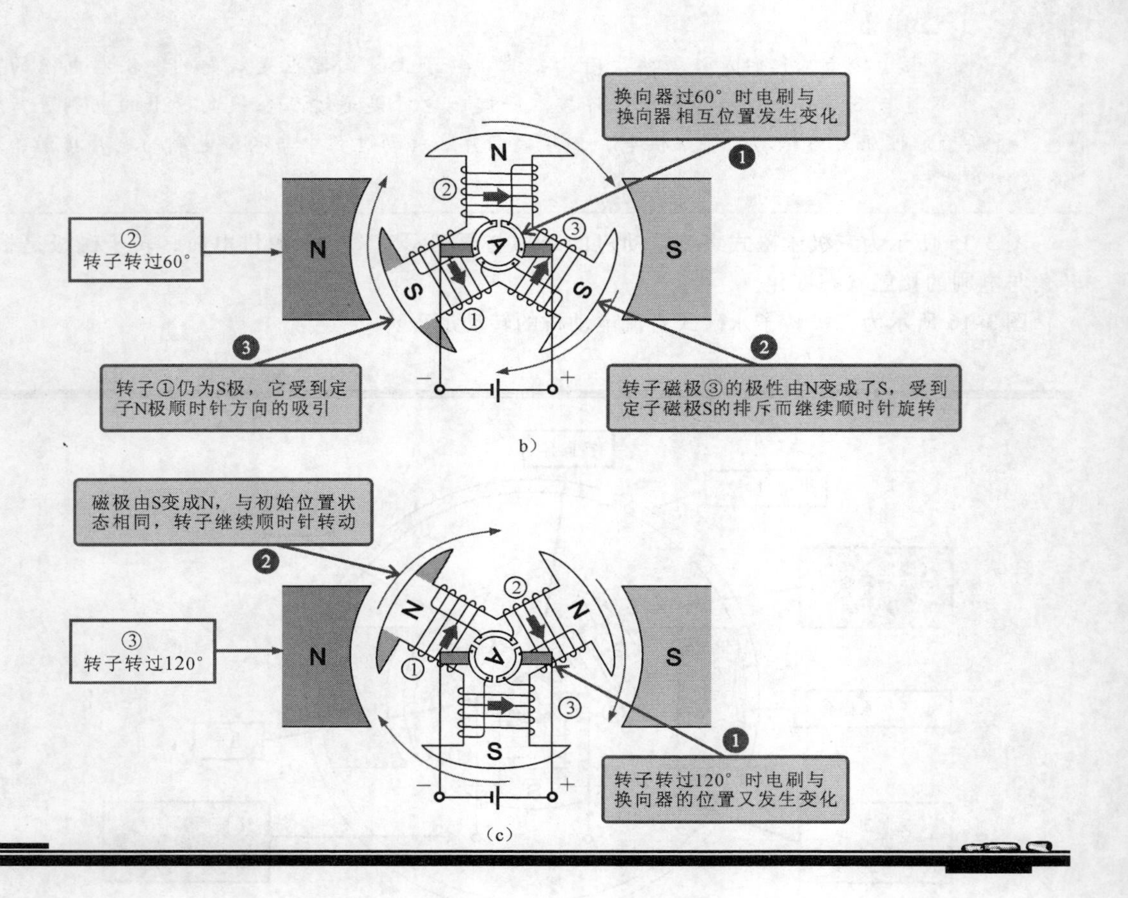

图 3-16　三极转子永磁式直流电动机的转动过程（续）

【资料】

在家用电子电器产品和一些自动控制的机电系统中，大多微型或小型电动机为直流电动机，还有一种常见的电动机称为步进电动机。步进电动机是一种由脉冲驱驱动的电动机，是将电脉冲信号转变为角位移或线位移的开环控制器件。在负载正常的情况下，步进电动机的转速、停止的位置（或相位）只取决于驱动脉冲信号的频率和脉冲数，不受负载变化的影响。

当步进电动机驱动器接收到一个脉冲信号时，该信号就会驱动步进电动机按设定方向转动一个固定的角度。如空调器室内机中的导风板电动机，复印机、打印机中的字车驱动电动机等。该角度称为“步距角”。步进电动机的旋转是以固定的角度一步一步运行的。可以通过控制脉冲个数来控制角位移量。从而达到确定的目标；同时可以通过控制脉冲的频率来控制步进电动机转动的速度和加速度，从而达到调整的目的。

目前，常用的步进电动机可分为感应式（可变磁阻）步进电动机（VR）、永磁式步进电动机（PM）和混合式步进电动机（HB）。图 3-17 所示为永磁式步进电动机的结构。

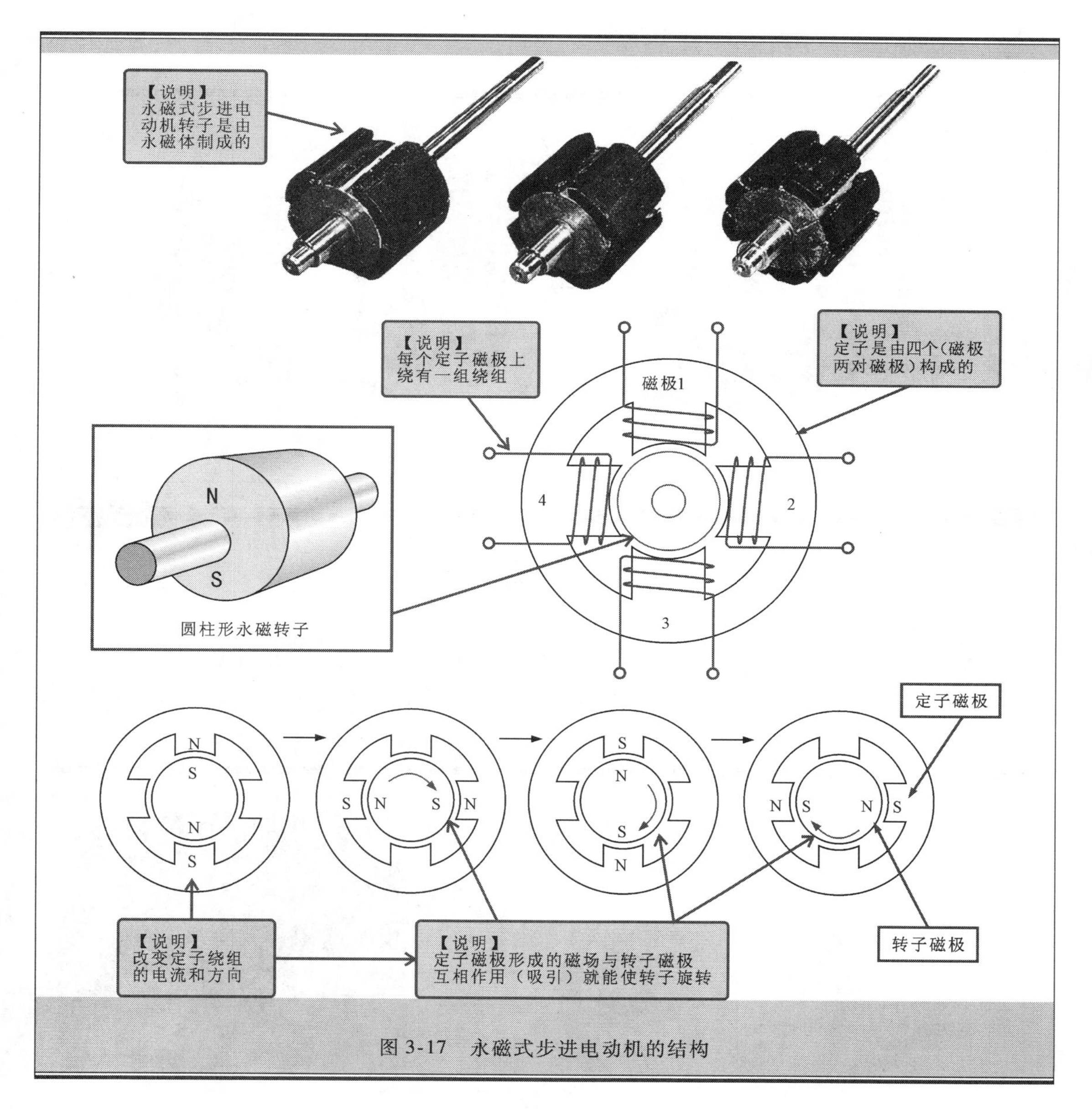

图 3-17　永磁式步进电动机的结构

3.2　搞清电磁式直流电动机的工作过程

通过上面学习，我们了解到永磁式直流电动机是指由永久磁体构成定子的一类电动机，那么，电磁式直流电动机是不是指由电磁体构成定子的电动机呢？下面我们将来揭开这个谜题，并在此基础上搞清楚这种直流电动机的工作过程。

3.2.1　原来电磁式直流电动机的结构是这样的

电磁式直流电动机是将用于产生定子磁场的永磁体用电磁铁取代，定子铁心上绕有绕组（线圈），转子部分是由转子铁心、绕组（线圈）、换向器和转轴组成的。图 3-18 所示

为典型电磁式直流电动机的实物外形与结构。

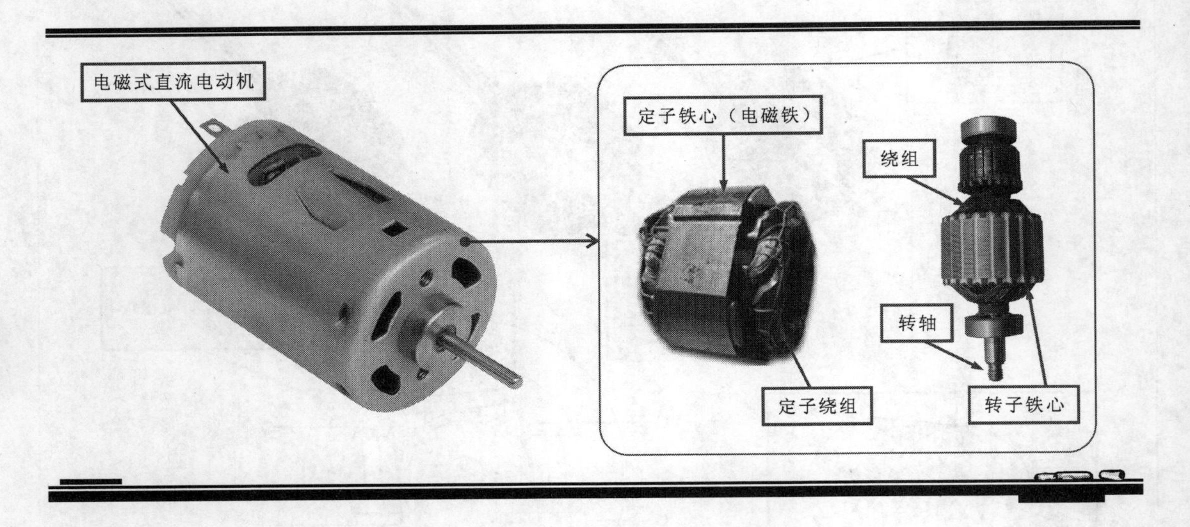

图 3-18　典型电磁式直流电动机的实物外形与结构

1. 定子绕组

在电磁式直流电动机的外壳内分别设有两组铁心，各绕一组绕组，并由直流电源供电，它所形成的磁场与永磁定子产生的磁场相同，增强其中的电流可增强磁场的强度。图 3-19 所示为典型电磁式直流电动机定子绕组的结构及磁场。

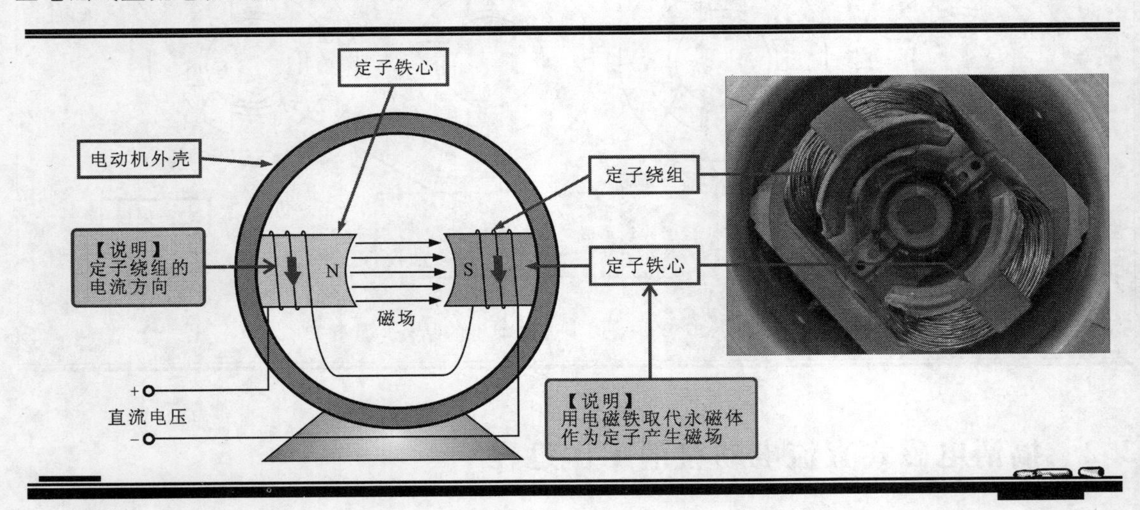

图 3-19　典型电磁式直流电动机定子绕组的结构及磁场

2. 转子绕组

将转子铁心制成圆柱状，周围开多个绕组槽以便将多组绕组卧入槽中，增加转子绕组的匝数可以增强电动机的起动转矩。图 3-20 所示为典型电磁式直流电动机转子绕组的结构和绕制方法。

3. 转子绕组与换向器的连接关系

图 3-21 所示为典型电磁式直流电动机转子绕组与换向器的连接关系图。

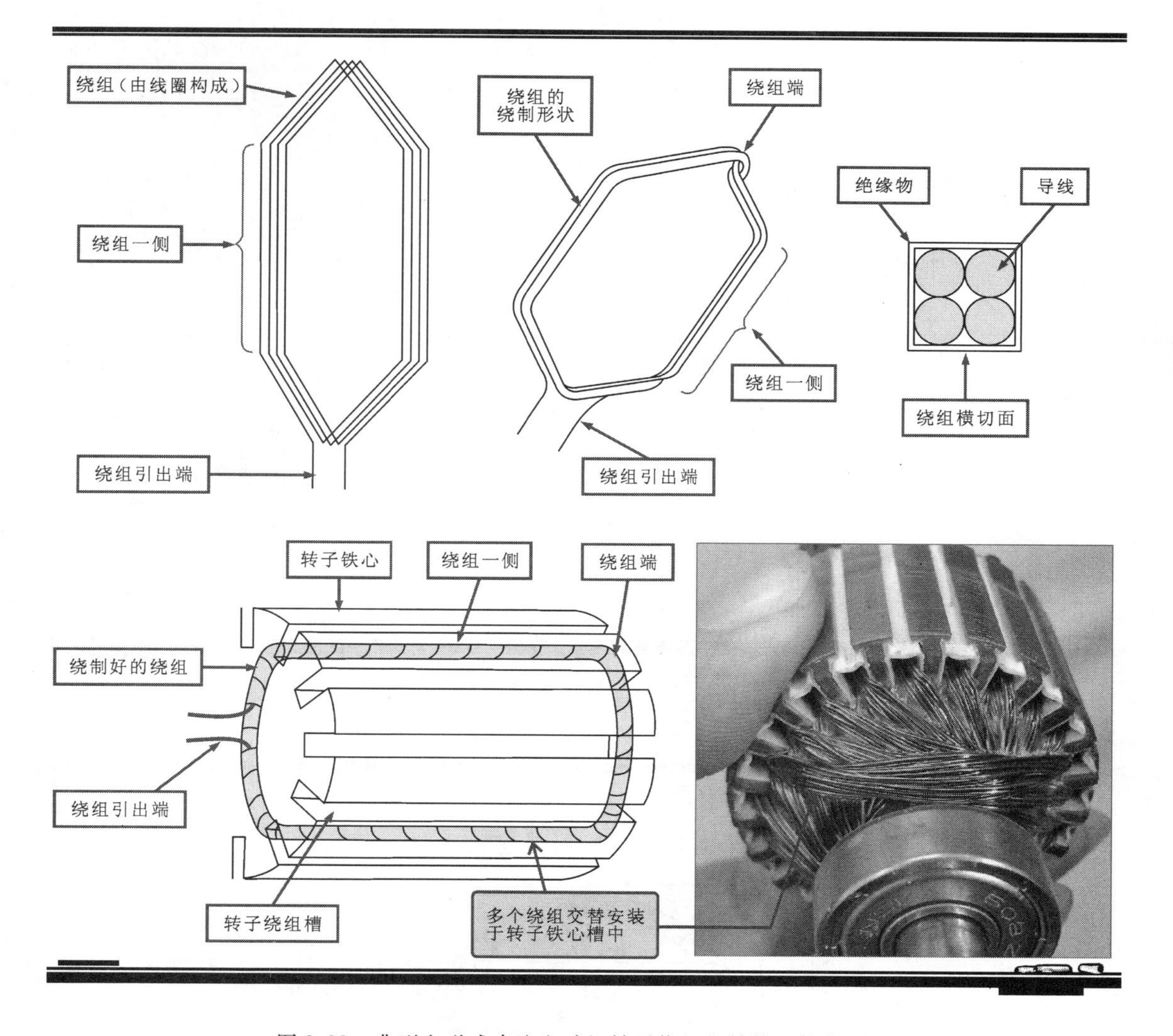

图 3-20　典型电磁式直流电动机转子绕组的结构和绕制方法

3.2.2　电磁式直流电动机的工作过程挺好玩

前面我们了解了永磁式电动机将电能转换为机械能的过程，那么电磁式直流电动机是如何实现这一转换过程的呢？下面我们深入学习永磁式直流电动机的转动原理中去，探究一下这个好玩的工作过程，从学习中找到乐趣。

1. 电磁式直流电动机的工作过程

电磁式直流电动机按照主磁极与电枢绕组接线方式不同，又可分为他励式、串励式、并励式、复励式等几种，其内部结构及供电方式略有不同，因此其工作过程也有部分差异，但其基本的工作过程大致相同。

（1）他励式直流电动机的工作过程

他励式直流电动机的转子绕组和定子绕组分别接到各自的电源上，这种电动机需要两套直流电源。图 3-22 所示为他励式直流电动机的工作过程。

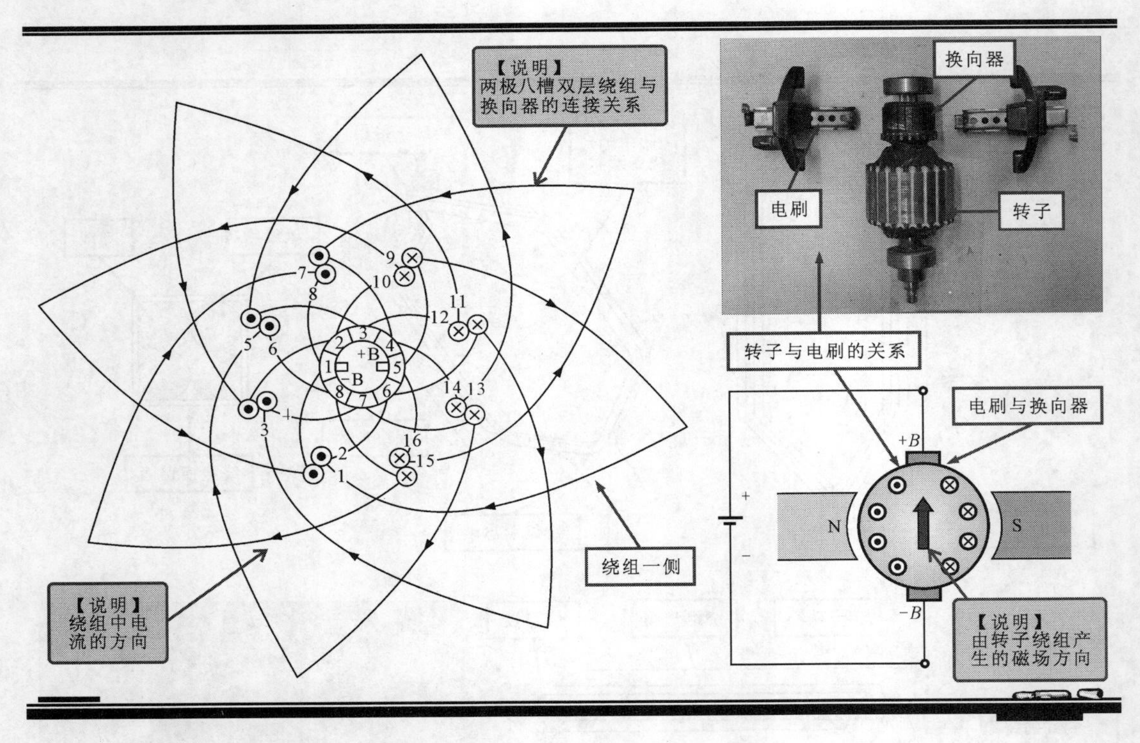

图 3-21　典型电磁式直流电动机转子绕组与换向器的连接关系图

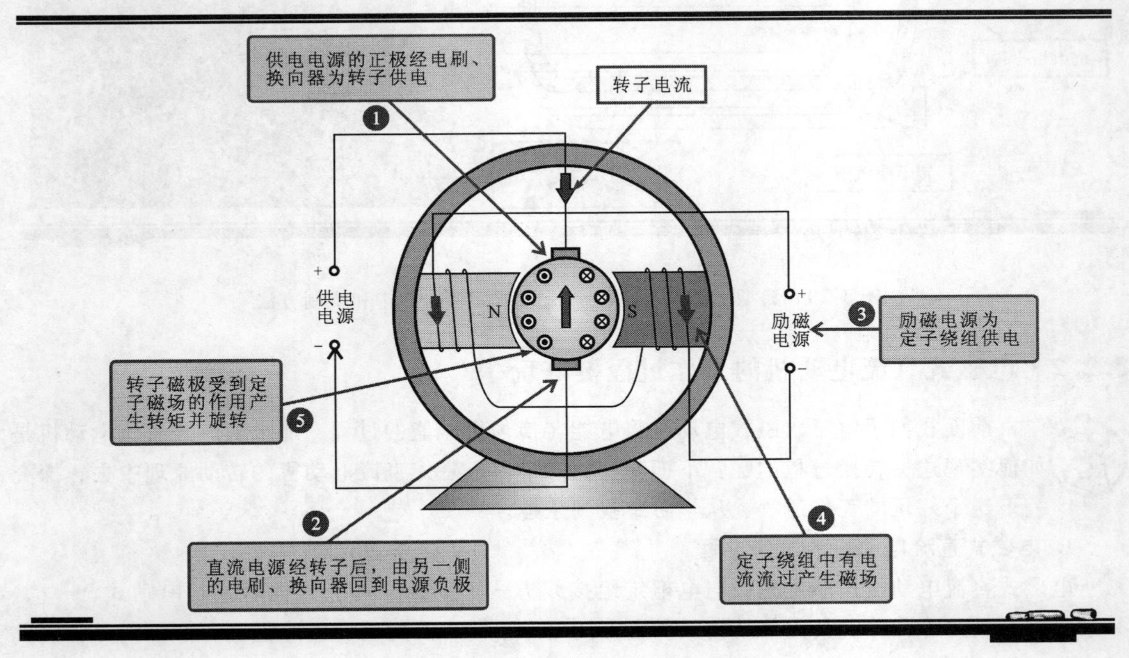

图 3-22　他励式直流电动机的工作过程

（2）串励式直流电动机的工作过程

串励式直流电动机的转子绕组与定子绕组串联，由一组直流电源供电。定子绕组中的电流就是转子绕组中的电流。图 3-23 所示为串励式直流电动机的工作过程。

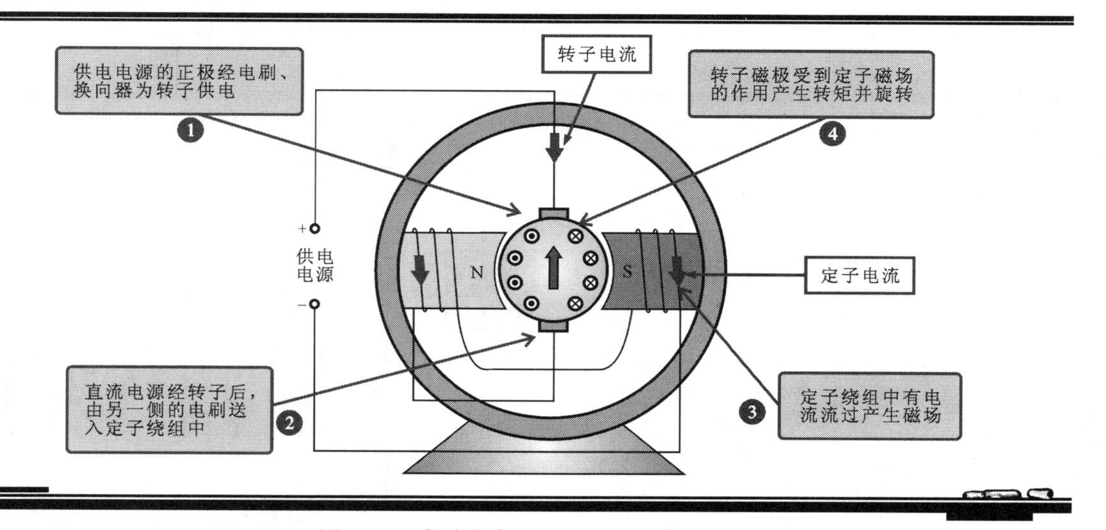

图 3-23　串励式直流电动机的工作过程

【注意】

在串励式直流电动机中，定子绕组一般由较粗的导线绕成，而且匝数较少，这种电动机具有比较好的起动性能和负载能力。

（3）并励式直流电动机的工作过程

并励式直流电动机的转子绕组与定子绕组并联接到供电电路中。电动机的总电流等于转子电流与定子电流之和。图 3-24 所示为并励式直流电动机的工作过程。

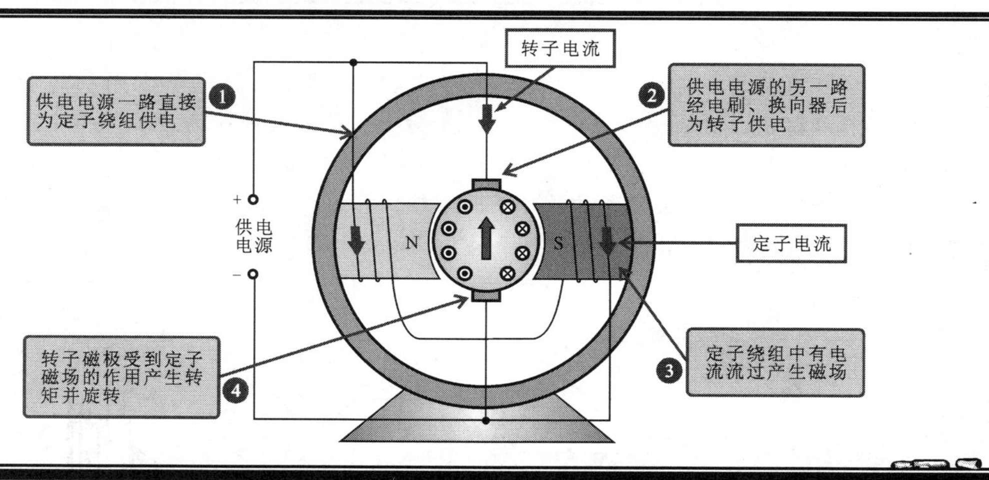

图 3-24　并励式直流电动机的工作过程

【注意】

一般并励式直流电动机定子绕组的匝数很多，导线很细，具有较大的阻值，此种电动机在直流电动机中应用最为广泛。

（4）复励式直流电动机的工作过程

复励式直流电动机的定子绕组设有两组，一组与电动机的转子串联，另一组与转子绕组并联。根据连接方式又可分为和动式复合绕组电动机和差动式复合绕组电动机，图 3-25 所示为其工作过程。

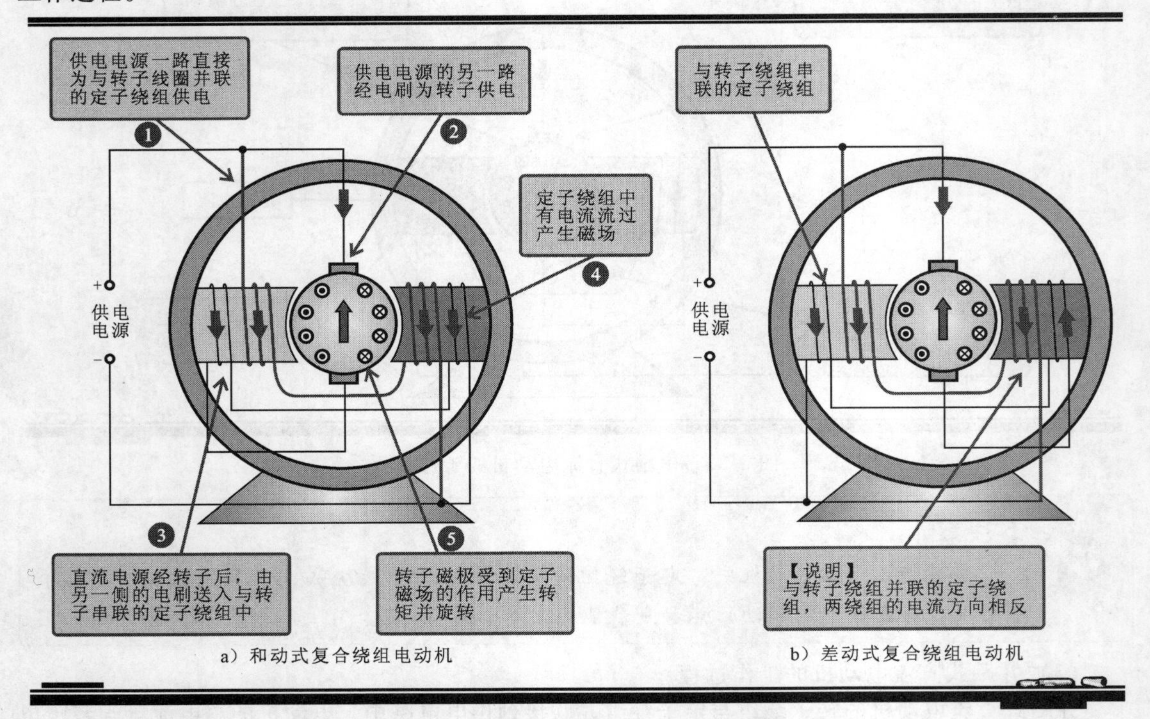

图 3-25　复励式直流电动机的工作过程

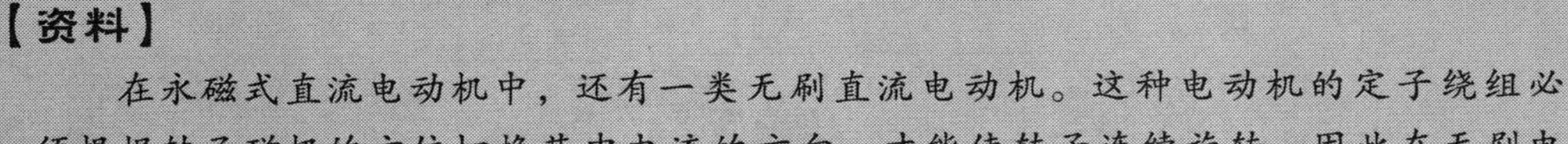

【资料】

在永磁式直流电动机中，还有一类无刷直流电动机。这种电动机的定子绕组必须根据转子磁极的方位切换其中电流的方向，才能使转子连续旋转，因此在无刷电动机内必须设置一个转子磁极位置的传感器，这种传感器通常采用霍尔元件。

霍尔元件将磁场的极性变成电信号的极性，定子绕组中的励磁电流根据霍尔元件的信号进行切换就可以形成旋转磁场，驱动永磁转子旋转，如图 3-26、图 3-27 所示。

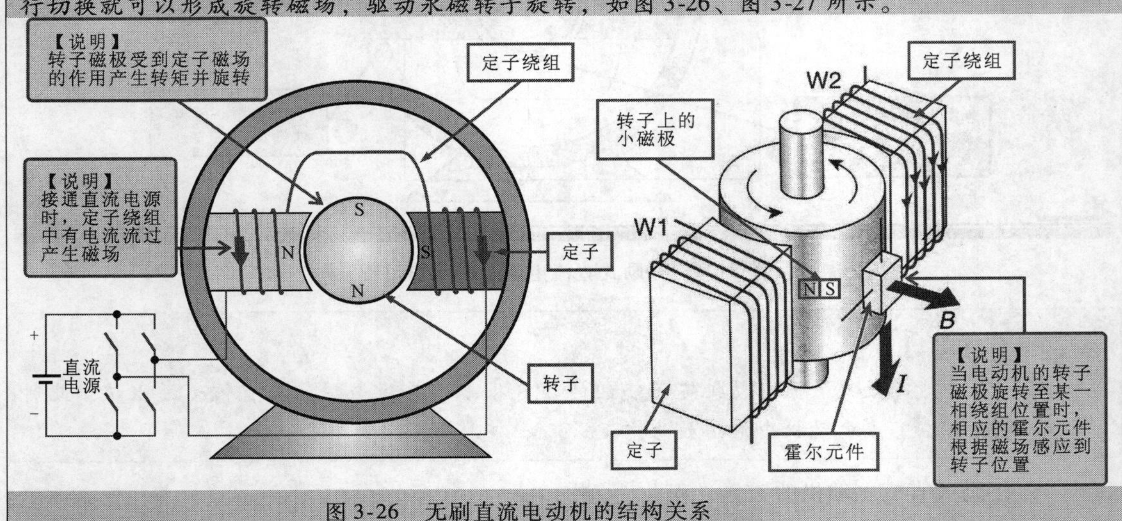

图 3-26　无刷直流电动机的结构关系

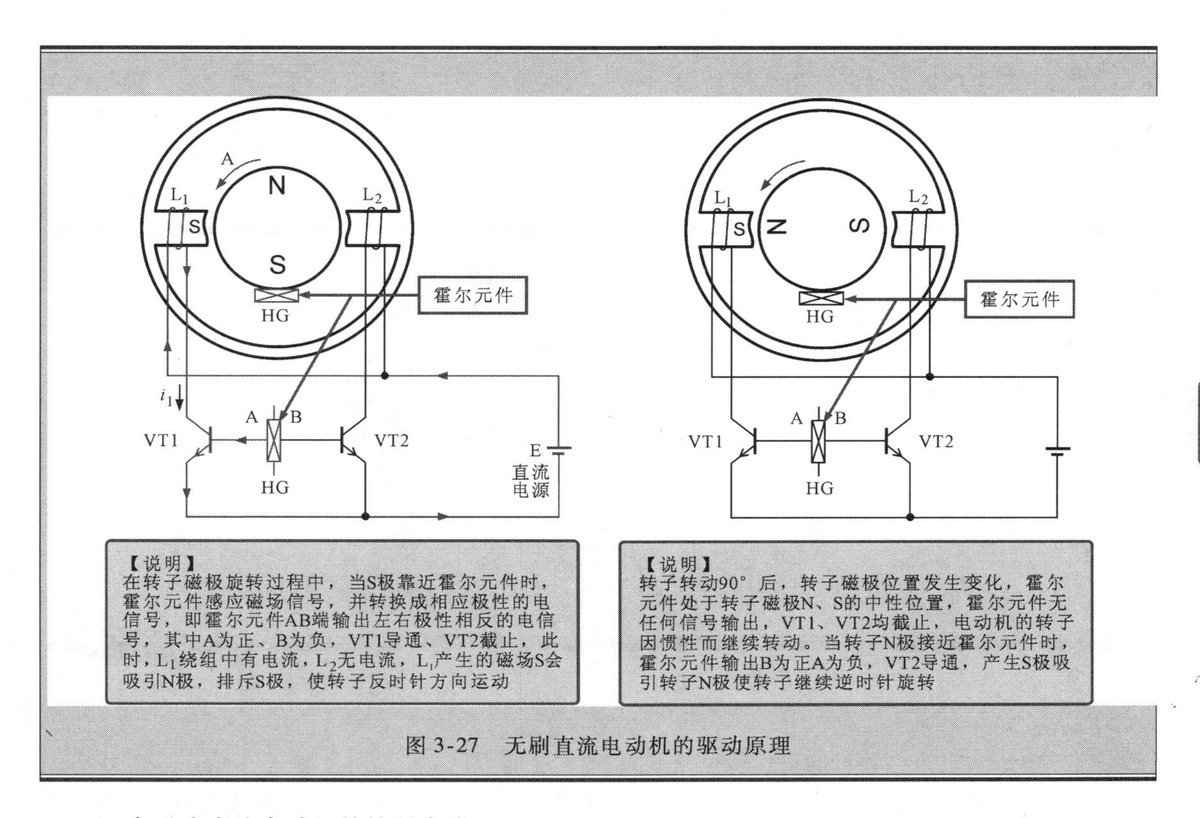

图 3-27　无刷直流电动机的驱动原理

2. 电磁式直流电动机的控制方式

电磁式直流电动机在控制电路的控制下可实现转速、正反转等控制，下面我们以典型电磁式直流电动机为例介绍一下这种类型的电动机的控制方式。

（1）电磁式直流电动机的转速控制方式

在电磁式直流电动机的电源供电电路中串入电阻器，电动机上的电压等于供电电压减去电阻器上的电压，通过这种方式可以调整电动机的转速。例如，图 3-28 所示为串励式直流电动机的转速控制方式。

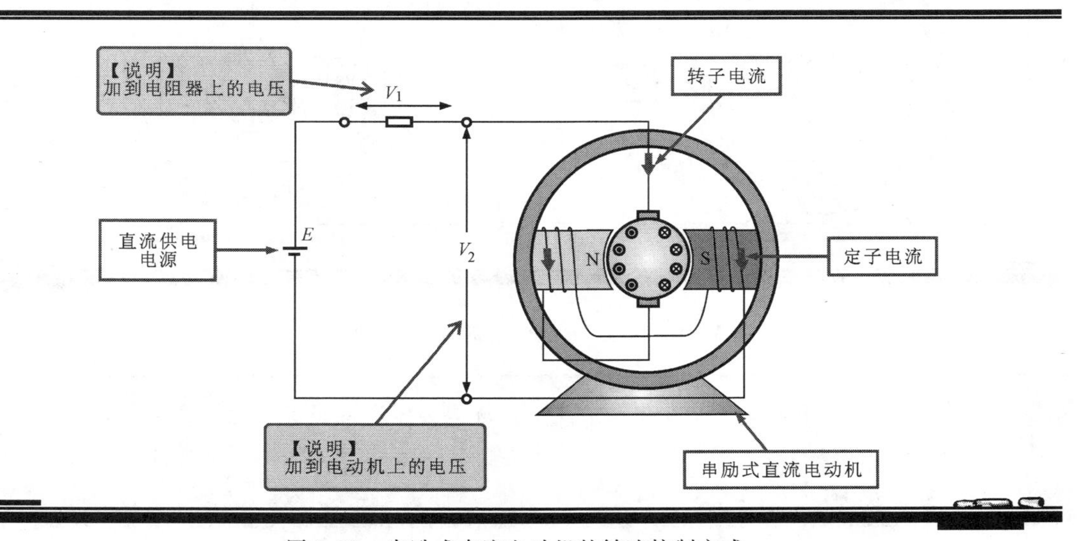

图 3-28　串励式直流电动机的转速控制方式

（2）电磁式直流电动机的磁场控制方式

在定子绕组的供电电路中串入可调电阻器，改变电阻器的电阻值就可以改变定子绕组的电流，从而改变定子绕组所产生的磁场，可实现调速。例如，图3-29所示为并励式直流电动机的控制方式。

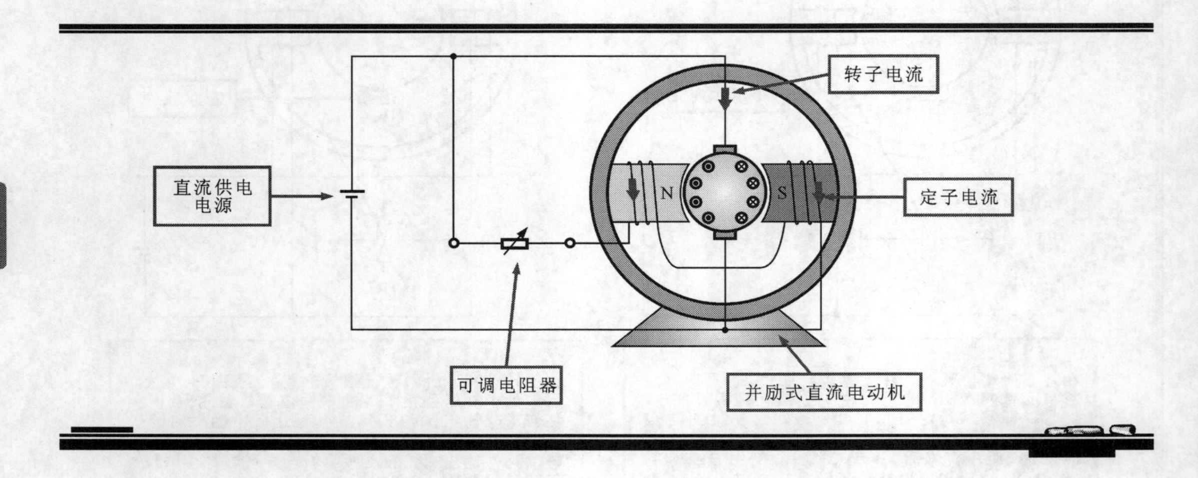

图3-29　并励式直流电动机的控制方式

（3）电磁式直流电动机的正反转控制方式

改变电磁式直流电动机转子的电流方向就可以改变电动机的旋转方向。而改变转子的电流方向可通过电动机的不同连接方式来实现。图3-30所示为串励式直流电动机的正反转控制方式。

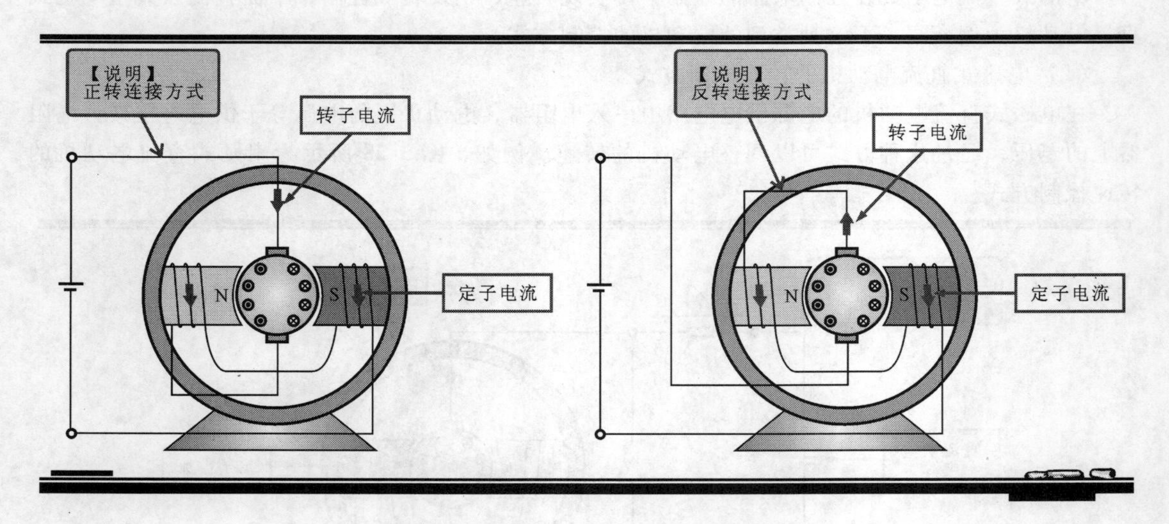

图3-30　串励式直流电动机的正反转控制方式

提问

学习了直流电动机这么多知识，我想知道，既然永磁式直流电动机和电磁式直流电动机在结构和原理上都有一定的区别，那么它们一般情况下从整体上有哪些特点？从应用上有没有明显的区别呢？

通常，永磁式直流电动机主要特点是体积小，功率小，转速稳定，一般用于录音机、录像机、DVD机、电动剃须刀等家用电子电器产品中；电磁式直流电动机多用于功率较大的直流电机中，如电车的驱动电机、直流电动工具（手电钻等）、吸尘器等，如图3-31所示。

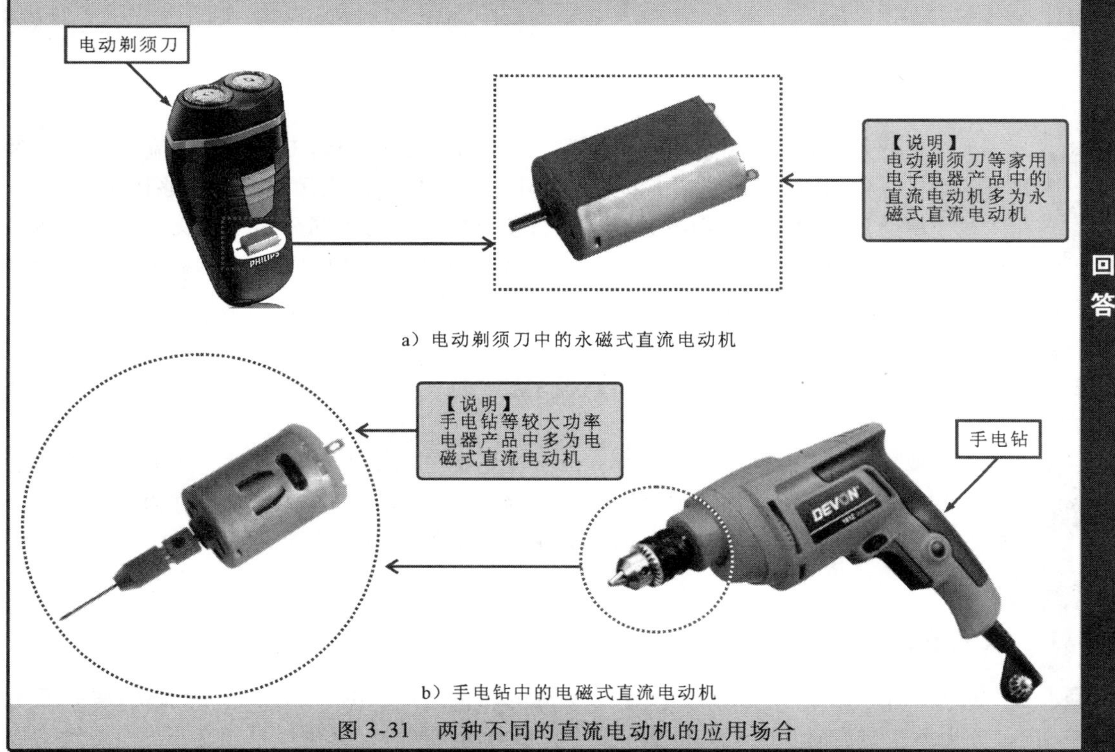

图3-31　两种不同的直流电动机的应用场合

第4章 到底交流电动机是如何工作的

现在，开始进入第4章的学习：搞清楚交流电动机是如何工作的。交流电动机作为常见的电气部件（设备），在电工、电子行业中有着广泛的应用。为了能够让大家全面、深入地了解交流电动机，我们将交流电动机按供电方式的不同分为单相交流电动机和三相交流电动机，接下来我们将分别认识这两种典型交流电动机的结构，并在此基础上，对两种交流电动机的特性及转动过程进行深入探究，使我们的学习能够深入到交流电动机原理的层面上。

4.1 搞清单相交流电动机的工作过程

大家都知道，交流电动机是指所有由交流电源进行供电的电动机。其中采用单相电源（一根相线、一根零线构成的交流220V电源）进行供电的交流电动机称为单相交流电动机。下面我们就首先来了解一下单相交流电动机的结构，并弄清楚这种电动机的工作过程。

4.1.1 原来单相交流电动机的结构是这样的

通过前面的学习，我们知道，单相交流电动机还可根据转动速率与电源频率关系不同，分为单相交流同步电动机和单相交流异步电动机两种，其中以单相交流异步电动机应用最为广泛。下面，我们将重点学习单相交流异步电动机的结构及工作过程。

单相交流异步电动机的结构和直流电动机基本相同，都是由静止的定子、旋转的转子、端盖以及外壳等部分构成的。图4-1所示是典型单相交流异步电动机的结构。

1. 单相交流异步电动机的转子部分

单相交流异步电动机的转子指电动机工作时发生转动部分。目前，主要有换向器型转子和笼型转子两种结构。

（1）换向器型转子的结构

换向器型转子是将绕组绕在转子铁心上，绕组的引线分别接到换向器的导体上（多个铜片安装在轴的绝缘套上），安装在定子上的电刷通过与整流子导体接触为转子线圈供电。

图4-2所示为典型换向器型转子的结构。

（2）笼型转子的结构

单相交流异步电动机大都是将交流电源加到定子绕组上，由于所加的交流电源是交变的，因而它会产生变化的磁场。转子上设有多个导体，导体受到磁场的作用就会产生电流，并会受到磁场的作用力而旋转，这种情况下转子的导体常制成鼠笼状，如图4-3所示。

2. 单相交流异步电动机的定子部分

单相交流异步电动机的定子部分主要是由定子铁心、定子绕组和引出线等部分构成的。其中引出线用于接通单相交流电，为定子绕组供电，而定子铁心除支撑绕组外，主要功能是增强绕组

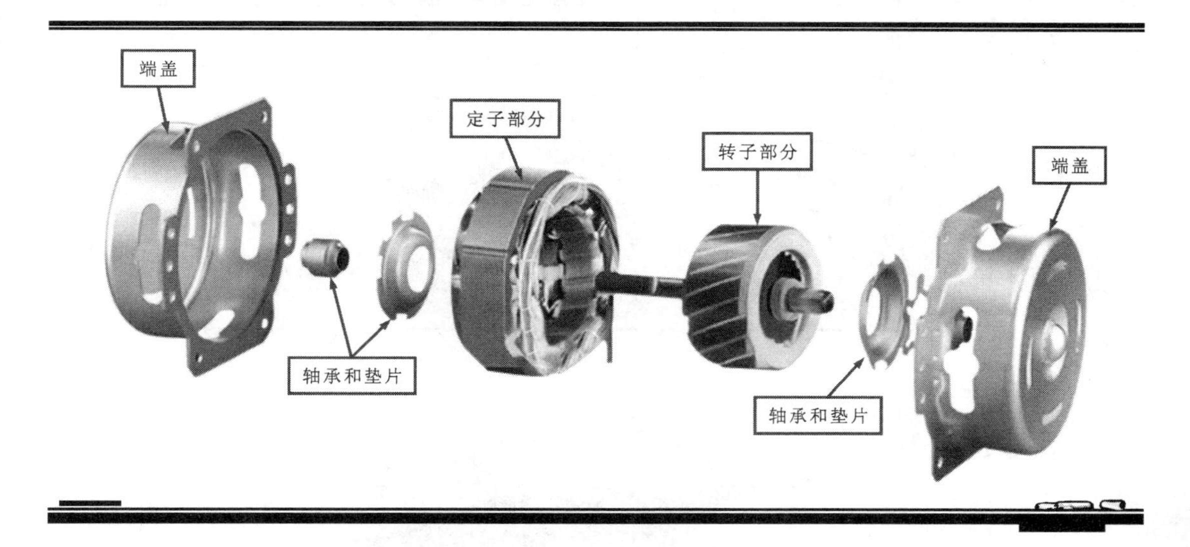

图 4-1　典型单相交流异步电动机的结构

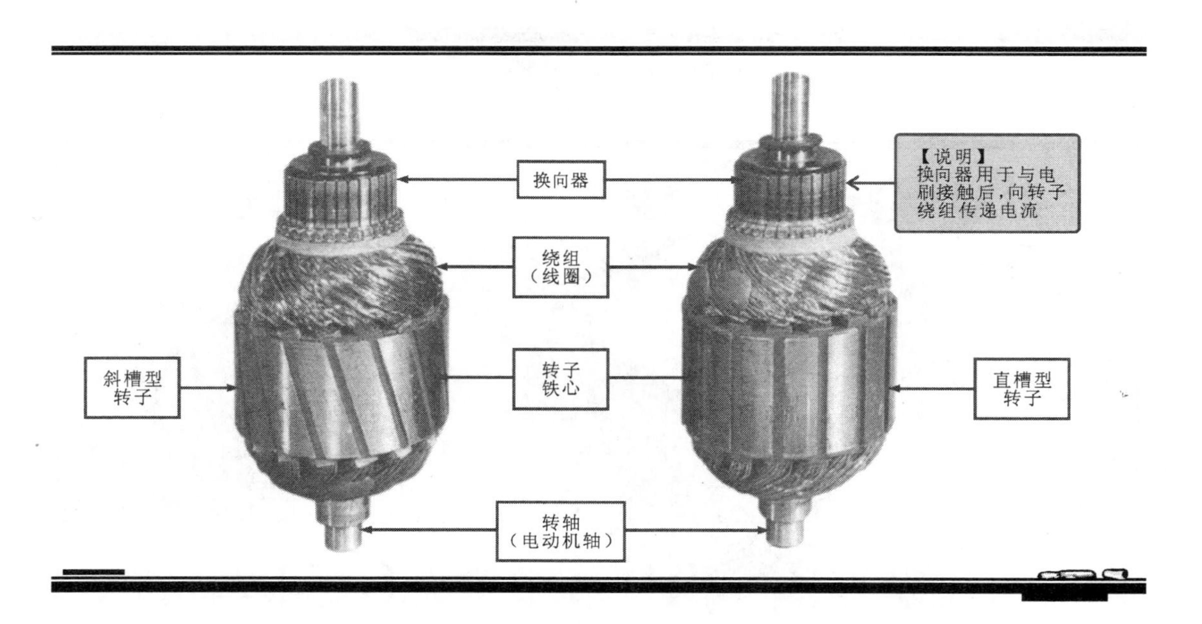

图 4-2　典型换向器型转子的结构

所产生的电磁场。

图 4-4 所示为典型单相交流异步电动机定子部分的结构。

单相交流异步电动机的定子结构有隐极式和凸极式两种形式。

（1）隐极式定子

隐极式定子是由定子铁心和定子绕组构成的，其中定子铁心是用硅钢片叠压成的，在铁心槽内放置两套绕组，一套是主绕组又称运行绕组或工作绕组；另一套为副绕组，也称为辅助绕组或起动绕组，如图 4-5 所示。两个绕组在空间上相隔 90°，一般情况下，单相交流异步电动机的主、

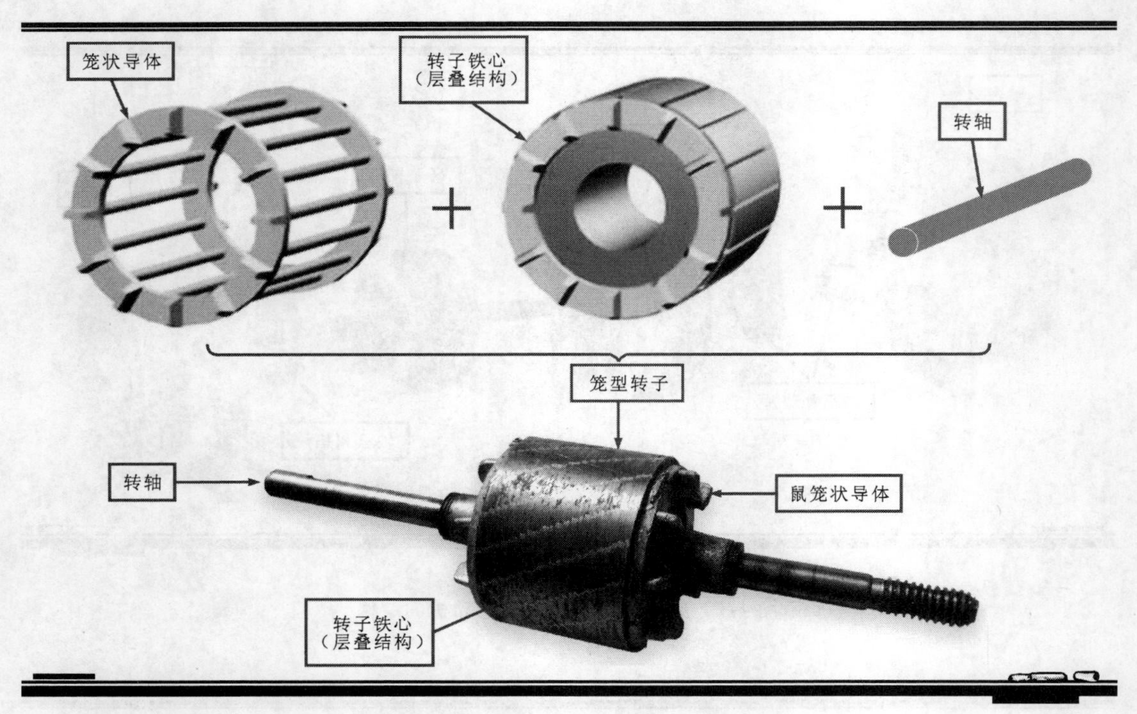

图 4-3　典型笼型转子的结构

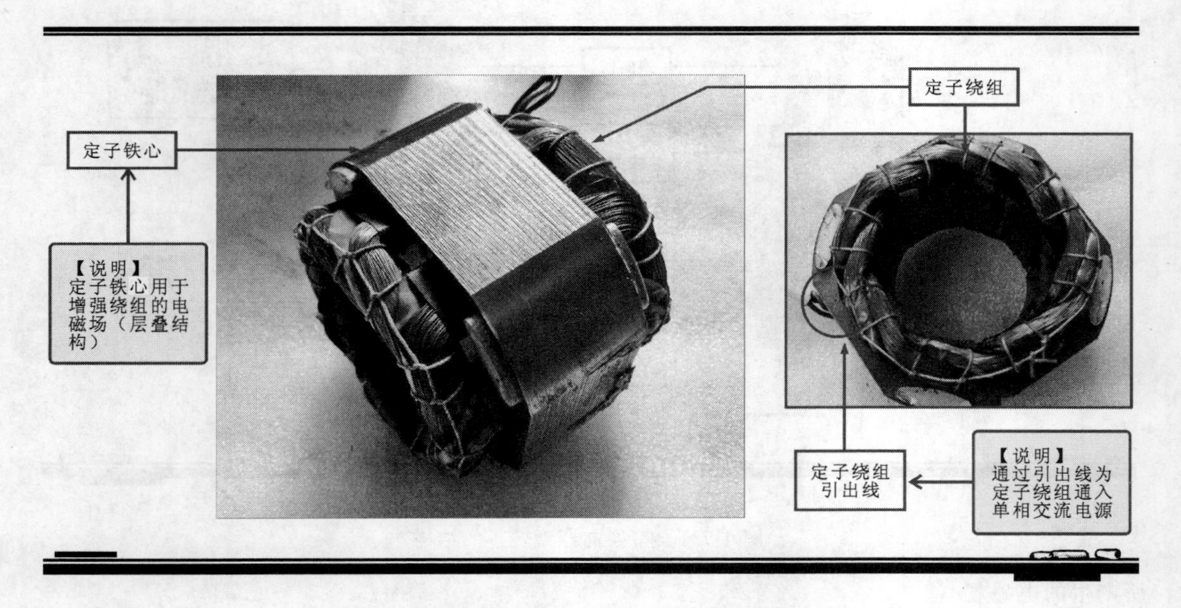

图 4-4　典型单相交流异步电动机定子部分的结构

副绕组的匝数、线径是不同的。

（2）凸极式定子

凸极式定子的铁心由硅钢片叠压制成凸极形状固定在机座内，在铁心的 1/3 ~ 1/4 处开一个小槽，在槽和短边一侧套装一个短路铜环，如同这部分磁极罩起来，称为罩极。定子绕组绕成集中绕组的形式套在铁心上。图 4-6 所示为典型单相交流异步电动机凸极式定子的结构。

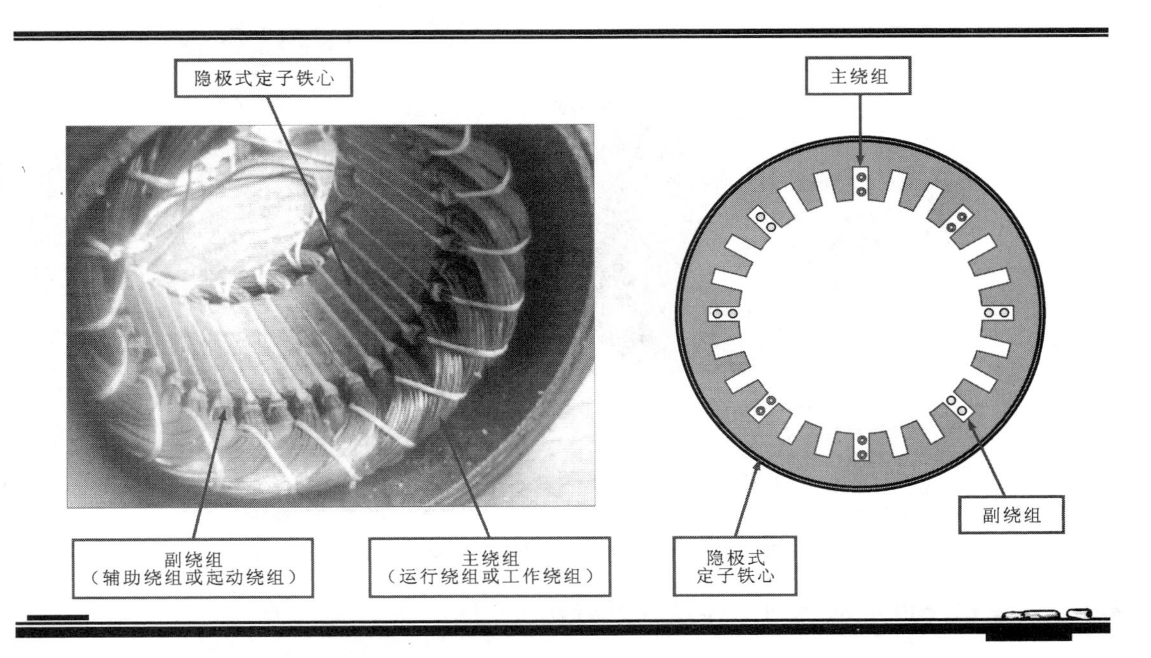

图 4-5　典型单相交流异步电动机隐极式定子的结构

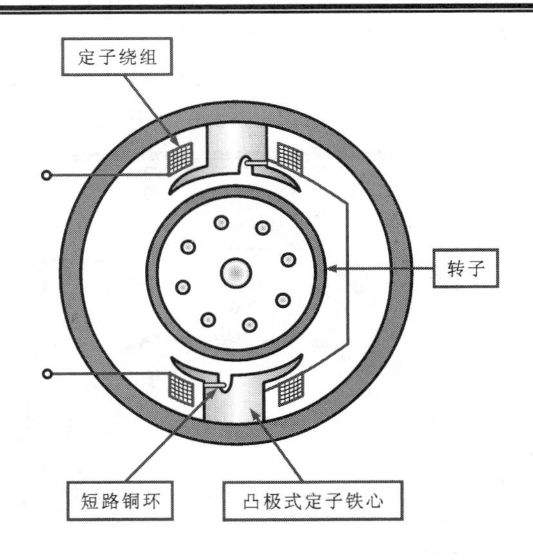

图 4-6　典型单相交流异步电动机凸极式定子的结构

【注意】

单相交流异步电动机的结构和原理与直流电动机基本相同，由于绕组中磁通是变化的，在铁心中会产生涡流，因此转子铁心和定子铁心必须经采用叠层结构而且层间要采取绝缘措施，如图 4-7 所示，以减小涡流损耗。

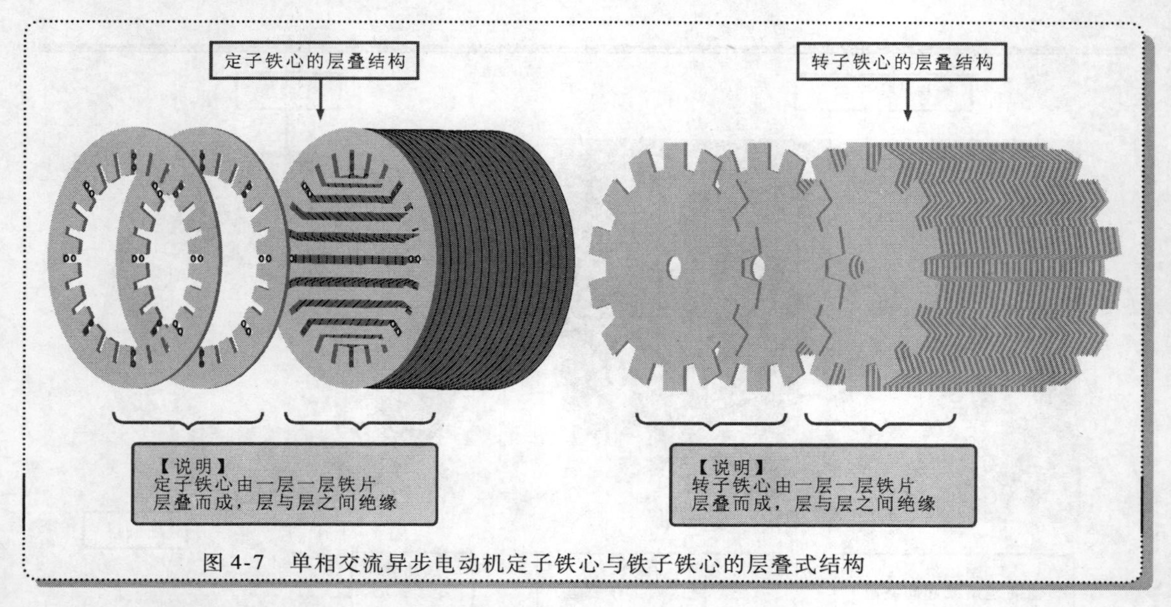

图 4-7　单相交流异步电动机定子铁心与铁子铁心的层叠式结构

4.1.2　单相交流电动机的工作过程挺好玩

一台电动机最重要的特点就是能在通电的状态下转动，即实现电能到机械能的转换，那么单相交流电动机是如何实现这一转换过程的呢？下面我们深入到单相交流电动机的转动原理中去，探究一下这个好玩的工作过程，从学习中找到乐趣。

1. 单相交流异步电动机的转动原理

将闭环的线圈（绕组）置于磁场中，交变的电流加到定子绕组中，它所形成的磁场是变化的，闭环的线圈受到磁场的作用会产生电流，如图 4-8 所示。

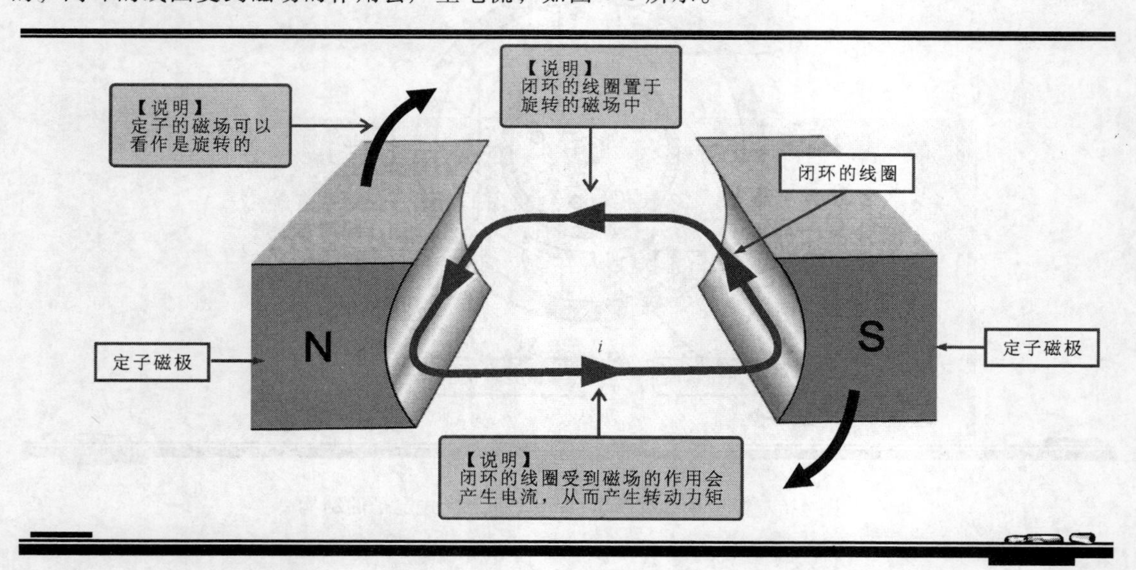

图 4-8　闭环线圈感应电流的状态

将多个闭环的线圈（转子绕组）交错地置于磁场中，并安装到转子铁心中，就形成如图 4-9 所示的状态，当定子磁场旋转时，转子绕组受到磁场力也会随之旋转，这就是电动机的转动原理。

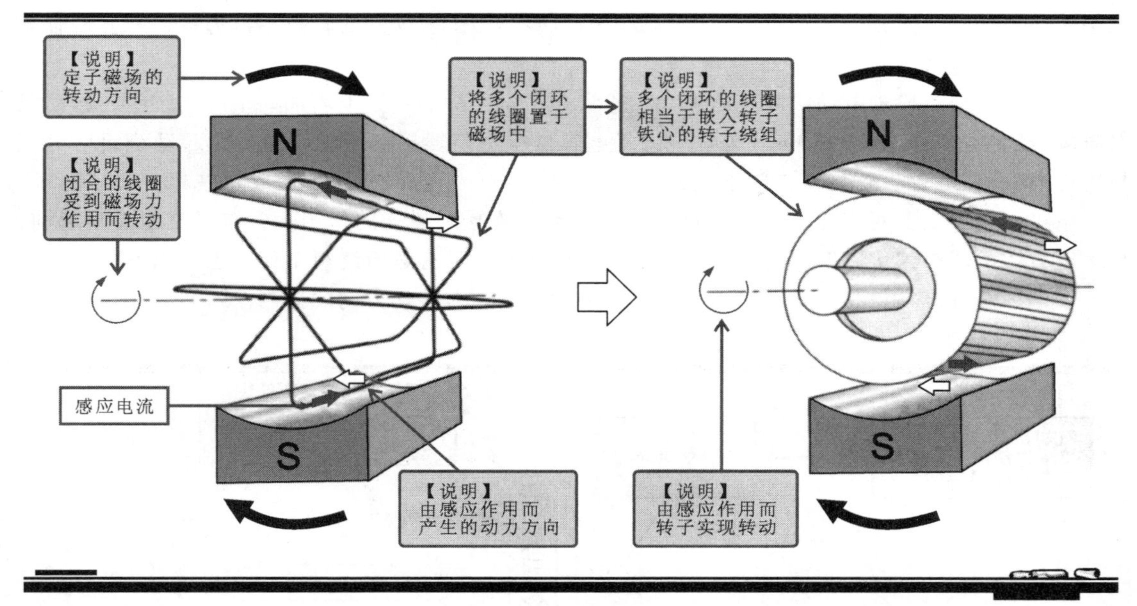

图 4-9　电动机的转动原理

单相交流电是一种频率为50Hz的正弦交流电，如果电动机定子只有一个运行绕组，当单相交流电加到电动机的定子绕组时，定子绕组就会产生交变的磁场，该磁场的强弱和方向是随时间按正弦规律变化的，但在空间上是固定的。

这个磁场可以分解为两个转矩相同、旋转方向相反的旋转磁场，如图4-10所示，当转子静止时，这两个旋转磁场在转子中产生两个大小相等，方向相反的转矩，合成转矩为零，所以转子

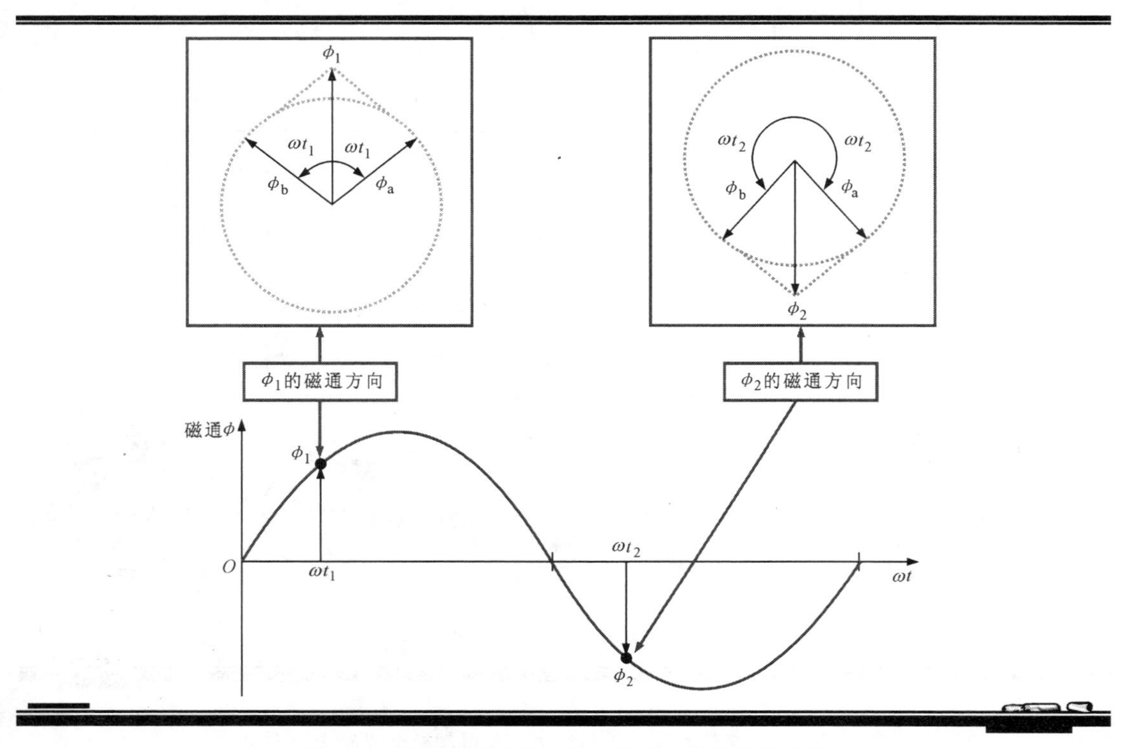

图 4-10　单相交流异步电动机定子交变磁场的分解

无法转动。当外力使转子转动时，上述平衡就会打破，转子所受到的转矩不再为零，则会沿着驱动的方向旋转起来。

要使单相交流异步电动机能自动起动，通常是在电动机的定子上增加一个起动绕组，起动绕组与运行绕组在空间上相差90°。外加电源经电容器或电阻器接到起动绕组上，起动绕组的电流与运行绕组相差90°，这样在空间上相差90°的绕组，在外电源的作用下形成相差90°的电流，于是在空间上就形成了两相旋转磁场，如图4-11所示。在旋转磁场的作用下，转子就能自动起动，起动后当转子转速到达一定的值后，起动绕组可以断开，只有运行绕组工作，也可以不断开参与运行工作。而且，只要改变一下起动绕组的接头即可实现对转动方向的控制。

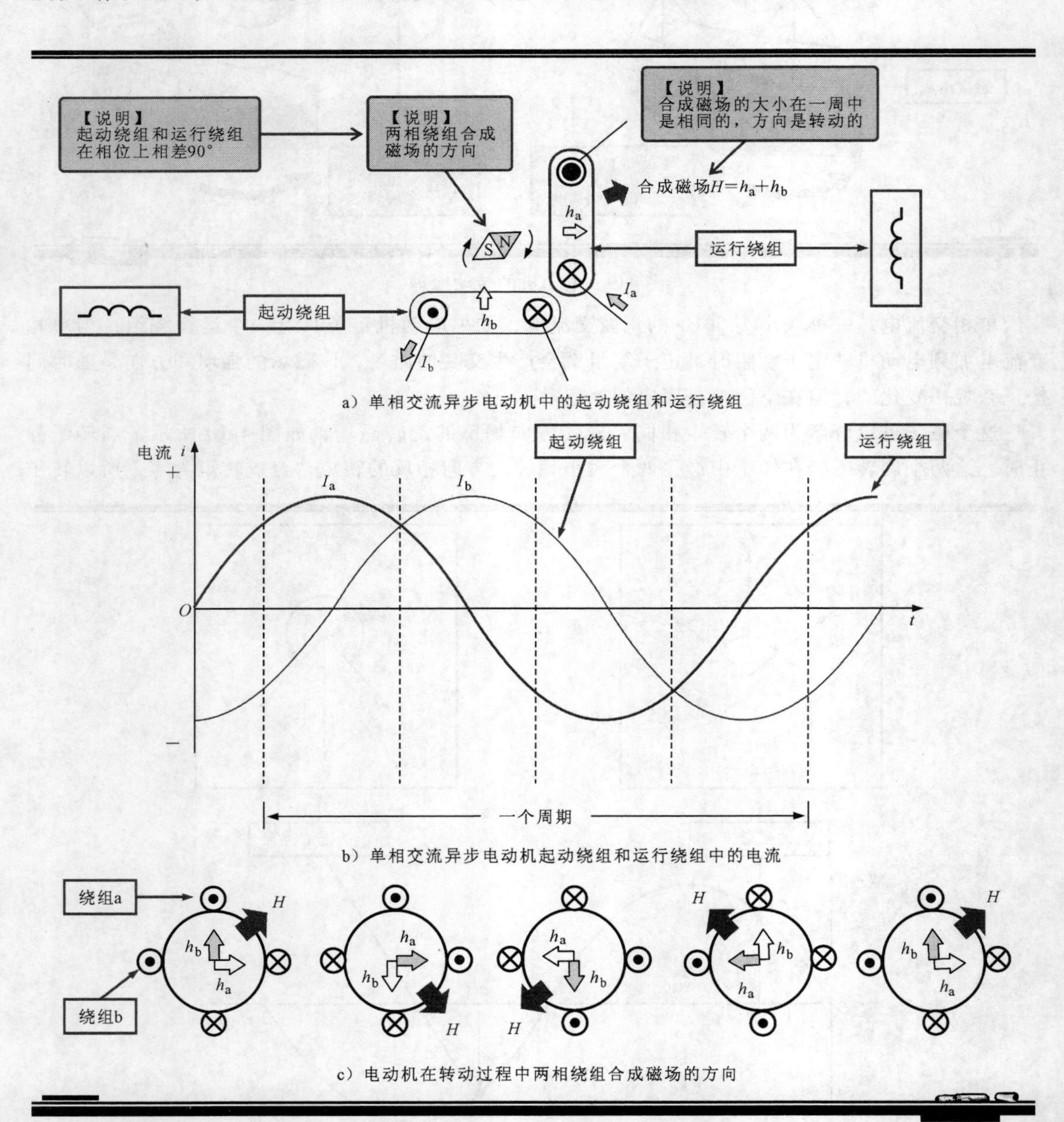

图4-11　单相交流电源与单相交流异步电动机合成磁场的方向

【资料】

前面所说的采用凸极式定了的单相异步电动机又称单相罩极式异步电动机，该类电动机的转动原理如图4-12所示。图4-13所示为其磁通的波形。

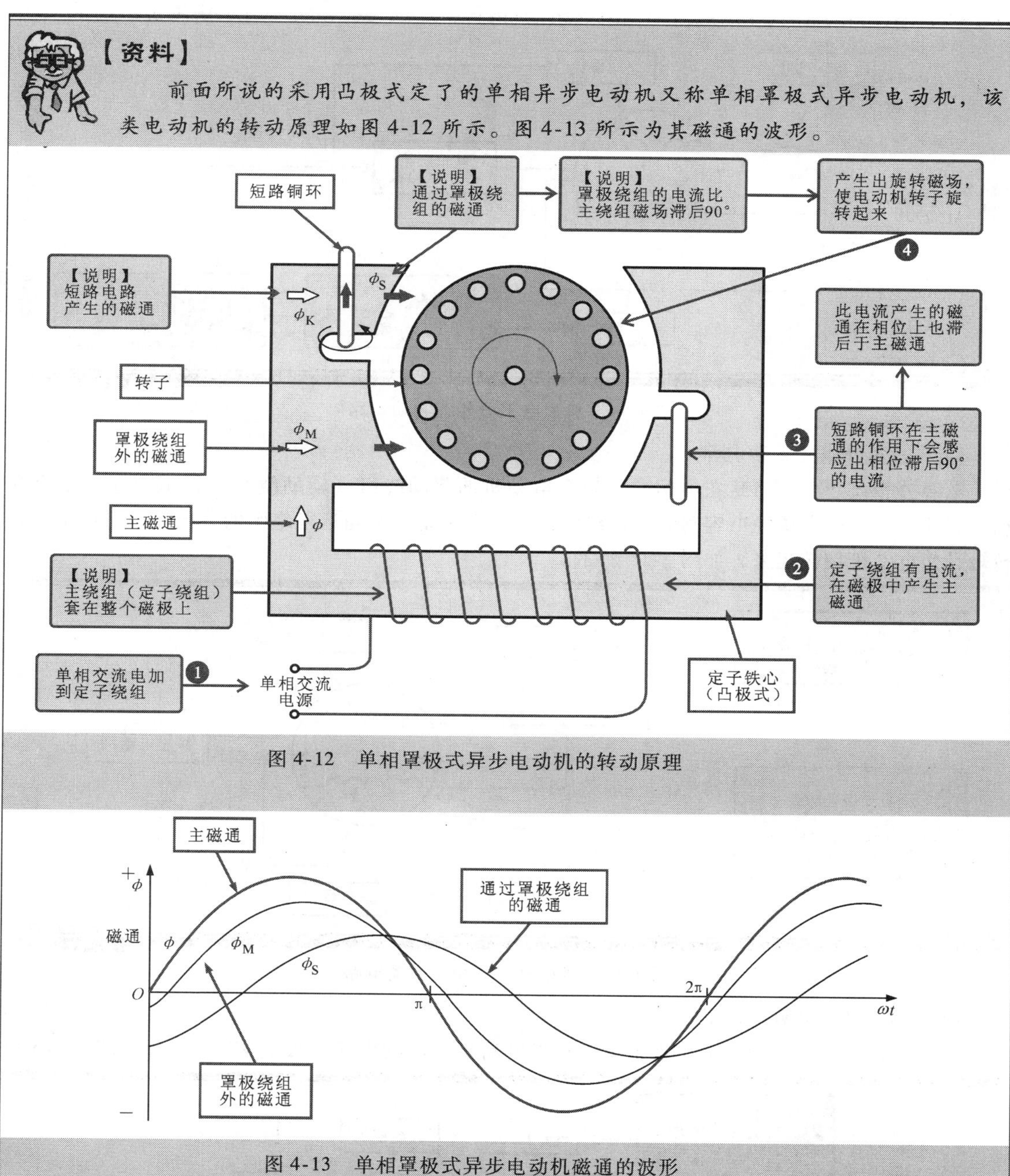

图4-12 单相罩极式异步电动机的转动原理

图4-13 单相罩极式异步电动机磁通的波形

2. 单相交流异步电动机起动电路的工作原理

单相交流异步电动机起动电路的形式有多种，常用的主要有：电阻分相式起动；电容分相式起动；离心开关式起动；运行电容、起动电容、离心开关式起动；正反转切换式起动等。

(1) 电阻分相式起动电路

电阻分相式起动电路是在单相交流异步电动机的起动绕组（辅助绕组）供电电路中设有起动电阻器，起动时电源经电阻器为起动绕组供电，在起动绕组与运行绕组的共同作用下产生起动转矩，使电动机旋转起来，如图4-14所示。

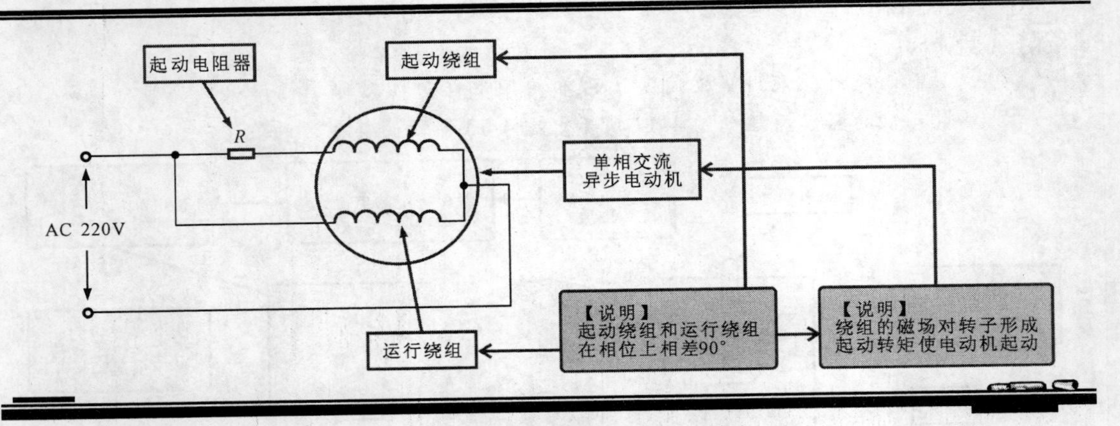

图 4-14　典型电阻分相式起动电路

（2）电容分相式起动电路

电容分相式起动电路是在单相交流异步电动机的起动绕组（辅助绕组）供电电路中设有起动电容器，起动时电源经电容器为起动绕组供电，在起动绕组与运行绕组的共同作用下产生起动转矩，使电动机旋转起来，如图 4-15 所示。

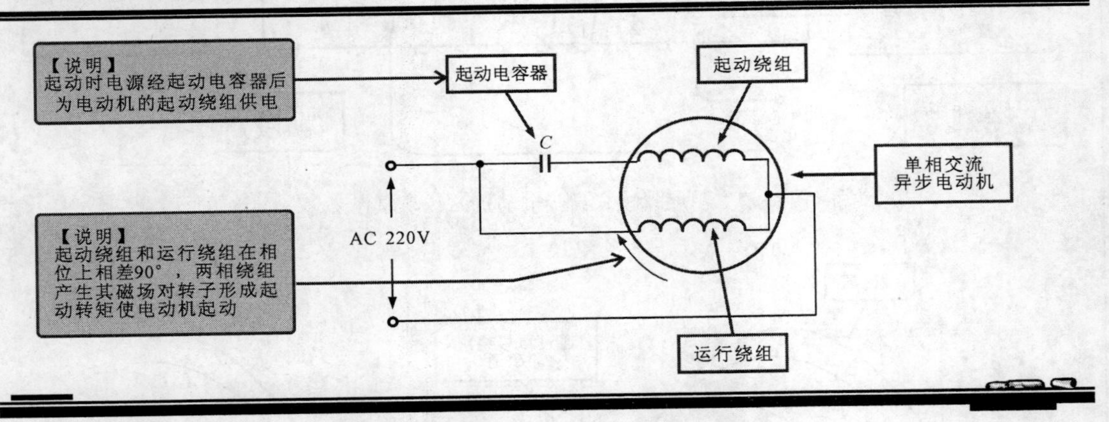

图 4-15　典型电容分相式起动电路

（3）离心开关式起动电路

离心开关式起动电路是指在单相交流异步电动机在起动电路中设有离心开关，如图 4-16 所

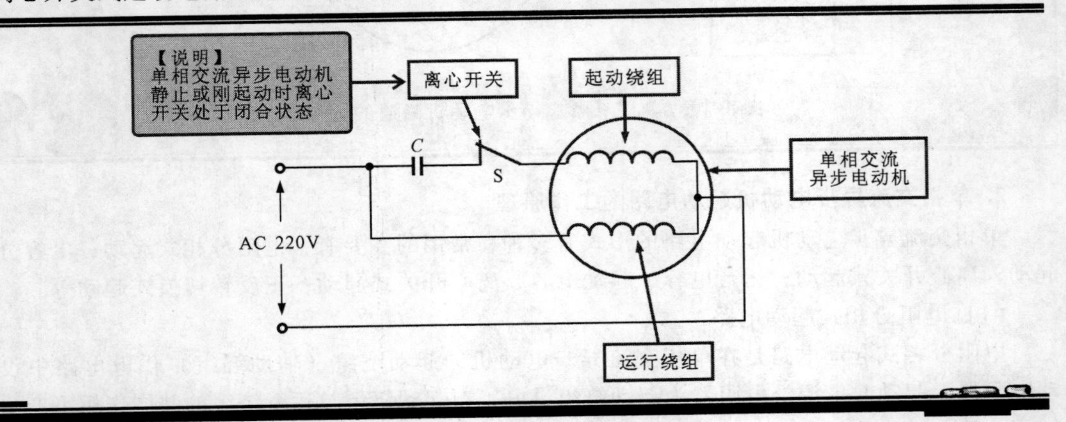

图 4-16　典型离心开关式起动电路

示，当电动机静止和起动时离心开关是闭合的。

当接通电源时，电源同时为起动绕组和运行绕组供电，电动机起动，当电动机转速到达额定转速的70%～80%时，离心开关断开，起动电容器完成起动任务，起动绕组停止工作，只有运行绕组工作。图4-17所示为采用离心开关起动方式的电动机的运行状态。

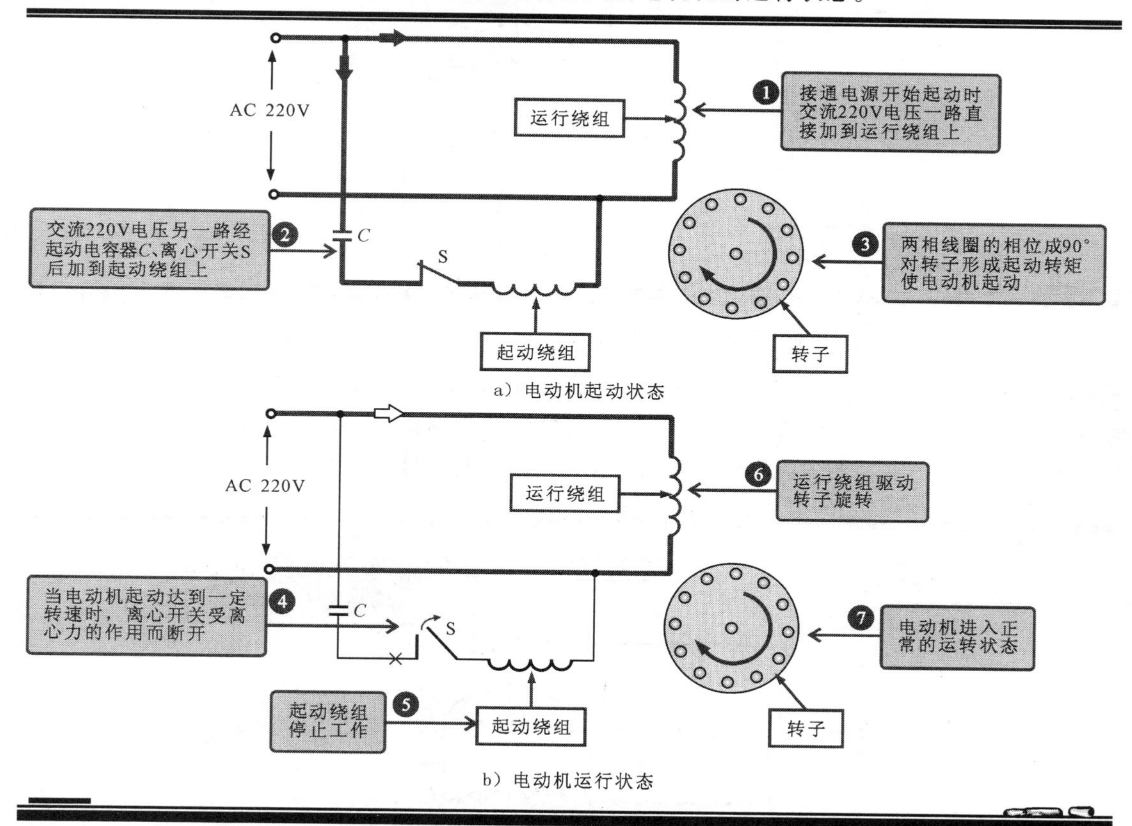

图4-17　采用离心开关起动方式的电动机的运行状态

这种起动方式在要求输出功率大、稳定性不高的机床、切割机、压缩机等设备中常采用。

提问

在单相交流异步电动机起动电路中不设离心开关，仅提供起动电阻器和起动电容器进行起动，这种电路方式中起动绕组与运行绕组一样是一直工作的吗？在我们平时能够接触到的范围内，什么设备用到这种电路呢？

回答

若单相交流异步电动机的起动电路中未设离心开关，这种电路结构比较简单，起动电容或起动电阻在起动时起作用，在运行时也起作用，无须断开。这样还有助于提高单相交流异步电动机的功率因数。这种方式可用较小容量的电容器，但起动性稍差。一般来说，风扇电动机、洗衣机电动机等都采用这种起动方式。

（4）运行电容、起动电容、离心开关式起动电路

运行电容、起动电容、离心开关式起动电路采用了离心开关式、起动电容器和运行电容器相结合的电路，如图4-18所示。

当电动机起动时，交流电源经离心开关S和启动电容 C_1 为起动绕组供电，起动绕组与运行绕组形

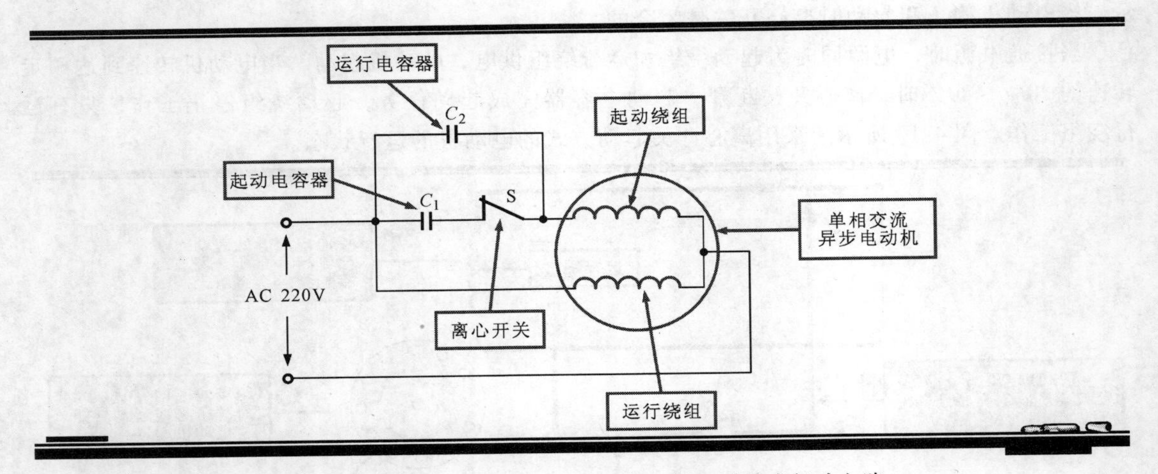

图 4-18　典型运行电容、起动电容、离心开关式起动电路

成旋转磁场，使电动机起动，起动后电动机转度到额定转速 70% ~80% 时，离心开关断开，起动电容器不起作用，但运行电容器仍起作用，运行电容器和起动绕组都参与电动机的运行。

图 4-19 所示为典型的运行电容、起动电容、离心开关式起动电路的工作原理。

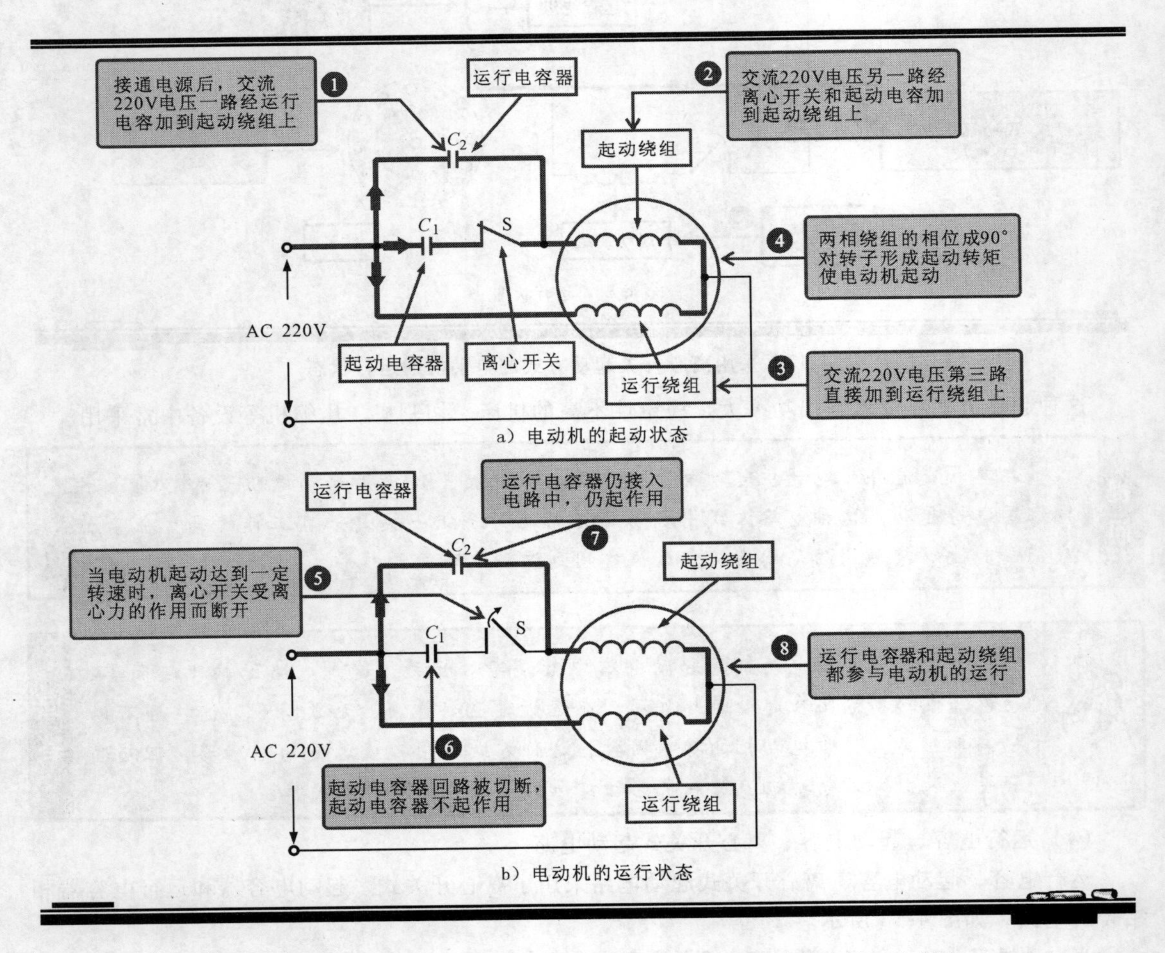

图 4-19　典型的运行电容、起动电容、离心开关式起动电路的工作原理

(5) 正反转切换式起动电路

在前述的单相交流异步电动机起动电路中，如果将运行绕组或起动绕组的接头对调一下，即可实现单相交流异步电动机的正反转控制。

对于经常需要进行正反转切换的单相交流异步电动机，则需要设置一个正反转切换开关，将起动绕组和运行绕组互相转换一下即可，如图 4-20 所示。

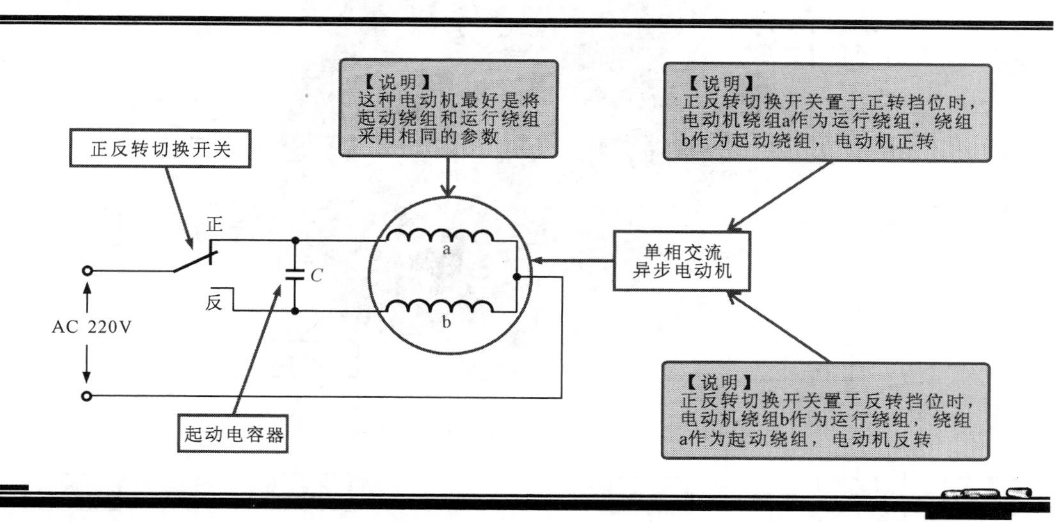

图 4-20 典型正反转切换起动电路

4.2 搞清三相交流电动机的工作过程

通过上面的学习，我们基本了解了单相交流异步电动机的基本结构和工作过程。那么，三相交流电动机又是怎么一回事呢？下面我们将来揭开这个谜题，并在此基础上搞清楚这种电动机的工作过程。

4.2.1 原来三相交流电动机的结构是这样的

根据对第 1 章的学习，我们知道，三相交流电动机可以分为交流同步电动机和交流异步电动机两种，在实际应用中，以三相交流异步电动机应用最为广泛，因此我们重点先了解和学习一下三相交流异步电动机的结构及相关工作过程的知识。

三相交流异步电动机同样是由静止的定子和转动的转子两个主要部分构成的。其中定子部分是由定子绕组（三相线圈）、定子铁心和外壳等部件构成的；转子部分是由转子、转轴、轴承等部分构成的。

图 4-21 所示为典型三相交流异步电动机的结构。

(1) 三相交流异步电动机的转子部分

转子是三相交流异步电动机的旋转部分，通过感应电动机定子形成的旋转磁场，形成感应转矩而转动。三相交流异步电动机的转子有两种结构形式，即笼型和绕线型。

① 笼型转子。笼型转子主要由转子铁心、笼型导体和转轴等部件构成，如图 4-22 所示，其中，笼型导体主要由铜导体和短路环构成，该导体外形像一个鼠笼，因此称笼型绕组，该绕组镶入转子的铁心中构成笼型转子。

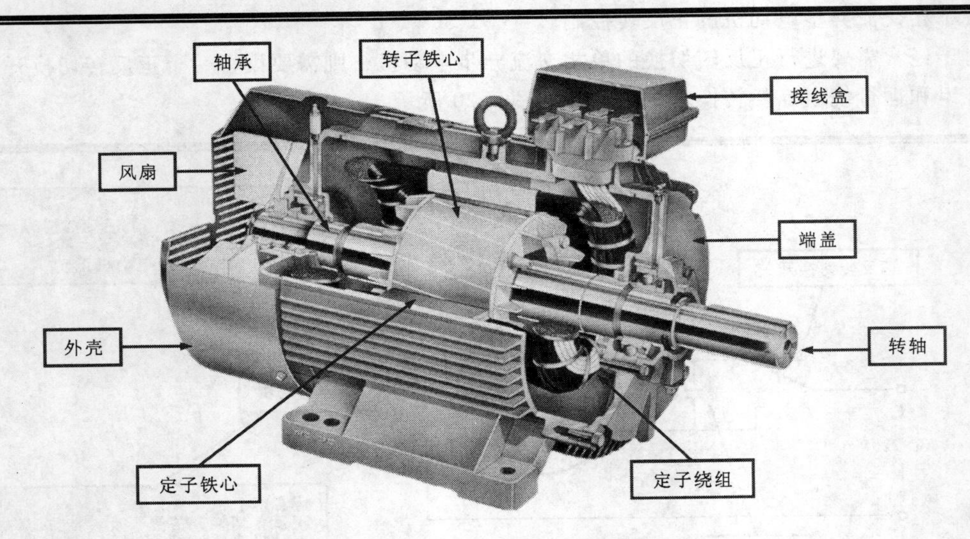

a）三相交流电动机内部结构图

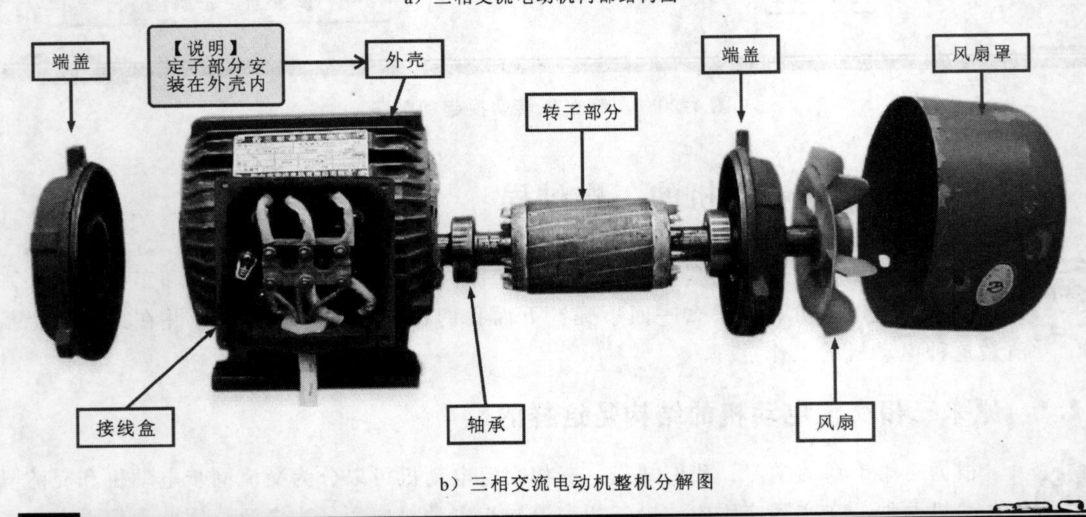

b）三相交流电动机整机分解图

图 4-21 典型三相交流异步电动机的结构

② 绕线型转子。绕线型转子主要由转子铁心、转子绕组、集电环或换向器和转轴等部件构成的，它是将绕组镶到转子铁心的槽中，绕组的三个引出线连接到三个集电环上，三个集电环彼此之间装有绝缘层，如图 4-23 所示。

三相交流异步电动机的转子部分还有端盖、转轴和轴承等盖部件，如图 4-24 所示。其中，端盖的作用是支撑转子，它把定子和转子连成一个整体，使转子能在定子铁心内膛中转动；转轴穿在转子铁心中与转子同时旋转，轴承与端盖连在一起，是转子与定子的关联部件，它是支撑电动机转轴及转子部分旋转的关键部件。

（2）三相交流异步电动机内的定子结构

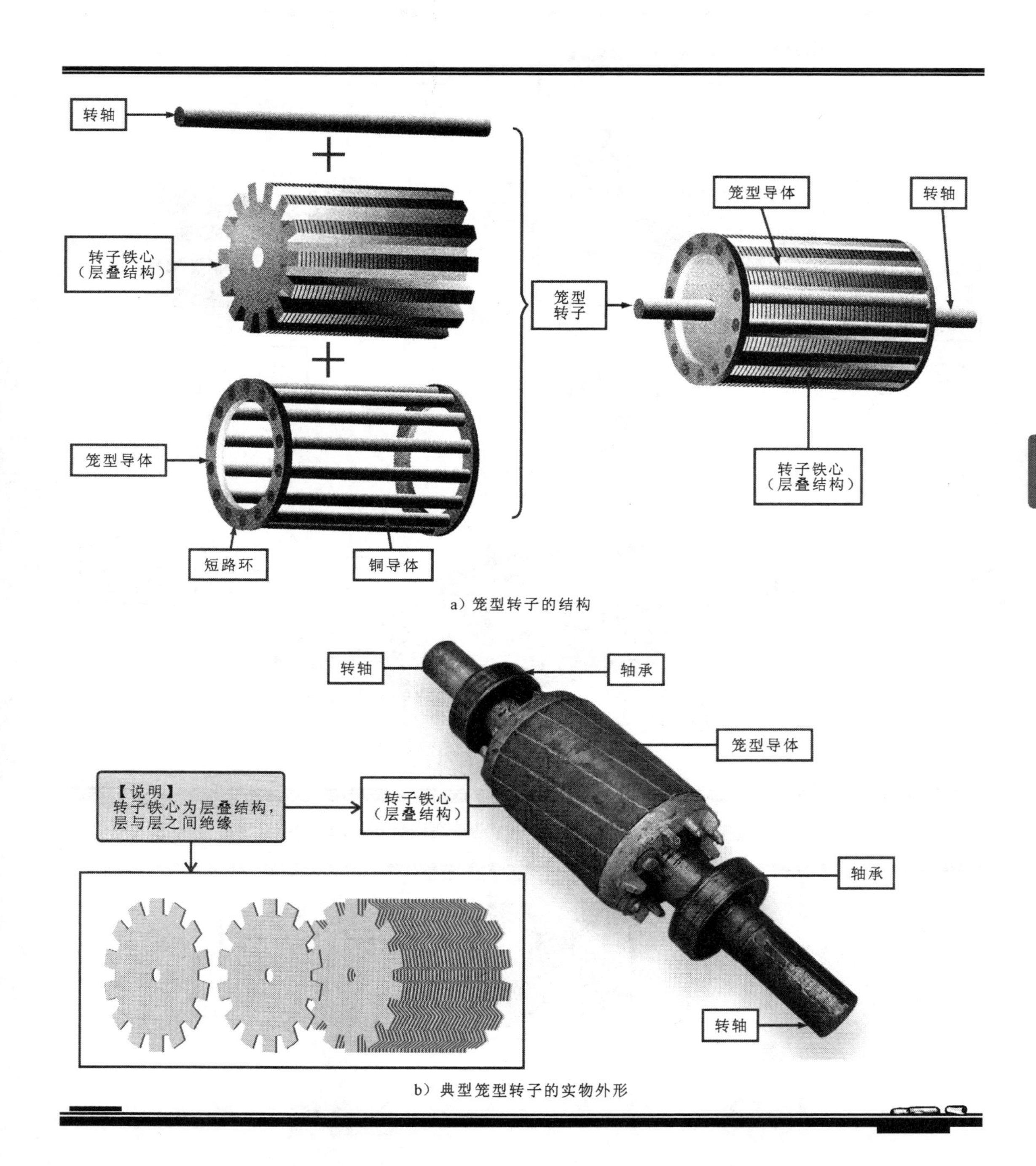

图 4-22　典型三相交流异步电动机笼型转子的结构

三相交流异步电动机的定子部分主要由定子绕组、定子铁心和外壳部分构成。其中定子绕组有三组，分别对应于三相电源，每个绕组包括若干线圈，对称的镶嵌在定子铁心的槽中，如图4-25所示；而定子铁心是由 0.35～0.5mm 厚表面涂有绝缘漆的薄硅钢片叠压而成，由于硅钢片较薄而且片与片之间是绝缘的，所以减少了由于交变磁通通过而引起的铁心涡流损耗。

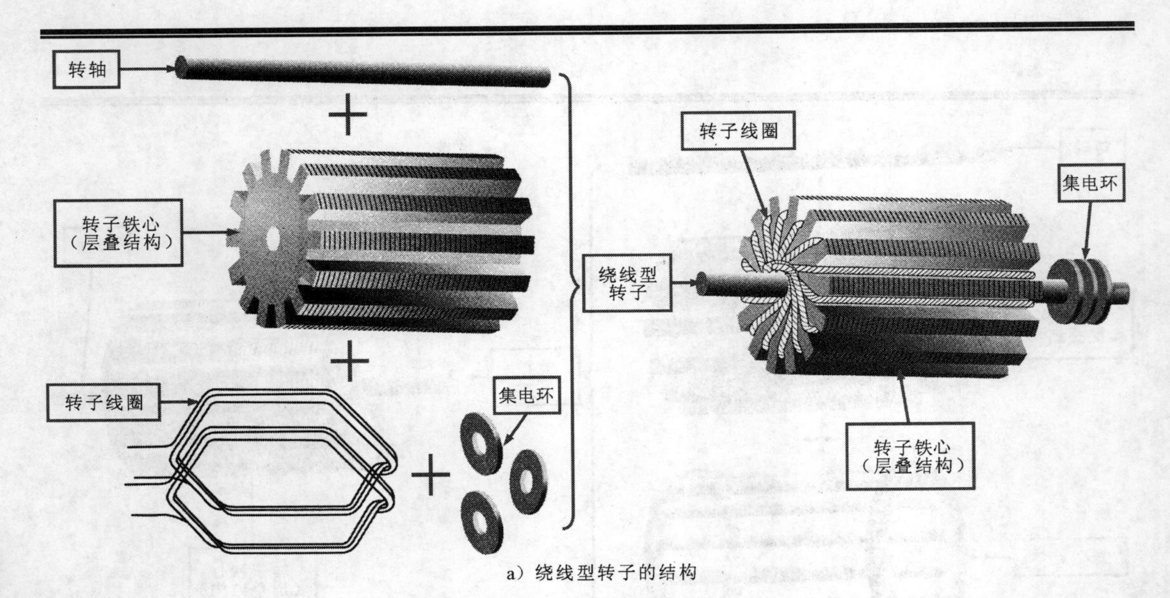

图 4-23　典型三相交流异步电动机绕线型转子的结构

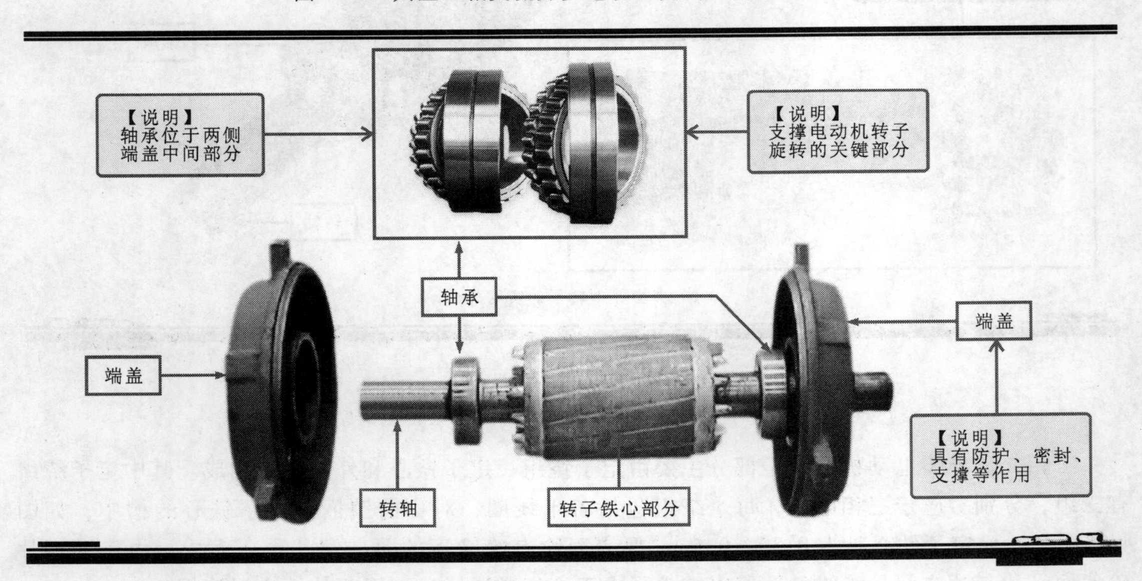

图 4-24　三相交流异步电动机转子部分的端盖、转轴和轴承

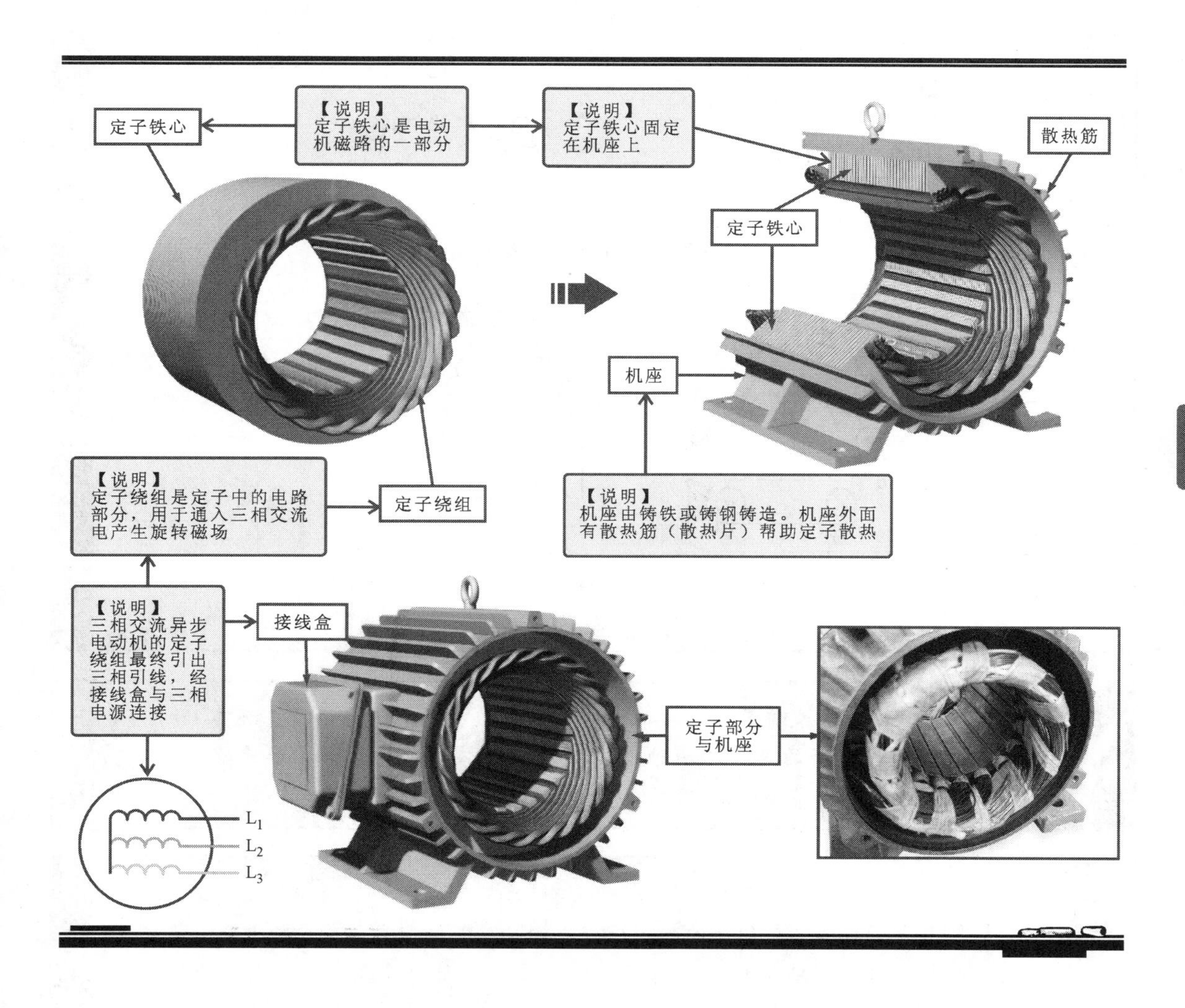

图 4-25　典型三相交流异步电动机内的定子结构

提问

请问，三相交流异步电动机内的三组定子绕组是怎样连接在一起的？有没有什么明确规定必须怎样连接，或者是可以任意连接呢？三组绕组的三相引出线又是如何与三相电源进行连接呢？

三相交流异步电动机内三相绕组的连接方式有两种，如图 4-26 所示，一种是采用星形连接，又称Y连接，另一种是三角形连接，又称△连接。三相绕组引出后经接线盒与三相电源连接。

回答

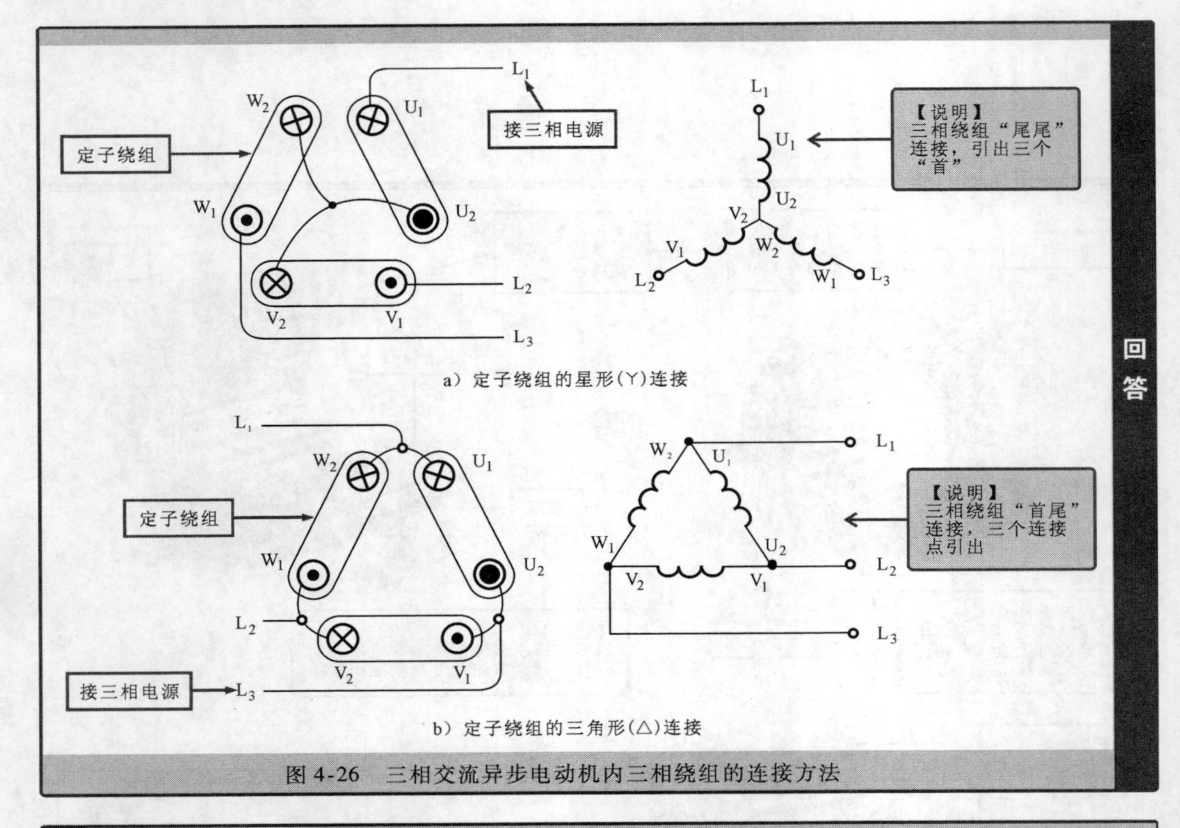

图 4-26　三相交流异步电动机内三相绕组的连接方法

回答

提问

既然上面说到三相交流异步电动机内的三相绕组有星形连接方式，还有三角形连接方式，我想知道的是，这两种连接方法有什么区别？什么时候连接成星形？什么时候连接成三角形呢？

三相异步电动机按定子绕组的连接方式分为星形接法和三角形接法，这两种不同的接法其电动机各相绕组上的相电压（电动机三相绕组上所承受的电压）与线电压（三相电源的供电电压）对应着不同的关系。三角形连接时，相电压等于线电压；星形连接时，相电压等于1/3线电压。也就是相同的线电压下，同一台电动机采用三角形接法时，其功率是采用星形接法的3倍。

在实际应用中电动机绕组连接为星形还是三角形需要根据其铭牌进行连接。例如，如果在电动机铭牌上写着220/380V（△/Y），它表示当电源为220V（三相）时，电动机应为三角形连接，当电源电压为380V时，电动机应为星形连接。一般情况下，3kW以下的电动机多采用星形连接，3kW以上（包括3kW）的电动机多采用三角形连接。

另外，这两种连接方式中，在电源缺相时的状态不相同。其中，三相异步电动机绕组星形接法，如图4-27a所示，当电源缺一相（如 L_3）时，可见绕组U和W串联后接在相线 L_1、L_2 之间，两个绕组中都有电流，但两个电流不仅数值相等而且相位相同，显然定子电流不满足相位条件，则不能自动起动。

回答

三相异步电动机绕组三角形接法如图4-27b所示。当电源缺一相（如L_3）时，这时绕组W与V串联后再与绕组U并联组成的混联电路，三相绕组中都有电流，但三个电流相位相同，则电流不满足相位条件，不能自动起动。

三相绕组三角形接法。三相异步电动机缺相时，不仅不能自行起动，缺相起动时定子电流很大，如果不及时切断电源，电动机将立即烧毁。这与正常起动大不相同，必须引起重视。

回答

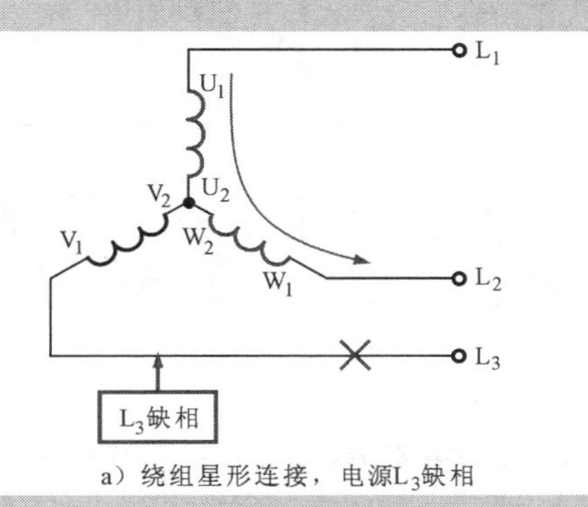

a）绕组星形连接，电源L_3缺相

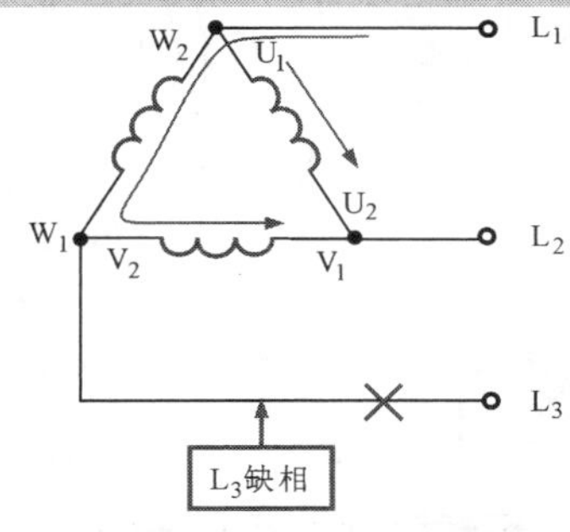

b）绕组三角形连接，电源L_3缺相

图4-27　三相交流异步电动机电源缺相时三相绕组中的电流状态

4.2.2　三相交流电动机的工作过程挺好玩

前面我们了解了单相交流异步电动机中电能到机械能的转化过程，那么三相交流电动机是如何实现这一转换过程的呢？下面我们深入学习三相交流电动机的转动原理，仍以三相交流异步电动机为重点探究一下这个好玩的工作过程，从学习中找到乐趣。

1. 三相交流异步电动机的转动原理

三相交流异步电动机是由转子和定子两部分构成的，定子的结构是圆筒形的，套在转子的外部，电动机的转子是圆柱形的，位于定子的内部。三相交流电源加到定子绕组中，由定子绕组产生的旋转磁场使转子旋转。图4-28所示为典型三相交流异步电动机的转动原理示意图。

【资料】

三相交流异步电动机接通三相电源后，定子绕组有电流流过，产生一个转速为n_0的旋转磁场，在旋转磁场作用下，电动机转子受电磁力作用，以转速n开始旋转。这里n始终不会加速到n_0，因为只有这样，转子导体（绕组）与旋转磁场之间才会有相对运动而切割磁力线，转子导体（绕组）中才能产生感应电动机和电流，从而产生电磁转矩，使转子按照旋转磁场的方向连续旋转。定子磁场对转子的异步转矩是异步电动机工作的必要条件，“异步”的名称也由此而来。

2. 三相交流异步电动机定子磁场的形成过程

三相交流异步电动机需要三相交流电源为其提供工作条件，而满足工作条件后三相交流异步电动机的转子之所以会旋转、实现能量转换，是因为转子气隙内有一个沿定子内圆旋转的磁场。

（1）三相交流电的相位关系

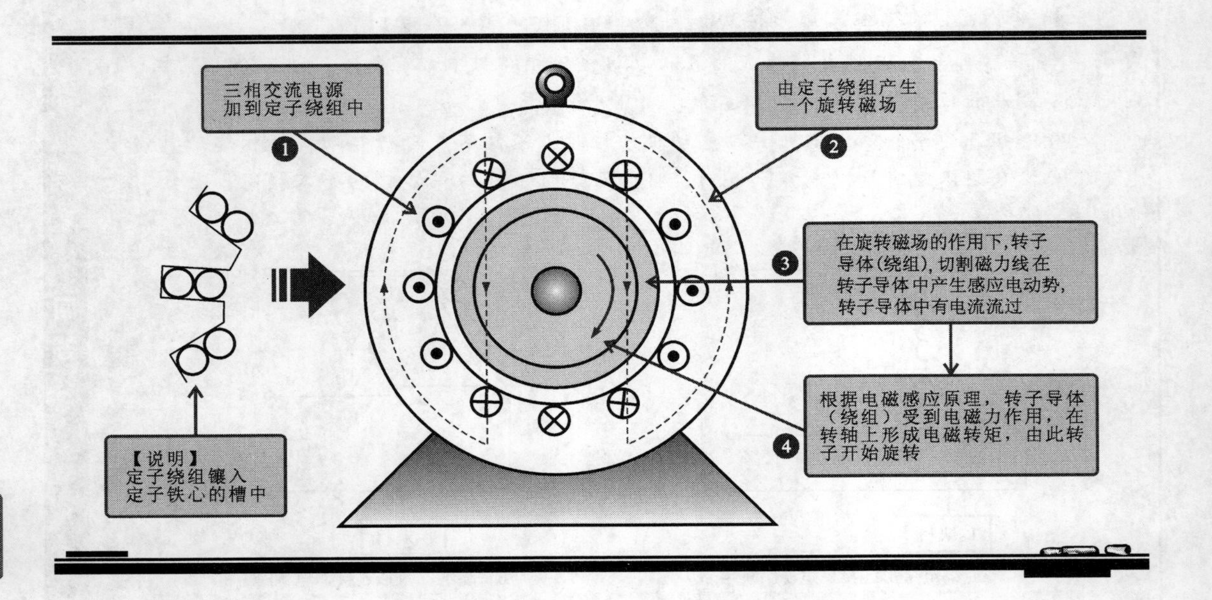

图 4-28　典型三相交流异步电动机的转动原理示意图

三相交流电是指三根交流电源线同时供电的方式，这三根线供电的电压峰值和频率都是相同的，只是三线的电流和电压的相位互相差 120°，在任一时刻都是按正弦波的规律变化的，如图 4-29 所示。

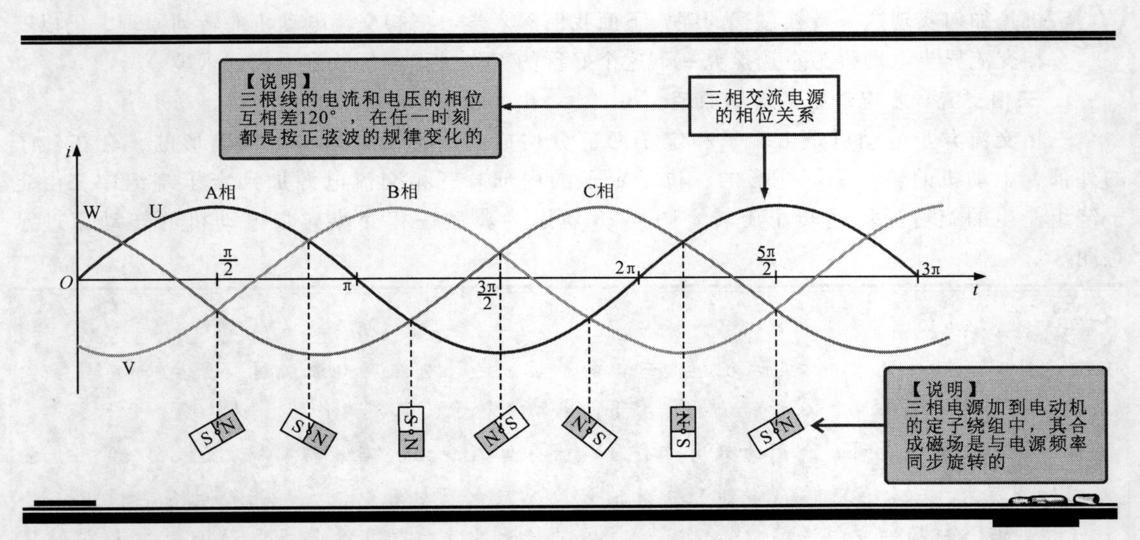

图 4-29　三相交流的相位关系

（2）三相交流异步电动机旋转磁场的形成过程

三相交流异步电动机的定子绕组镶在定子铁心的槽中，定子铁心与外壳结合在一起，三相绕组在圆周上呈空间均匀分布，每一组绕组都是多圈构成的，且都是由两组对称分布的绕组构成的。

图 4-30 所示为三相交流异步电动机定子的结构示意图。

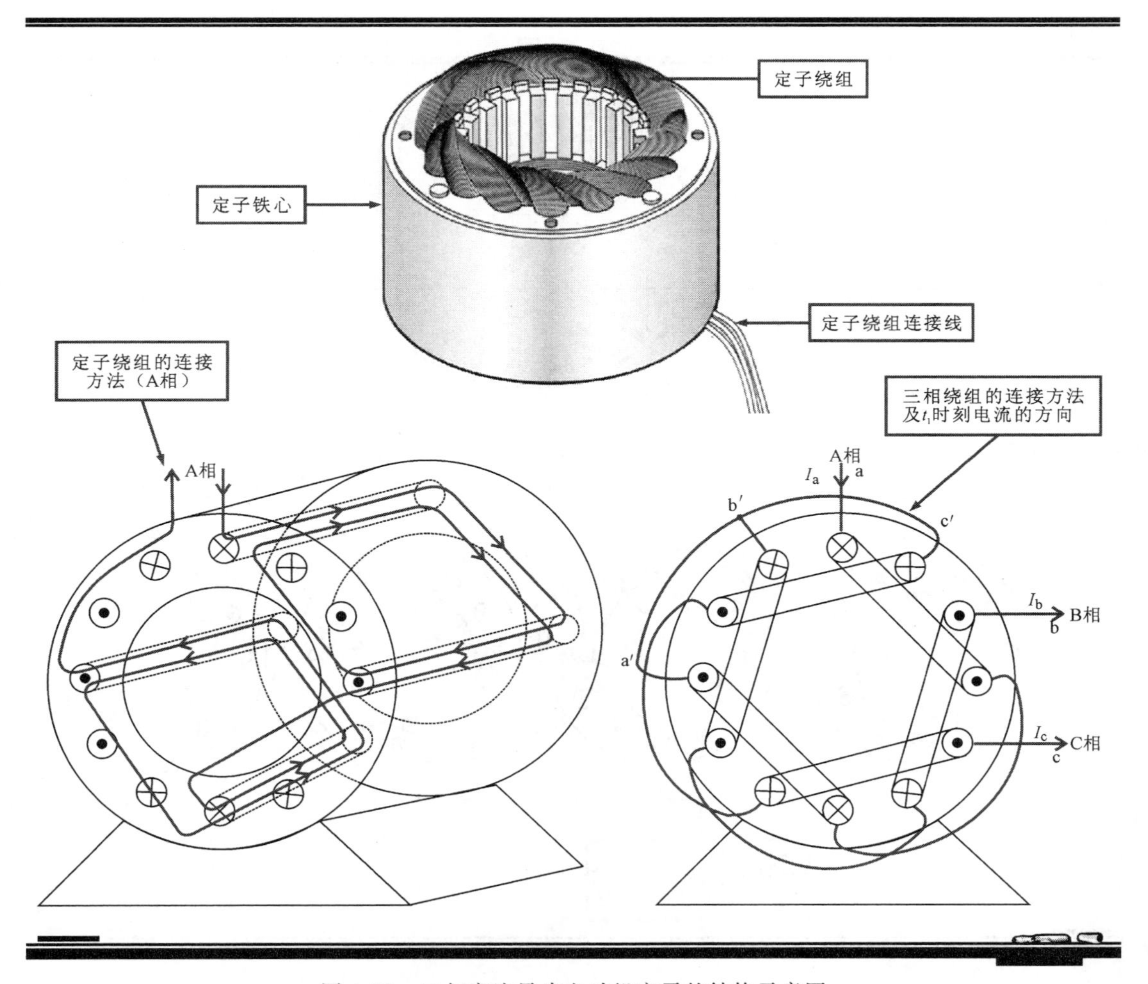

图 4-30　三相交流异步电动机定子的结构示意图

三相交流电源变化一个周期，三相交流异步电动机的旋转磁场转过 1/2 转，每一相定子绕组分为两组，每组有两个绕组，相当于两个定子磁极。

图 4-31 所示为三相交流异步电动机旋转磁场的形成过程。

（3）三相交流异步电动机合成磁场的方向

三相交流异步电动机合成磁场是指三相绕组产生的旋转磁场的总和。当三相交流异步电动机三相绕组加入交流电源时，由于三相交流电源的相位差为 120°，绕组在空间上成 120°对称分布，因而可根据三相绕组的分布位置、接线方式、电流方向和时间判别合成磁场的方向。

图 4-32 所示为三相交流异步电动机合成磁场在不同时间段的变化过程。

（4）三相交流异步电动机的转差率

在三相交流异步电动机中，由定子线圈所形成的旋转磁场作用于转子，使转子跟随磁场旋转，转子的转速滞后于磁场，因而转速低于磁场的转速。如果其转速增加到旋转磁场的转速，则转子导体与旋转磁场间的相对运动消失，转子中的电磁转矩等于 0。转子的实际转速 n 总是小于旋转磁场的同步转速 n_0，它们之间有一个转速差，反映了转子导体切割磁感应线的快慢程度，因此常用的这个转速差 n_0-n 与旋转磁场同步转速 n_0 的比值来表示异步电动机的性能，称为转差率，通常用 s 表示，即

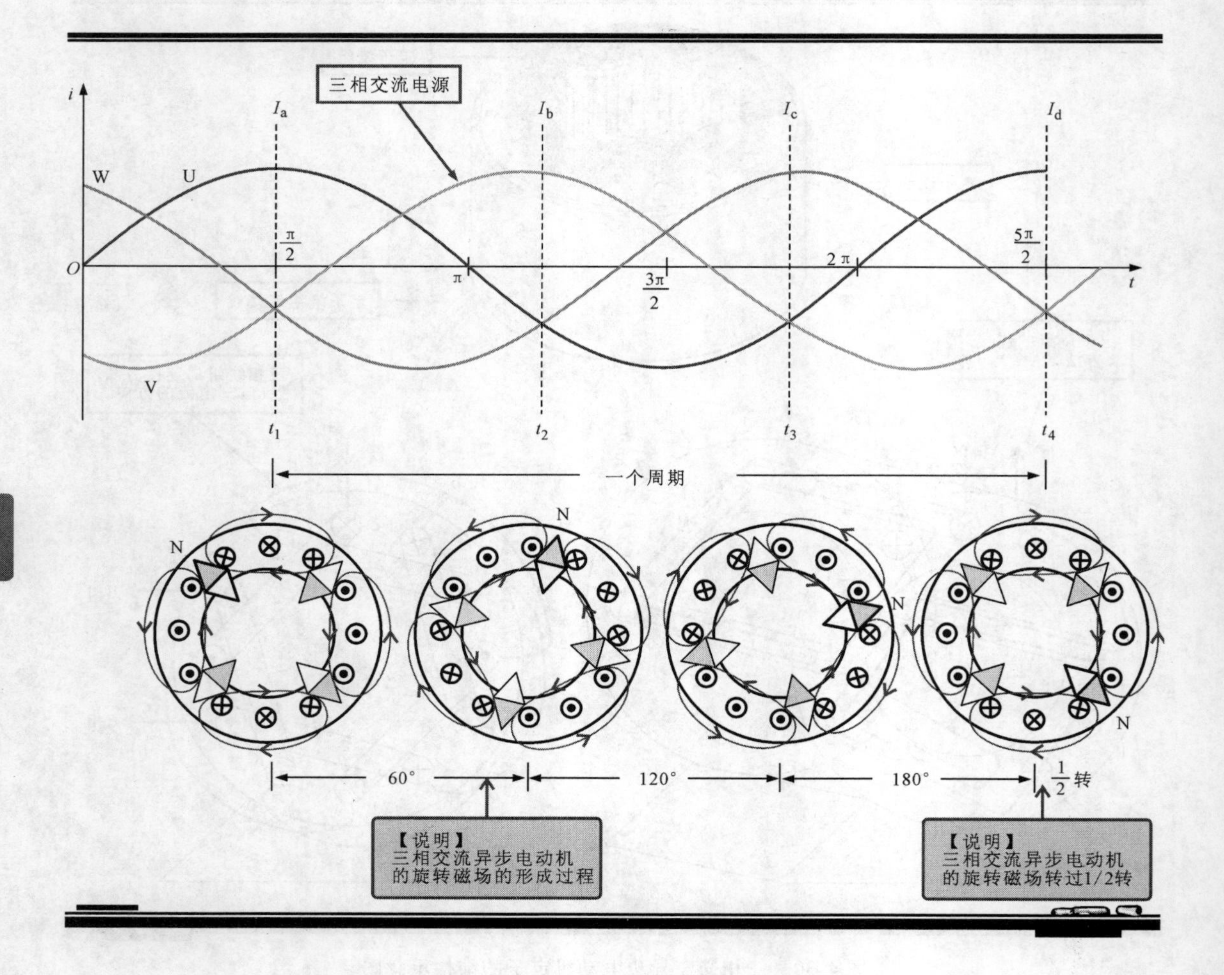

图 4-31　三相交流异步电动机旋转磁场的形成过程

$$s = \frac{n_0 - n}{n_0}$$

图 4-33 为三相交流异步电动机的转差率。

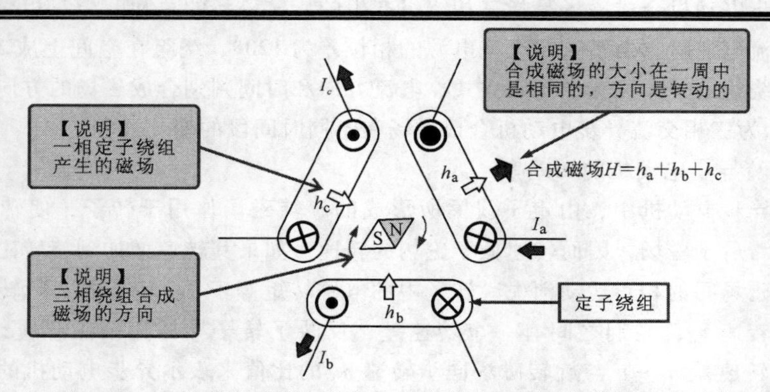

图 4-32　三相交流异步电动机合成磁场在不同时间段的变化过程

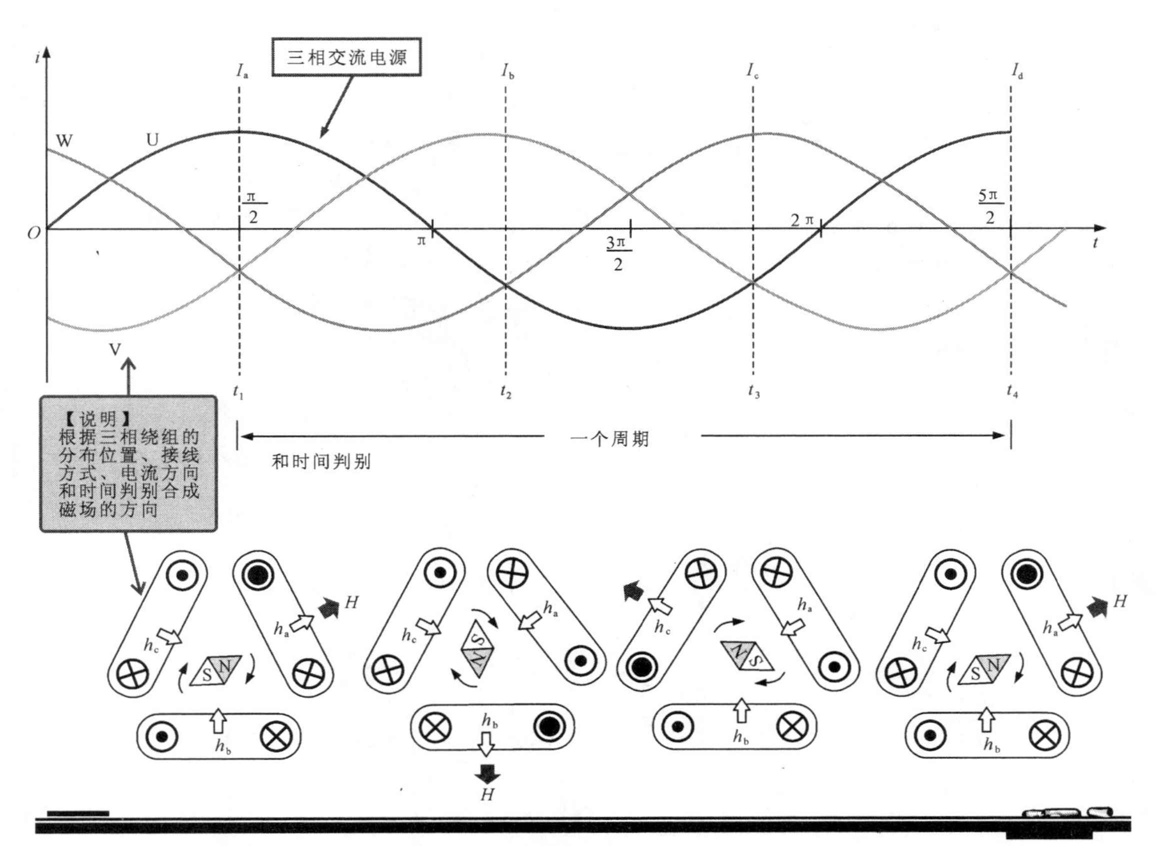

图 4-32　三相交流异步电动机合成磁场在不同时间段的变化过程（续）

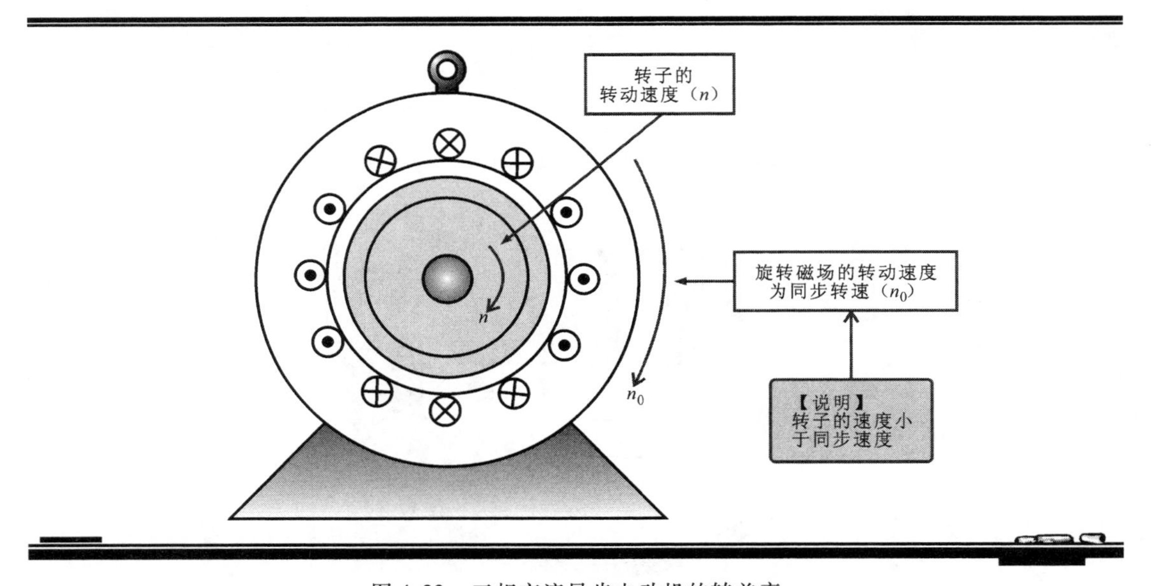

图 4-33　三相交流异步电动机的转差率

电动机起动的瞬间，$n=0$，$s=1$，转差率最大；随着转速的上升，转速率减小；当 $n=n_0$ 时，$s=0$，因此，s 在 0 ~ 1 之间变化。在额定负载时，中小型异步电动机转差率的范围一般为 0.02 ~ 0.06。

【资料】

学习完关于三相交流异步电动机的结构和原理后，这里不得不提一下同步电动机。交流同步电动机是指转动速度与供电电源频率同步的电动机，即电动机转子的转速 $n=60f/p$（f 为电源频率，p 为电动机中磁极的对数）。如果磁极对数为 1，电源的频率为 50Hz，则电动机的转速为 $(60\times50/1)$r/min = 3000r/min；如磁极对数为 2，则转数为 $(60\times50/2)$r/min = 1500r/min。这种电动机工作在电源频率恒定的条件下，其转速也恒定不变，与负载无关。交流同步电动机其定子绕组与异步电动机相同，电动机的转速与定子绕组所产生的旋转磁场的速度相同。

那么，交流同步电动机是如何实现同步旋转的呢？请看图 4-34。如果电动机的转子是一个永磁体，它具有 N、S 磁极，当该转子置于定子磁场之中时，定子磁场的磁极 n 吸引转子磁极 S，定子磁极 S 吸引转子磁极 N。如果此时使定子磁极转动时，由于磁力的作用转子也会随之转动。

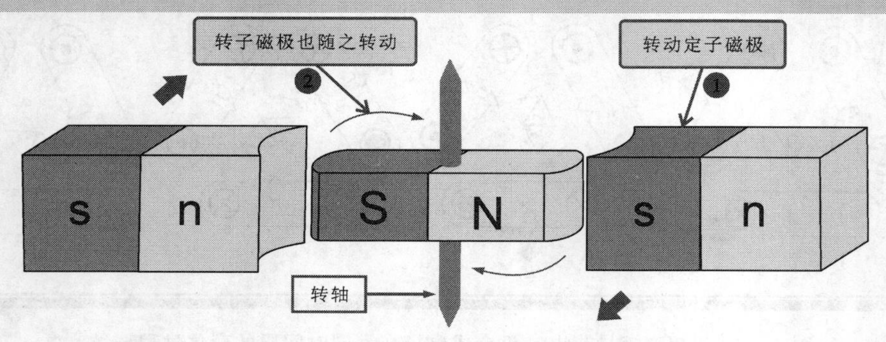

a）转子磁极与定子磁极的关系

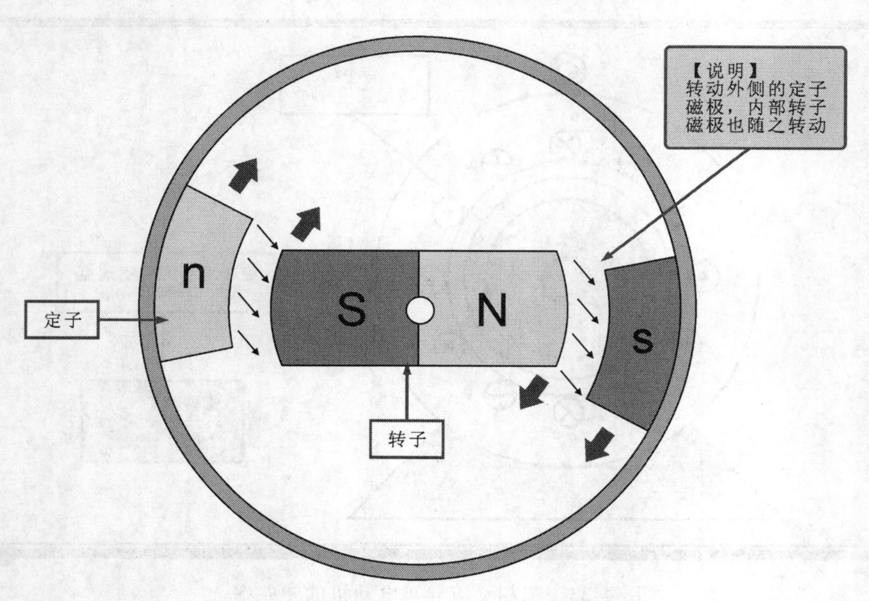

b）转子磁极与定子磁极的关系剖面图

图 4-34　交流同步电动机的转动原理

【资料】

如果用三相绕组通以三相电源代替永磁磁极，定子绕组在三相交流电源的作用下形成旋转磁场，定子本身不需要转动，同样可以使转子跟随磁场旋转，图4-35所示为交流同步电动机通以三相电源的转动原理。

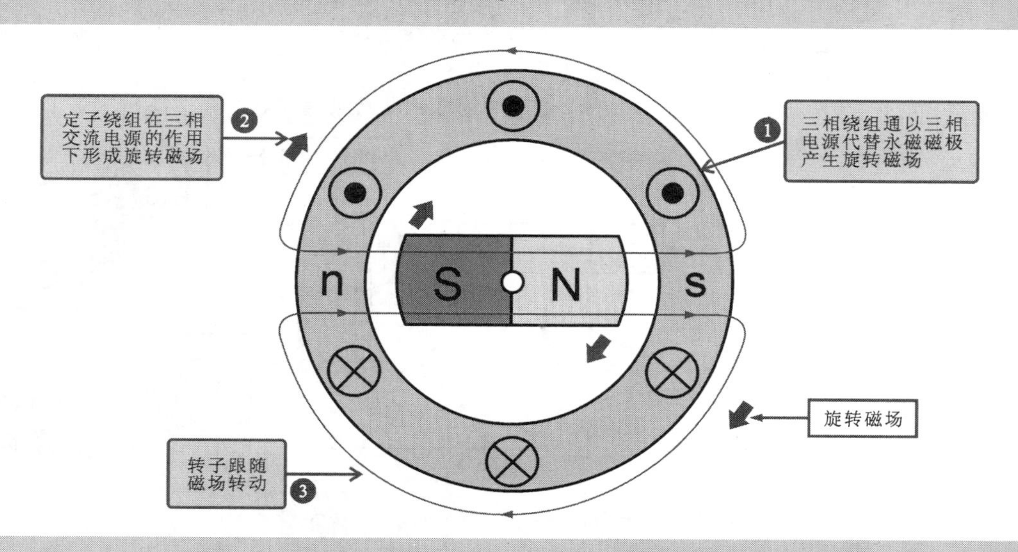

图4-35　交流同步电动机通以三相电源的转动原理

根据上述结构和原理可见，当转子磁场和定子磁场在一条直线上时，如图4-36所示，即此时定子磁极n与转子磁极S、定子磁极s与转子磁极N在同一直线时，将会出现无起动转矩的情况，因而交流同步电动机不能自行起动。必须采取相应的措施才能使交流同步电动机自动起动。

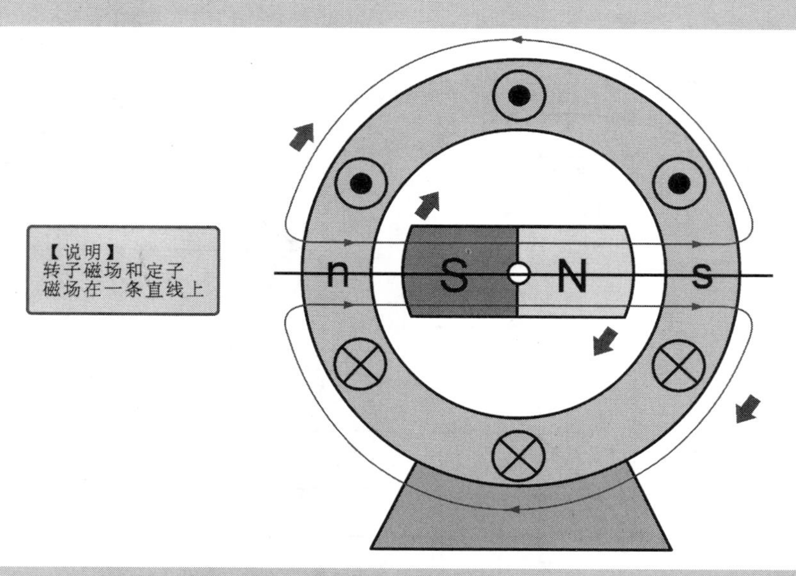

图4-36　转子磁场和定子磁场在一条直线上的示意图

【资料】

在上面两个章节中，我们学习了几种直流电动机、交流电动机的结构和工作原理方面的知识。在电工、电子领域中，还有一种电动机称为伺服电动机，这种电动机也具有突出的特点和功能。

伺服电动机是指自动跟踪控制系统中的电动机，它与自动控制电路系统是密不可分的，该跟踪控制系统的最大特点是具有速度反馈环路，在伺服系统中使用的电动机被称为伺服电动机，伺服电动机可以有直流电动机，交流电动机和步进电动机。

例如，图 4-37 所示为一种典型具有速度反馈环路的自动跟踪系统。

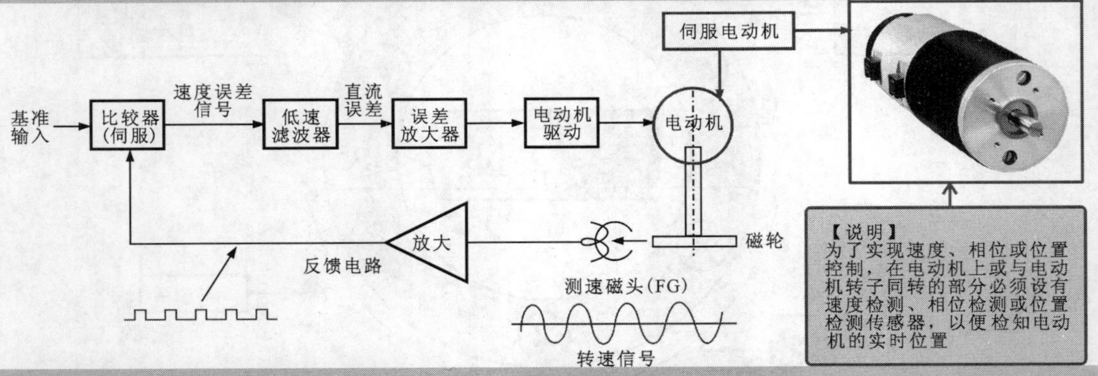

图 4-37　具有速度反馈环路的自动跟踪系统

伺服电动机在系统中作为控制对象，应具有良好的控制性，如图 4-38 所示，即

- 电动机转速和控制电压应具有良好的线性，电动机外加电压越高、转速越快、转速与控制电压成正比。
- 电动机的供电电流与转矩应具有良好的线性，即给电动机所加的电流越大、输出转矩越大，输出转矩与所加电流成正比。
- 电动机的响应速度要快，开关接通后，电动机能在很短的时间内达到额定转速。

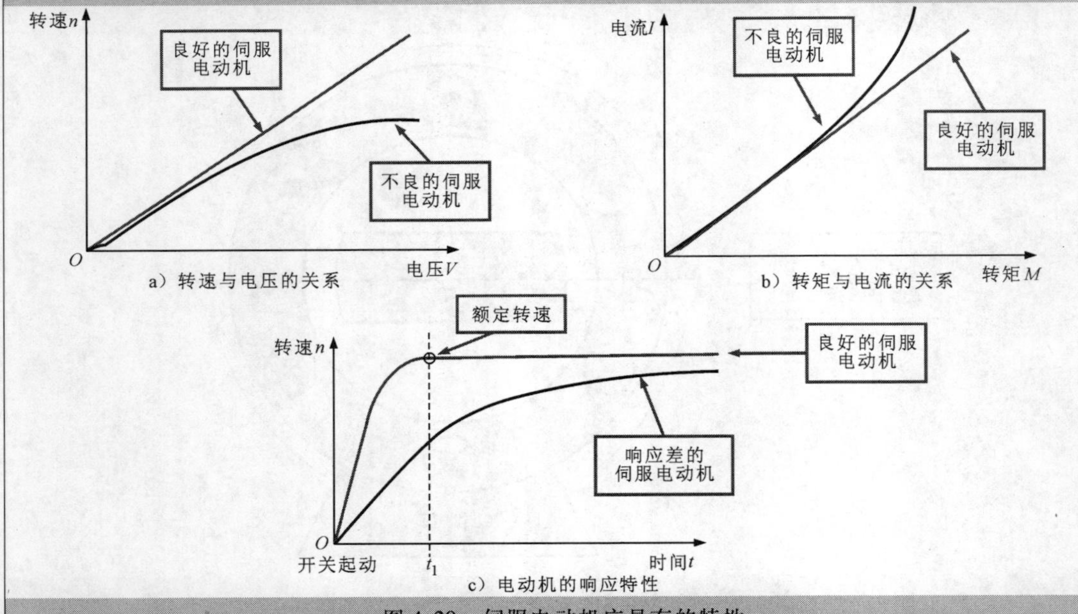

图 4-38　伺服电动机应具有的特性

第 5 章 轻松搞定电动机的控制电路

现在，我们开始学习第 5 章：本章我们要学习掌握电动机控制电路的相关知识。电动机与控制电路部分关系紧密，希望大家在学习本章后，能够了解电动机和电动机控制电路的关系，并且能够弄清楚电动机是如何被控制的。好了，下面让我们开始学习吧。

5.1 电动机和电动机控制电路的关系

大家都知道，电动机是一种在控制电路控制作用下，驱动机械设备运行的动力设备，它与控制电路形成受控与施控的关系。下面，我们通过了解电动机控制电路的结构以及连接关系来具体了解一下电动机和控制电路的关系。

5.1.1 看看电动机控制电路都包括什么

电动机控制电路可实现多种多样的功能，如电动机的起动、运转、变速、制动和停机等的控制。不同的电动机控制电路所选用的控制器件、电动机以及功能部件基本相同，但根据选用部件数量的不同以及对不同部件间的不同组合，加之电路上的连接差异，可实现对电动机不同工作状态的控制。

这里，我们就来看一看电动机的控制电路中都包括哪些元器件。首先，我们来看一个典型的电动机控制电路，如图 5-1 所示。

从图中可以看到，电动机控制电路主要由控制开关、熔断器、接触器、继电器等控制部件构成，这些部件的数量、安装位置决定了电路的实际控制功能。

1. 控制开关

控制开关是指对电动机控制电路发出操作指令的电器设备，它具有接通与断开电路的功能。电动机控制电路中的控制开关主要有按钮开关、组合开关和电源总开关。

（1）按钮开关

按钮开关是指通过按动钮扣似的部件实现线路通断的控制开关，这类控制开关通常具有自动复位功能，即按下按钮时，可使线路接通或断开，取消按动操作后按钮复位，线路恢复断开或接通。

目前，根据内部结构的不同按钮开关可分为常开按钮、常闭按钮和复合按钮三种，如图 5-2 所示。

（2）组合开关

组合开关又称转换开关，是一种转动式的闸刀开关，在电动机控制电路中主要用于电动机的启动，该开关具有体积小、寿命长、结构简单、操作方便、灭弧性能较好等优点。

组合开关内部有若干个动触片和静触片，分别装于数层绝缘件内，静触片固定在绝缘垫板上，动触片装在转轴上，随转轴旋转而变换通、断位置，如图 5-4 所示。

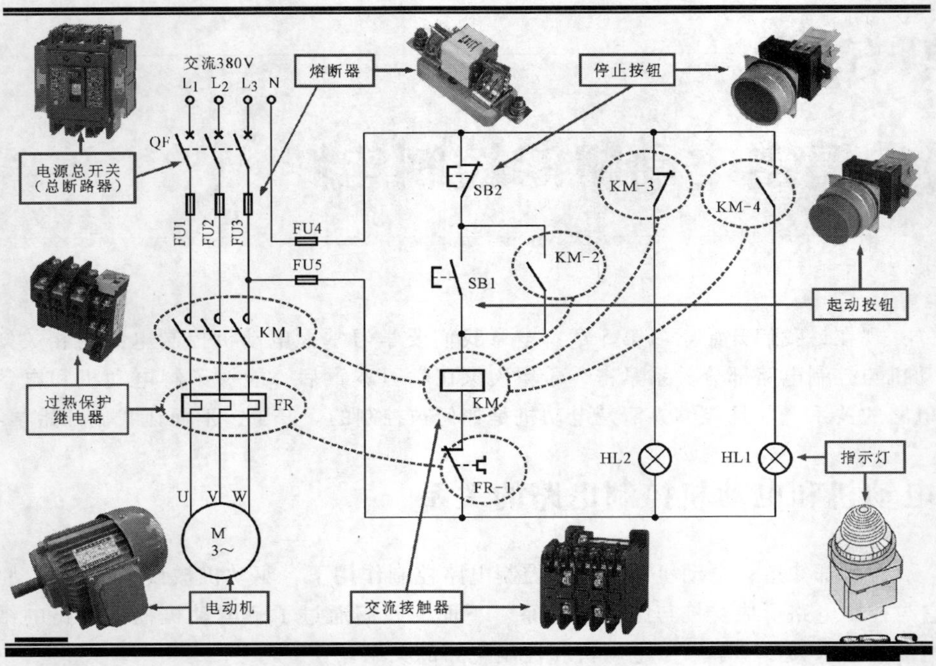

交流380V
L1 L2 L3 N
QF
电源总开关（总断路器）
熔断器
FU1 FU2 FU3
FU4
FU5
停止按钮
SB2
KM-3
KM-4
KM-2
SB1
起动按钮
KM 1
KM
过热保护继电器
FR
FR-1
HL2
HL1
指示灯
U V W
M 3～
电动机
交流接触器

图 5-1　典型的电动机控制电路

SB
电路符号
SB
电路符号
SB-1
SB-2
电路符号
SB1
SB2
电路符号
常开按钮开关
常闭按钮开关
复合按钮开关
双按钮开关
按钮
按钮
按钮
常闭触点
常开触点
常闭触点
常开触点

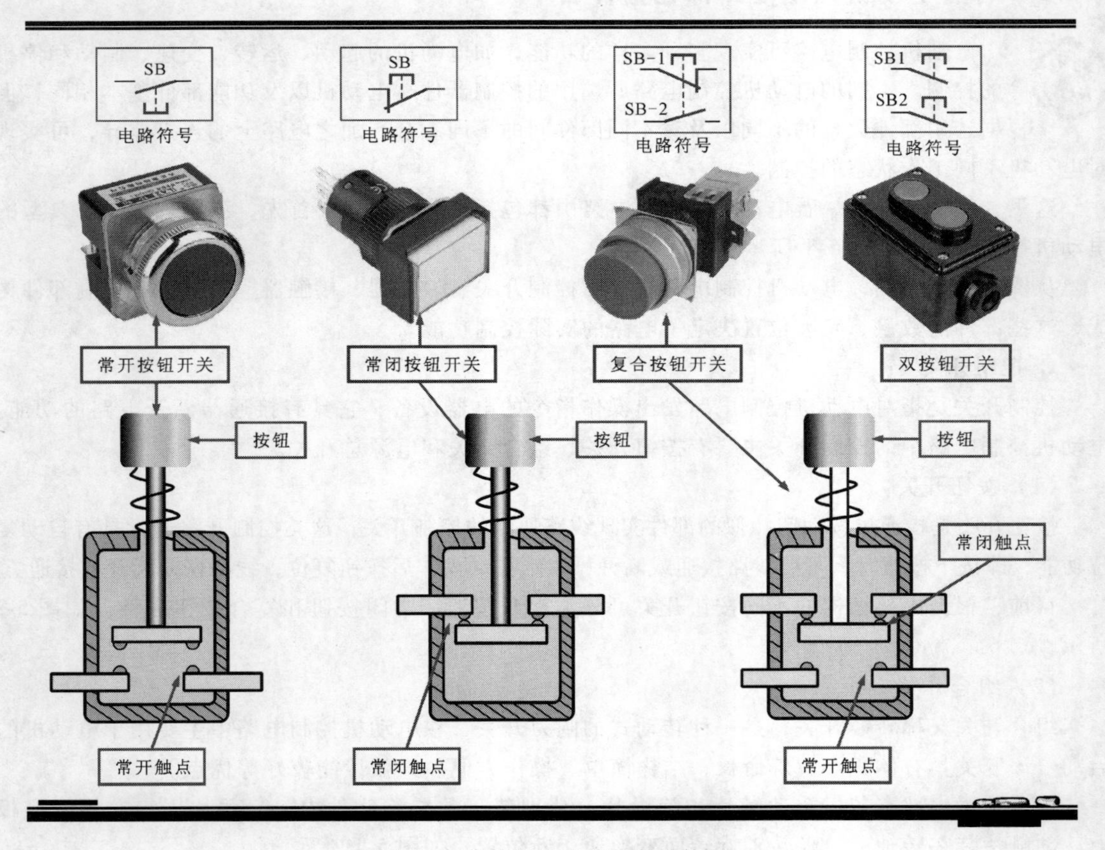

图 5-2　典型按钮开关的实物外形

【资料】

● 常开按钮在电动机控制电路中常用作起动按钮。操作前触点是断开的，用手指按下时触点闭合，手指放松后，按钮自动复位断开。

● 常闭按钮在电动机控制电路中常用作停机按钮。操作前触点是闭合的，用手指按下时触点断开，手指放松后，按钮自动复位闭合。

● 复合按钮在电动机控制电路中常用作正反转控制按钮或高低速控制按钮，其内部设有常开和常闭组合按钮，它设有两组触点，操作前有一组触点是闭合的，另一组触点是断开的。当手指按下时，闭合的触点断开，而断开的触点闭合，手指放松后，两组触点全部自动复位。

下面，以常开按钮为例，看看该类控制开关的控制关系，如图5-3所示。

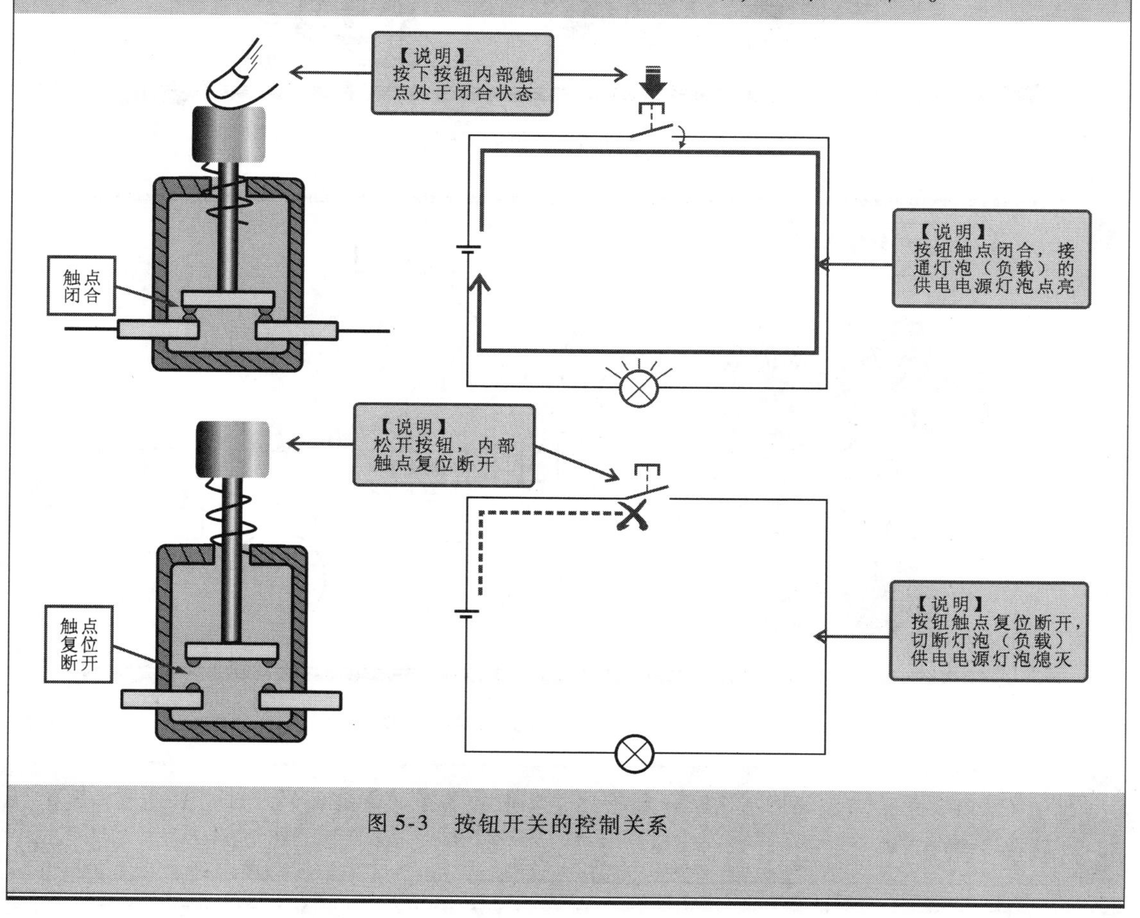

图5-3　按钮开关的控制关系

（3）电源总开关

在电动机控制电路中，电源总开关通常采用断路器，如图5-5所示，主要用于手动接通或切断电动机的总供电线路，同时这种开关又具备自动切断电路功能，即可在电动机出现过载、短路或欠电压时自动断开，起到保护电路作用。

2. 熔断器

熔断器是在电流超过规定值一段时间后，以其自身产生的热量使熔体熔化，从而使电路断开，起到短路、过载保护的作用。

图5-6所示为典型熔断器的实物外形。

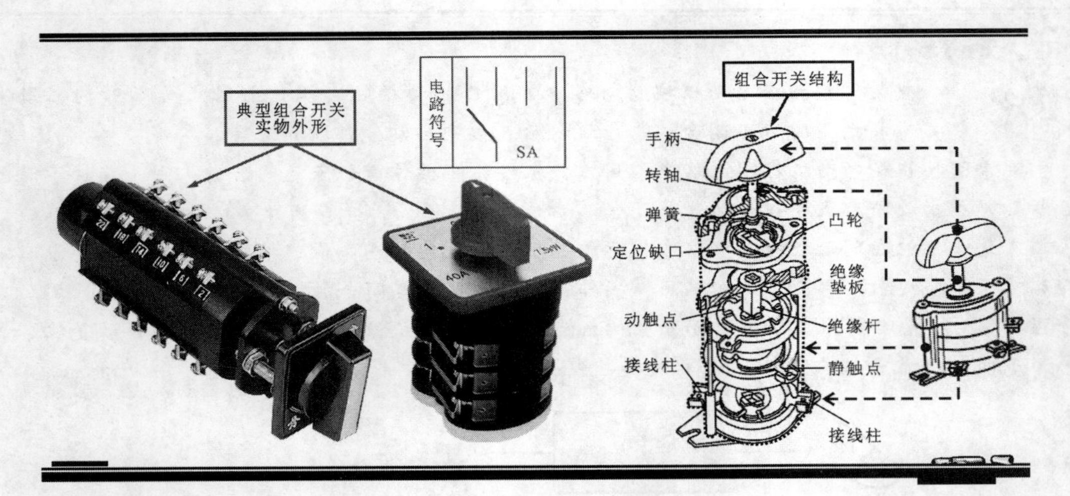

图 5-4　典型组合开关的实物外形

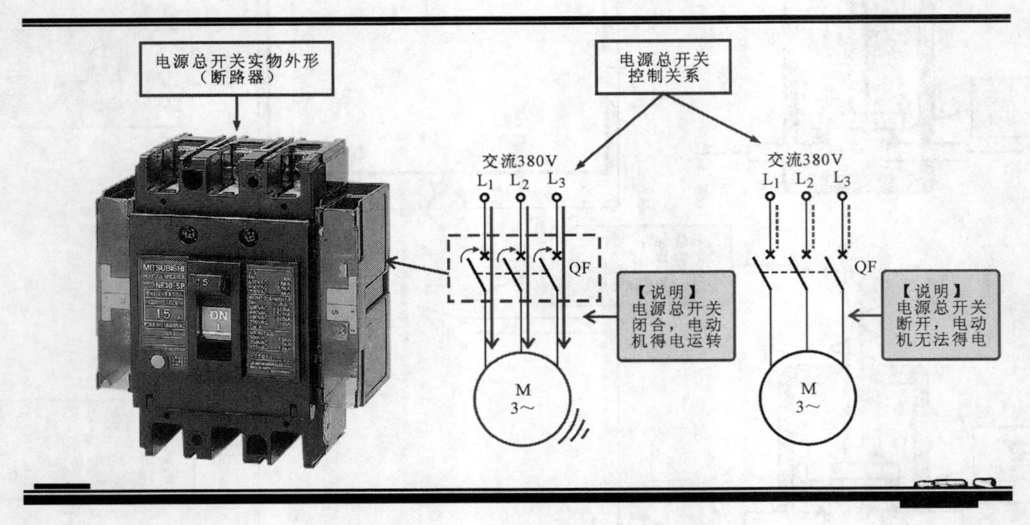

图 5-5　典型电源总开关的实物外形

提问

熔断器是如何实现电路保护作用的？什么情况下自身能够熔断？熔断后还能不能继续使用呢？

回答

熔断器在使用时是串联在被保护电路中，当被保护电路的电流超过规定值，并经过一定时间后，由熔体自身产生的热量熔断熔体，使电路断开，从而起到保护的作用，熔体熔断后，在完成电器检修后，需要用同规格熔体代换。

当被保护电路过载电流小时，熔体熔断所需要的时间长；而过载电流大时，熔体熔断所需要的时间短，因这一特点，在一定过载电流范围内，至电流恢复正常时，熔断器不会熔断，可以继续使用。

熔断器的种类有很多种，应根据熔断器的额定电流和额定电压进行选用。

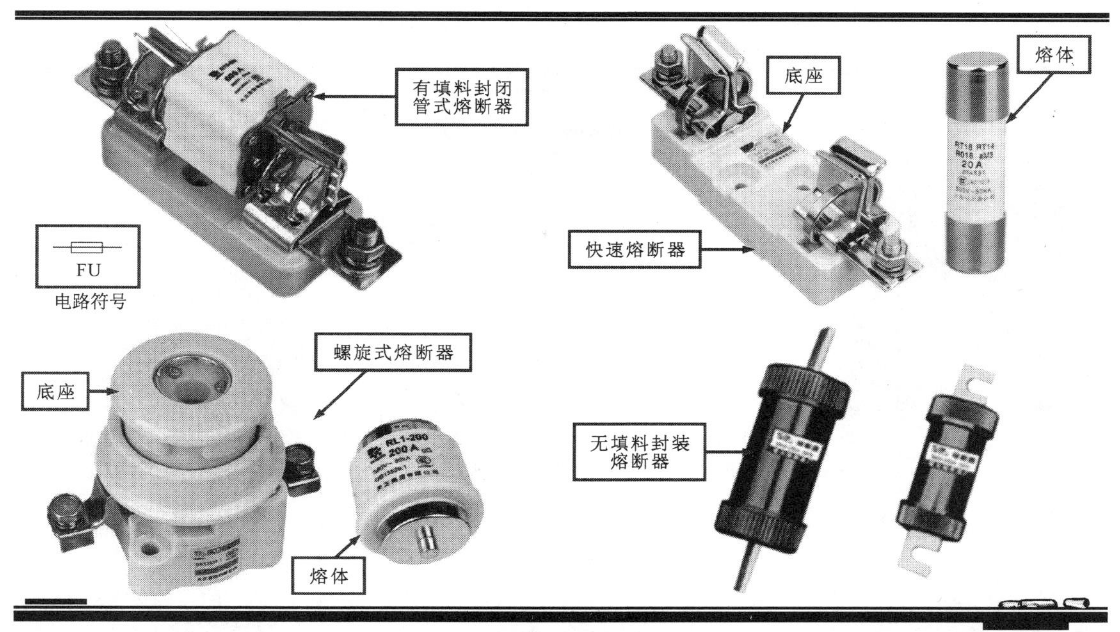

图 5-6　典型熔断器的实物外形

3. 继电器

继电器是根据信号（电压、电流、时间等）来接通或切断电路的控制元件，该元器件在电工电子行业应用较为广泛，在许多机械控制及电子电路中都采用这种器件。

图 5-7 所示为典型继电器和接触器的实物外形。

【资料】

● 中间继电器通常用来控制各种电磁线圈使信号得到放大，将一个输入信号转变成一个或多个输出信号。

● 时间继电器是一种延时或周期性定时接通、切断某些控制电路的继电器，当线圈得电后，经一段时间延时后（预先设定时间），其常开、常闭触点才会动作。

● 过热保护继电器是一种电气保护元件，利用电流的热效应来推动动作机构使触点闭合或断开的保护电器，主要用于电动机的过载保护、断相保护、电流不平衡保护以及其他电气设备发热状态时的控制。在选用热保护继电器时，主要是根据电动机的额定电流来确定其型号和热元件的电流等级，而且热保护继电器的额定电流通常与电动机的额定电流相等。

● 速度继电器又称反接制动继电器，这种继电器主要与接触器配合使用，用来实现电动机的反接制动。

● 压力继电器是将压力转换成电信号的液压器件，主要控制水、油、气体以及蒸气的压力等。

● 电流继电器是指根据继电器线圈中电流大小而接通或断开电路的继电器。通常情况下，电流继电器分为过电流继电器、欠电流继电器等。过电流继电器是指线圈中的电流高于容许值时动作的继电器；欠电流继电器是指线圈中的电流低于容许值时动作的继电器。

● 电压继电器又称零电压继电器，是一种按电压值动作的继电器，主要用于交流电路的欠电压或零电压保护。电压继电器与电流继电器在结构上的区别主要在于线圈的不同。电压继电器线圈与负载并联，反映的是负载电压，线圈匝数多，而且导线较细；电流继电器的线圈与负载串联，反映的是负载电流，线圈匝数少，而且导线较粗。

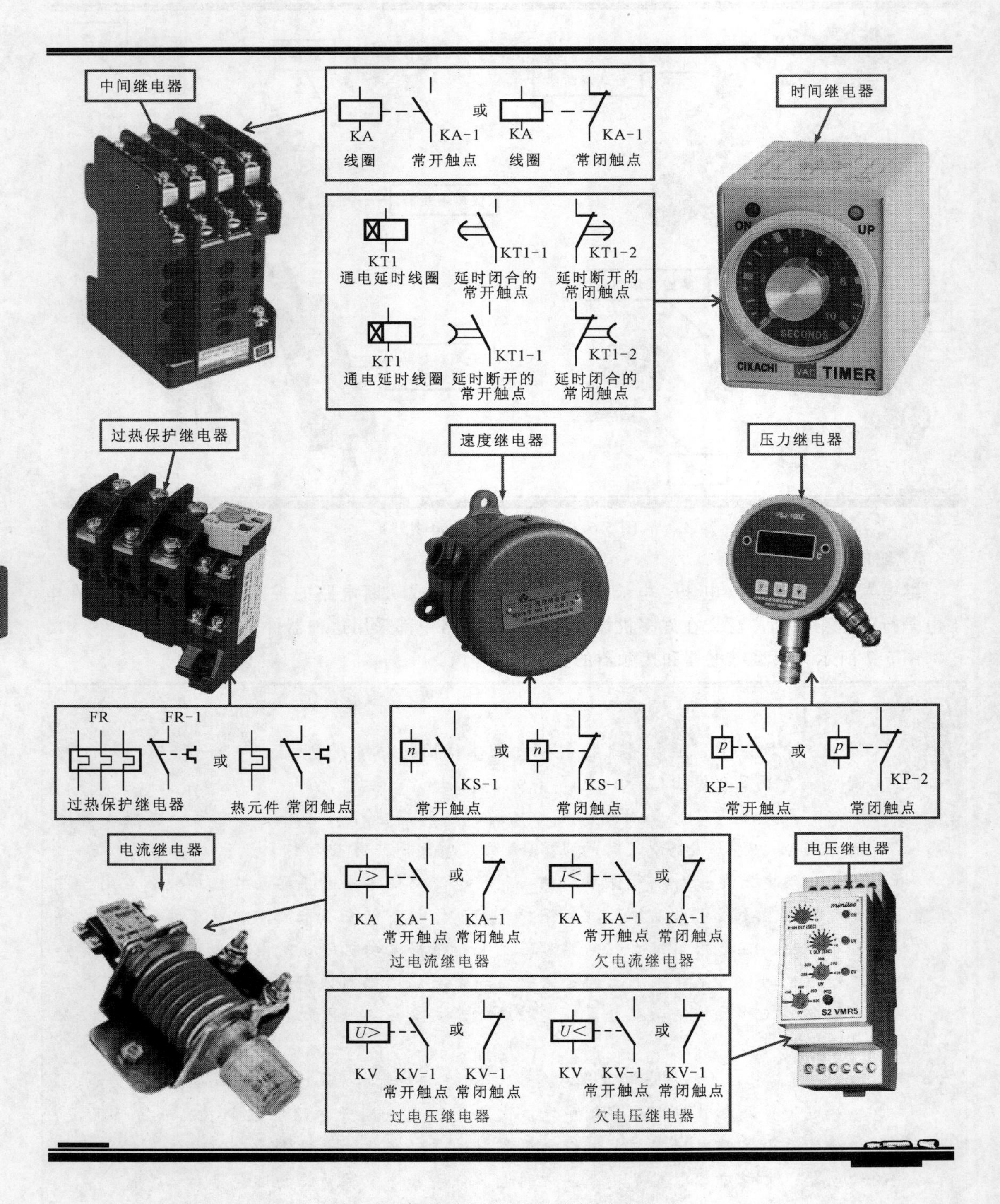

图 5-7　典型继电器和接触器的实物外形

4. 接触器

接触器又称电磁开关，是通过电磁机构的动作频繁接通和断开电路供电的装置。按照其电源类型的不同，接触器可分为交流接触器和直流接触器两种，如图 5-8 所示。

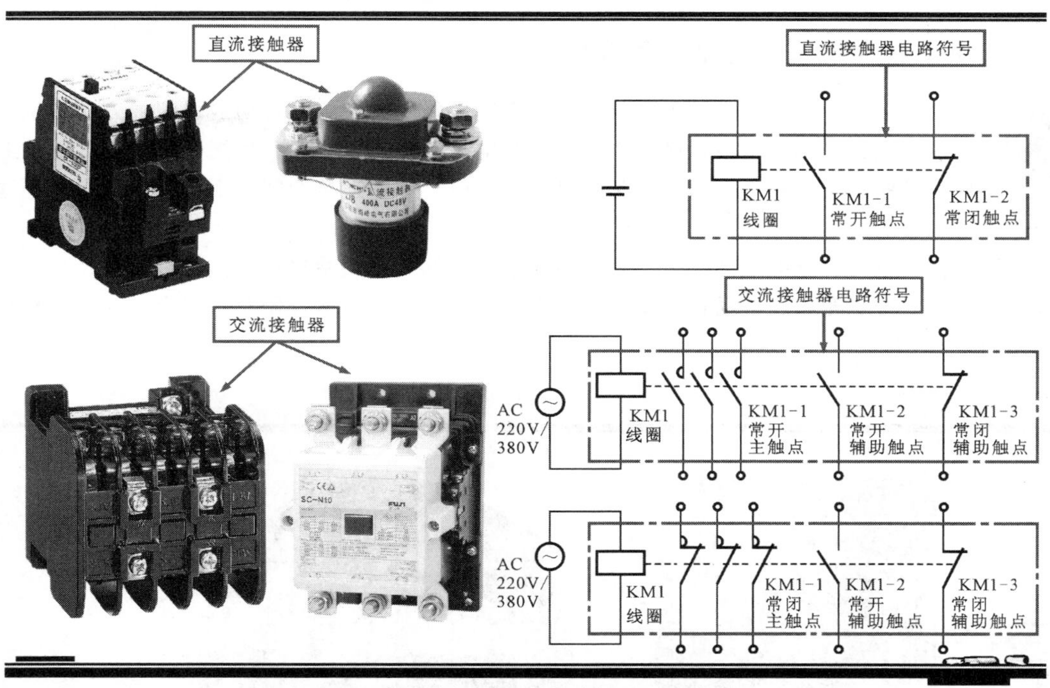

图5-8　直流接触器和交流接触器的实物外形

【注意】

在电动机控制电路中，接触器通常分开来使用，即主触点连接在电动机供电线路中，辅助触点及线圈连接在控制电路中，通过控制电路中线圈的得电与失电变化，自动控制电动机供电线路的通断。

例如，在我们上面的图5-1中，交流接触器KM分为了KM-1（主触点）、KM-2～KM-4（辅助触点）和用矩形框标识的KM（线圈）等5个部分。其中，主触点KM-1位于电动机供电线路中，在电源总开关QS闭合前提下，KM-1控制电动机能否得电。

另外，与电源总开关QS不同的是，KM-1闭合与否，是由控制电路中其线圈部分KM的控制的，即在线圈得电状态下，使上下两块衔铁磁化相互吸合，衔铁动作带动触点动作，如常开触点闭合，常闭触点断开，如图5-9所示，那么触点的通断自然也就实现了所连接部件的得电或失电状态。

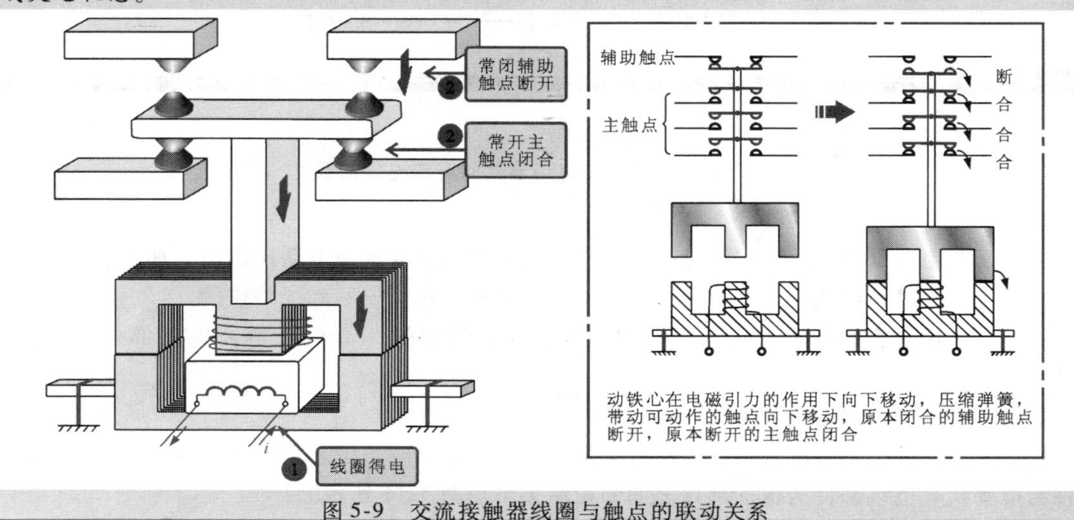

图5-9　交流接触器线圈与触点的联动关系

5.1.2 电动机和电气部件是如何连接的

在电动机控制系统中，电动机必须与控制电路中的电气部件通过一定的方式连接成不同的控制关系，也就是说，必须将电动机与电气部件建立关联，才能够实现电气部件对电动机的控制功能。那么，电动机到底是如何与电气部件连接的呢？下面，我们将揭开这个谜题。

通常来说，电动机与电气部件之间是按照要求实现的控制关系进行连接的。其中，各种电气部件集中安装在控制箱内，电动机的供电引线经相关电气部件后从控制箱中引出，与电动机相连接，如图 5-10 所示。

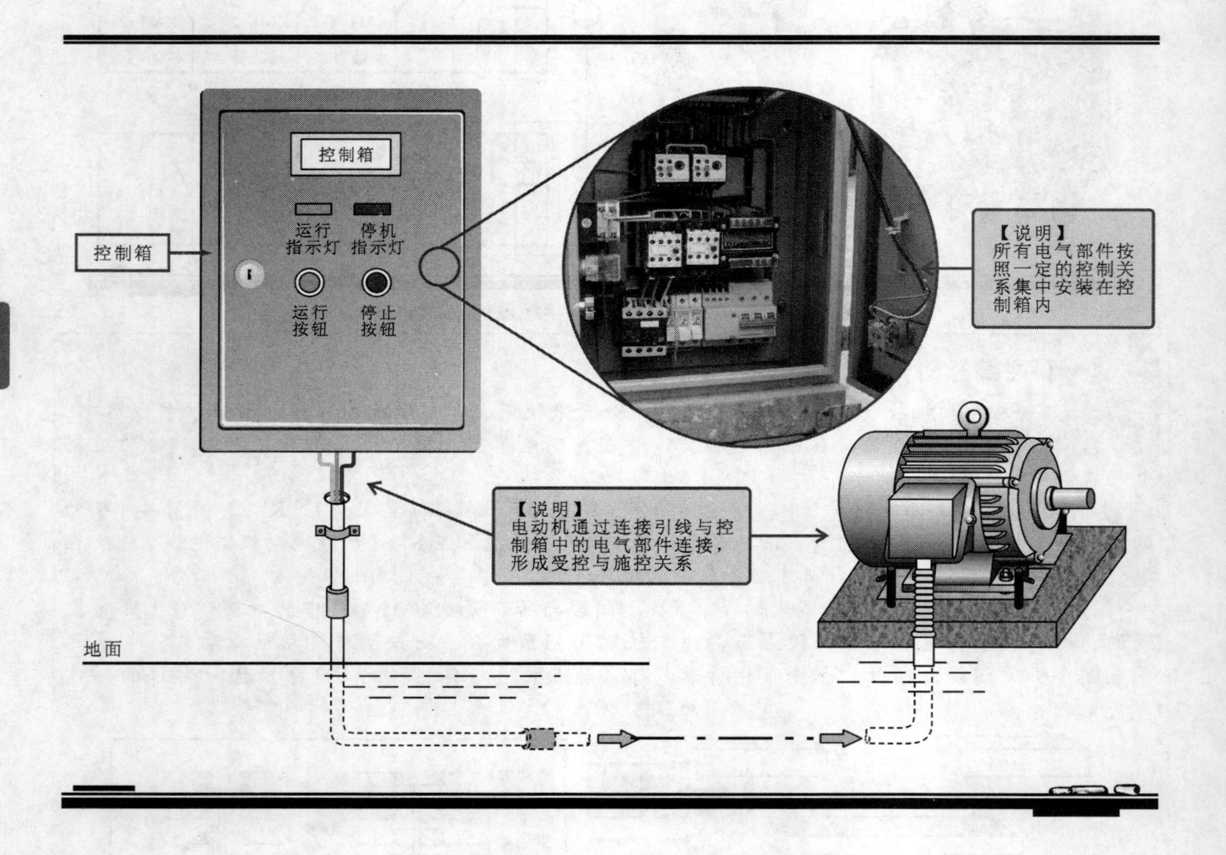

图 5-10　电动机与电气部件的安装连接关系

电动机与电气部件进行连接，必须严格按照相应的电动机控制电路原理图，理清电气部件与电动机、电气部件与电气部件之间的控制关系后，再进行布局安装和线路连接。

下面，仍以图 5-1 所示的电动机控制电路为例，具体看一看电动机和电气部件是如何连接的。

1. 根据电路图理清控制关系

在前文中，图 5-1 所示的电动机控制电路为一种简单的电动机起停控制电路，该电路中电气部件与电动机、电气部件与电气部件之间的控制关系如图 5-11 所示。

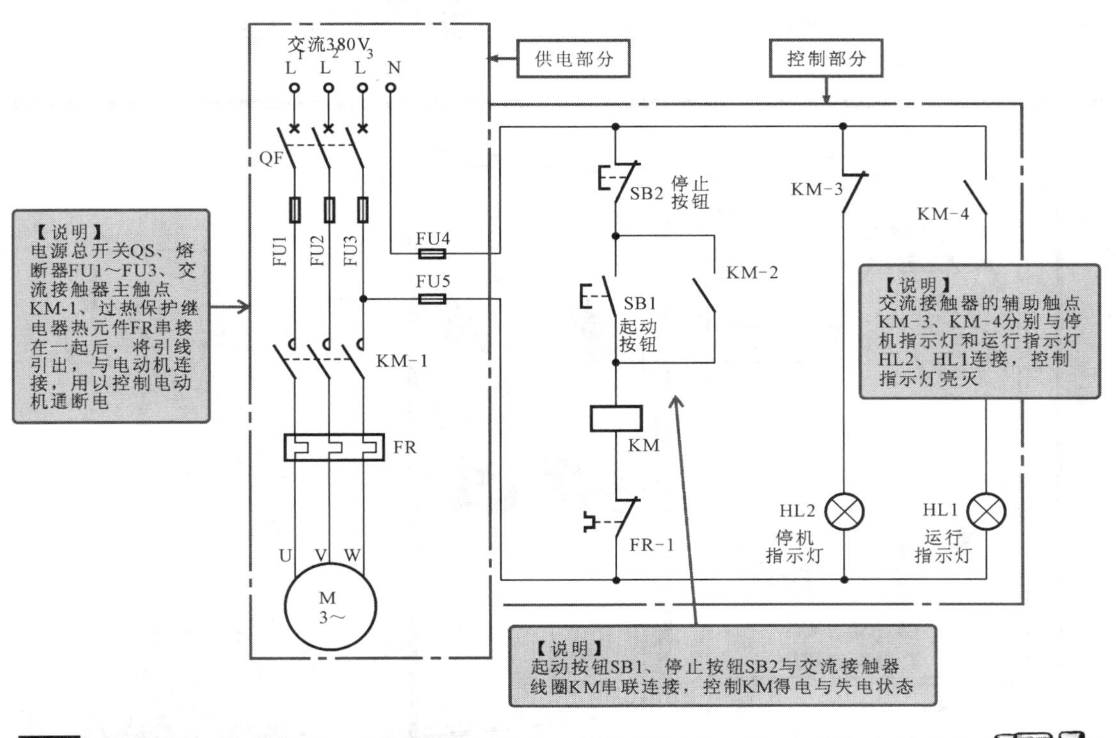

图 5-11　根据电路图理清控制关系

【资料】

上述的电动机起停控制电路中，根据电路关系可知，其具体的控制关系如下：

● 合上电源总开关 QF，接通三相电源。

三相电源中的一相与零线构成的交流 220V 电源，连接至控制电路部分。其中，电源经交流接触器 KM 的常闭辅助触点 KM-3 为停机指示灯 HL2 供电，HL2 点亮。

● 按下起动按钮 SB1，SB1 内的常开触点接通电源，交流接触器 KM 线圈得电，其常开主触点 KM-1 闭合，三相交流电动机接通三相电源起动运转。

同时，交流接触器常开辅助触点 KM-2 闭合实现自锁功能；常闭辅助触点 KM-3 断开，切断停机指示灯 HL2 的供电电源，HL2 熄灭；常开辅助触点 KM-4 闭合，运行指示灯 HL1 点亮，指示三相交流电动机处于工作状态。

● 当需要三相交流电动机停机时，按下停止按钮 SB2。交流接触器 KM 线圈失电，常开主触点 KM-1 复位断开，切断三相交流电动机的供电电源，三相交流电动机停止运转。同时，常开辅助触点 KM-2 复位断开，解除自锁功能；常开辅助触点 KM-4 复位断开，切断运行指示灯 HL1 的供电电源，HL1 熄灭；常闭辅助触点 KM-3 复位闭合，停机指示灯 HL2 点亮，指示三相交流电动机处于停机状态。

2. 电气部件与电动机的布局安装

理清控制关系后，将各电气部件安装到控制箱的相应位置处，安装布局应以控制关系决定排列顺利，并遵循整齐、美观的原则；同时，将电动机与控制箱按照实际安装场合，确定位置和距离，如图5-12所示。

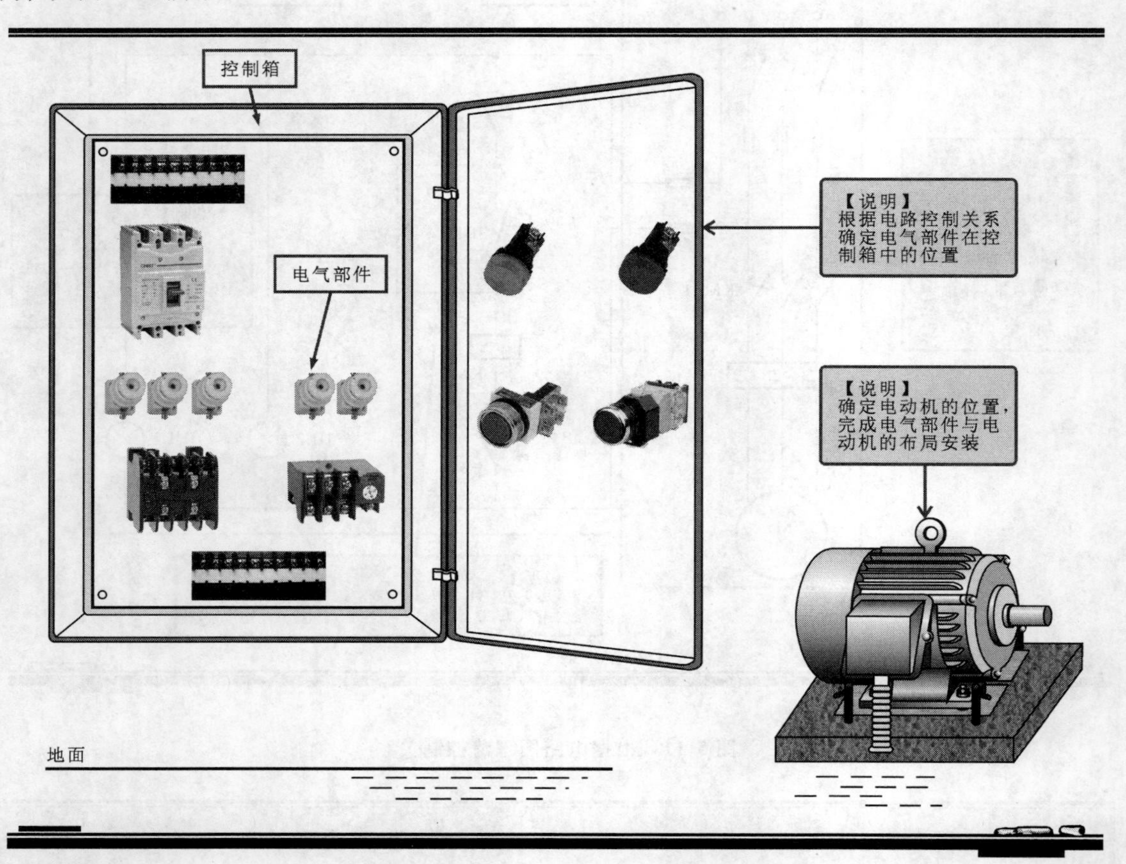

图5-12　电气部件与电动机的布局安装

3. 电气部件与电动机的线路连接

布局完成后，接下来就要开始将电动机与电气部件进行连接了。连接时，导线应平直、整齐并合理。所有导线从一个端子到另一个端子进行连接时，应是连续的，中间不可以出现有接头的现象，并且所有的导线连接必须牢固，不得松动。

根据电动机控制电路关系，将电气部件与电动机的线路连接分为电动机供电和控制两个部分进行连接。

（1）电动机供电部分的连接

将供电电路中的电气部件进行连接。连接时，应尽可能减少直线通道的使用。接线时须严格按照电路原理图进行线路连接，且应根据不同电气部件的连接要求选用适当规格型号的导线进行连接。

图5-13所示为电动机与电气部件之间的连接方法。

（2）控制电路的连接

供电电路中的电气部件与电动机连接完成后，接下来则需要将控制电路的电气部件按照电路控制关系进行接线操作。

图5-14所示为典型电动机控制线路中控制电路的电气部件的连接方法。

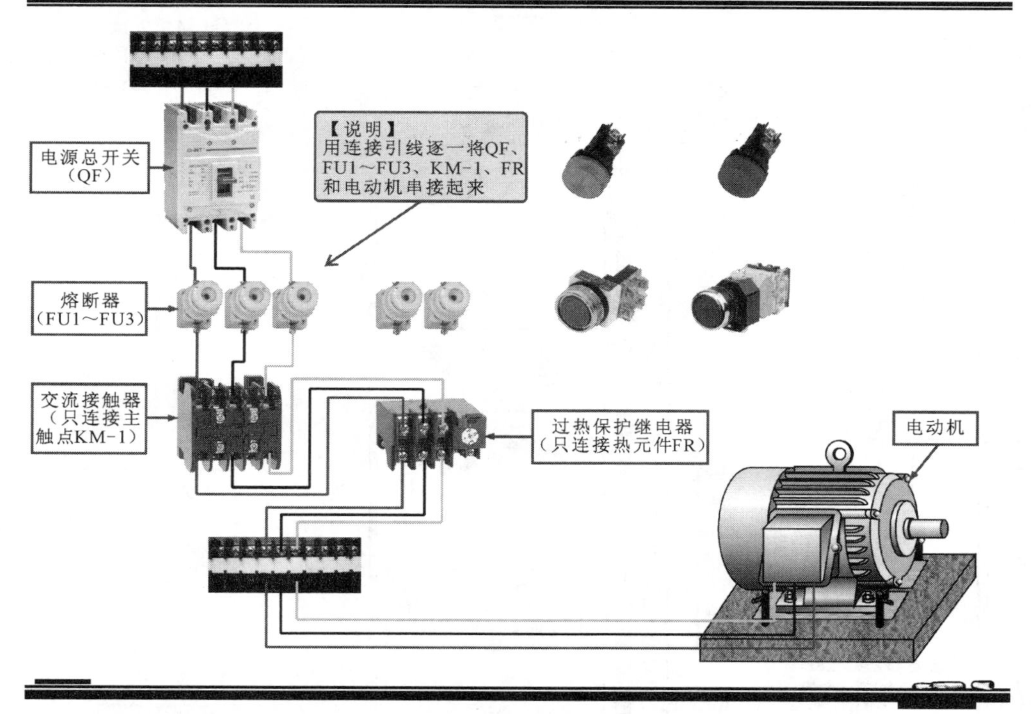

图 5-13 电动机与电气部件之间的连接方法

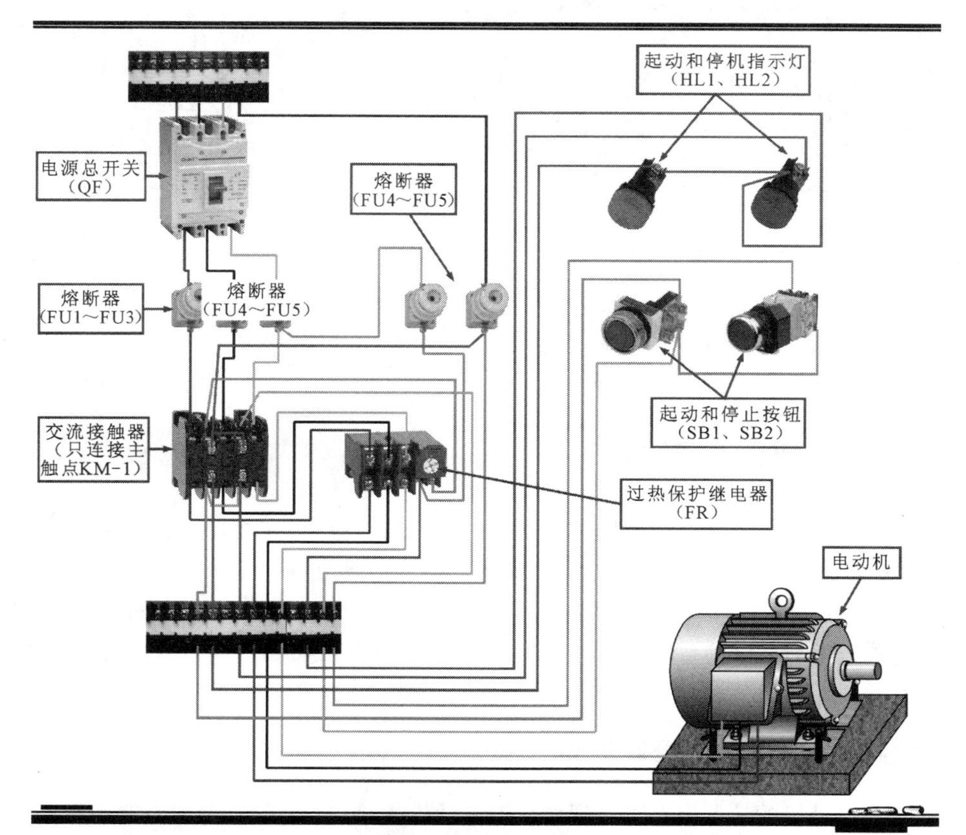

图 5-14 典型电动机控制线路中控制电路部分电气部件的连接方法

【资料】

在进行电动机与电气部件的连接过程中，接线方式、引线规格、线与线之间的距离需要符合接线要求，如图5-15所示。

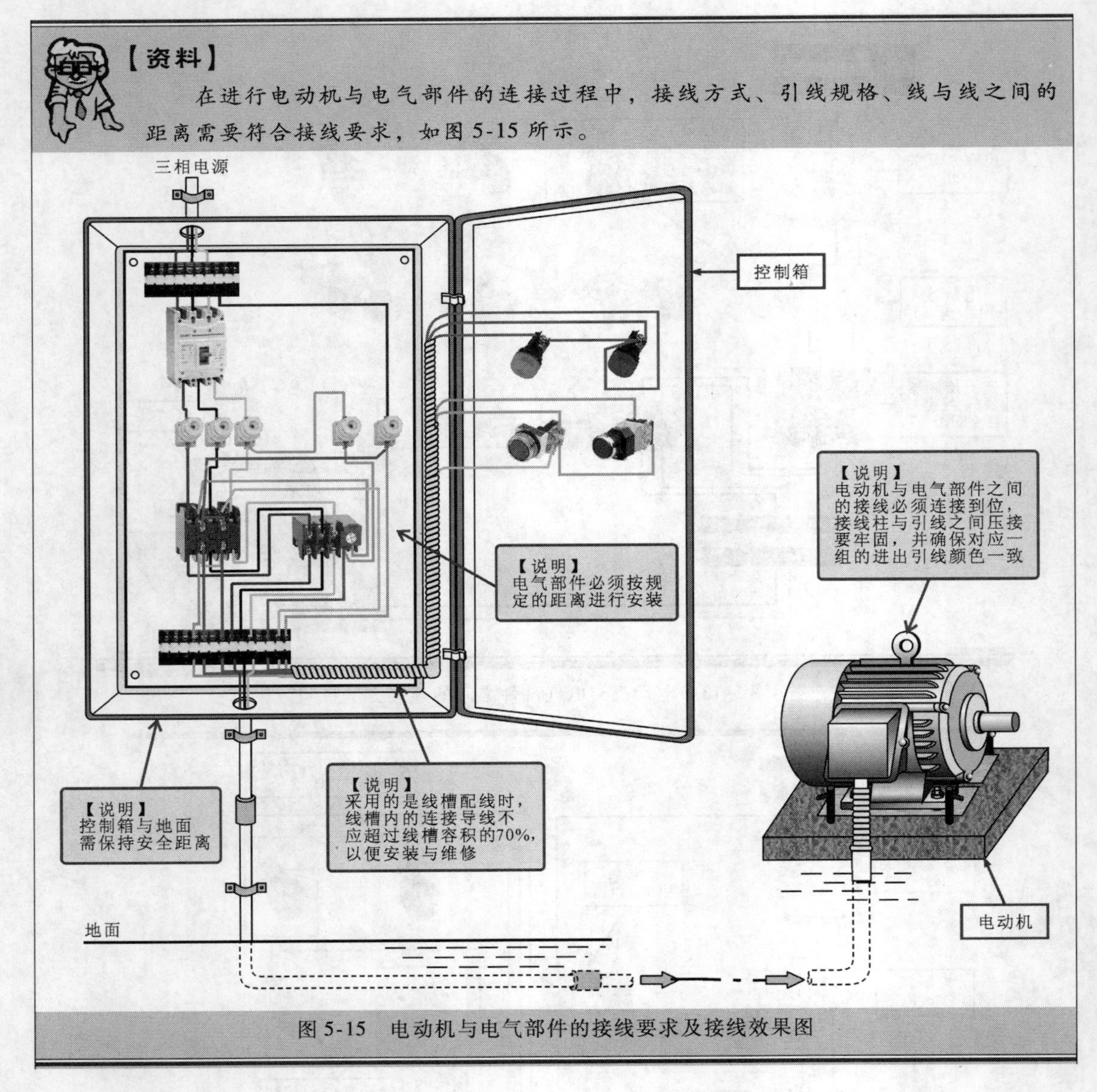

图5-15　电动机与电气部件的接线要求及接线效果图

5.2　电动机是如何被控制的

在我们学习电动机与控制电路关系中了解到，电动机在控制电路中电气部件的控制下实现状态的变化，如起动、停止、反转、加速、减速等，那么，这些控制功能到底是如何实现的？电气部件是如何控制电动机的？下面我们分别挑选了几种直流电动机和交流电动机的典型控制电路，通过分析这些电路中电气部件对电动机的具体控制过程来解决这些问题。

5.2.1　读懂直流电动机的控制电路

直流电动机的控制电路可实现对直流电动机的起动、运转、变速、制动和停机等的控制。不同的直流电动机控制电路所选用的电气部件、直流电动机基本相同，但根据选用部件数量的不同以及对不同部件间的不同组合，加之电路上的连接差异，从而实现了对直流电动机不同工作状态的控制。

1. 直流电动机的启停控制电路

图 5-16 所示为典型直流电动机的起停控制电路，该电路主要是依靠起动按钮、停止按钮、直流接触器、时间继电器等控制部件来对直流电动机进行控制的。

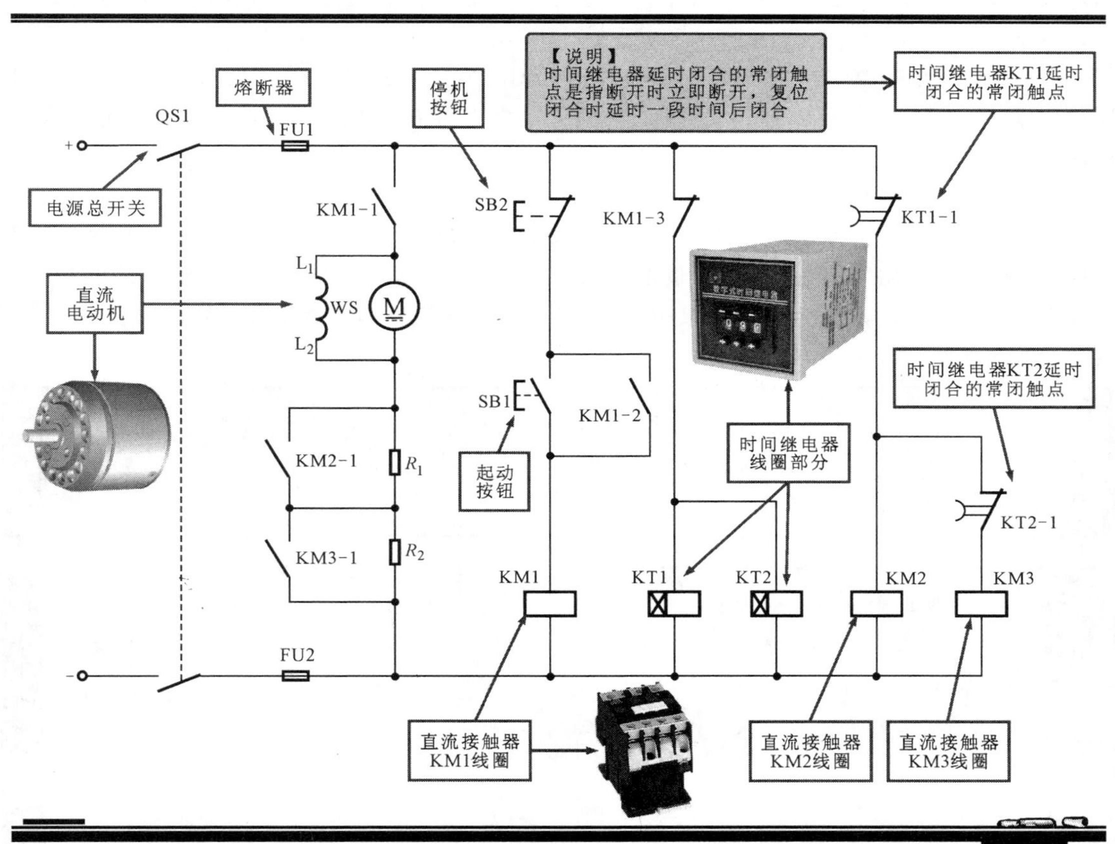

图 5-16 典型直流电动机的起停控制电路

从图 5-16 可以看到，与直流电动机直接相关的部件主要有交流接触器 KM1、KM2、KM3 的常开触点 KM1-1、KM2-1、KM3-1，以及电阻器 R_1、R_2 等。从电路关系来看，当闭合电源总开关 QS1 后，只有当 KM1-1 闭合状态下电动机才能得电运转；KM2-1、KM3-1 分别控制电阻器 R_1、R_2 是否与直流电动机串联工作。

具体的控制过程如下：

(1) 起动过程

合上电源总开关 QS1，接通直流电源，时间继电器 KT1、KT2 线圈得电。

由于时间继电器 KT1、KT2 的触点 KT1-1、KT2-1 均为立即断开，但延时闭合的常闭触点，因此在时间继电器线圈得电后，其触点 KT1-1、KT2-1 瞬间断开，防止直流接触器 KM2、KM3 线圈得电。

接着，按下起动按钮 SB1，直流接触器 KM1 线圈得电，其常开触点 KM1-2 闭合自锁；同时，KM1 的常开触点 KM1-1 闭合，直流电动机接通直流电源，串联起动电阻器 R_1、R_2 低速起动运转；KM1 的常闭触点 KM1-3 也立即断开，时间继电器 KT1/KT2 失电，进入延时复位计时状态（时间继电器 KT2 的延时复位时间要长于时间继电器 KT1 的延时复位时间）。

（2）提速过程

当达到时间继电器 KT1 预先设定的复位时间时，常闭触点 KT1-1 复位闭合，直流接触器 KM2 线圈得电，其常开触点 KM2-1 闭合，短接起动电阻器 R_1，直流电动机串联起动电阻 R_2 运转，转速提升。

当达到时间继电器 KT2 预先设定的复位时间时，常闭触点 KT2-1 复位闭合，直流接触器 KM3 线圈得电，其常开触点 KM3-1 闭合，短接起动电阻器 R_2，直流电动机工作在额定电压下，进入正常运转状态。

（3）停机控制过程

当需要直流电动机停机时，按下停止按钮 SB2，直流接触器 KM1 线圈失电，其常开触点 KM1-1 复位断开，切断直流电动机的供电电源，直流电动机停止运转；同时，KM1 的常开触点 KM1-2 复位断开，解除自锁功能；KM1 的常闭触点 KM1-3 也立即复位闭合，为直流电动机下一次起动做好准备。

提问

我想知道，在图 5-16 所示的电路中时间继电器 KT1、KT2 如何实现延时时间不同的？它们的触点断开时立即断开，复位闭合时延时一段时间后闭合，那么有没有延时断开，但立即闭合的触点呢？

在实际继电器中都设有延时时间设定功能，根据电路功能，这个电路中要求时间继电器 KT2 的延时复位时间要比时间继电器 KT1 的延时复位时间长，因此需要对时间继电器延时时间进行分别设定。

另外，时间继电器的触点共有六种，如图 5-17 所示。

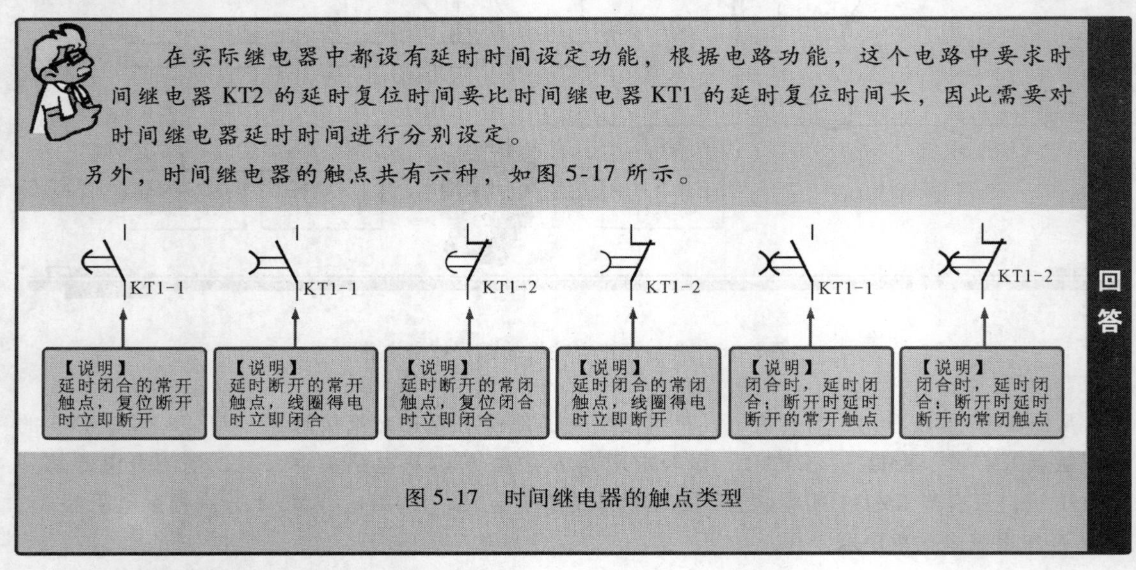

图 5-17　时间继电器的触点类型

2. 直流电动机的正反转连续控制电路

图 5-18 所示为典型直流电动机的正反转连续控制电路，该电路是指通过起动按钮控制直流电动机进行长时间正向运转和反向运转的控制电路。

从图 5-18 可知，该电路所实现的整体控制功能为：当按下电路中的正转起动按钮时，接通正转直流接触器线圈的供电电源，其常开触点闭合自锁，即使松开正转起动按钮，仍能保证正转直流接触器线圈的供电，直流电动机保持正向运转；当按下电路中的反转起动按钮时，接通反转

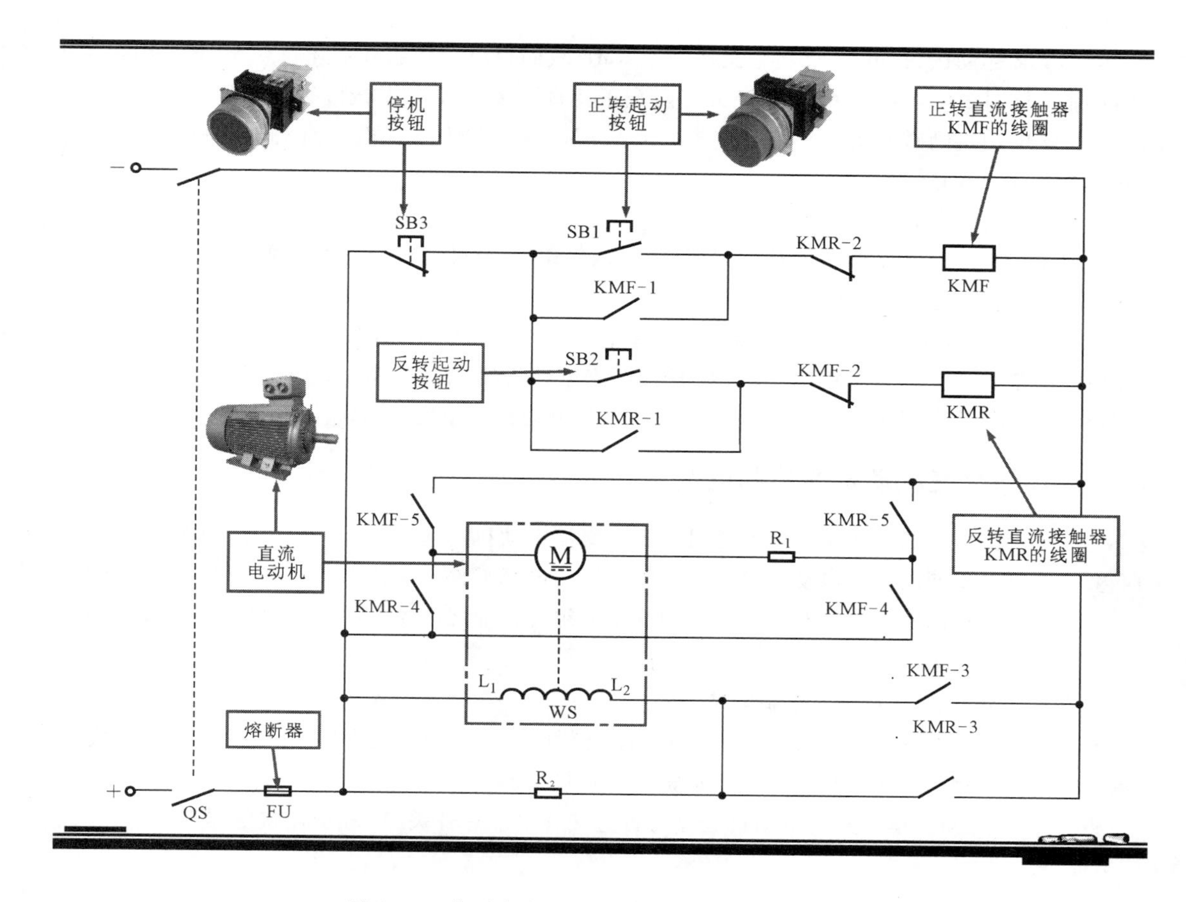

图 5-18　典型直流电动机的正反转连续控制电路

直流接触器线圈的供电电源，其常开触点闭合自锁，即使松开反转起动按钮，仍能保证反转直流接触器线圈的供电，直流电动机保持反向运转。

具体控制过程如下：

（1）正转起动控制过程

合上电源总开关 QS，接通直流电源，按下正转起动按钮 SB1，正转直流接触器 KMF 线圈得电，其常开触点 KMF-1 闭合实现自锁功能；同时，常闭触点 KMF-2 断开，防止反转直流接触器 KMR 线圈得电；常开触点 KMF-3 闭合，直流电动机励磁绕阻 WS 得电；常开触点 KMF-4、KMF-5 闭合，直流电动机串联起动电阻器 R_1 后正向起动运转。

（2）正转停机控制过程

当需要直流电动机正转停机时，按下停止按钮 SB3，正转直流接触器 KMF 线圈失电，其所有触点同时执行复位动作，即

常开触点 KMF-1 复位断开，解除自锁功能；常闭触点 KMF-2 复位闭合，为直流电动机反转起动做好准备；常开触点 KMF-3 复位断开，直流电动机励磁绕阻 WS 失电；常开触点 KMF-4、KMF-5 复位断开，切断直流电动机供电电源，直流电动机停止正向运转。

（3）反转起动控制过程

当需要直流电动机进行反转起动时，须先停止直流电动机的正向运转，才可起动直流电动机进行反向运转。

按下反转起动按钮 SB2，反转直流接触器 KMR 线圈得电，其触点常开触点 KMR-1 闭合实现自锁功能；同时，常闭触点 KMR-2 断开，防止正转直流接触器 KMF 线圈得电；常开触点 KMR-3 闭合，直流电动机励磁绕阻 WS 得电；常开触点 KMR-4、KMR-5 闭合，直流电动机串联起动电阻器 R_1 后反向起动运转。

（4）反转停机控制过程

当需要直流电动机反转停机时，按下停止按钮 SB3，反转直流接触器 KMR 线圈失电，其所有触点同时执行复位动作，即

常开触点 KMR-1 复位断开，解除自锁功能；常闭触点 KMR-2 复位闭合，为直流电动机正转起动做好准备；常开触点 KMR-3 复位断开，直流电动机励磁绕阻 WS 失电；常开触点 KMR-4、KMR-5 复位断开，切断直流电动机供电电源，直流电动机停止反向运转。

5.2.2 读懂交流电动机的控制电路

交流电动机的控制电路同样可实现对交流电动机的起动、运转、变速、制动和停机等的控制。不同的交流电动机控制电路所选用的电气部件、交流电动机基本相同，但根据选用部件数量的不同以及对不同部件间的不同组合，加之电路上的连接差异，可实现对交流电动机不同工作状态的控制。

1. 单相交流电动机的起停控制电路

图 5-19 所示为典型单相交流电动机的起停控制电路，该电路是依靠起动按钮、停止按钮、交流接触器等控制部件来对单相交流电动机进行控制的。

从图 5-19 可知，单相交流电动机起停与否直接受电源总开关 QS 和交流接触器 KM 的主触点 KM-1 控制。

具体控制过程如下：

（1）起动控制过程

合上电源总开关 QS，接通单相电源，电源经常闭触点 KM-3 为停机指示灯 HL1 供电，HL1 点亮，指示当前处于停机状态。

当需要起动单相交流电动机时，按下起动按钮 SB1，交流接触器 KM 线圈得电，其常开辅助触点 KM-2 闭合，实现自锁功能；同时，常开主触点 KM-1 闭合，电动机接通单相电源，开始起动运转；常闭辅助触点 KM-3 断开，切断停机指示灯 HL1 的供电电源，HL1 熄灭；常开辅助触点 KM-4 闭合，运行指示灯 HL2 点亮，指示电动机处于工作状态。

（2）停机控制过程

当需要电动机停机时，按下停止按钮 SB2，交流接触器 KM 线圈失电，其所有触点同时执行复位动作，即

常开辅助触点 KM-2 复位断开，解除自锁功能；常开主触点 KM-1 复位断开，切断电动机的供电电源，电动机停止运转；常闭辅助触点 KM-3 复位闭合，停机指示灯 HL1 点亮，指示电动机处于停机状态；常开辅助触点 KM-4 复位断开，切断运行指示灯 HL2 的电源供电，HL2 熄灭。

2. 三相交流电动机的电阻器降压起动控制电路

图 5-20 所示为典型三相交流电动机的电阻器降压起动控制电路。该电路是指在三相交流

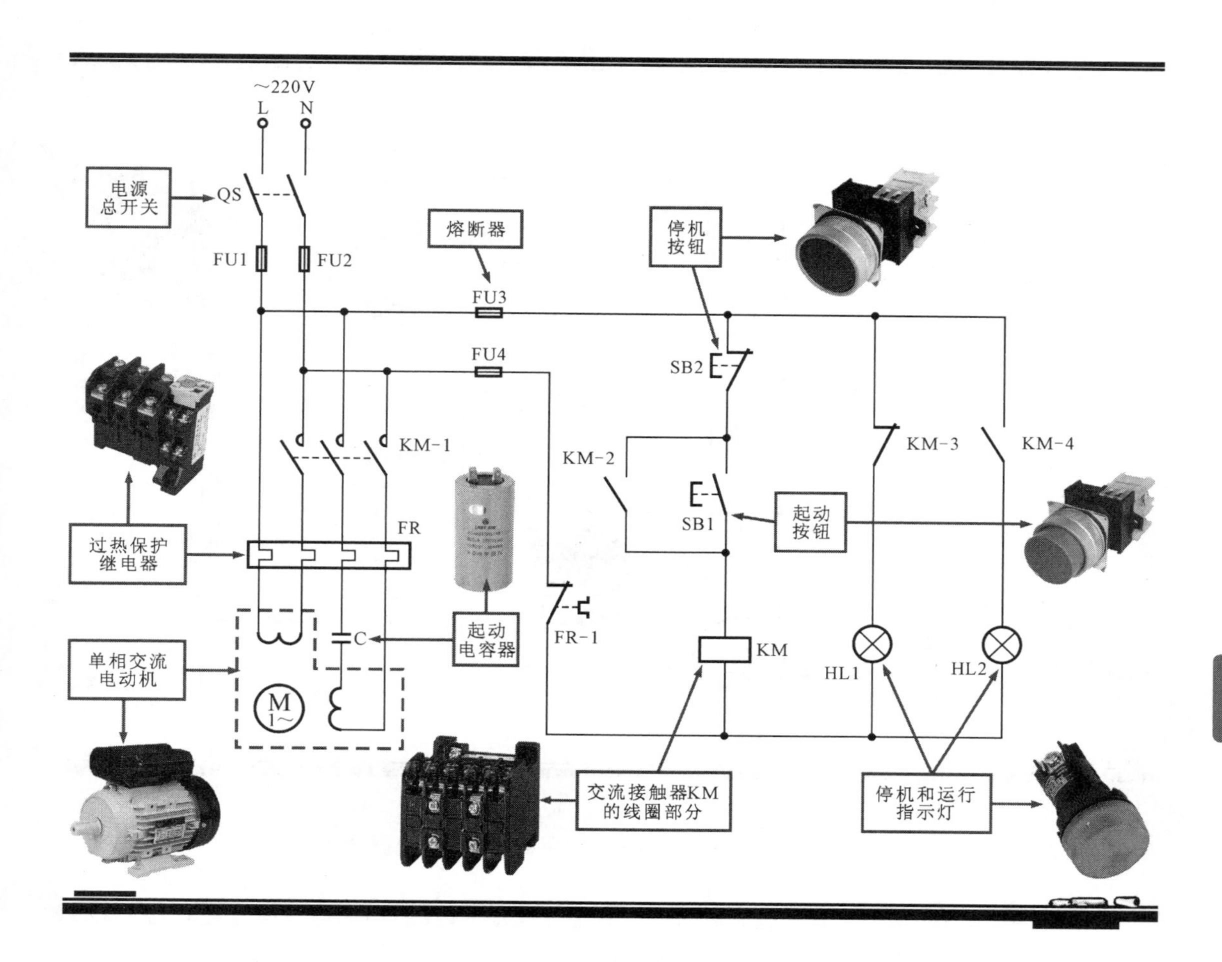

图 5-19　典型单相交流电动机的起停控制电路

电动机定子电路中串入电阻器，起动时利用串入的电阻器起到降压限流的作用，当三相交流电动机起动完毕后，再通过电路将串联的电阻短接，从而使三相交流电动机进入全电压正常运行状态。

从图 5-20 可以看到，三相交流电动机可以有两种方式接入电路中，一种是经电源总开关 QS、KM1-1、电阻器 $R_1 \sim R_3$ 接入电路中，即降压起动；另一种是经电源总开关 QS、KM1-1、KM2-1 接入电路中，即全电压运行。

具体控制过程如下：

（1）降压起动控制过程

合上电源总开关 QS，接通三相电源。按下起动按钮 SB1，交流接触器 KM1 和时间继电器 KT 线圈同时得电。

交流接触器 KM1 线圈得电后，其常开辅助触点 KM1-2 闭合实现自锁功能；同时，常开主触点 KM1-1 闭合，电源经电阻器 R_1、R_2、R_3 为三相交流电动机供电，三相交流电动机降压起动运转。

（2）全电压运行控制过程

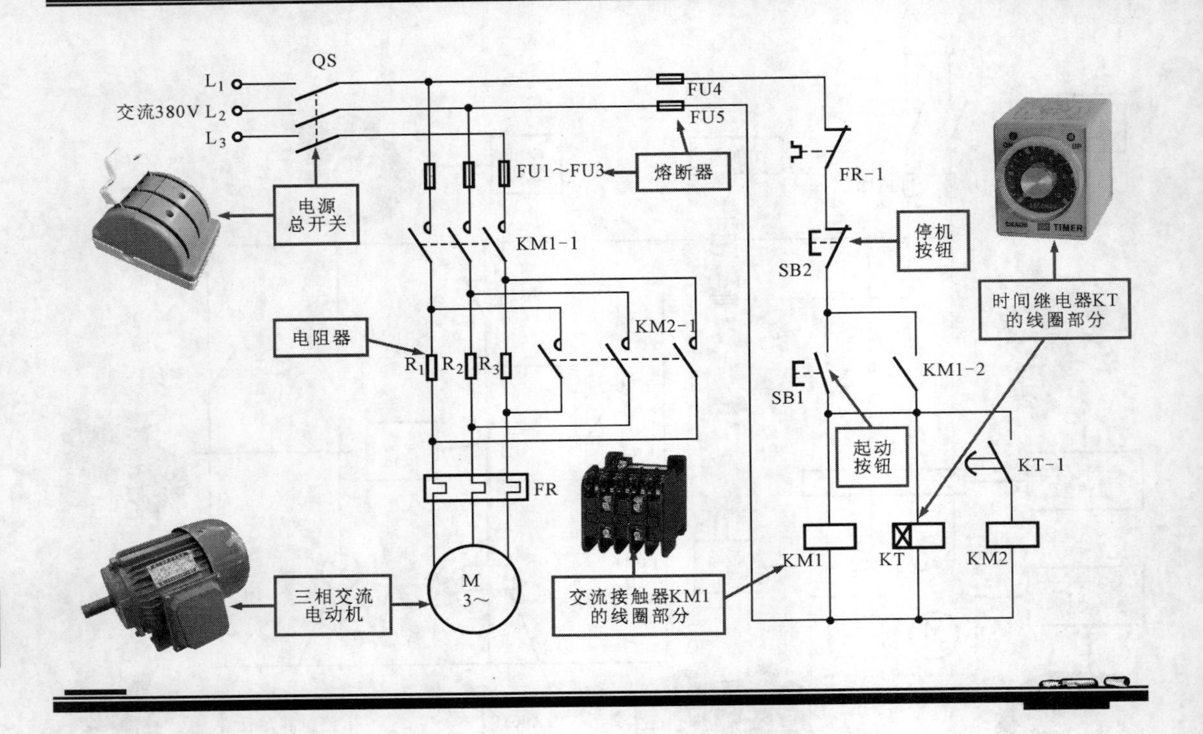

图 5-20　典型三相交流电动机电阻器降压起动控制电路

当时间继电器 KT 达到预定的延时时间后，其常开触点 KT-1 延时闭合。交流接触器 KM2 线圈得电，常开主触点 KM2-1 闭合，短接电阻器 R_1、R_2、R_3，三相交流电动机在全电压状态下开始运行。

【注意】

时间继电器 KT 用于三相交流电动机的减压起动与全电压起动的时间间隔控制，即控制三相交流电动机减压起动后延时一端时间进行全电压起动

(3) 停机控制过程

当需要三相交流电动机停机时，按下停止按钮 SB2，交流接触器 KM1、KM2 和时间继电器 KT 线圈均失电，触点全部复位。

其中，交流接触器 KM1 的常开主触点 KM1-1、KM2-1 复位断开，切断三相交流电动机供电电源，三相交流电动机停止运转。

提问

三相交流电动机直接经过 KM2-1、KM1-1 就能够全电压起动运行了，为什么在电路起动开始时要串联电阻器进行减压起动呢？这样起动有什么实际意义呢？

这种起动方式称为减压起动转全电压运行的方式，由于起动时电路中串联了电阻器，因此三相电并不完全加到三相交流电动机上，可有效降低三相交流电动机的起动电流，确保三相交流电动机更加安全可靠地起动。

此外，在三相交流电动机的起动控制电路中，还常常采用Y-△减压起动方式，如图5-21所示，即三相交流电动机起动时，由电路控制三相交流电动机定子绕组先连接成星形，进入减压起动状态，待转速达到一定值后，再由电路控制将三相交流电动机的定子绕组换接成三角形，此后三相交流电动机进入全电压运行状态。

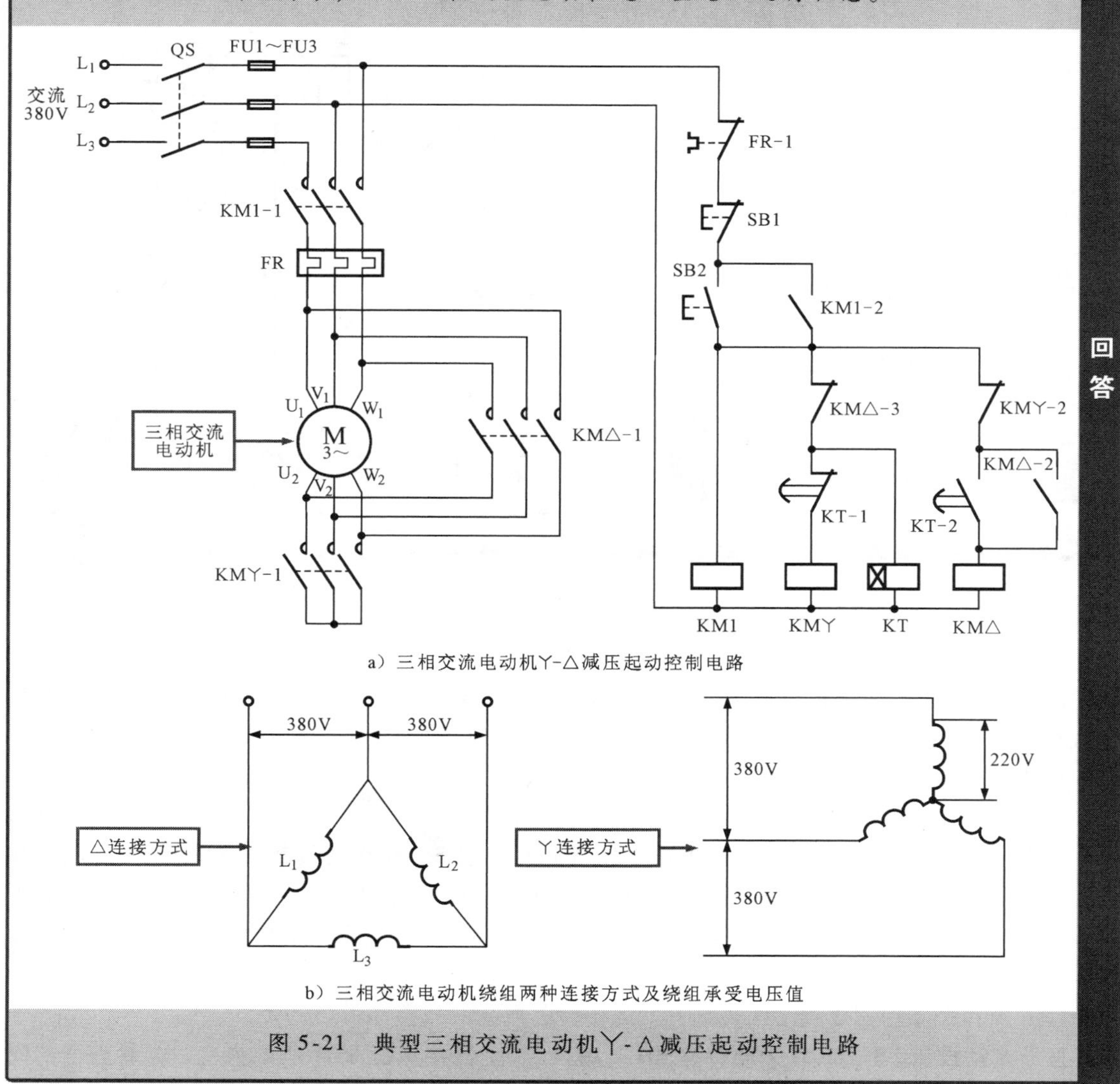

a）三相交流电动机Y-△减压起动控制电路

b）三相交流电动机绕组两种连接方式及绕组承受电压值

图5-21　典型三相交流电动机Y-△减压起动控制电路

3. 三相交流电动机的反接制动控制电路

图5-22所示为典型三相交流电动机的反接制动控制电路。该电路是指在电动机的运转时，按下制动按钮，电路会在切断运转电源的同时改变电动机定子绕组的电源相序，使之有反转趋势而产生较大的制动力矩，从而迅速使电动机的转速接近于零，采用速度继电器来自动切除制动电源，确保电动机不会反转。

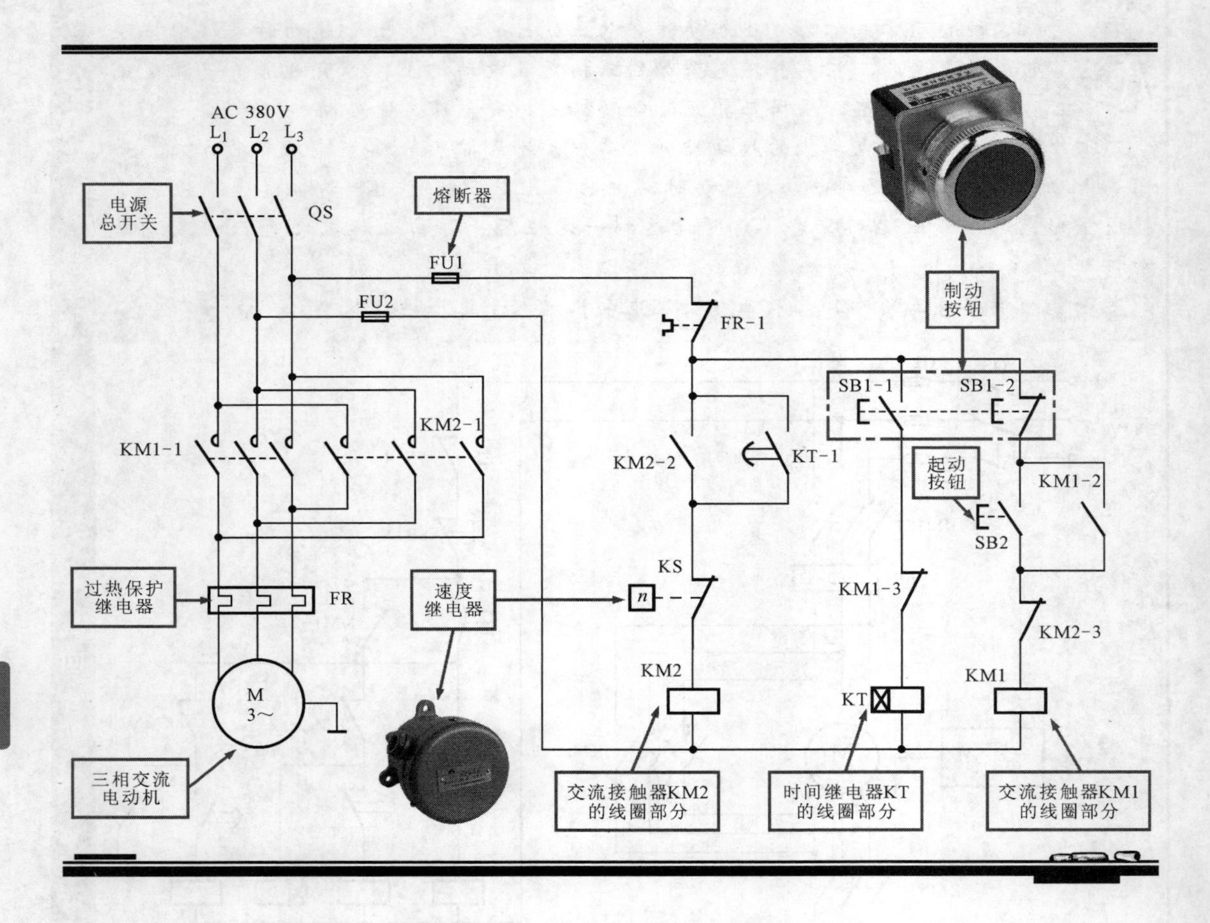

图 5-22　典型三相交流电动机的反接制动控制电路

由图 5-22 可知，三相交流电动机与交流接触器 KM1、KM2 的主触点 KM1-1、KM2-1 都有直接的接线关系，且这两个交流接触器的主触点可以改变接入三相交流电动机的相序。

具体控制过程如下：

（1）起动控制过程

合上电源总开关 QS，接通三相电源。按下起动按钮 SB2，交流接触器 KM1 线圈得电，其常开辅助触点 KM1-2 闭合自锁；同时，交流接触器 KM1 的常开主触点 KM1-1 闭合，电动机接通三相电源，开始正向起动运转；常闭辅助触点 KM1-3 断开，防止时间继电器 KT 线圈得电。

（2）反接制动控制过程

按下制动按钮 SB1（SB1-1 闭合，SB1-2 断开），交流接触器 KM1 线圈失电，其触点全部同时执行复位动作，即常开主触点 KM1-1 复位断开，常闭辅助触点 KM1-3 复位闭合。

此时，时间继电器 KT 线圈得电，其常闭触点 KT-1 闭合，接通交流接触器 KM2 线圈供电。交流接触器 KM2 的所有触点同时动作，即常开辅助触点 KM2-2 闭合自锁；常开主触点 KM2-1 闭合，改变电动机定子绕组电源相序，电动机有反转趋势，而产生较大的制动力矩。同时常闭辅助触点 KM2-3 断开，防止交流接触器 KM1 线圈得电。

【资料】
速度继电器又称反接制动继电器，这种继电器主要与接触器配合使用，用来实现电动机的反接制动。

（3）停机控制过程

当电动机迅速制动停转，转速为零时，速度继电器KS动作断开，交流接触器KM2线圈失电，其触点全部复位。其中，常开主触点KM2-1复位断开，切断电动机的制动电源，电动机停止运转。

4. 三相交流电动机的间歇控制电路

图5-23所示为典型三相交流电动机的间歇控制电路。该电路是指控制电动机运行一段时间，自动停止，然后再自动起动，这样反复控制，来实现电动机的间歇运行。该控制电路适用于具有交替运转加工的设备中。

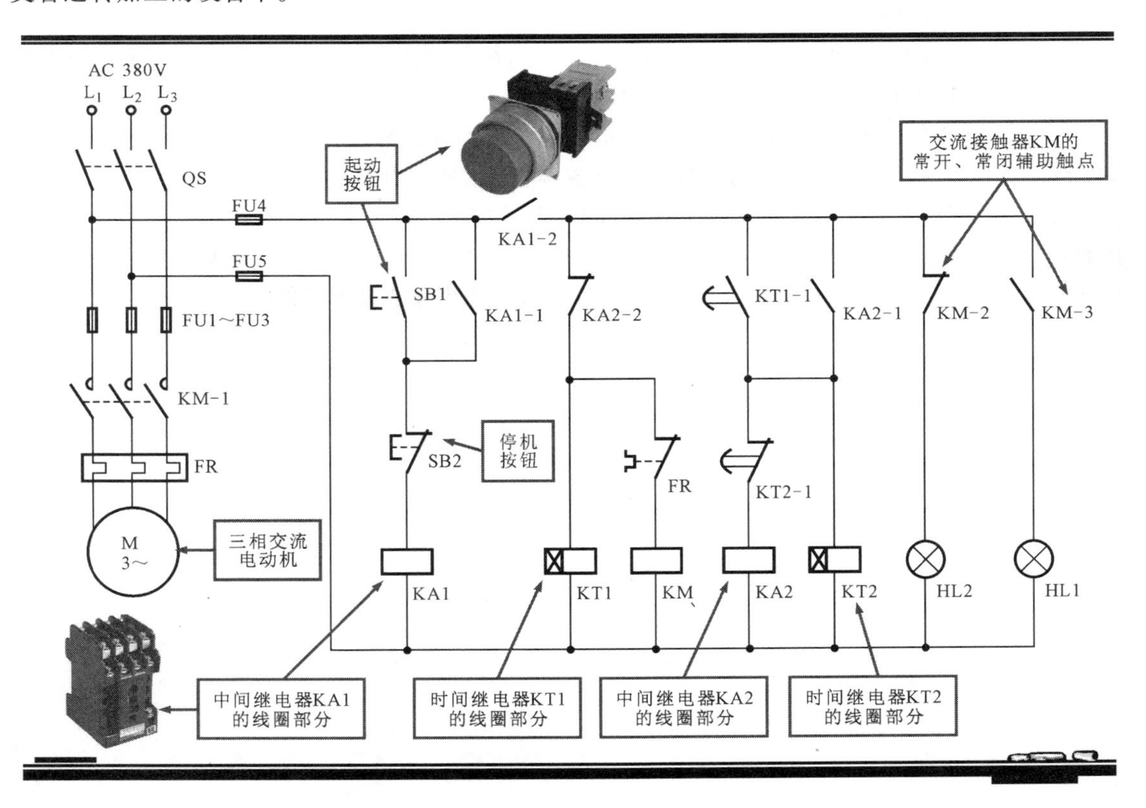

图5-23 典型三相交流电动机的间歇控制电路

电路的具体控制过程如下：

（1）起动过程

合上电源总开关QS，按下起动按钮SB1，中间继电器KA1线圈、交流接触器KM线圈、时间继电器KT1线圈得电。

中间继电器KA1线圈得电，常开触点KA1-1闭合，实现自锁功能；常开触点KA1-2闭合，接通控制电路的供电电源，电源经交流接触器KM的常闭辅助触点KM-2为停机指示灯HL2供电，HL2点亮。

交流接触器 KM 线圈得电，常开主触点 KM-1 闭合，三相交流电动机接通三相电源，起动运转；常闭辅助触点 KM-2 断开，切断停机指示灯 HL2 供电，HL2 熄灭；常开辅助触点 KM-3 闭合，运行指示灯 HL1 点亮，指示三相交流电动机处于工作状态。

（2）间歇停机过程

时间继电器 KT1 线圈得电后，进入延时控制，当延时到达时间继电器 KT1 预定的延时时间后，常开触点 KT1-1 闭合，时间继电器 KT2 线圈、中间继电器 KA2 线圈得电。

中间继电器 KA2 线圈得电，常开触点 KA2-1 闭合，实现自锁功能；常闭触点 KA2-2 断开，交流接触器 KM 线圈、时间继电器 KT1 线圈失电。

时间继电器 KT1 线圈失电，常开触点 KT1-1 复位断开。交流接触器 KM 线圈失电后，常开主触点 KM-1 复位断开，切断三相交流电动机供电电源，三相交流电动机停止运转；常闭辅助触点 KM-2 复位闭合，停机指示灯 HL2 点亮，指示三相交流电动机处于停机状态；常开辅助触点 KM-3 复位断开，切断运行指示灯 HL1 的供电，HL1 熄灭。

（3）再起动过程

时间继电器 KT2 线圈得电，进入延时状态后，当延时到达时间继电器 KT2 预定的延时时间后，常闭触点 KT2-1 断开，中间继电器 KA2 线圈失电。

中间继电器 KA2 线圈失电，常开触点 KA2-1 复位断开，解除自锁功能，同时时间继电器 KT2 线圈失电；常闭触点 KA2-2 复位闭合，交流接触器 KM 和时间继电器 KT1 线圈再次得电。

交流接触器 KM 线圈得电，常开主触点 KM-1 再次闭合，三相交流电动机接通三相电源，再次起动运转；常闭辅助触点 KM-2 再次断开，切断停机指示灯 HL2 供电，HL2 熄灭；常开辅助触点 KM-3 再次闭合，运行指示灯 HL1 点亮，指示三相交流电动机处于工作状态。

如此反复动作，实现三相交流电动机的间歇运转控制。

第 6 章

电动机应该怎么拆

现在，我们进入第 6 章的学习。本章我们来了解电动机的拆卸方法。在对电动机进行检修时，对电动机进行拆卸是非常重要的操作环节。无论是对零部件的检修，还是对整机的保养和维护，都需要掌握电动机的拆卸技能。掌握正确的拆卸方法和步骤，是学习和进行电动机维修操作的第一步。在这一章中，我们就来学习几种不同电动机的拆卸方法，希望大家在学习本章后能够熟练掌握电动机的拆装技能，为进一步进行检修做好准备。好了，下面让我们开始学习吧。

6.1 直流电动机应该怎么拆

大家在学习中可以了解到，直流电动机的结构虽然多种多样，但其基本的拆卸方法大致相同，下面我们以典型直流电动机为例介绍一下这种类型电动机的具体拆卸方法。

6.1.1 了解直流电动机拆卸方法

在动手操作前，我们首先要了解正确的拆卸方法。由于电动机的安装精度很高，若拆卸操作不当，可能会给日后运行留下安全隐患。因此，从实际的可操作性，结合电动机内部件的装配特点，我们通常是先拆卸两侧端盖，然后将定子与转子部分进行分离即可。电动机的拆卸分为两个环节：首先，拆卸电动机的端盖部分；然后，分离电动机的定子与转子部分。图 6-1 所示为电动机的基本拆卸方法。

【注意】

值得注意的是，根据直流电动机类型和内部结构的不同，拆卸的顺序也略有区别。

6.1.2 动手吧！拆卸直流电动机

学习了直流电动机的拆卸方法，接下来就需要我们开始动手实际拆卸直流电动机了。根据直流电动机的拆卸方法，我们以电动自行车的电动机为例，将直流电动机的整个拆卸操作过程分为两个环节：拆卸端盖；分离定子与转子。

1. 拆卸直流电动机端盖

在对直流电动机进行拆卸前首先应清洁操作场地，防止杂物吸附到电动机内的磁钢上，影响电动机性能。

开始拆卸时，应先在直流电动机端盖上用记号笔做好标记，以便重装时能够完全对应，然后

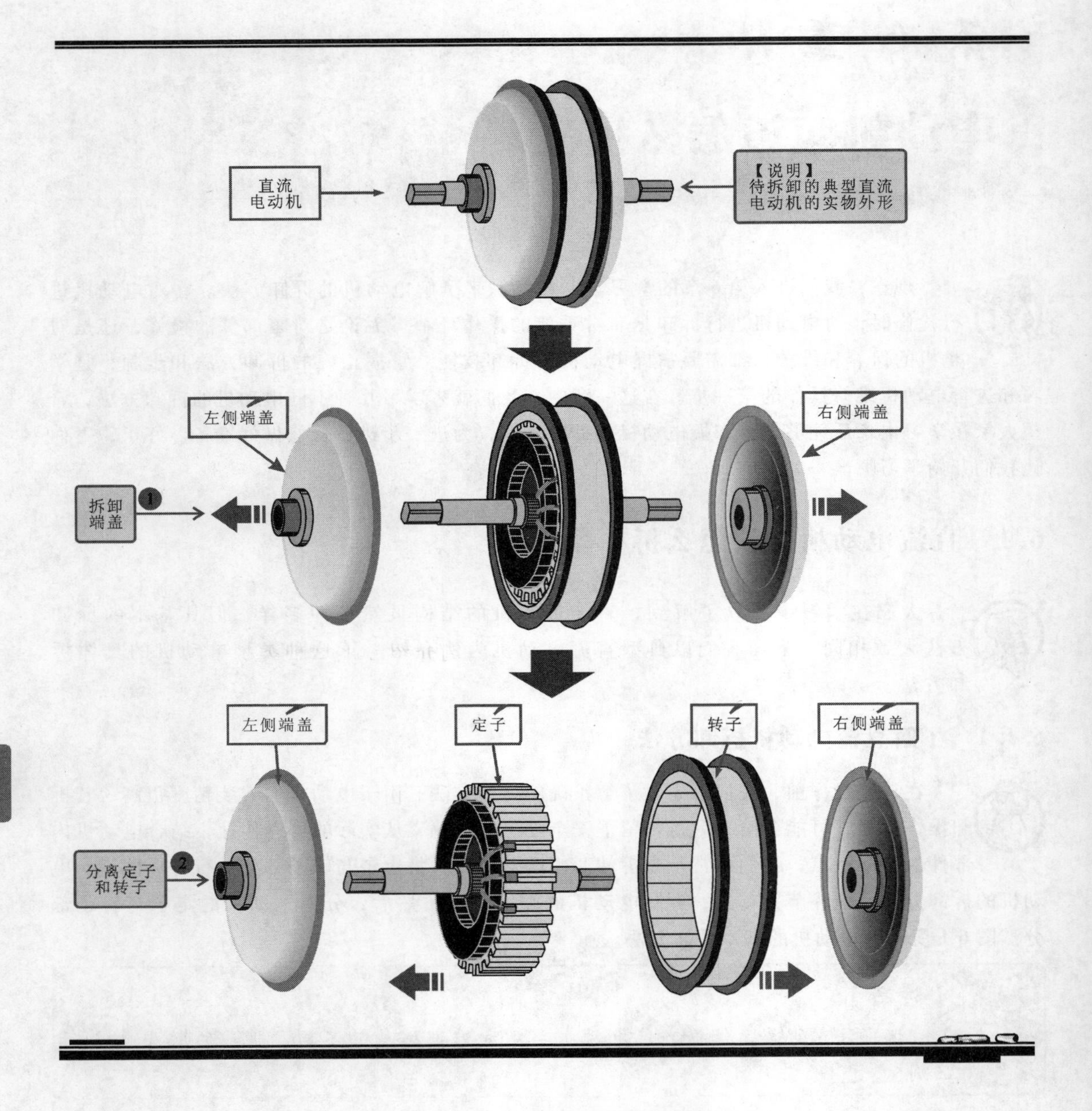

图 6-1　电动机的基本拆卸方法

逐一将端盖上的固定螺钉进行拆卸，即可分离出端盖部分。

直流电动机端盖的拆卸方法如图 6-2 所示。

2. 分离直流电动机定子与转子

打开端盖后即可看到直流电动机的定子和转子部分，由于直流电动机的定子与转子之间是通过磁场相互作用，因此可将其直接分离，用力向下按压电动机转子部分即可。

直流电动机定子及转子的分离操作如图 6-3 所示。

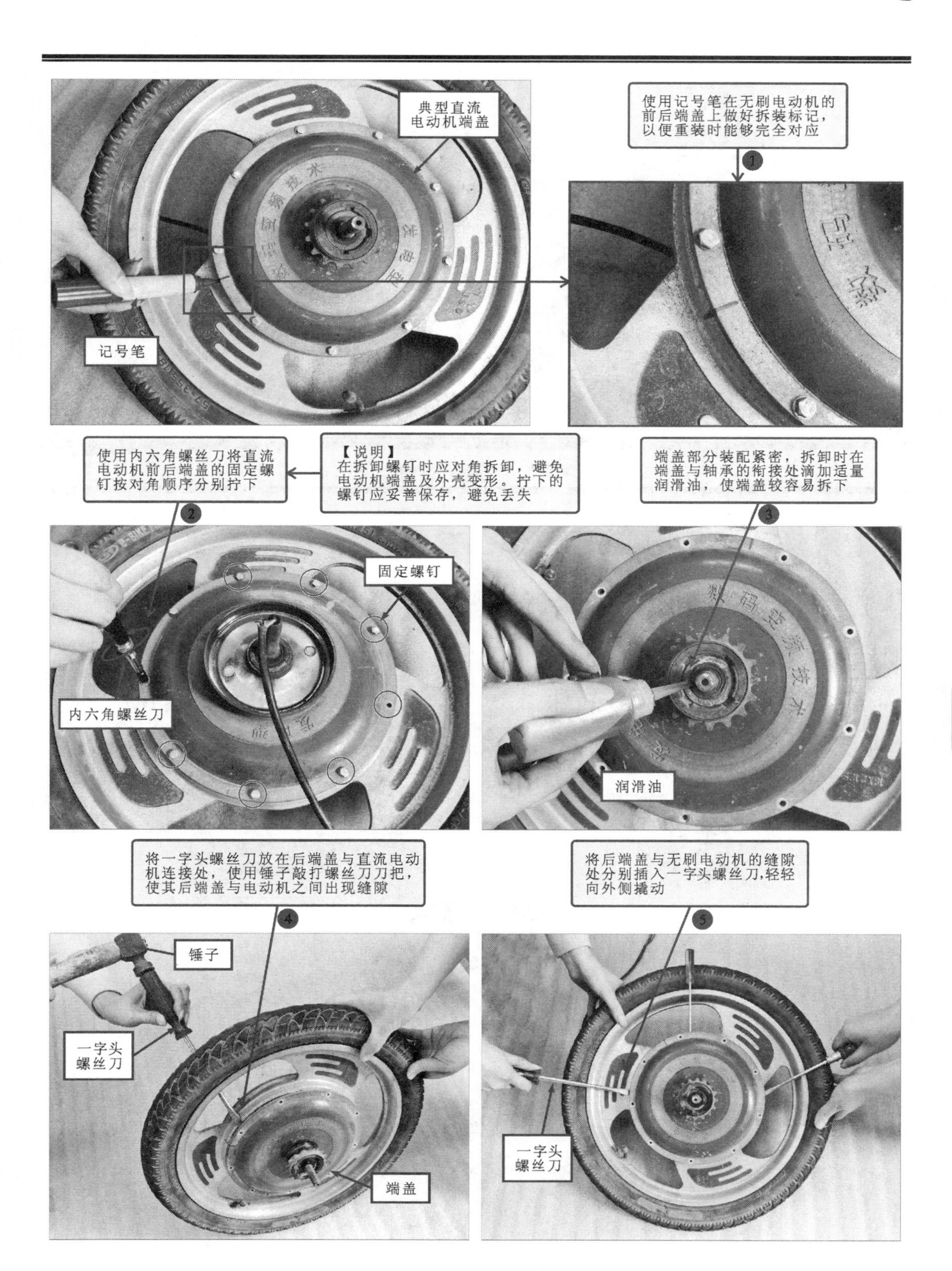

图 6-2　直流电动机端盖的拆卸方法

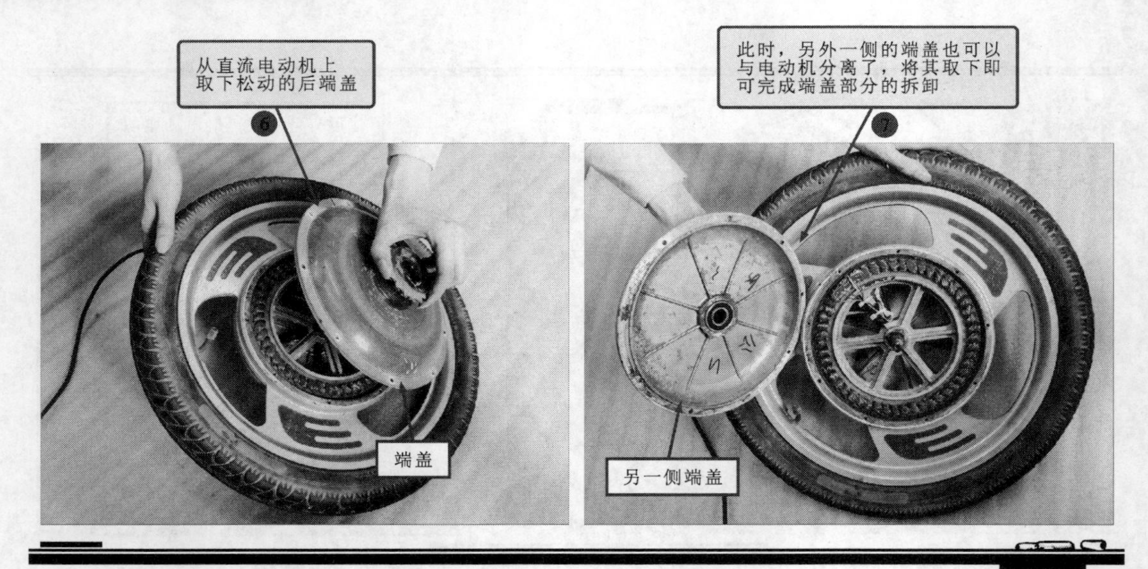

图 6-2　直流电动机端盖的拆卸方法（续）

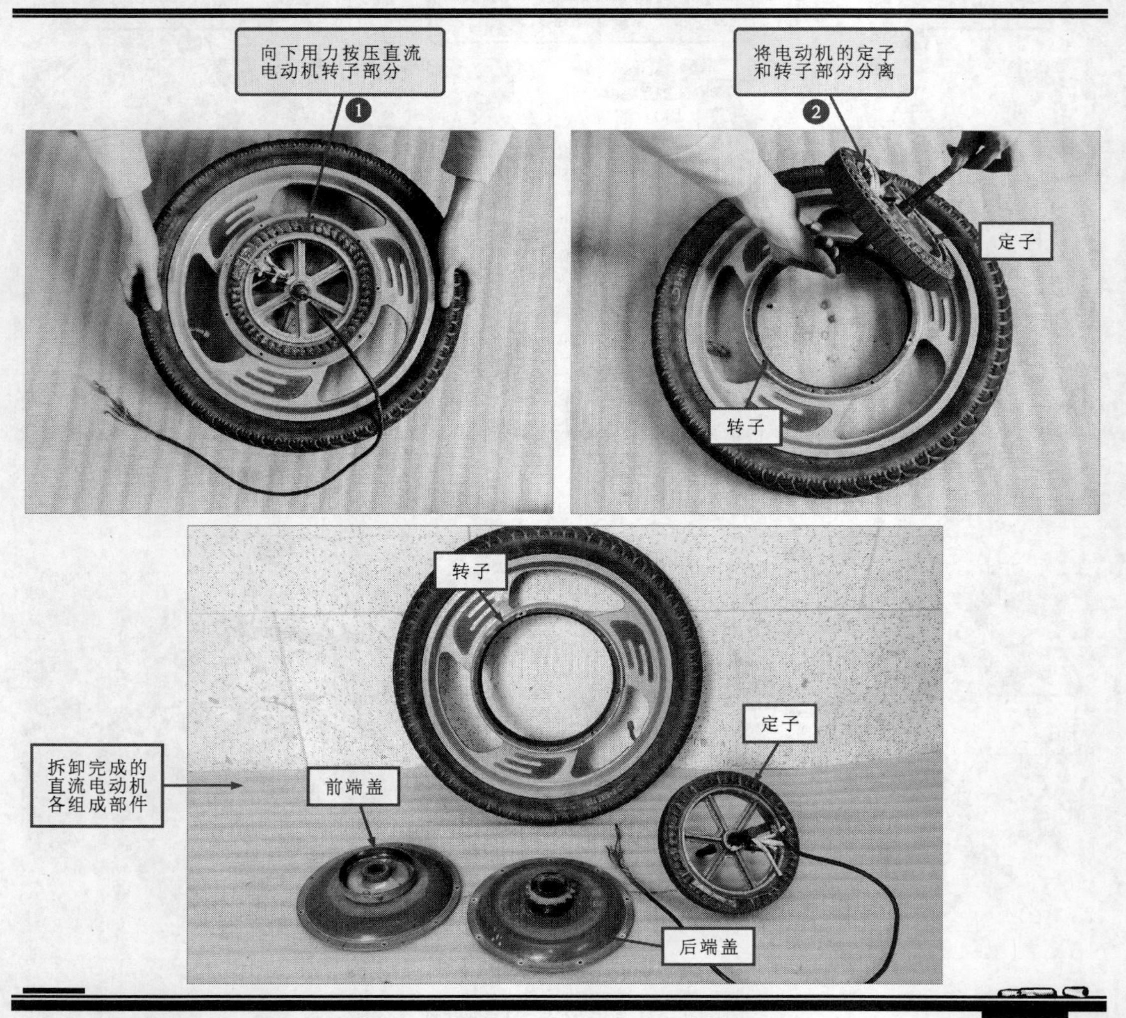

图 6-3　直流电动机定子及转子的分离操作

6.2　交流电动机应该怎么拆

大家在学习中可以了解到，交流电动机的类型和结构也是多种多样的，在对交流电动机进行检修中，对电动机进行拆卸也是不可避免的操作环节，接下来我们将分别以典型单相交流电动机和三相交流电动机为例，介绍一下这种类型电动机的具体拆卸方法。

6.2.1　试着拆卸单相交流电动机

大家在前面章节的学习中可以了解到，单相交流电动机的结构多种多样，但其基本的拆卸方法大致相同，下面我们以电风扇中的单相交流电动机为例介绍一下这种类型电动机的具体拆卸方法。

图6-4所示为需要拆卸的电风扇中的单相交流电动机的实物外形。

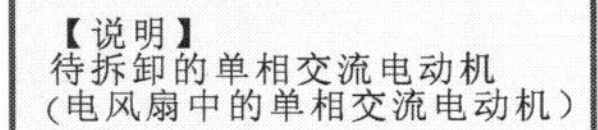

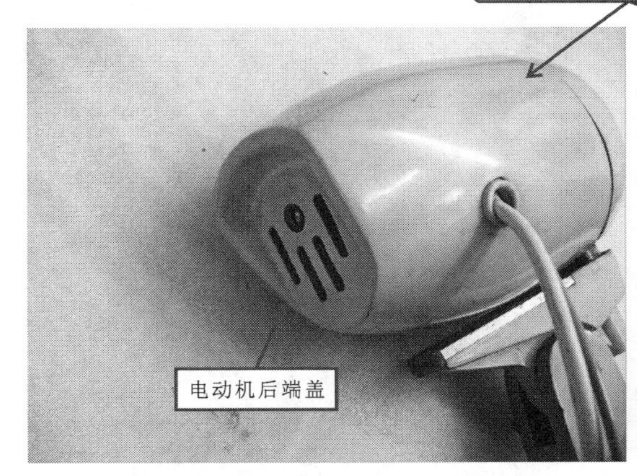

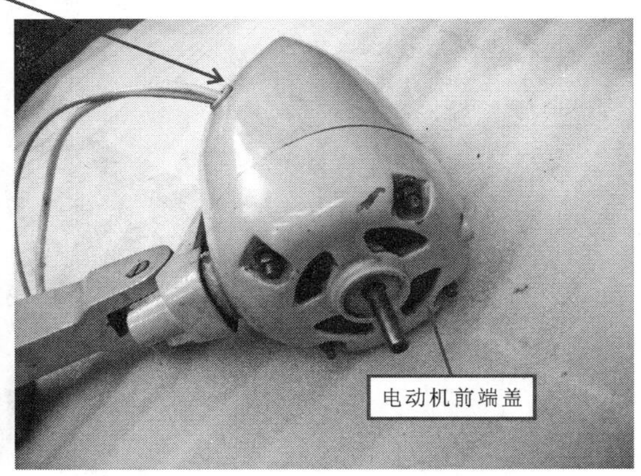

图6-4　需要拆卸的电风扇中的单相交流电动机的实物外形

在实际拆卸操作中，也可先制订出一个拆卸方案，根据方案动手操作。具体的拆卸方案也可参照前面图6-1所示，将拆卸分成端盖的拆卸以及定子与转子的分离两个环节。

1. 拆卸单相交流电动机端盖

在对单相交流电动机进行拆卸前，应先注意观察其装接方式和结构特点，并将操作现场进行清洁和整理，防止灰尘杂物吸附到电动机内部磁心或绕组上，影响其性能，然后再对其进行拆卸。

单相交流电动机端盖的拆卸方法如图6-5所示。

2. 分离单相交流电动机定子与转子

打开端盖后即可看到单相交流电动机的定子和转子，双手用力晃动定子和转子即可使定子、转子与电动机内壳分离。

单相交流电动机的定子与转子的分离操作如图6-6所示。

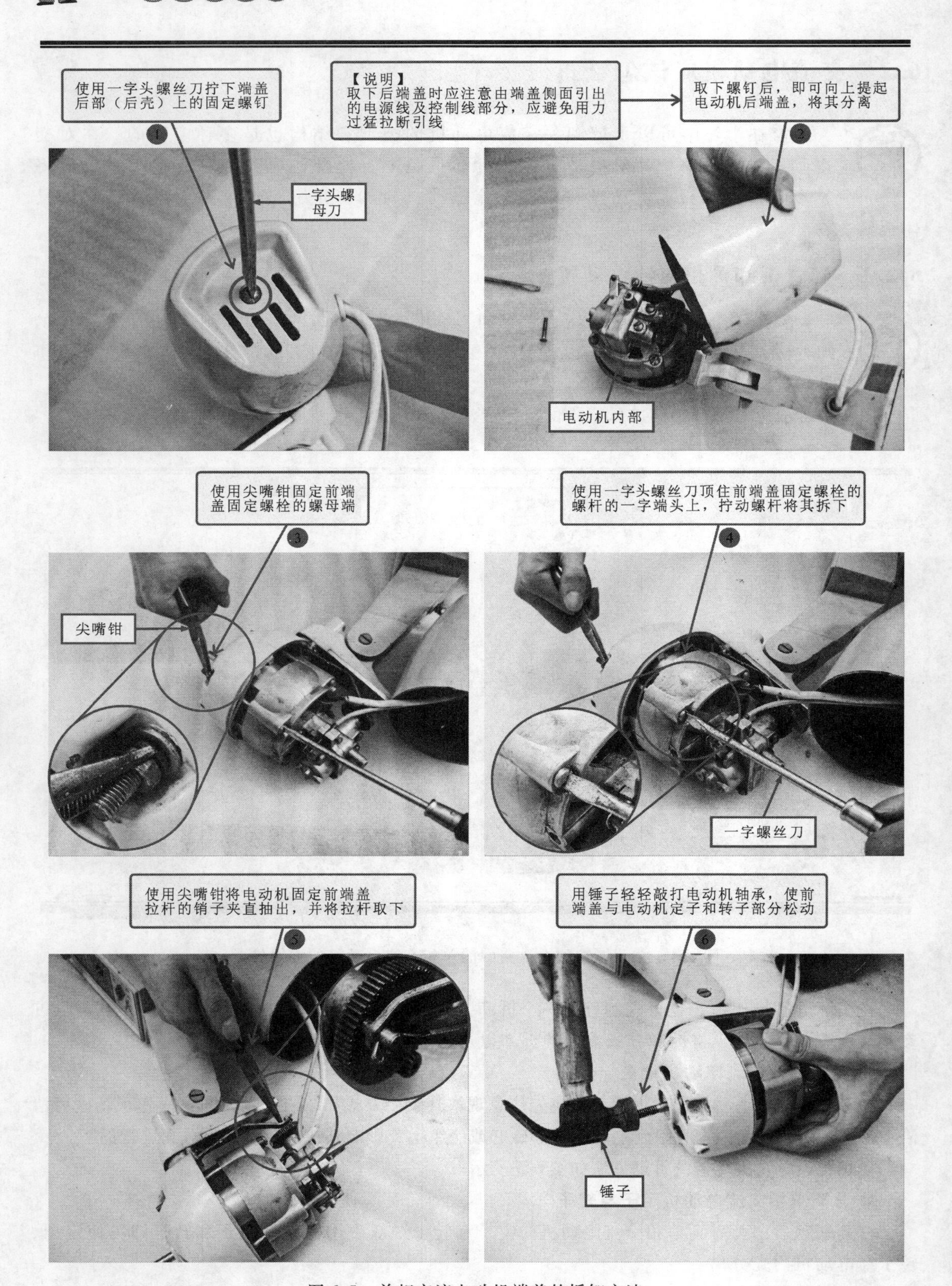

图 6-5　单相交流电动机端盖的拆卸方法

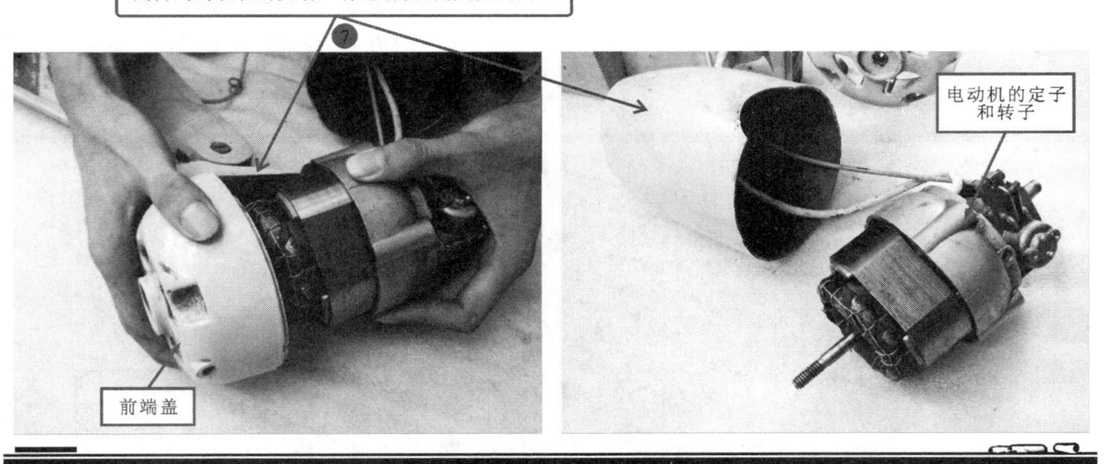

图 6-5　单相交流电动机端盖的拆卸方法（续）

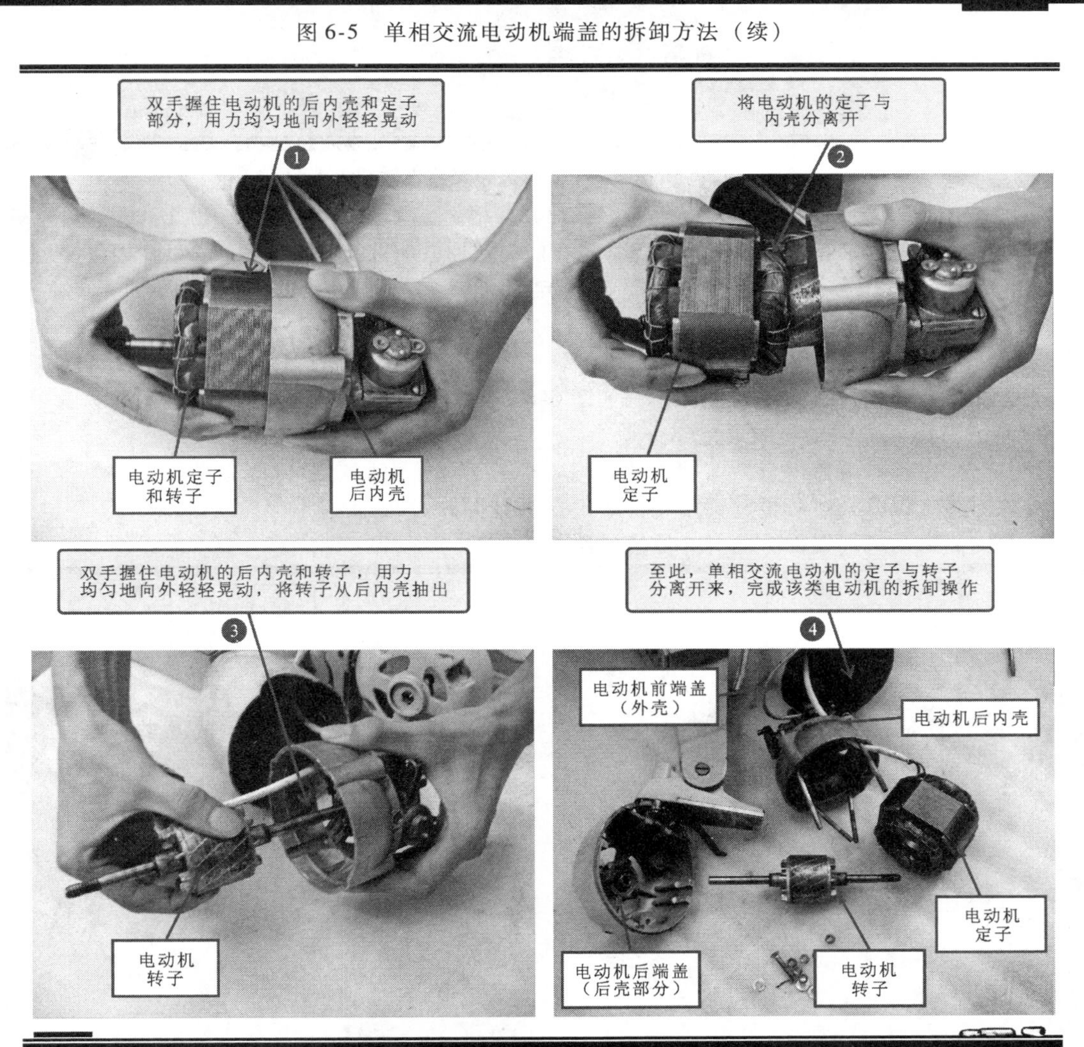

图 6-6　单相交流电动机的定子与转子的拆卸方法

6.2.2 试着拆卸三相交流电动机

三相交流电动机的结构也是多种多样，但其基本的拆卸方法大致相同，下面我们以典型三相交流电动机为例介绍一下这种类型电动机的具体拆卸方法。

图 6-7 所示为需要拆卸的三相交流电动机。

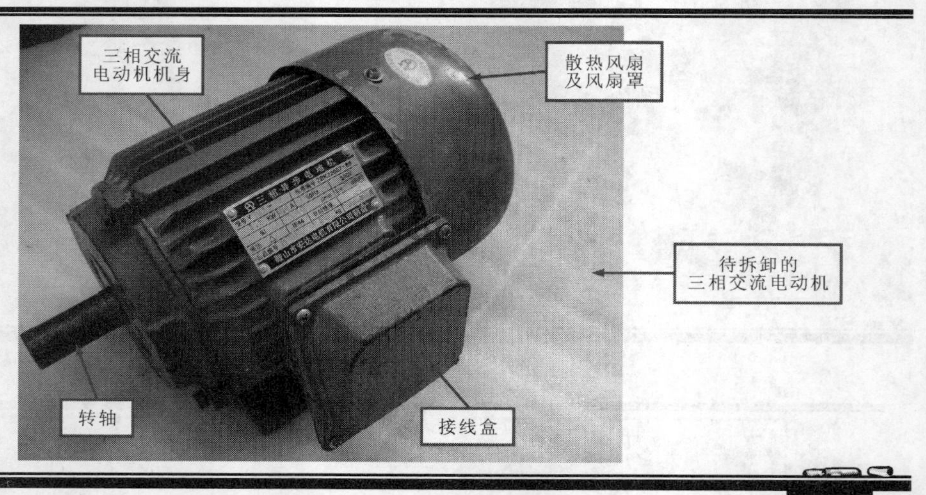

图 6-7 需要拆卸的三相交流电动机

根据三相交流电动机的结构和工作特点，大部分三相交流电动机功率较大，因此都有散热风扇部分，拆卸时需要先将散热风扇及风扇罩取下。结合前面两种电动机的拆卸方案，这里我们将三相交流电动机拆卸分为四个环节，即散热风扇的拆卸、端盖的拆卸、定子与转子的分离及轴承的拆卸。

1. 拆卸三相交流电动机的散热风扇

三相交流电动机的风扇安装在电动机的后端风扇罩中，拆卸时需先将风扇罩取下，再将风扇拆下。

三相交流电动机散热风扇的拆卸方法如图 6-8 所示。

2. 拆卸三相交流电动机的端盖部分

三相交流电动机端盖部分由前端盖和后端盖构成，都是由固定螺钉固定在电动机外壳上的，拆卸时拧下固定螺钉，然后借助锤子和凿子进行击打拆卸。

三相交流电动机端盖部分的拆卸方法如图 6-9 所示。

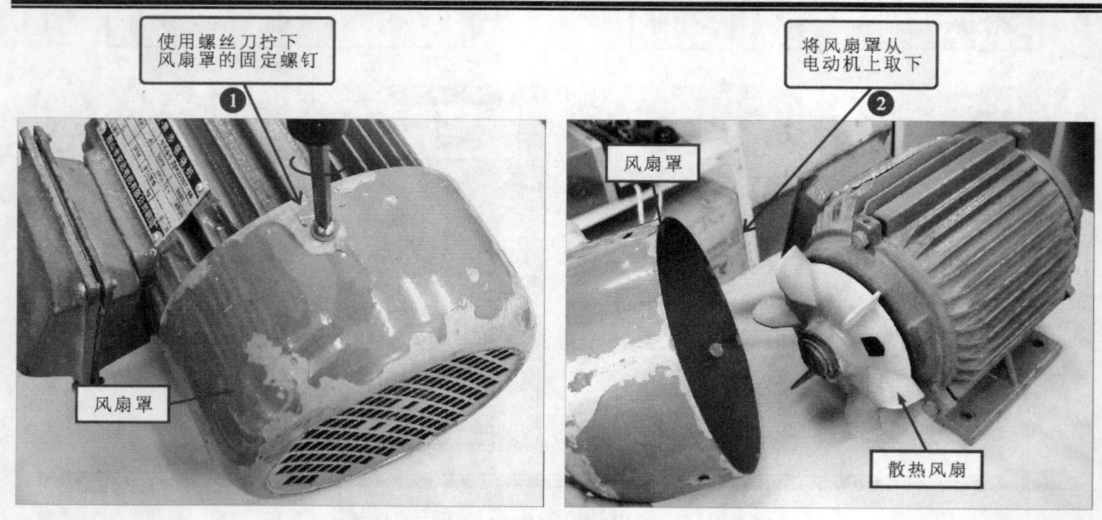

图 6-8 三相交流电动机散热风扇的拆卸方法

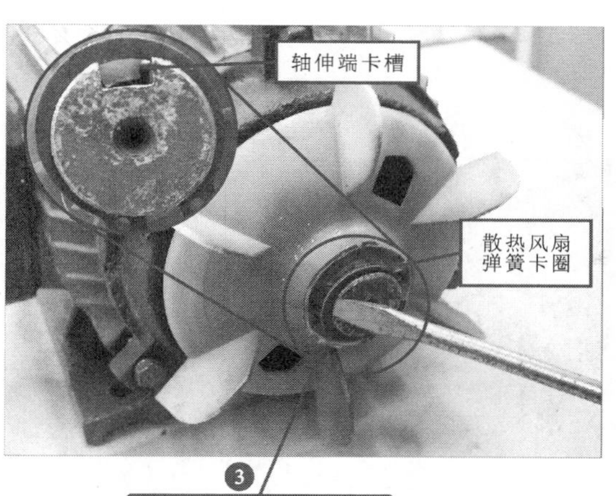

③ 将螺丝刀插入轴伸端的卡槽中，撬动弹簧卡圈

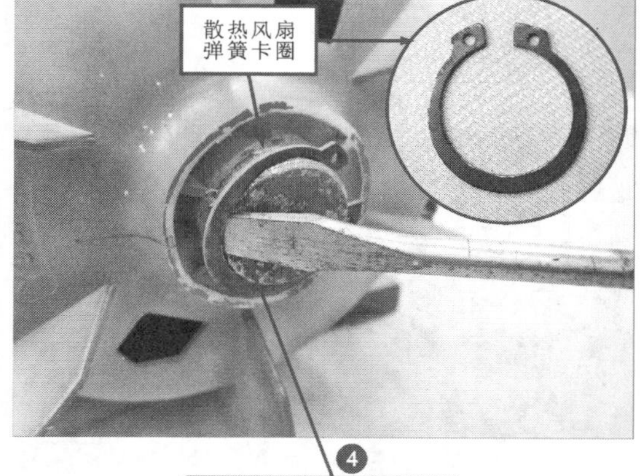

④ 环绕弹簧卡圈卡紧的方向进行撬动，将其撬下

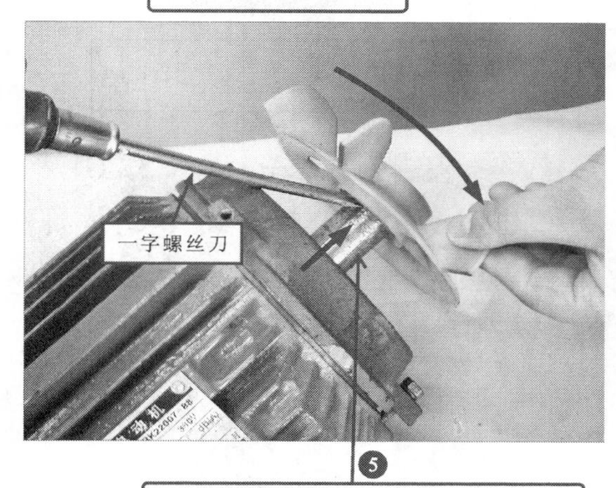

⑤ 将螺丝刀插入风扇与电动机后端盖的缝隙中，然后边旋转风扇边使用螺丝刀撬动

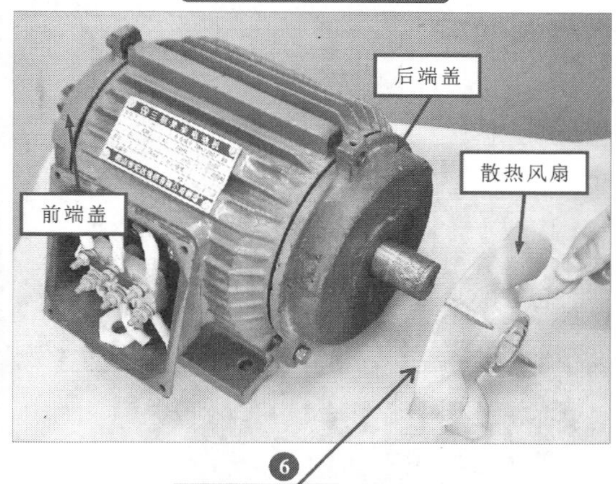

⑥ 风扇撬动松动后，将其从电动机的转轴上取下

图 6-8　三相交流电动机散热风扇的拆卸方法（续）

① 使用扳手将电动机前端盖的固定螺母拧下

② 将凿子插入前端盖和定子的缝隙处，用锤子击打凿子，使端盖与机身分离

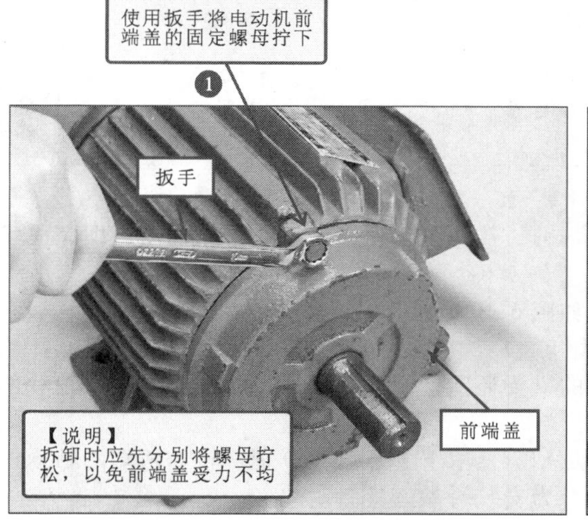

图 6-9　三相交流电动机端盖部分的拆卸方法

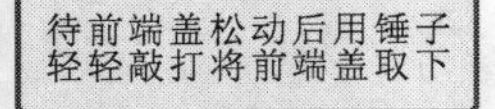

取下前端盖后即可看到
电动机绕组及轴承部分
4
前端盖
轴承

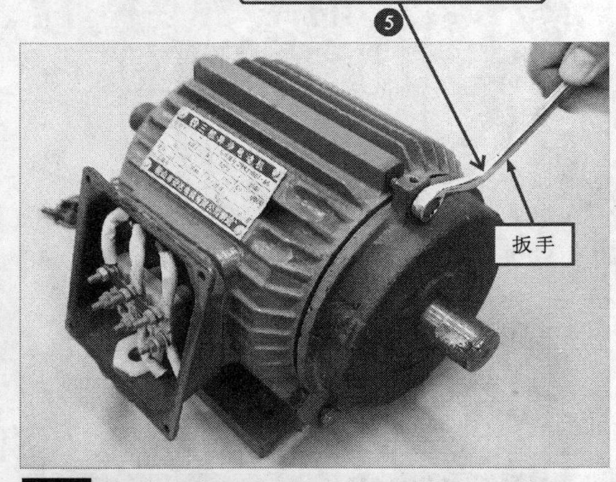

图 6-9　三相交流电动机端盖部分的拆卸方法（续）

【注意】

三相交流电动机后端盖通过轴承与电动机转子紧固在一起，拆卸时需要先将转子从定子分离出来再进行拆卸，然后在将其与轴承进行分离，因此这部分我们融入到轴承的拆卸操作中。

3. 分离三相交流电动机定子与转子

三相交流电动机的转子部分插装在定子中心部分，从一侧稍用力即可将转子抽出，即完成了三相交流电动机定子与转子部分的分离操作。

三相交流电动机定子及转子部分的分离操作如图 6-10 所示。

4. 拆卸三相交流电动机的轴承部分

三相交流电动机的轴承部分也是检修操作中的重要环节，因此我们这里特别介绍一下轴承部分的拆卸操作。

拆卸三相交流电动机轴承时，应先将后端盖从轴承上取下，然后再分别对转轴两端的轴承进行拆卸。在拆卸前首先记录轴承在转轴上的位置，为安装时做好准备。

三相交流电动机轴承部分的拆卸方法如图 6-11 所示。

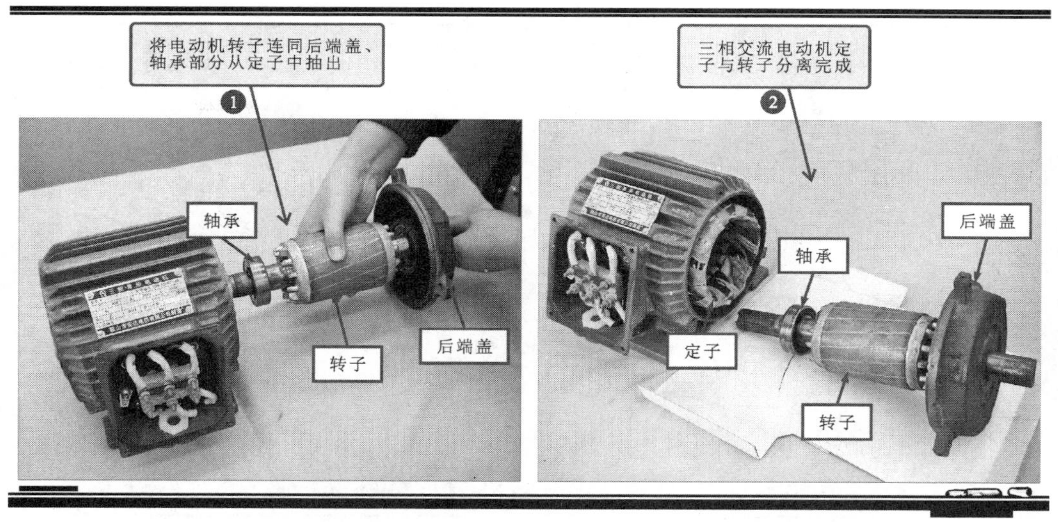

图6-10　三相交流电动机定子及转子部分的分离操作

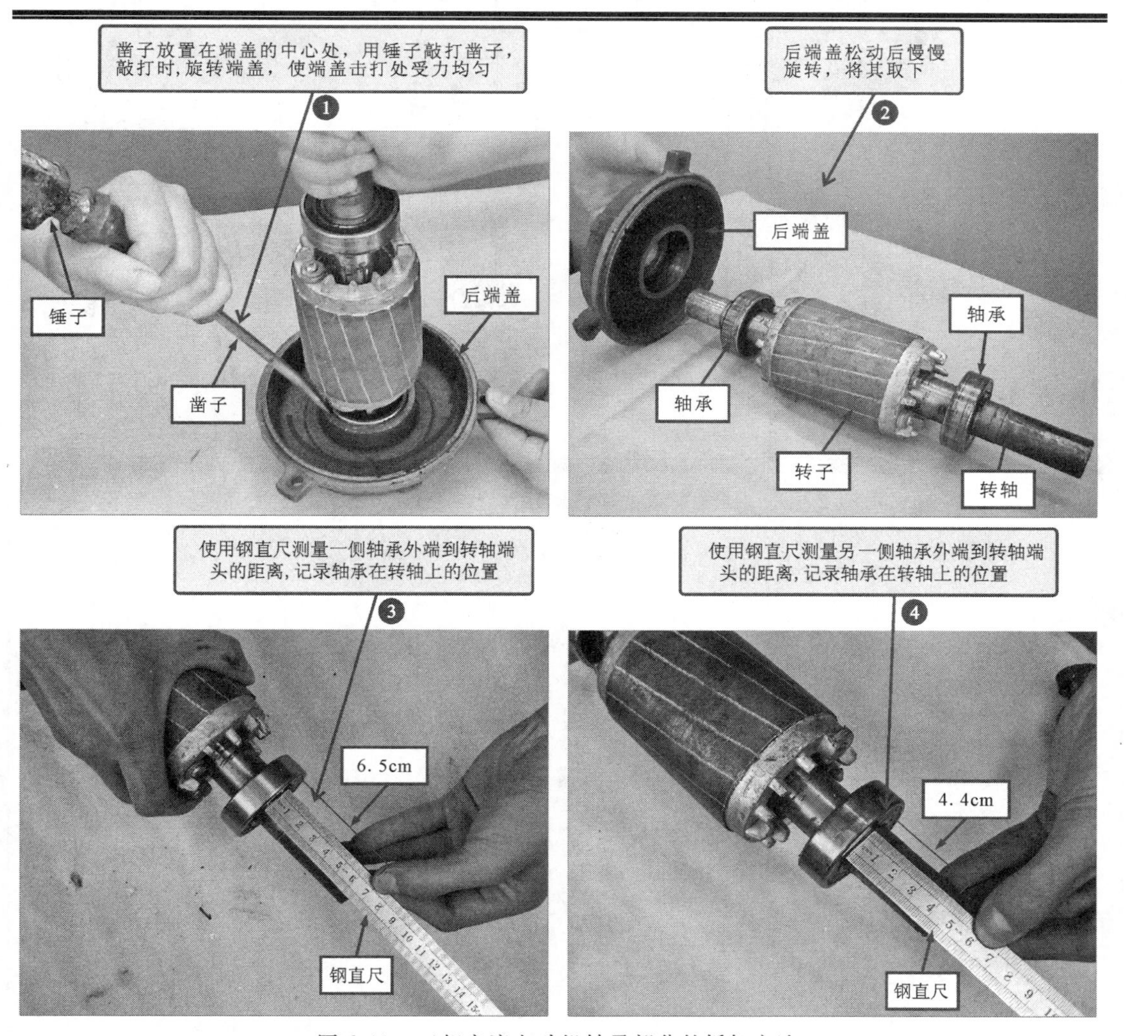

图6-11　三相交流电动机轴承部分的拆卸方法

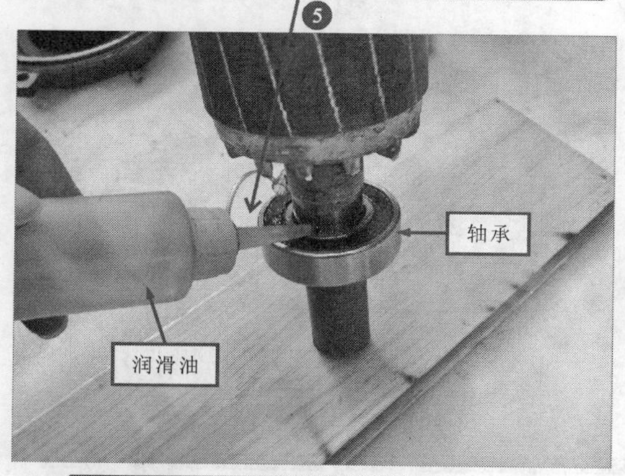

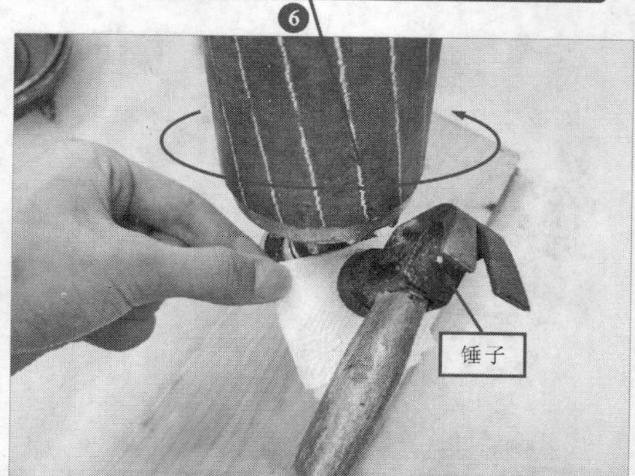

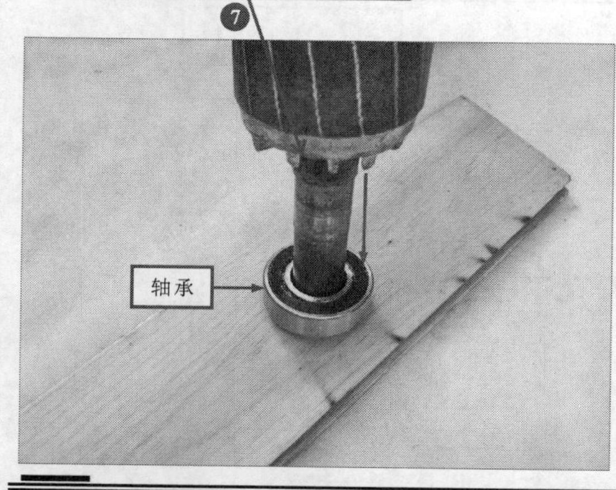

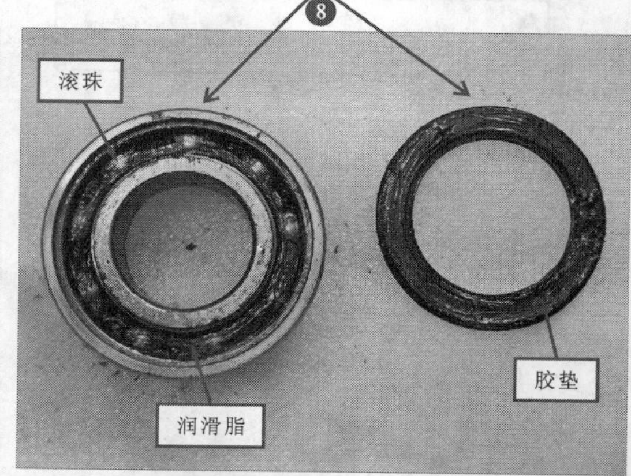

图 6-11　三相交流电动机轴承部分的拆卸方法（续）

【注意】

有些三相电动机中轴承与电动机转轴之间的配合十分紧密，直接采用轻轻敲击的方法无法卸下，若盲目用力很容易损坏轴承，此时可借助拉拔器等专用工具进行拆卸，操作方法如图 6-12 所示。

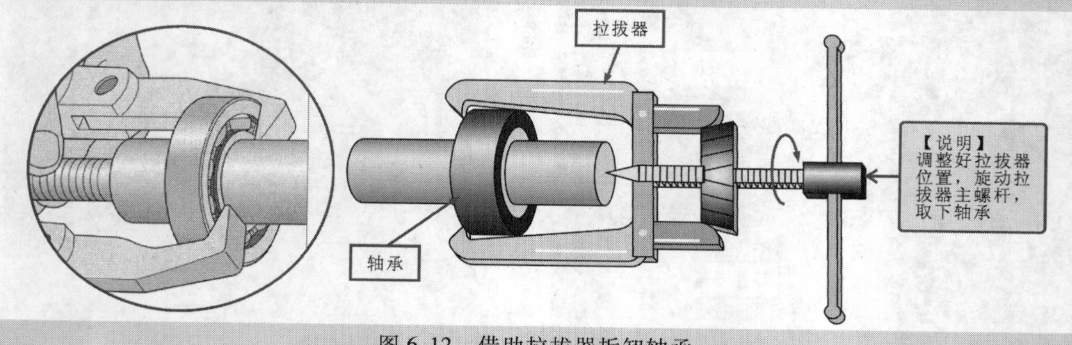

图 6-12　借助拉拔器拆卸轴承

至此，三相交流电动机拆卸完成，如图 6-13 所示。

图 6-13　三相交流电动机拆卸完成

第 7 章

开始苦练电动机主要零部件的检修技能

现在，开始进入第 7 章的学习；本章中我们要苦练电动机主要零部件的检修技能。电动机主要零部件的检修是电动机维修中非常基础的操作技能。为了能够让大家在最短的时间内掌握电动机主要零部件的检修，在这一章中，我们特别挑选了电动机中的铁心、转轴、滑环、电刷等几个最主要的零部件，对其在电动机中的位置、常见故障的检修方法进行了细致的介绍，希望大家在学习本章后能够熟练掌握电动机主要零部件的检修方法。好了，下面让我们开始学习吧。

7.1 动手检修电动机的铁心

大家在前面章节学习电动机结构的过程中不难了解到，铁心是电动机中的主要零部件，若铁心不正常，将直接导致电动机无法正常工作的故障。下面我们就来先了解一下电动机铁心的基本知识，并在此基础上，动手检修铁心各种故障。

7.1.1 电动机铁心在哪里

铁心是电动机中磁路的重要组成部分，在电动机工作过程中起到了举足轻重的作用。因此，要求电动机维修人员必须掌握电动机铁心的检修技能。当然，在这之前，我们首先要能够找到电动机的铁心部分，了解其结构和故障特点。

1. 铁心的基本结构和种类

电动机中都包含铁心。铁心是电动机定子和转子的重要组成部分，如图 7-1 所示。

不同类型的电动机中，定子和转子的结构和类型也有所不同，因此铁心部分的结构也所有差异，图 7-2 所示为几种不同类型的电动机中铁心的实物外形。

（1）定子铁心

电动机定子铁心是电动机定子磁路的一部分，由 0.35 ~ 0.5mm 厚的表面涂有绝缘漆的薄硅钢片（冲片）叠压而成。由于硅钢片较薄而且片与片之间是绝缘的，所以减少了由于交变磁通通过而引起的铁心涡流损耗。图 7-3 所示为典型电动机定子铁心的结构组成。

定子铁心兼顾定子绕组骨架的功能，因此在定子铁心内设有均匀分布的凹槽，用于安放定子绕组，组成电动机的定子部分。

定子铁心上的凹槽按槽口（槽齿）类型来分主要有三种：半闭口槽、半开口槽和开口槽，如图 7-4 所示。

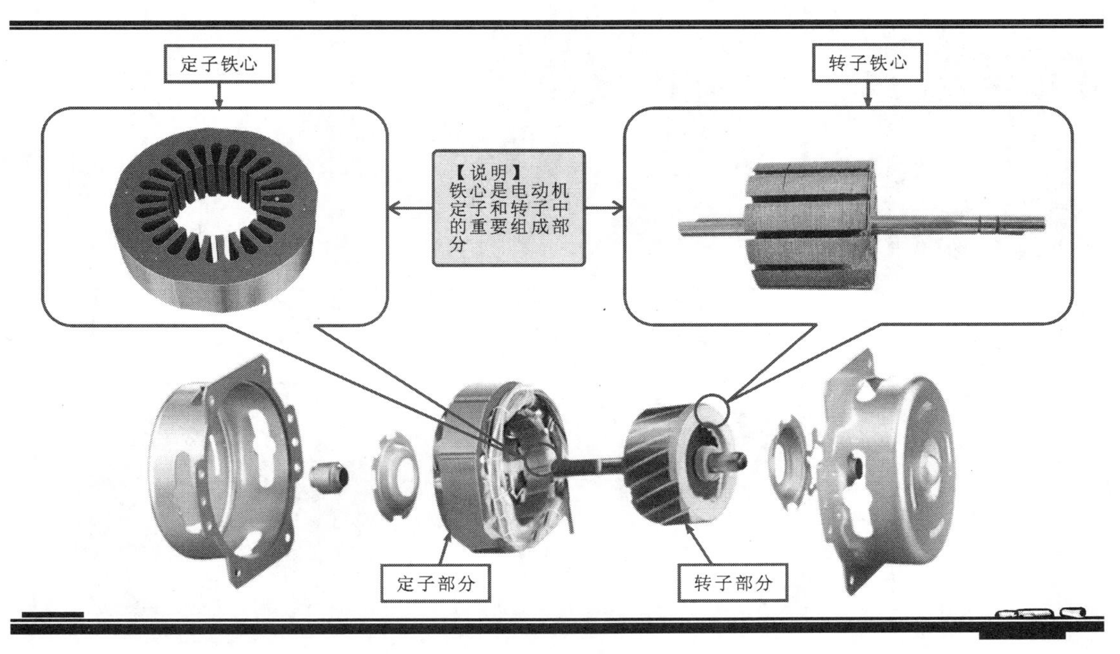

图7-1 电动机中的铁心

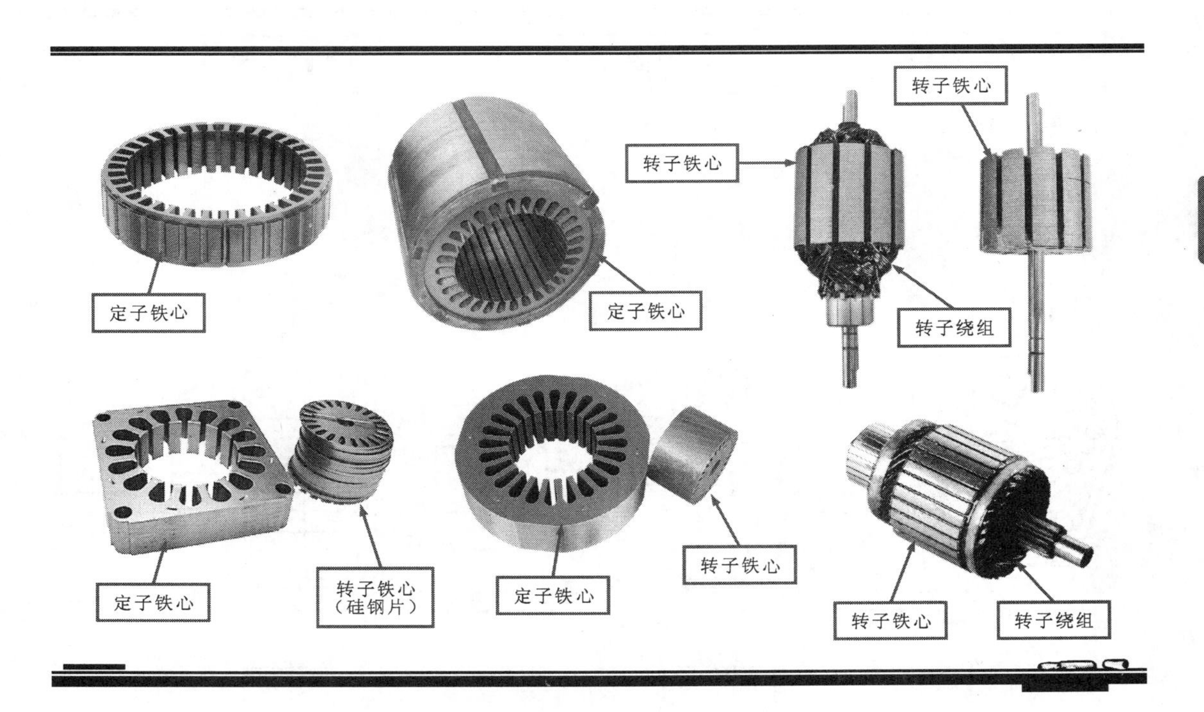

图7-2 典型电动机铁心的实物外形

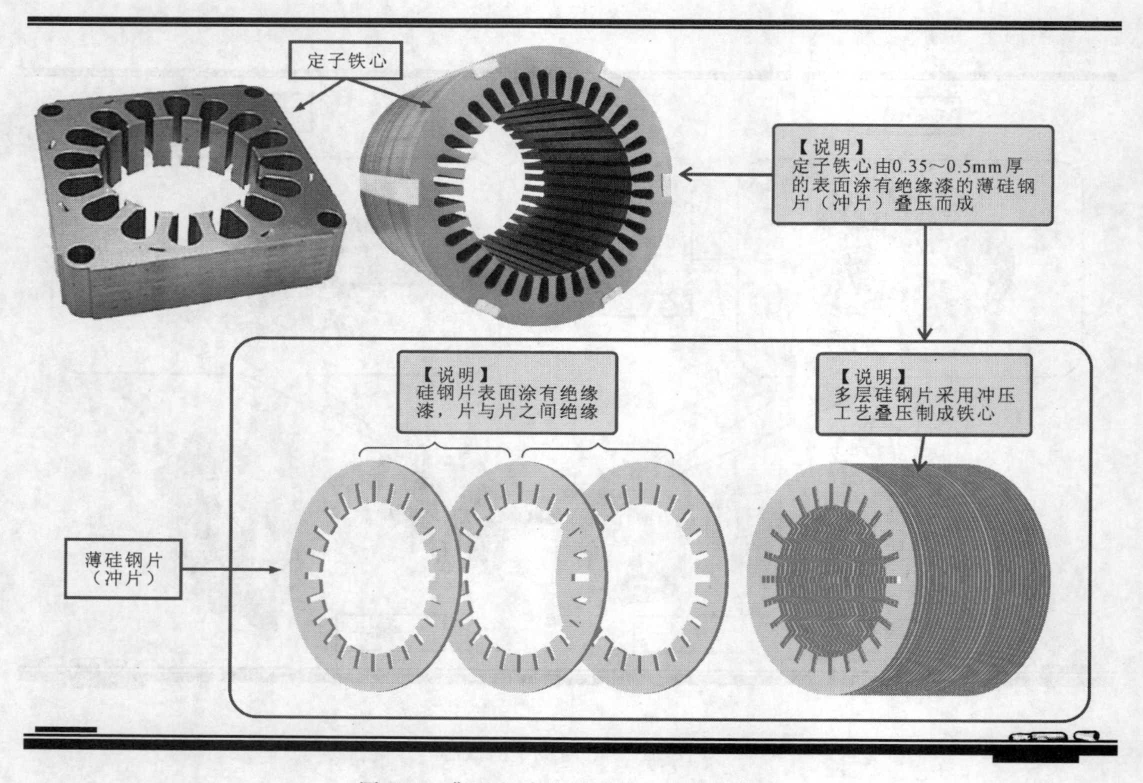

图 7-3 典型电动机定子铁心的结构组成

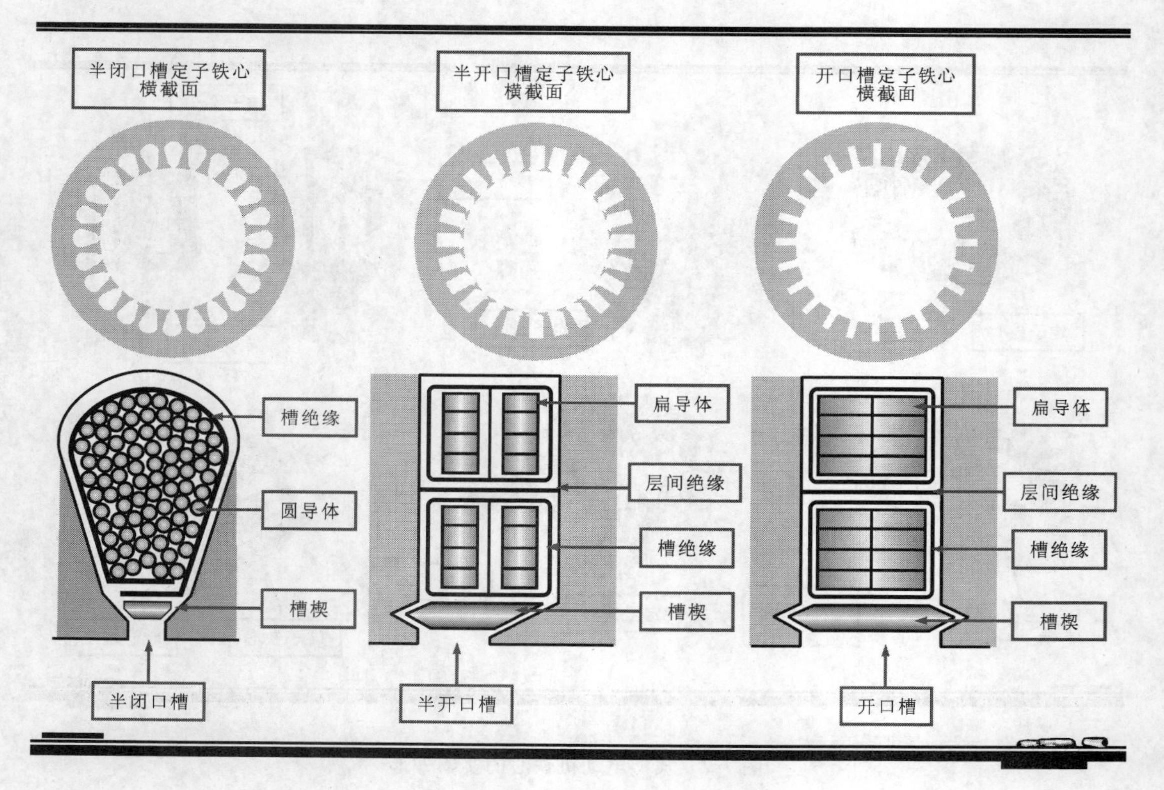

图 7-4 定子铁心上的凹槽类型

【资料】

从提高电动机的效率和功率方面考虑，半闭口槽最好，但绕组的绝缘和嵌线工艺比较复杂，这种槽常用于小容量和中型低压异步电动机中；半开口槽的槽口略大于槽宽的一半，可以嵌放成型线圈，这种槽适用于大型低压异步电动机；开口槽适用于高压异步电动机，以保证绝缘的可靠性和下线方便。

（2）转子铁心

转子铁心由硅钢片绝缘叠压而成，它是主磁极的重要组成部分。为减少电枢铁心内的涡流损耗。小型电动机的转子铁心冲片直接压装转在轴上，大型电动机的转子铁心先压装在转子支架上，然后再将支架固定在转轴上。图 7-5 所示为典型电动机转子铁心的结构。

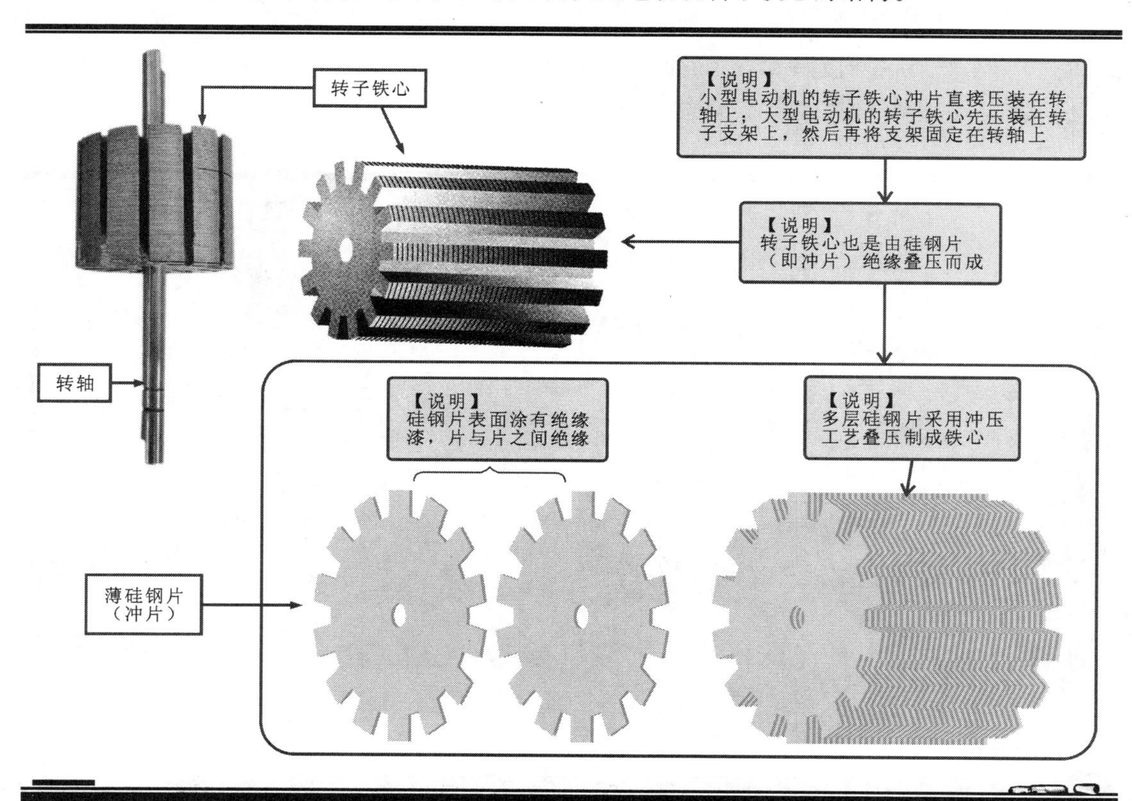

图 7-5　典型电动机转子铁心的结构

【资料】

铁心的质量很大程度上取决于其生产工艺。根据铁心的结构特点，它是由同样材料的冲片绝缘叠压而成的，因此冲片的加工质量、绝缘处理技术以及铁心压装工艺等都成为决定铁心质量的关键环节。若铁心压装过程中过松，则一定长度内冲片的数量减少，将导致磁截面不足，进而引起振动噪声等：若铁心压装过紧，则可能造成冲片间绝缘性能降低，增大铁损耗。因此，如何改善铁心冲片的材质，提高材质的导磁率，控制好铁损的大小等，便成为直接提升电动机铁心性能的重要方面。

一般来说，性能良好的电动机铁心由精密的冲压模具成形，再采用自动铆接工艺，然后利用高精密度冲压机冲压完成。由此可以最大程度地保证其产品平面的完整度，最大程度地保证其产品精度。

2. 铁心的故障特点

铁心不仅是电动机中磁路的重要组成部分，在电动机的运作过程中还要承受机械振动与电磁力、热力的综合作用，因此，电动机铁心出现异常的情况较多，比较常见的故障主有铁心表面锈蚀、铁心松弛、铁心烧损、铁心槽齿弯曲变形、铁心扫膛等。

7.1.2 电动机铁心表面锈蚀了怎么办

当电动机长期处于潮湿、有腐蚀气体的环境中时，通常会导致电动机铁心表面绝缘性变差，出现锈迹腐蚀情况，如图 7-6 所示。

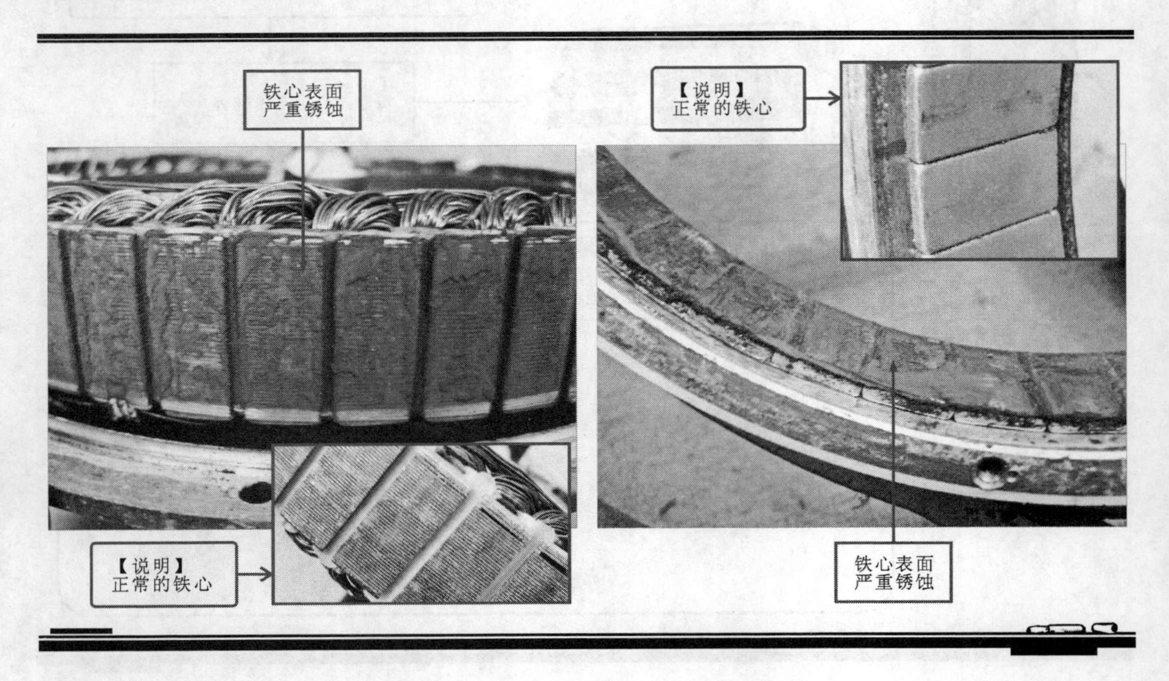

图 7-6 电动机铁心表面出现锈蚀

铁心出现锈蚀时，多以打磨和重新绝缘为主要检修手段，如图 7-7 所示。

7.1.3 电动机铁心松弛了怎么办

电动机在运行时，铁心由于受热膨胀，其受到附加压力，使绝缘漆膜压平，片间密和度降低，从而产生松动现象。当铁心之间收缩 0.3% 时，铁心之间的压力将会降至原始值的一半。铁心松动后将会产生振动，使绝缘层变薄，从而使松动现象变得更明显。通常出现松动的部位多为铁心两端，铁心中间及整体松动较少。

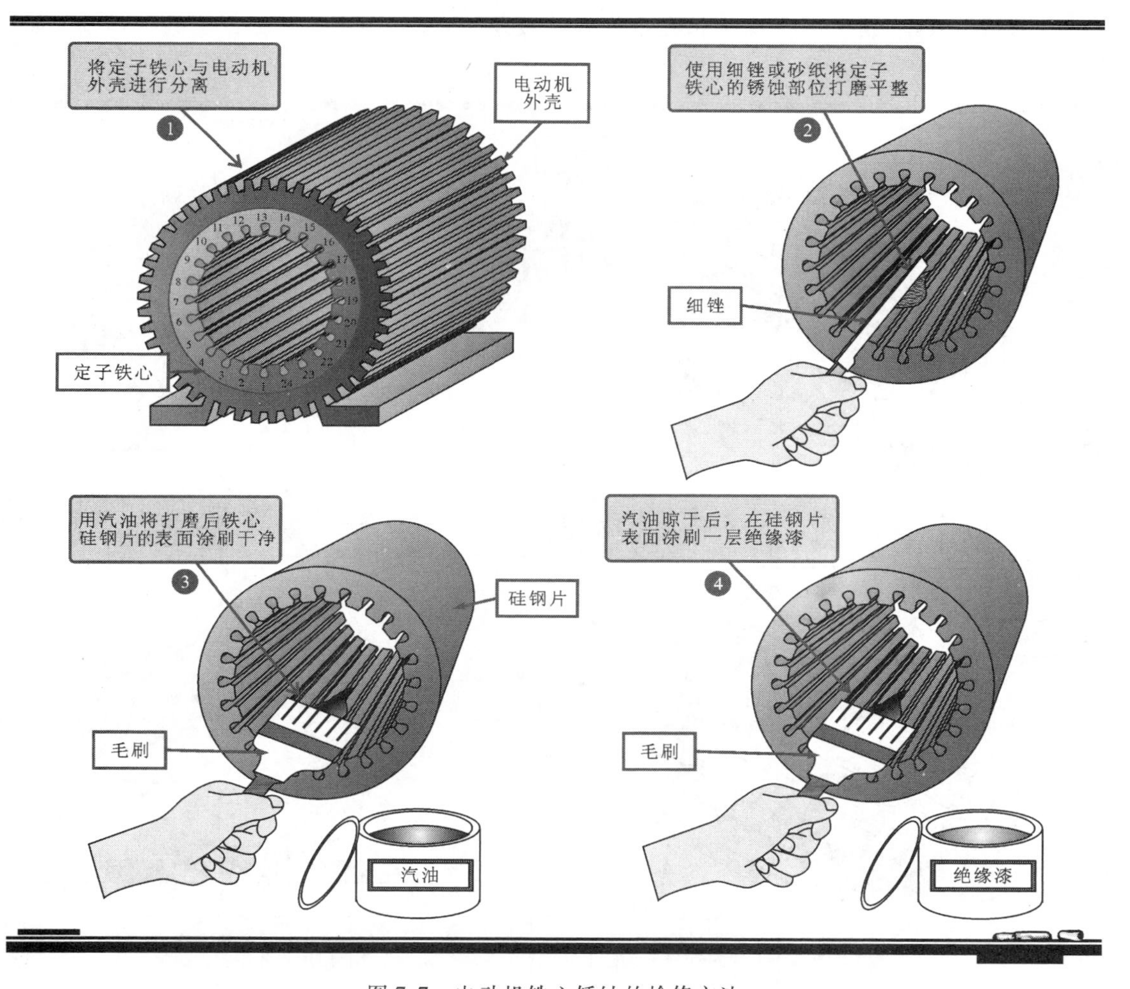

图 7-7 电动机铁心锈蚀的检修方法

1. 定子铁心松弛的检修方法

当电动机定子铁心出现松动现象时，其松动点多为定子铁心与电动机外壳配合不紧，导致其中间产生空心，从而出现松动现象，如图 7-8 所示。

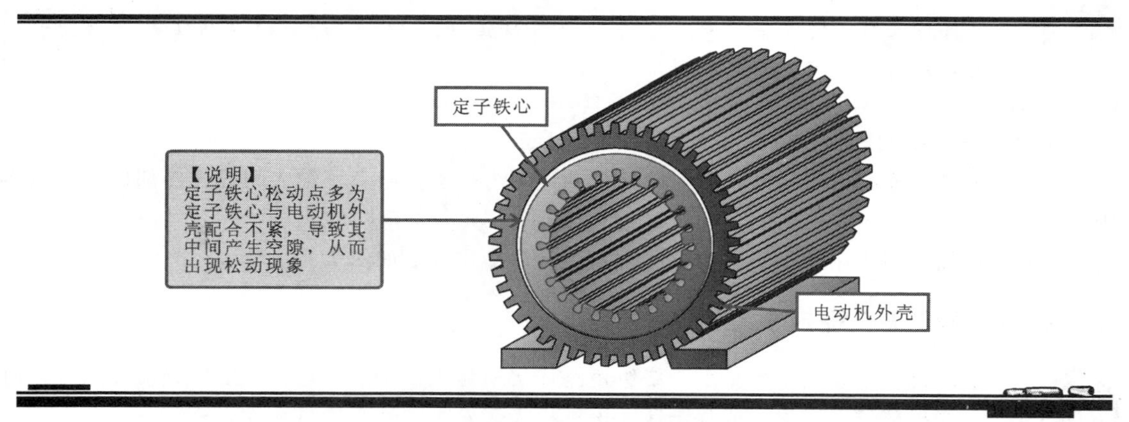

图 7-8 定子铁心松弛的情况

检修该类故障一般可在外壳上钻孔攻螺纹（攻丝），拧入固定螺钉的方法进行排查，如图7-9所示。

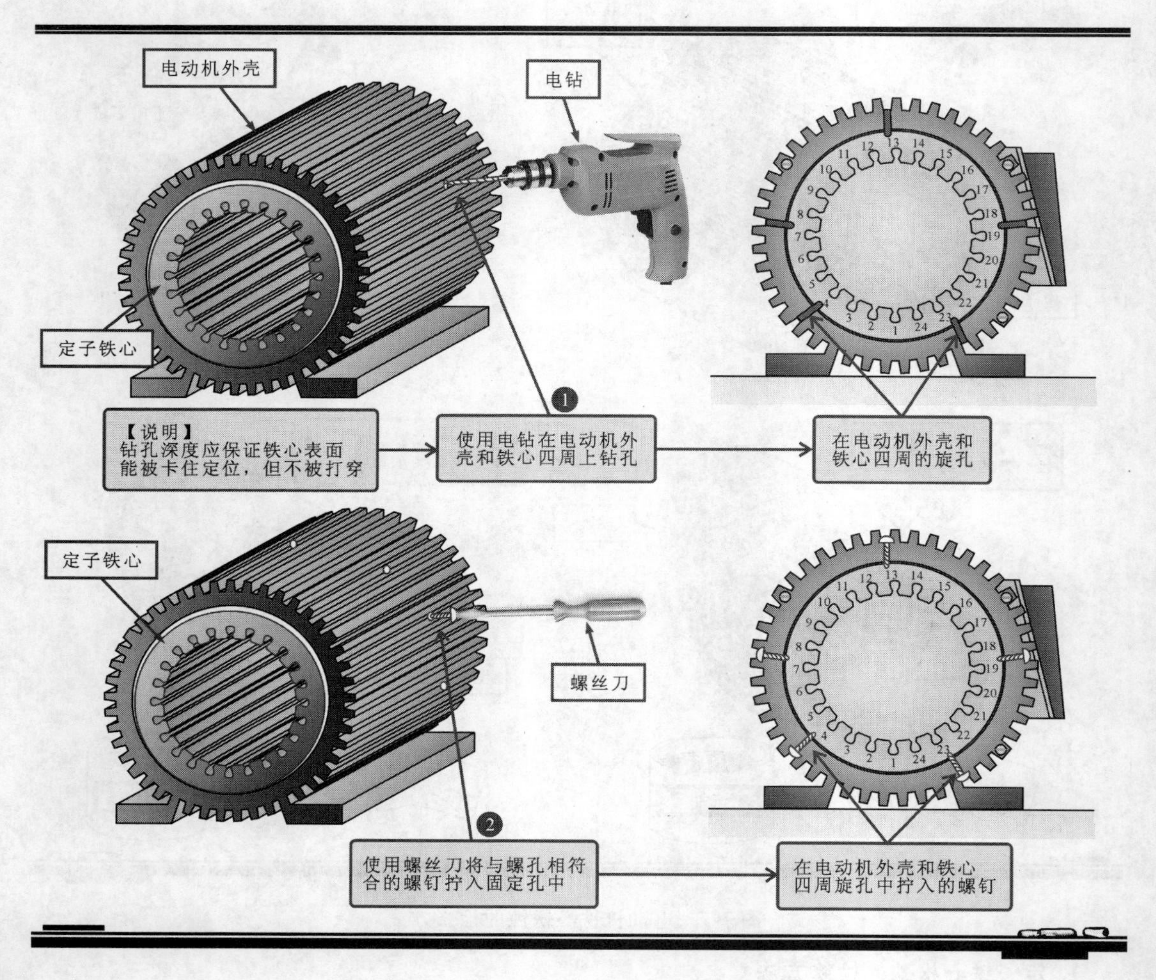

图 7-9 定子铁心松弛的检修方法

【注意】

若拧入螺钉的方法无效，可将定子铁心压出，在铁心外表面涂刷环氧树脂胶后，压入机座内，经固化后粘牢。

2. 转子铁心松弛的检修方法

当电动机转子铁心出现松动现象时，其松动点多为转子铁心与转轴之间的连接部位，如图7-10 所示。

检修该类故障多采用螺母紧固的方法排查，具体操作方法如图 7-11 所示。

7.1.4 电动机铁心烧损了怎么办

电动机铁心烧损主要是由于绕组短路或接地弧光产生的，当铁心出现烧损故障时，通常会在烧损部位形成深坑或烧结区，该类故障多发生在铁心槽口和铁心槽部分。

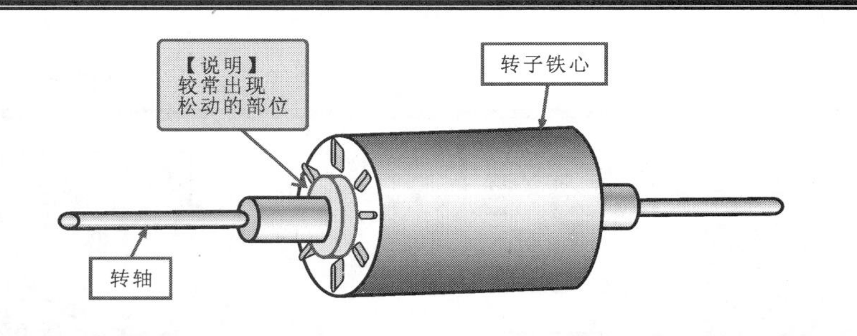

图 7-10　转子铁心松弛的故障表现

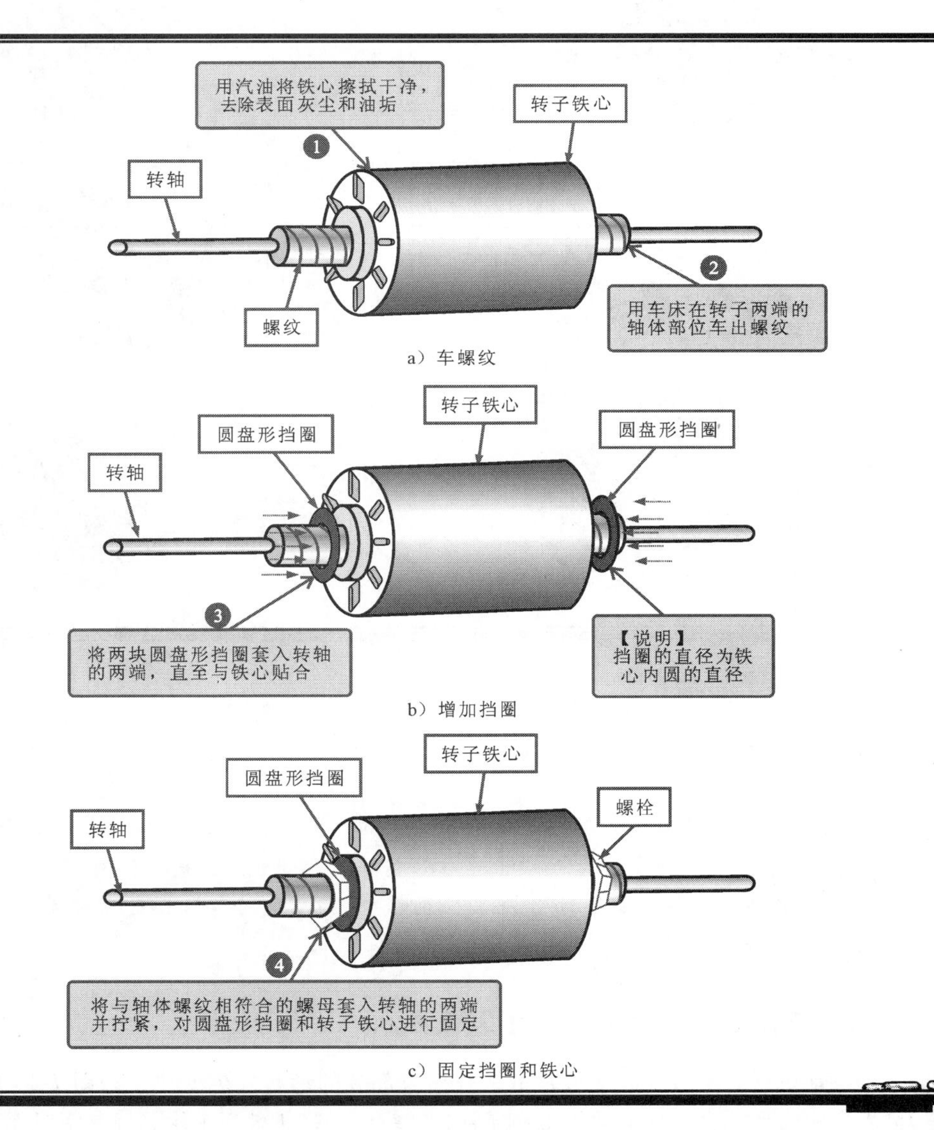

图 7-11　转子铁心松弛的检修方法

一般情况下，若铁心仅是局部烧损，且未延伸到铁心深处时，可对烧损部位进行修补来排除故障，如图 7-12 所示。

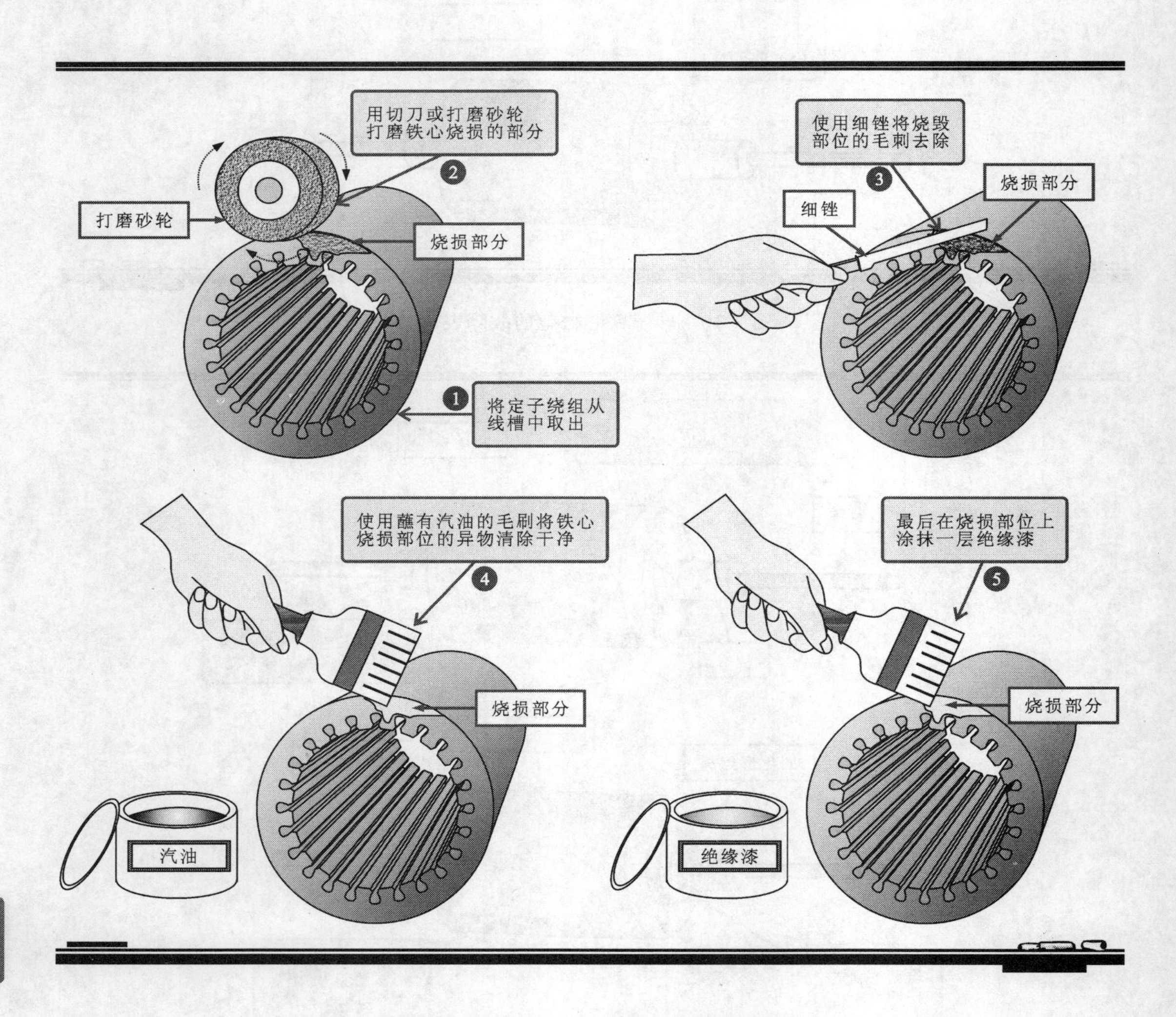

图 7-12　电动机铁心烧损故障的检修方法

【注意】

电动机铁心局部烧毁时，其在烧毁的部位会出现深坑或烧结区，若其面积不大且未延伸到铁心深处时，则可通过上述方法对铁心的烧毁部位进行修补。

当铁心烧毁严重，且深入整个铁心内部，此时，采用上述检修方法已不能奏效，此时只能对整个铁心进行更换。

7.1.5　电动机铁心槽齿弯曲变形了怎么办

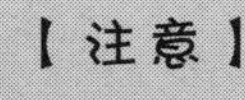

电动机铁心槽齿弯曲变形是指铁心槽齿部分的形状发生变化，如图 7-13 所示，铁心槽齿弯曲变形也会导致电动机工作异常，如绕组受挤压破坏绝缘、绕制绕组无法嵌入铁心槽中等。

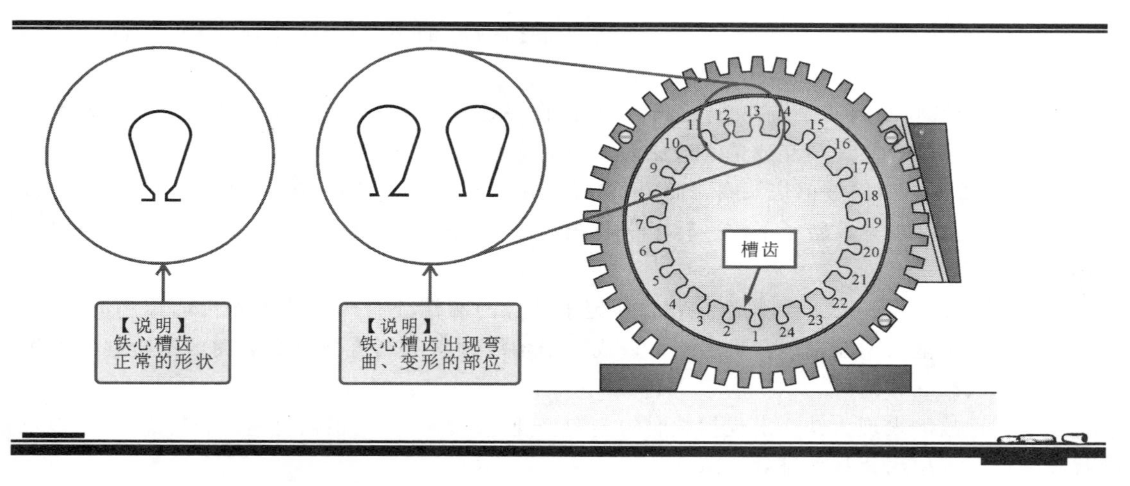

图 7-13　电动机铁心槽齿弯曲变形故障

通常，造成铁心槽齿出现弯曲、变形的原因主要有以下几点：

① 电动机发生扫膛时，与铁心槽齿发生碰撞，引起槽齿弯曲、变形。

② 拆卸绕组时，由于用力过猛，将铁心撬弯变形，从而损伤槽齿压板，使槽口宽度产生变化。

③ 当铁心出现松动时，由于电磁力的作用，也会使铁心槽齿出现弯曲、变形的故障。

④ 当铁心冲片出现凹凸不平现象时，将会造成铁心槽内不平。

⑤ 当使用喷灯烧除旧线圈的绝缘层时，使槽齿过热，产生变形，导致冲片向外翘或弹开。

电动机铁心槽齿弯曲变形的检修方法如图 7-14 所示。

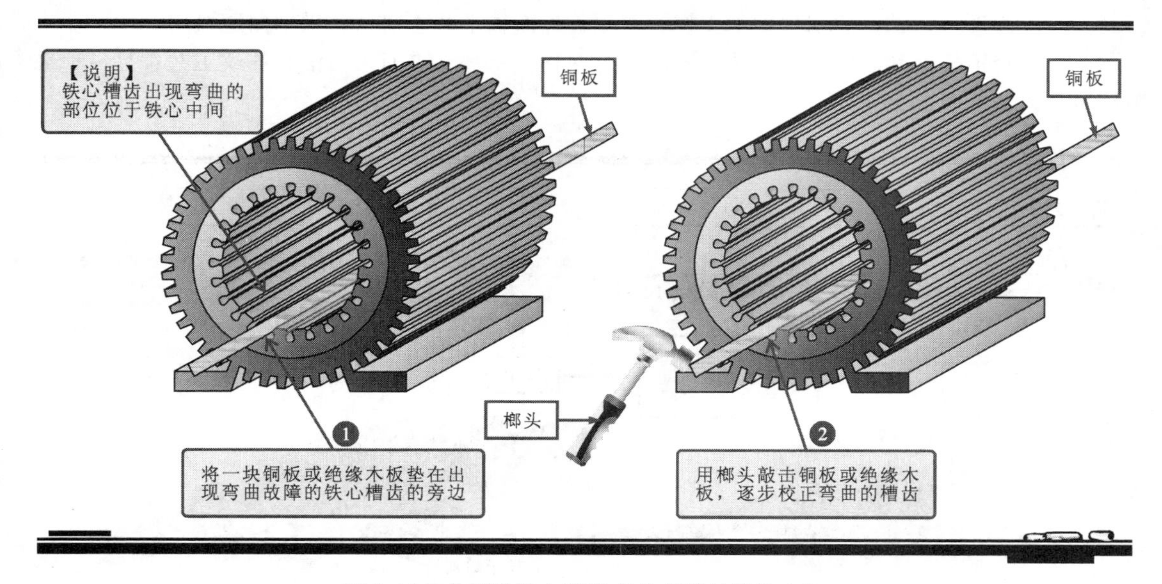

图 7-14　电动机铁心槽齿弯曲变形的检修方法

7.1.6　电动机铁心扫膛了怎么办

电动机铁心扫膛是指在电动机运行过程中，由于某些原因导致电动机的定子铁心与转子铁心之间产生碰撞和摩擦的现象。

引起铁心出现扫膛的原因有很多，通常可根据铁心的擦伤位置来判断产生扫膛的主要原因。

① 当定子铁心四周被擦伤一圈，而转子只擦伤一处时，其故障产生的原因可能为转轴弯曲、轴承故障、转子铁心某处凸起或偏心造成的。

② 当转子铁心四周被擦伤一圈，而定子只擦伤一处时，其故障产生的原因可能为定子铁心局部凸起、轴承磨损导致转子下沉、转子中心线偏移、定子前、后端盖与机座配合松动，使定子整体下沉。

③ 当转子铁心两端及四周均有擦伤，而定子铁心的两端处有两处位置相反的擦伤时，其故障产生的原因可能为两端轴承严重磨损，造成转子轴线倾斜、端盖与绕组之间的配合存在间隙，导致转子轴线倾斜。

以上三种故障表现为铁心出现扫膛时的典型表现，维修人员可根据上述擦伤特点，进一步的寻找故障产生的原因，从而排除故障。

7.2 动手检修电动机的转轴

转轴是电动机中十分关键的零部件，若电动机的转轴异常，将直接导致电动机无法正常工作的故障。下面我们就来先了解一下电动机转轴的基本知识，并在此基础上，实际动手检修电动机转轴的各种故障。

7.2.1 电动机转轴在哪里

转轴是电动机输出机械能的主要部件，一般是用中碳钢制成的，穿插在电动机转子铁心中心部位，轴的两端用轴承支撑，在端盖外面轴上装着扇叶，供轴向通风用。

转轴根据其表面制作工艺的不同分为两种：一种其表面采用滚花波纹工艺；另一种采用键槽工艺，如图 7-15 所示。

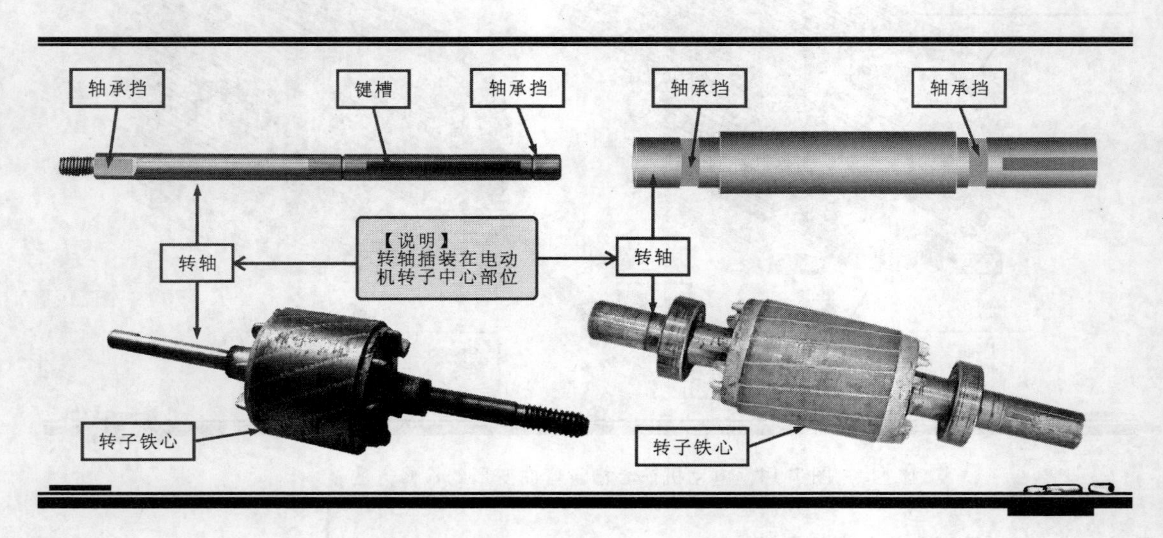

图 7-15　电动机中的转轴

1. 转轴的功能特点

转轴的主要功能是作为电动机动力的输出部件，同时支撑转子铁心旋转，保持定子、转子之

间有适当的气隙，如图7-16所示，如果气隙不均匀会造成电动机温度升高，输出动力降低，从而产生振动，因此，电动机的转轴应具有足够的机械强度和刚度。

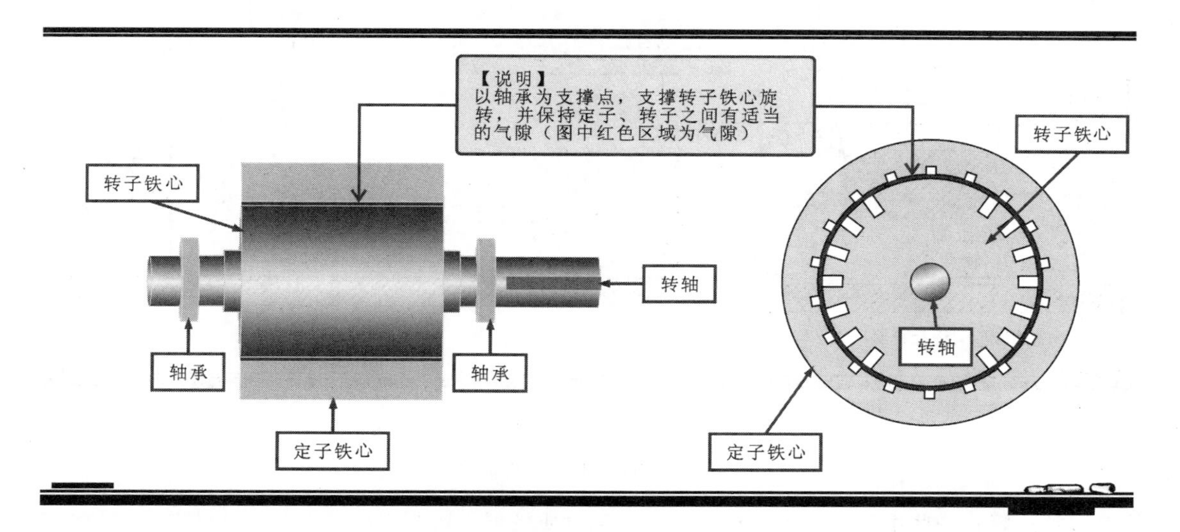

图7-16　转轴的支撑和动力输出特点

【资料】

气隙是定子与转子之间的空隙，气隙大小对电动机性能的影响很大，气隙大的时候将导致电动机空载电流增加，输出功率太小，定子、转子间容易出现相互碰撞而转动不灵活的故障。

2. 转轴的故障特点

由于转轴的工作特点，大多数情况下可能由于转轴本身材质不好或强度不够，转轴与关联部件配合异常、正反冲击作用、拆装操作不当等造成转轴损坏故障。其中，电动机转轴常见的故障主要有转轴弯曲、轴颈磨损、转轴出现裂纹等。

7.2.2　电动机转轴弯曲了怎么办

转轴在工作过程中由于外力碰撞或长时间超负荷运转，很容易导致轴向偏差弯曲故障。弯曲的电动机转轴会导致定子与转子之间相互摩擦，使电动机在运行时出现摩擦声，严重时会使转子发生扫膛事故。

1. 转轴弯曲故障的检测

检测电动机转轴是否弯曲，一般可借助千分表进行检测，如图7-17所示，即将转轴用V形架或车床进行支撑，然后转动转轴，通过检测转轴不同部位的弯曲量判断转轴是否存在弯曲的情况。

2. 转轴弯曲故障的检修

当电动机转轴出现弯曲故障时，一般可根据转轴弯曲的程度、部位及材料、形状等不同采取不同的方法进行校直。通常情况下，一些小型电动机中或转轴弯曲程度不大时，可采用敲打法来

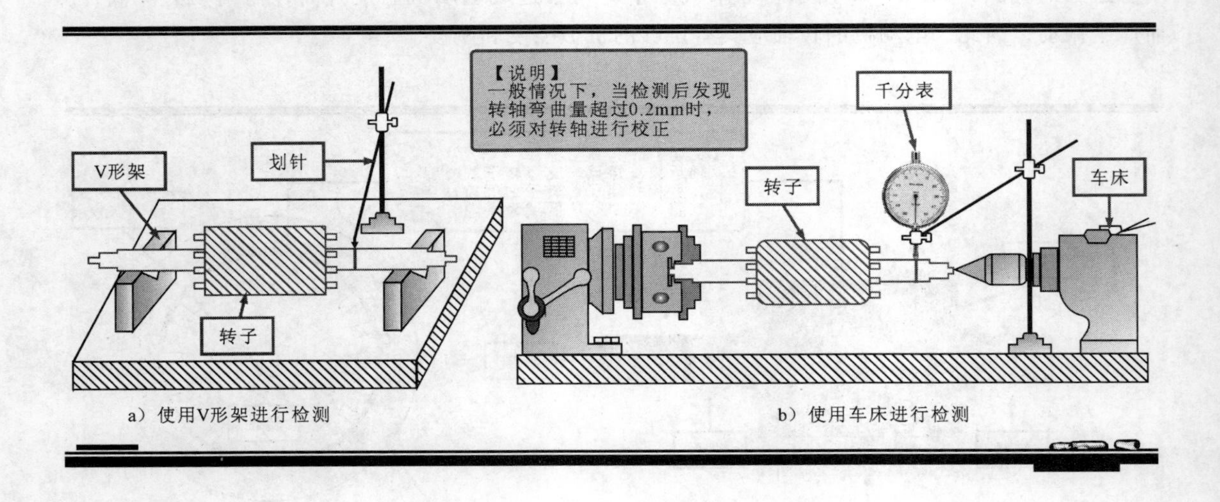

图 7-17 转轴弯曲故障的检测方法

检修转轴故障；一些中型或大型电动机中或转轴材质较硬、弯曲程度稍大时，可借助专用的机床设备进行校直操作。

（1）采用敲打法排除转轴弯曲故障

采用敲打法来检修弯曲的转轴时，先用千分表找出弯曲转轴的凸出面，并将此面朝上放置在V形架上；接着用锤子对凸出面进行逐点敲击，边敲击边检测，敲击时应匀速用力，反复进行，直至将转轴的弯曲度调整到标准范围之内，如图 7-18 所示。

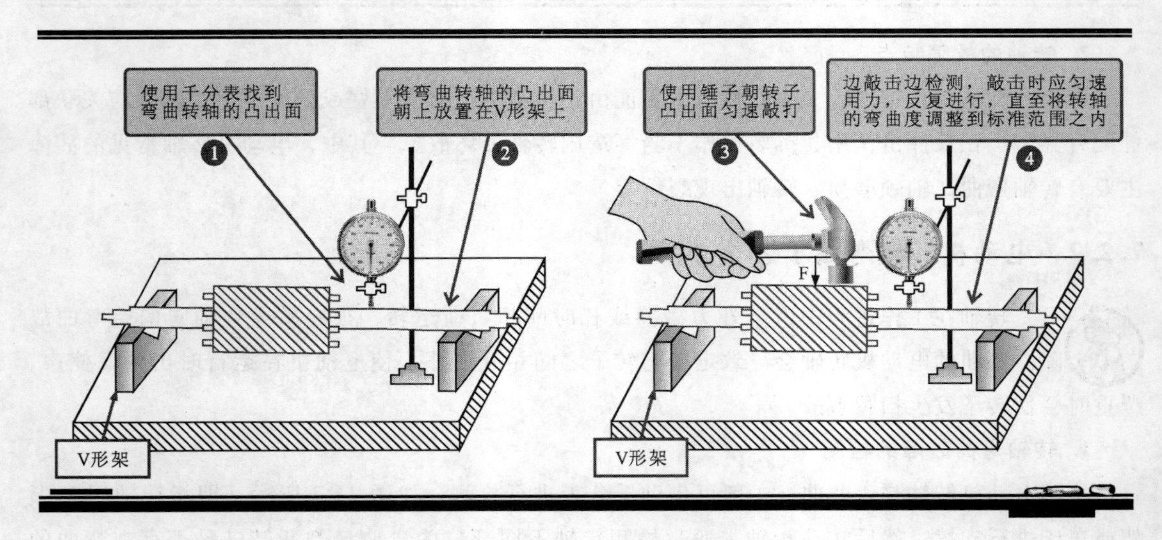

图 7-18 采用敲打法来检修弯曲的转轴

（2）借助专用机床设备检修转轴弯曲故障

对于中型或大型电动机来说，其转轴通常比较粗大，硬度也较高，采用敲打法往往起不到作用，可借助专用的机床设备进行修复，如图 7-19 所示。

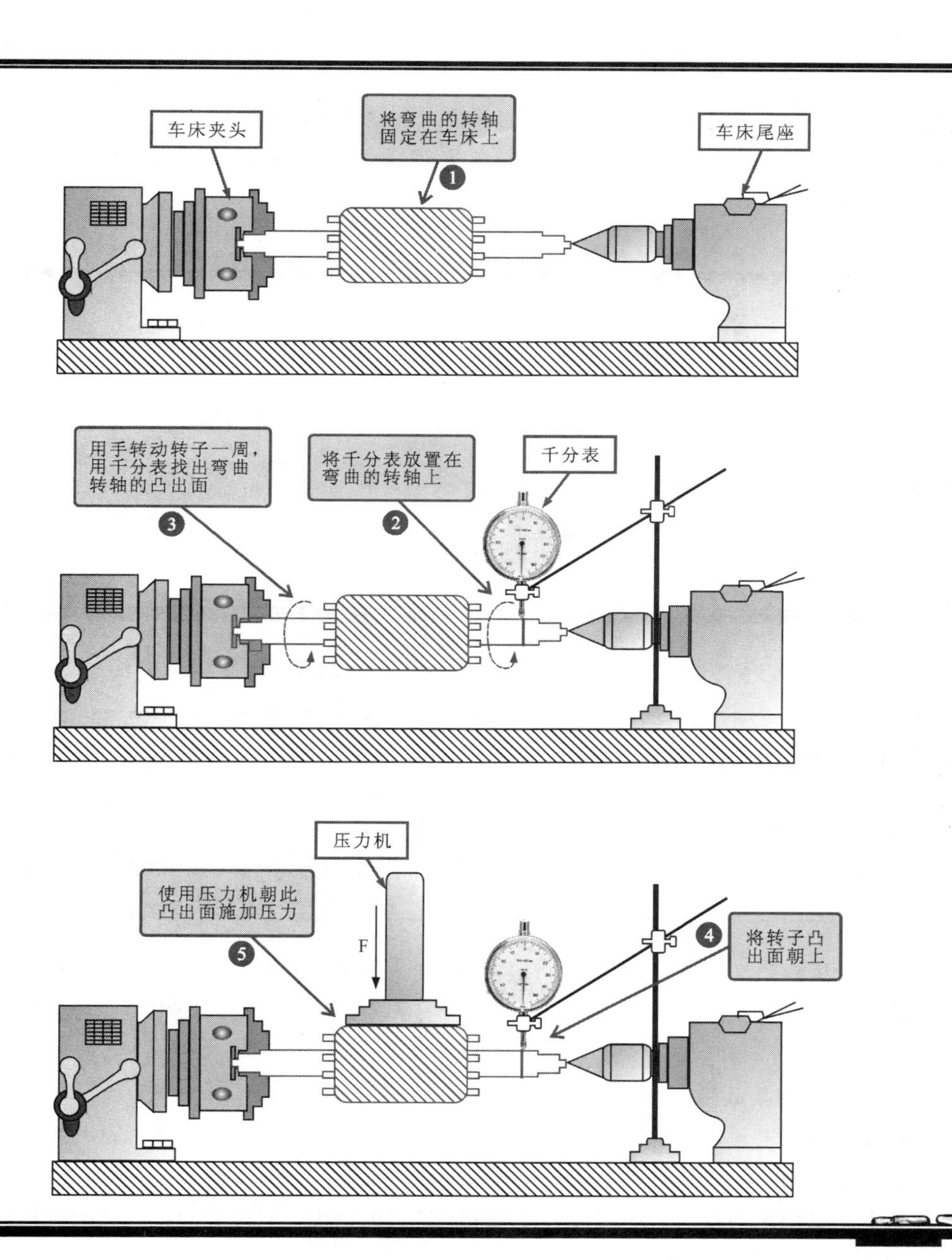

图7-19　电动机转轴弯曲的检修方法

【注意】

在转轴校直过程中，施加压力时应缓慢操作，每施压一次，应用千分表检测一次，一点一点地将转轴弯曲的部位校正过来。切勿一次施加太大的压力，若施压过大很容易造成转轴的二次损伤甚至出现转轴断裂的故障。

另外，通常对于弯曲程度较轻的转轴，其校正后的标准应不低于0.05mm/m；弯曲严重的转轴，其校正后的标准应不低于0.2mm/m。

7.2.3 电动机转轴轴颈磨损了怎么办

轴颈是电动机转轴与轴承连接的部位，也是转轴最重要也最容易损坏的部分。轴颈磨损后，通常横截面呈现为椭圆形，如图 7-20 所示，将造成转子的偏移，严重时将导致转子与铁心扫膛。

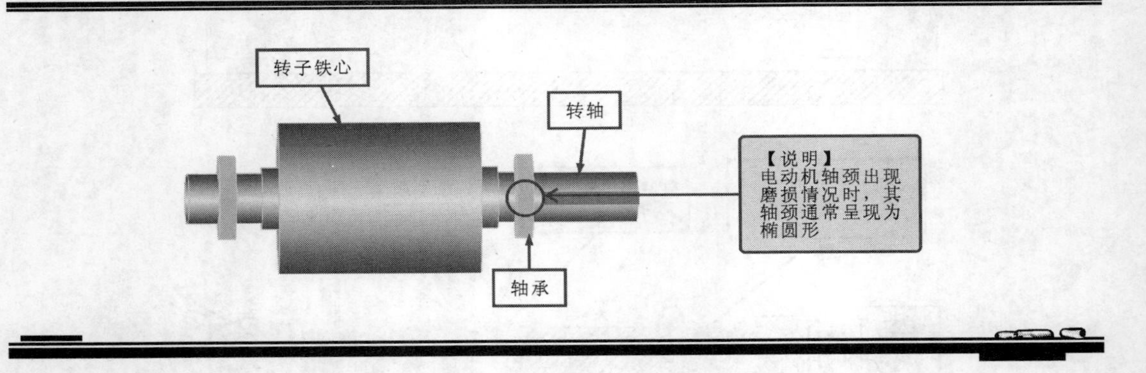

图 7-20 电动机轴颈磨损的示意图

【资料】

电动机轴颈出现磨损情况时，其轴颈通常呈现为椭圆形，对于不同颈宽的轴颈其所需的椭圆偏差值不同：轴颈在 50～70mm，误差为 0.01～0.03mm；轴颈在70～150mm，误差为 0.02～0.04mm，转速高于 1000r/min 取最小值，低于 1000r/min 取最大值。

造成电动机轴颈磨损的原因主要有转轴本身制造的精度及硬度不够、电动机在运行过程中由于操作使用不当导致其出现磨损、在拆卸及装配过程中未采用合理的操作步骤导致其受外力碰撞而产生磨损。

1. 转轴轴颈磨损故障的检测

轴颈是转轴与电动机轴承连接的部位，在检测轴颈是否出现故障之前，可首先通过听声音的方法检查电动机轴承运转是否正常，操作方法如图 7-21 所示。

判断电动机轴承磨损的大体部位后，应根据磨损的情况，采取相应的补救措施进行检修。

2. 转轴轴颈磨损故障的检修

当电动机转轴轴颈磨损故障时，根据磨损程度的不同，可以采取打磨法或修补法排除故障。

（1）采用打磨法排除轴颈磨损故障

打磨法只限于轴颈出现轻微磨损、锈斑、凹陷等情况，其磨损面积不应大于轴头尺寸的 3%～4%，具体操作方法如图 7-22 所示。

（2）采用修补法排除轴颈磨损故障

对于轴颈磨损比较严重时，通常采用修补法排除故障，即借助电焊设备、支撑用机床设备等对转轴轴颈的磨损部位进行补焊、磨削等方法来排除故障，操作方法如图 7-23 所示。

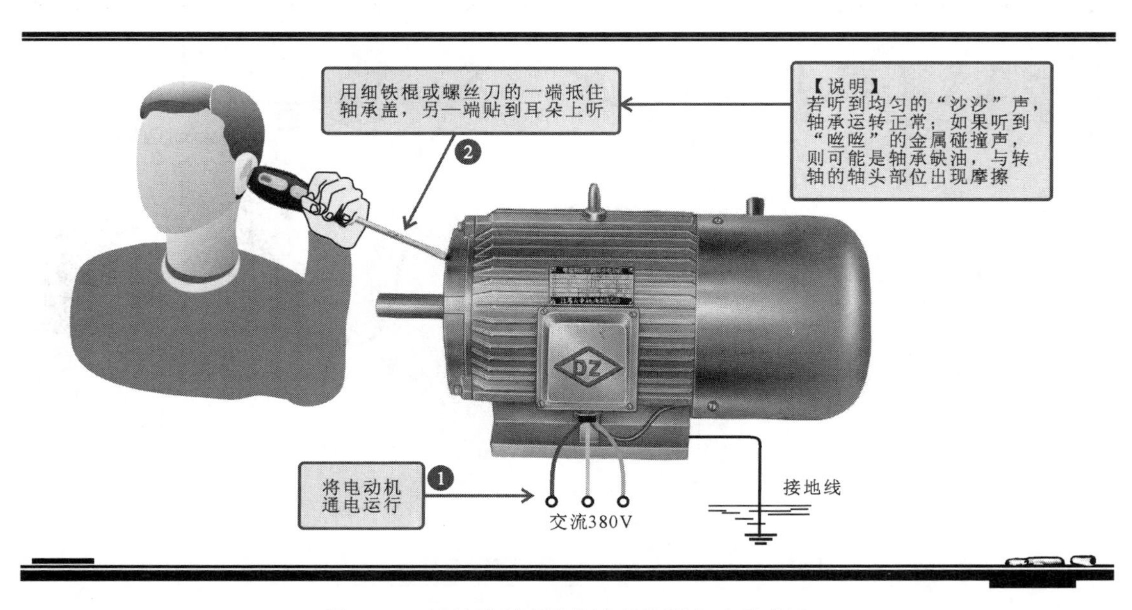

图7-21　转轴轴颈磨损故障的检测方法示意图

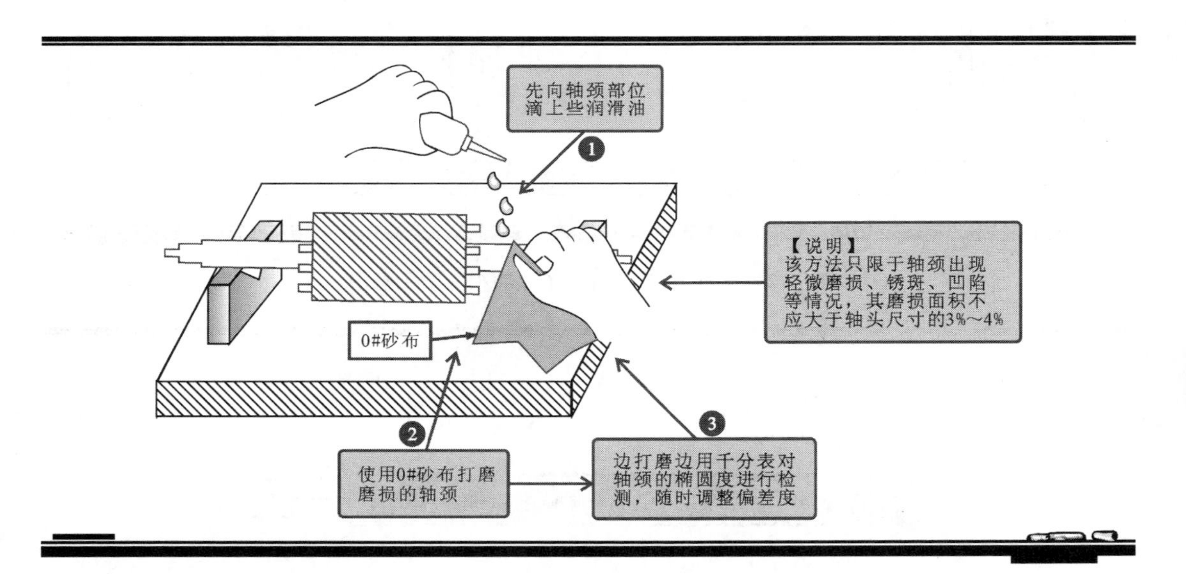

图7-22　采用打磨法排除轴颈磨损故障示意图

7.2.4　电动机转轴出现裂纹怎么办

电动机转轴出现裂纹故障是指在转轴的表面能够明显看到一些横向或纵向的裂缝，如图7-24所示，这些裂缝将导致转轴工作异常。

当电动机转轴出现裂纹现象时，应根据裂纹的情况进行补救。通常对于小型电动机来说，当其转轴横向裂纹不超过转轴直径的10%～15%，轴线裂纹不超过转轴长度的10%时，可进行补焊操作后，重新使用。对于裂纹较为严重、转轴断裂以及大中型电动机来说，采用一般的修补方法无法满足电动机对转轴的机械强度和刚度要求，这时需要对转轴整体进行更换。

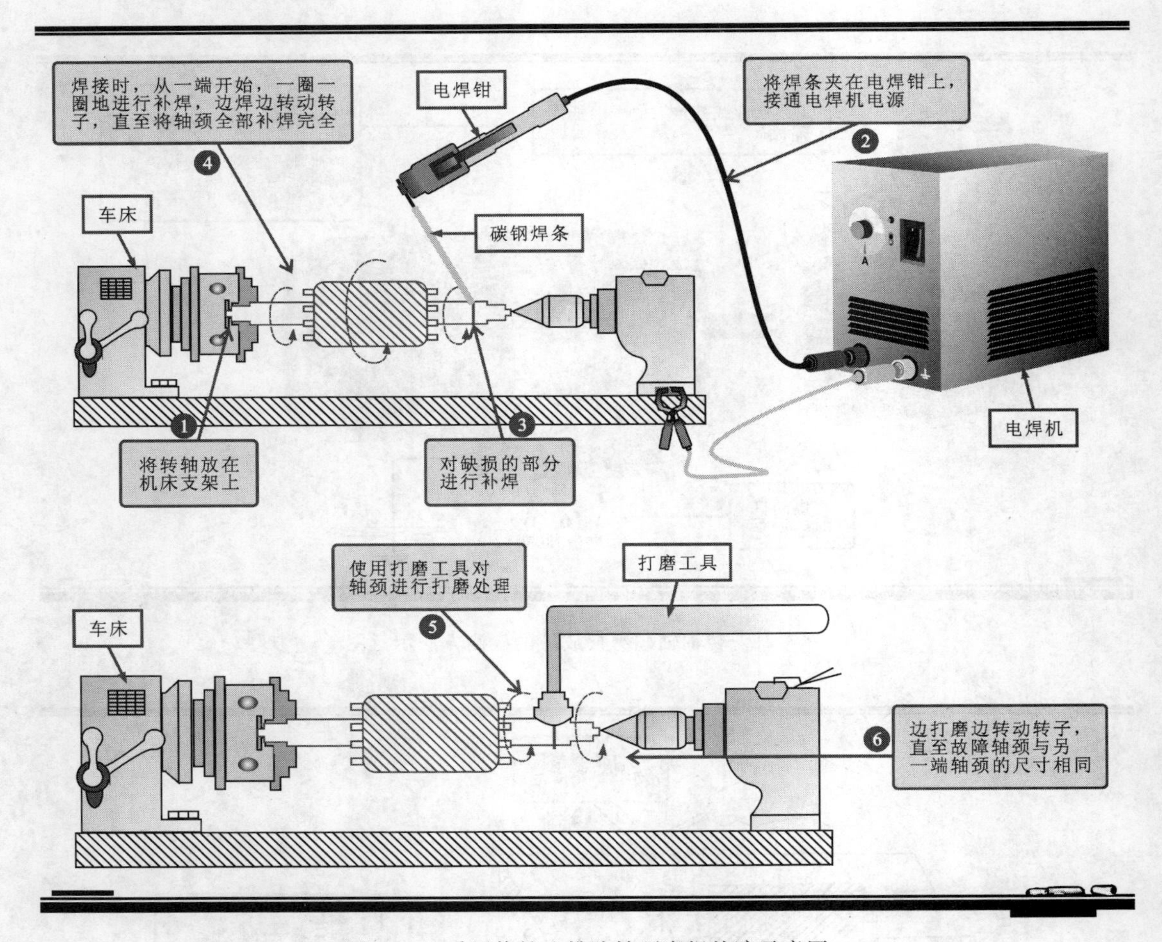

图 7-23　采用修补法排除轴颈磨损故障示意图

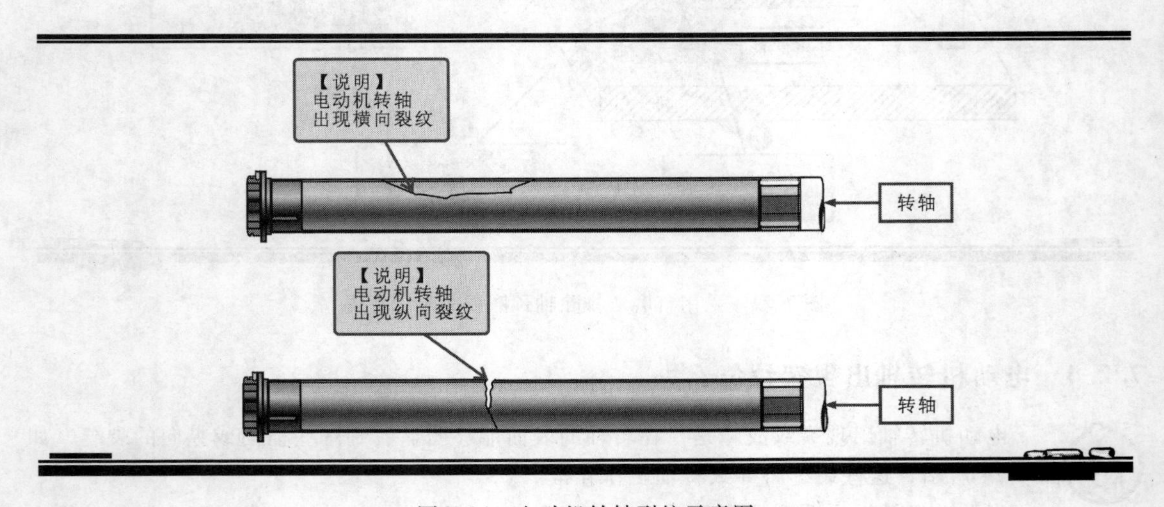

图 7-24　电动机转轴裂纹示意图

1. 采用补焊法修复转轴裂纹故障

补焊法是指借助电焊设备对转轴裂纹部位进行补焊，通过堆积焊料补充裂纹，再通过对焊料进行打磨，恢复转轴机械强度，如图 7-25 所示。

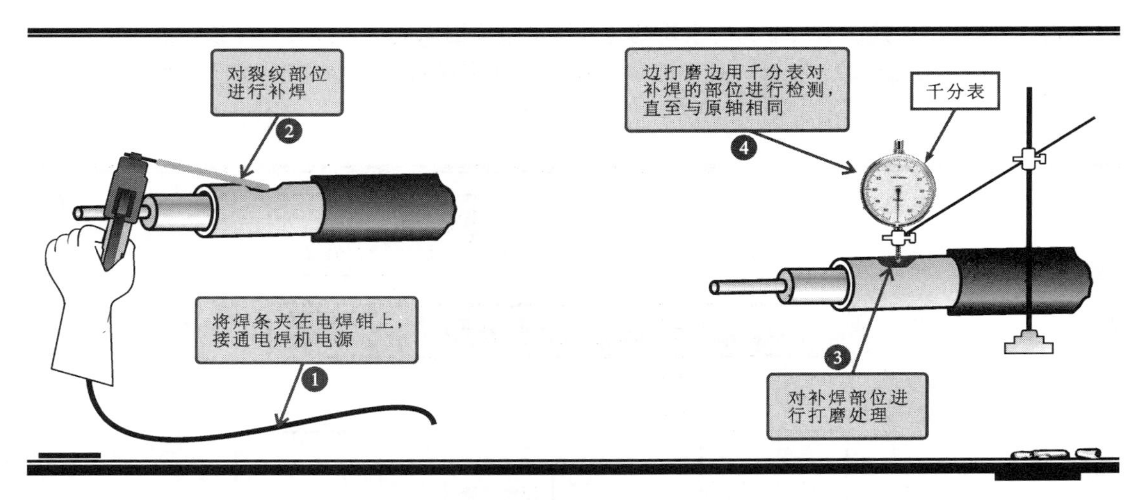

图7-25　采用补焊法修复转轴裂纹故障的操作方法示意图

2. 采用连接法修复转轴裂纹故障

连接法是指将具有裂纹的转轴在裂纹处切断，用另外一根具有一定机械强度的短轴将转轴的两端断裂处连接，以恢复转轴机械强度的方法，如图7-26所示。

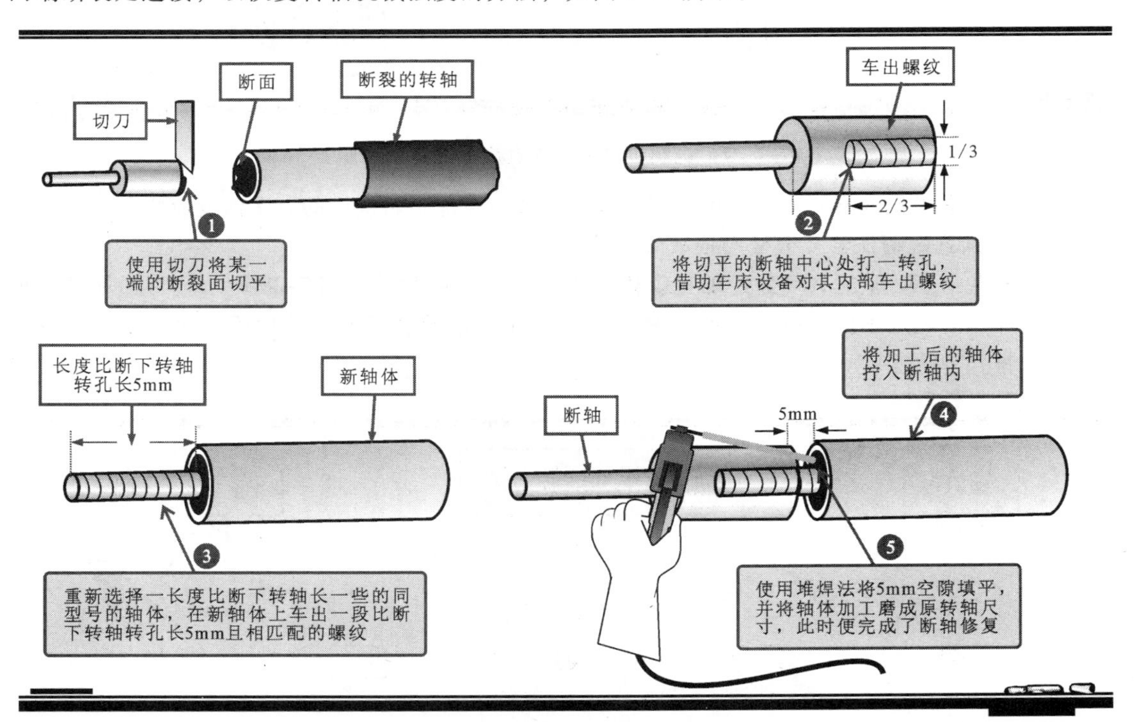

图7-26　采用连接法修复转轴裂纹故障的操作方法示意图

7.2.5　电动机转轴键槽磨损怎么办

电动机转轴键槽是指转轴上一条长条状的槽，用来与键配合传递转矩。键槽损坏多是由于电动机在运行过程中出现重载或正反转频繁运行，导致的电动机键槽出现损伤。在电动机转轴的维修中，其键槽最常见的损伤就是其键槽边缘因承受压力过大，导致其边缘压伤，即称之为“滚键”，如图 7-27 所示。通常键槽磨损的宽度不超过原键槽宽度的 15% 时，均可进行修补。

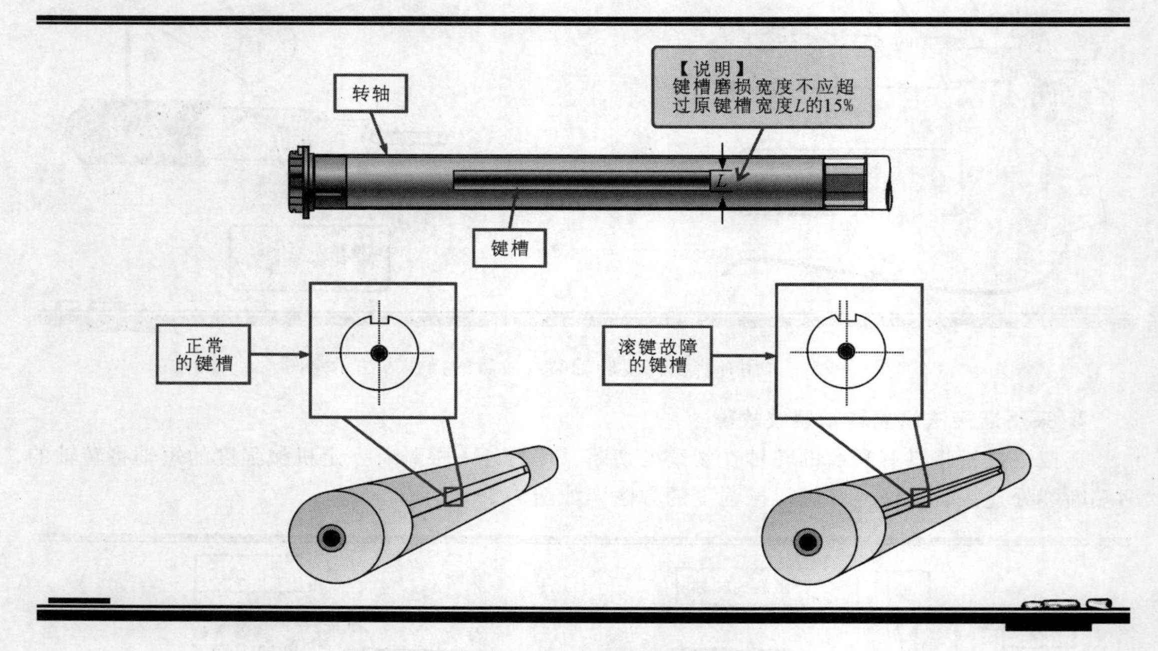

图 7-27　电动机键槽磨损宽度及故障示意图

根据键槽磨损程度不同，一般可采用加宽键槽和重新加工新键槽的方法修复故障。

1. 采用加宽键槽法修复键槽磨损故障

当键槽磨损不严重时，可通过加宽键槽的方法来进行补救，如图 7-28 所示，将损坏键槽加宽，但其加宽的宽度不应超过原键槽宽度的 15%。在对键槽进行加宽处理后，同时要对键进行更换，以符合键槽宽度。

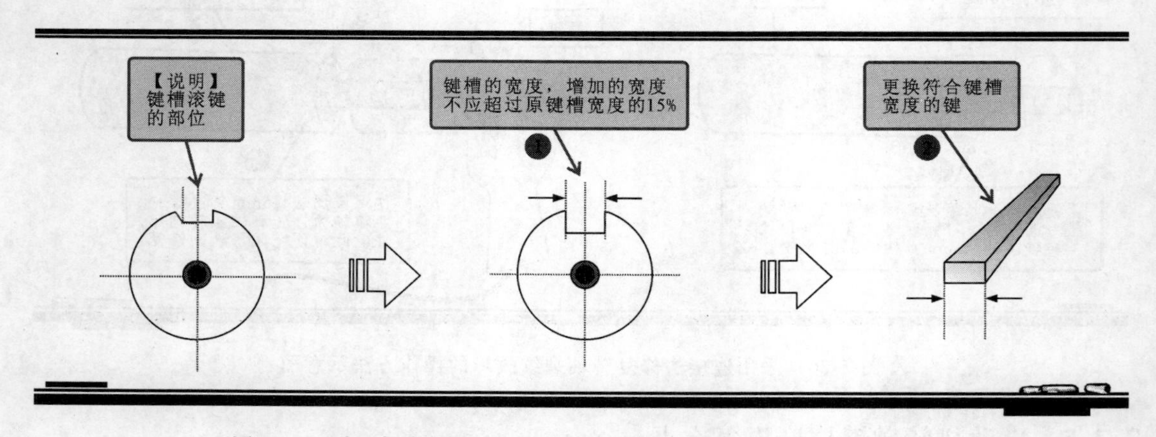

图 7-28　采用加宽键槽法修复转轴键槽磨损故障的检修方法示意图

2. 采用重新加工新键槽法修复键槽磨损故障

当键槽磨损较严重时，可将原有损坏键槽进行堆焊填平，填平后需对填平部位进行打磨；接着，可在离故障键槽位置 90°位置重新开一个新键槽，如图 7-29 所示。

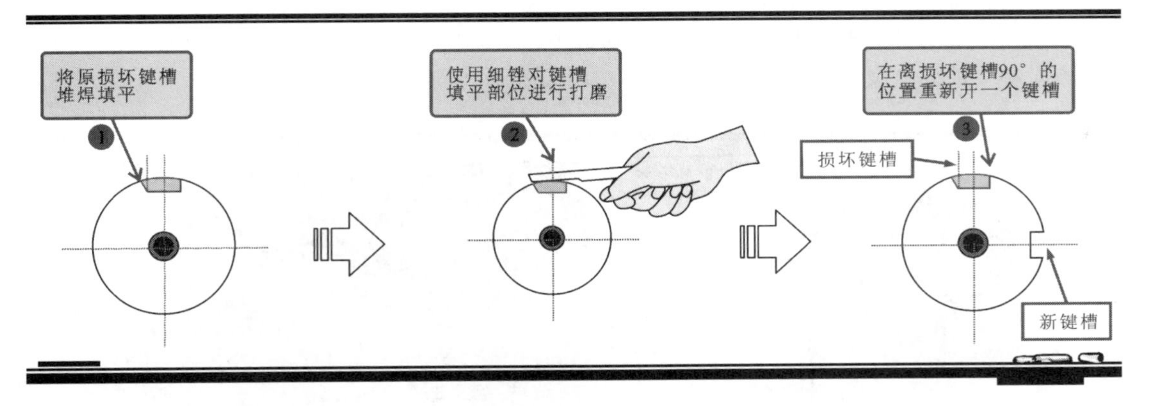

图7-29　采用重新加工新键槽法修键槽磨损的方法示意图

7.3　动手检修电动机的集电环或换向器

集电环或换向器是有刷类电动机中传递电流的零部件，若电动机的集电环或换向器异常，将直接导致电动机转子绕组无电流流过，进而引起电动机不工作或工作失常的故障。下面我们就来先了解一下电动机集电环的基本知识，并在此基础上，实际动手检修电动机集电环的各种故障。

7.3.1　电动机的集电环或换向器在哪里

电动机的集电环或换向器通常安装在电动机转子上，通过导体直接与转子绕组连接，用于与电刷配合为转子绕组供电，如图7-30所示。

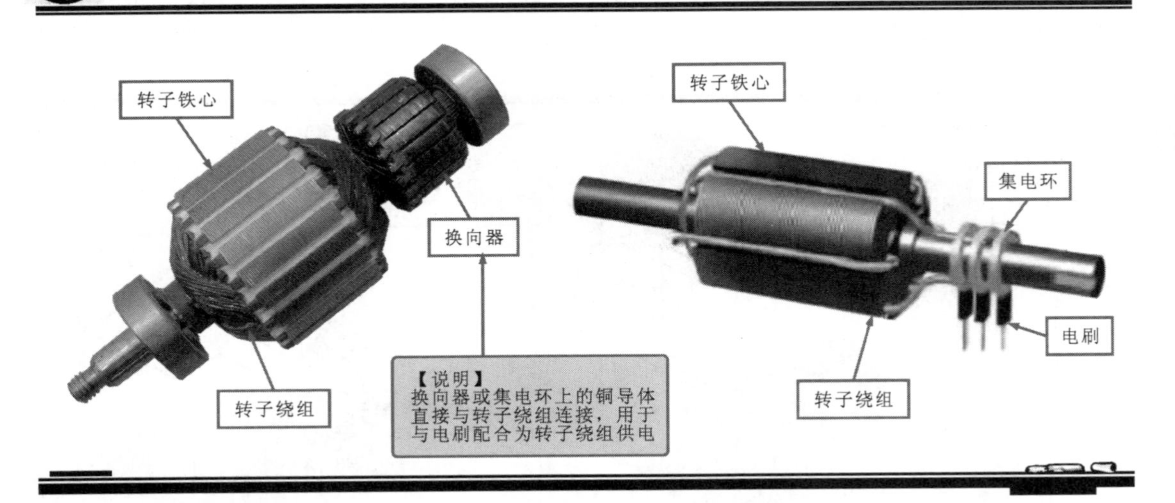

图7-30　电动机中的集电环

1. 集电环和换向器的功能特点

集电环和换向器在电动机中的功能和特点相同，只是结构上有所区别。在一般直流电动机中适合采用换向器与电刷配合工作；在有刷三相交流电动机中多采用集电环与电刷配合工作。

（1）换向器

电动机的换向器主要是用在直流有刷电动机中，由多根竖排铜条制成的，每根铜条之间彼此采用绝缘材料进行绝缘，如图 7-31 所示。

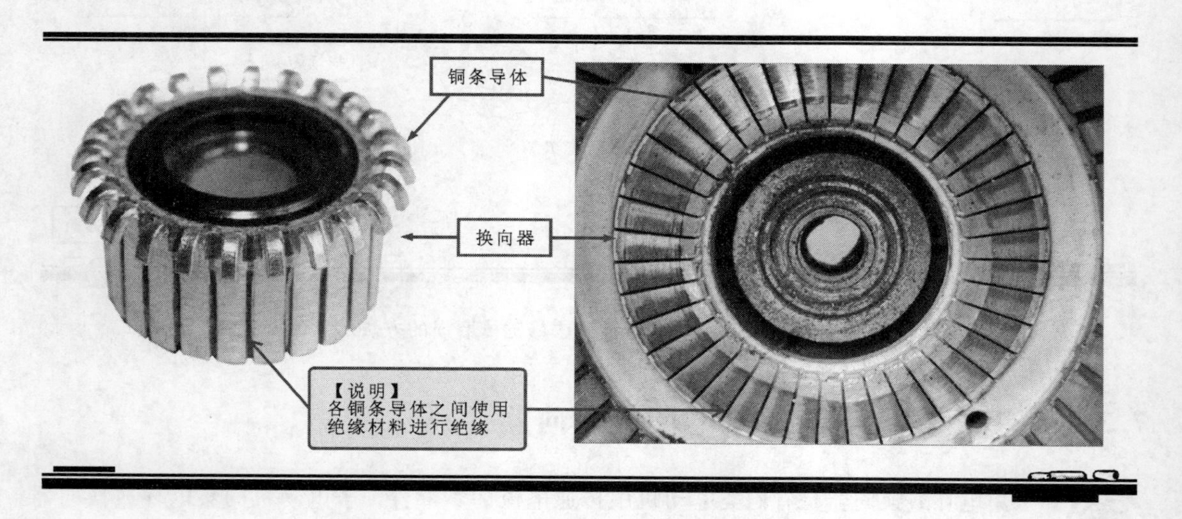

图 7-31　换向器的实物外形

在直流有刷电动机中，直流电源由电刷通过换向器为转子绕组供电，转子在旋转的过程中得到电源的供电电流，绕组中电流方向的交替变化产生转矩而旋转起来，如图 7-32 所示。

（2）集电环

电动机的集电环多应用于三相有刷电动机中，主要是由导电部分、绝缘部分和接线柱这三个主要部分组成，如图 7-33 所示。

集电环主要用于交流电动机中，电动机的三相绕组分别与集电环的接线柱连接，当电刷与集电环的铜环接触时，集电环内部将产生电流，并通过接线片使转子绕组中形成电流，如图 7-34 所示。

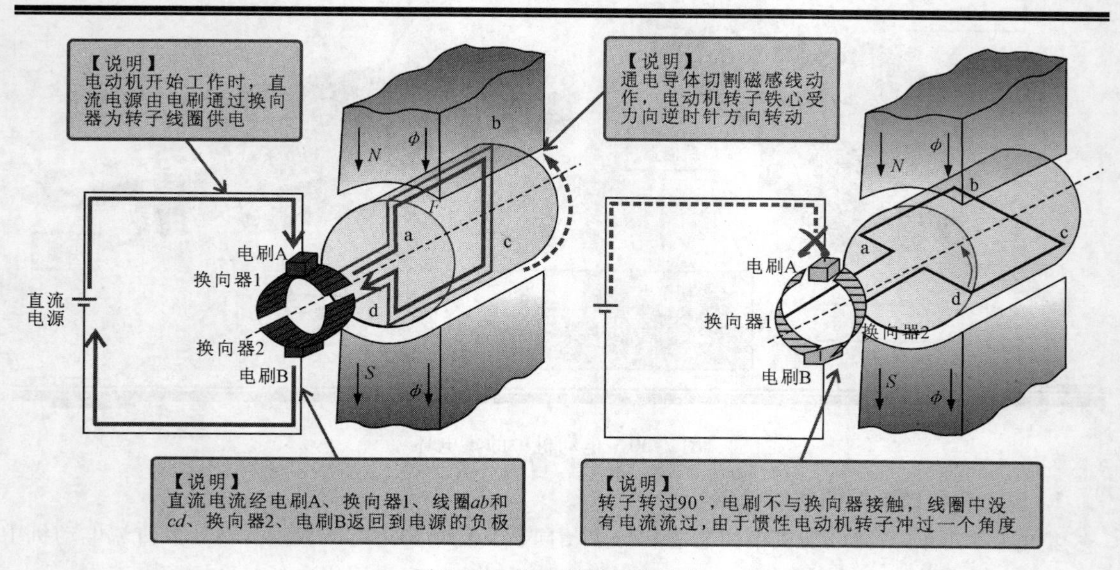

图 7-32　换向器的工作过程

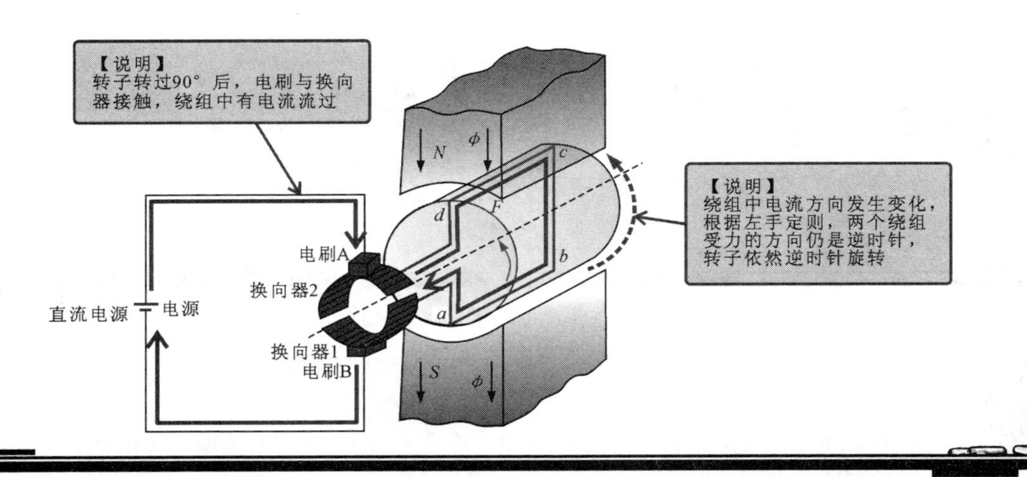

图7-32　换向器的工作过程（续）

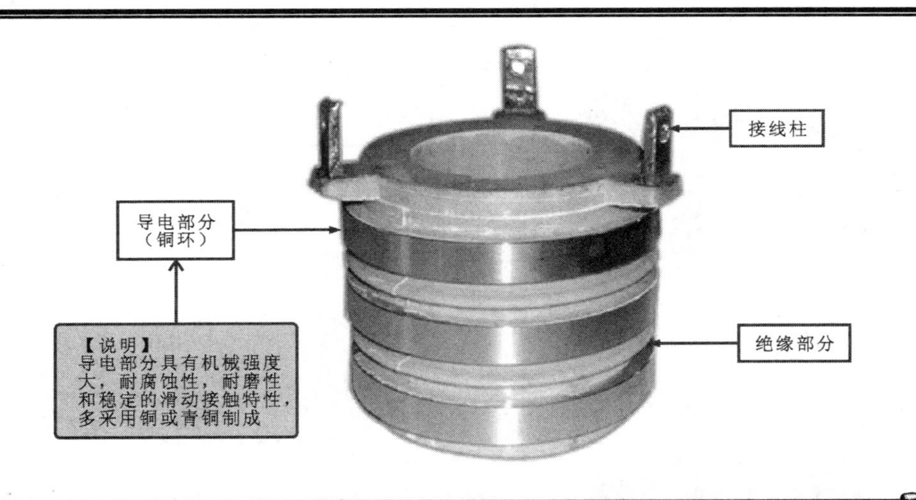

图7-33　集电环的实物外形

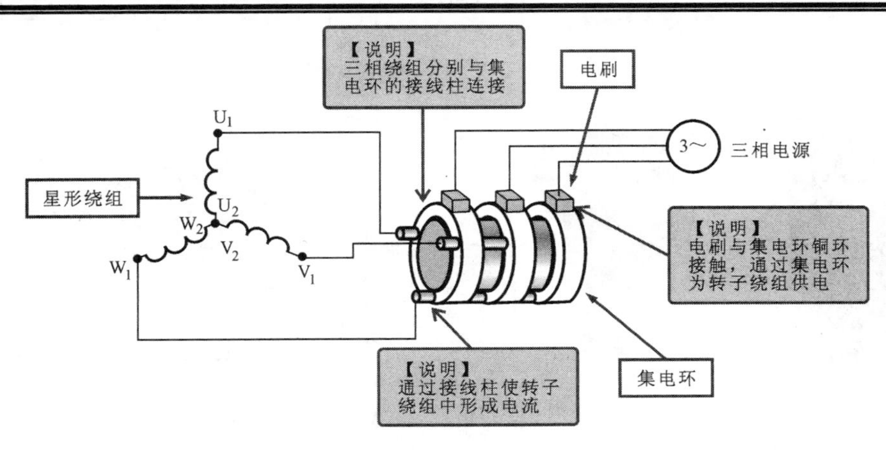

图7-34　集电环的工作过程

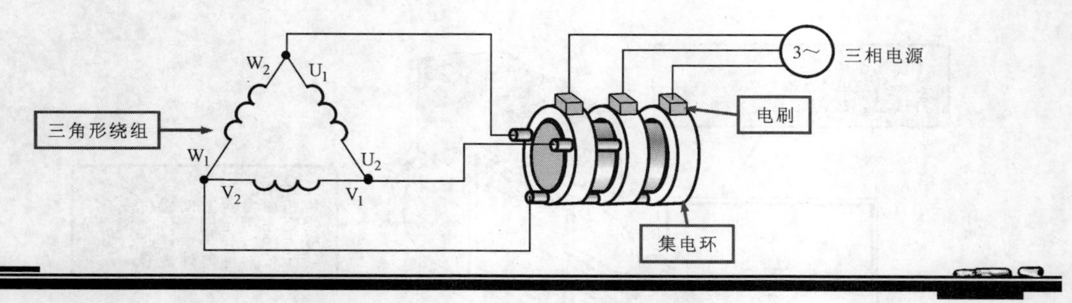

图 7-34　集电环的工作过程（续）

【资料】

集电环根据制造工艺的不同可分为多种类型。目前，常用的集电环结构形式有塑料集电环、紧固式集电环、支架紧固式集电环、热套集电环等几种，如图 7-35 所示。

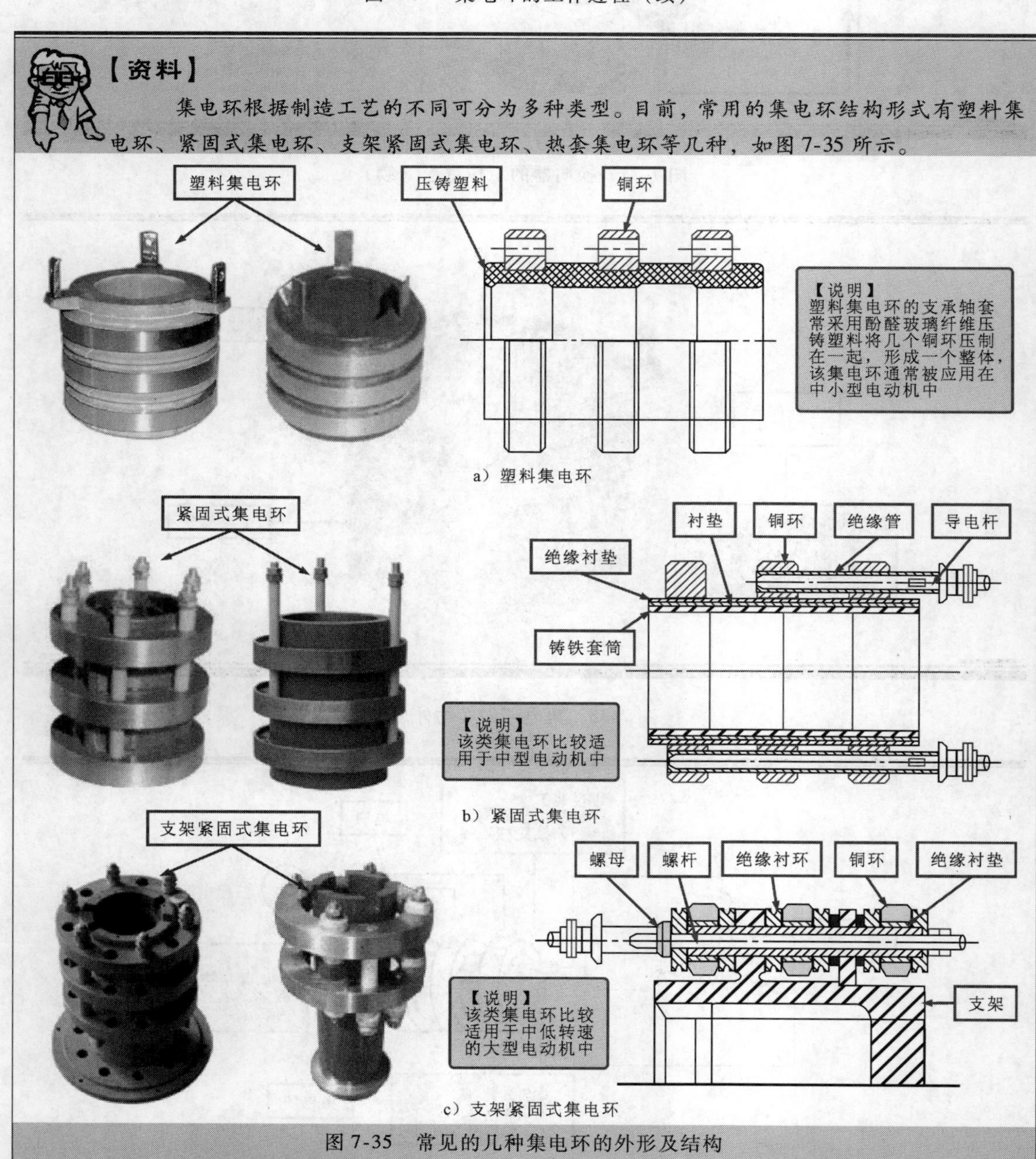

图 7-35　常见的几种集电环的外形及结构

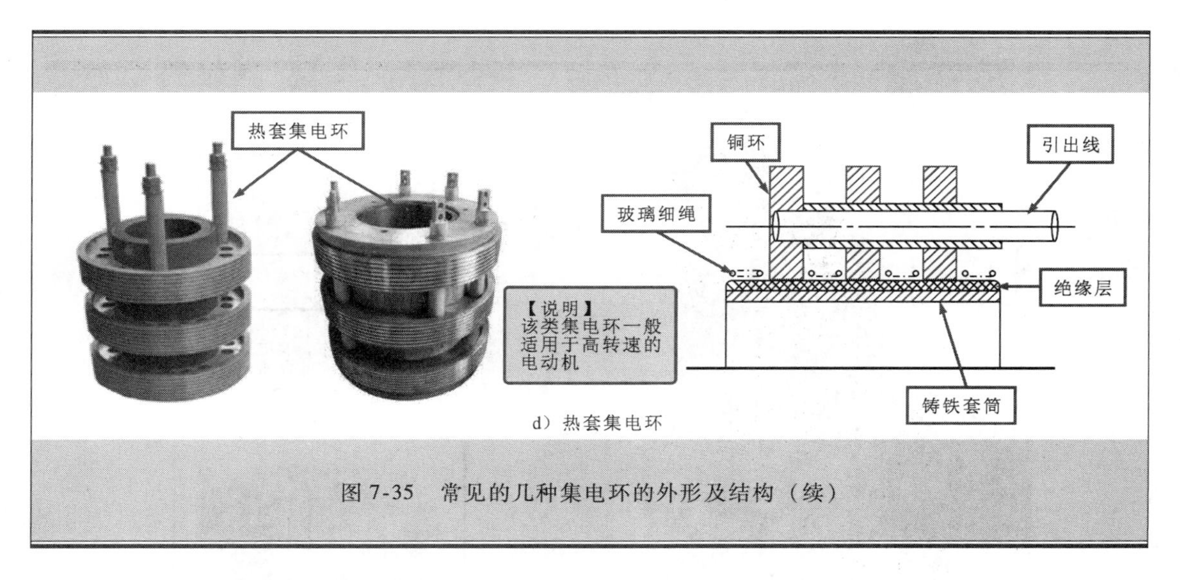

图7-35　常见的几种集电环的外形及结构（续）

2. 集电环或换向器的故障特点

集电环或换向器在长期的使用过程中，由于长期磨损、磕碰或频繁拆卸等，经常会引起集电环或换向器导体表面、壳体等部位出现氧化、磨损、裂痕、烧伤等故障。当以上损伤严重时，可能导致集电环内部接触不良引发过热现象，出现集电环或换向器与绕组的连接不良，进而导致电动机异常的故障。

7.3.2　电动机换向器出现氧化、磨损了怎么办

在电动机工作过程中，可能会由于电动机进水、工作环境潮湿或机械振动等原因引起电动机内部元件发生氧化、磨损现象。当电动机换向器氧化或磨损通常会引起换向器与电刷接触不良，如图7-36所示，导致电动机无法正常工作。

一般来说，当电动机换向器出现氧化或磨损情况时，可根据损坏的程度采用打磨或代换的方法排除故障。下面以典型有刷电动机中的换向器氧化、磨损故障的排查为例，介绍该类的修复方法。

1. 采用打磨法排除换向器氧化故障

一般情况下，若换向器外观无明显磨损情况，且氧化现象不严重时，可用砂纸对换向器表面进行打磨，如图7-37所示。

2. 采用代换法排除换向器磨损故障

若电动机换向器磨损情况较严重，导致换向器无法正常工作时，则应选用新的同规格的换向器进行代换，如图7-38所示。

7.3.3　电动机集电环铜环松动了怎么办

集电环上的铜环松动，通常会造成集电环与电刷因接触不稳定而产生打火现象，如图7-39所示，从而使集电环表面出现磨损或过热现象。

一般情况下，集电环铜环松动后，可采用螺钉紧固、环氧树胶固定和尼龙棒固定的方法进行修复，如图7-40所示。

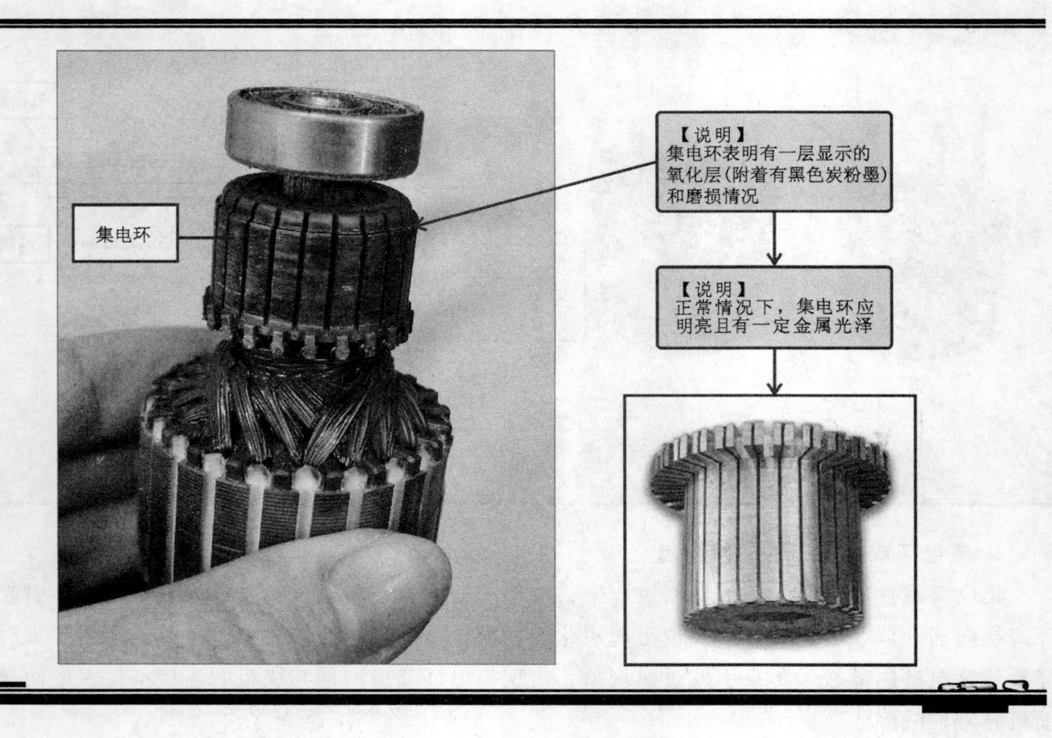

图 7-36　电动机内集电环出现氧化、磨损情况

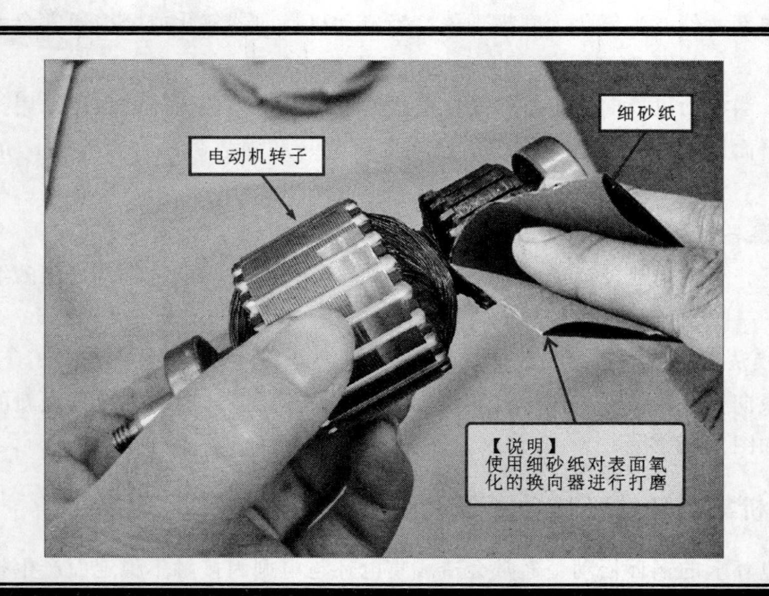

图 7-37　采用打磨法排除换向器氧化故障

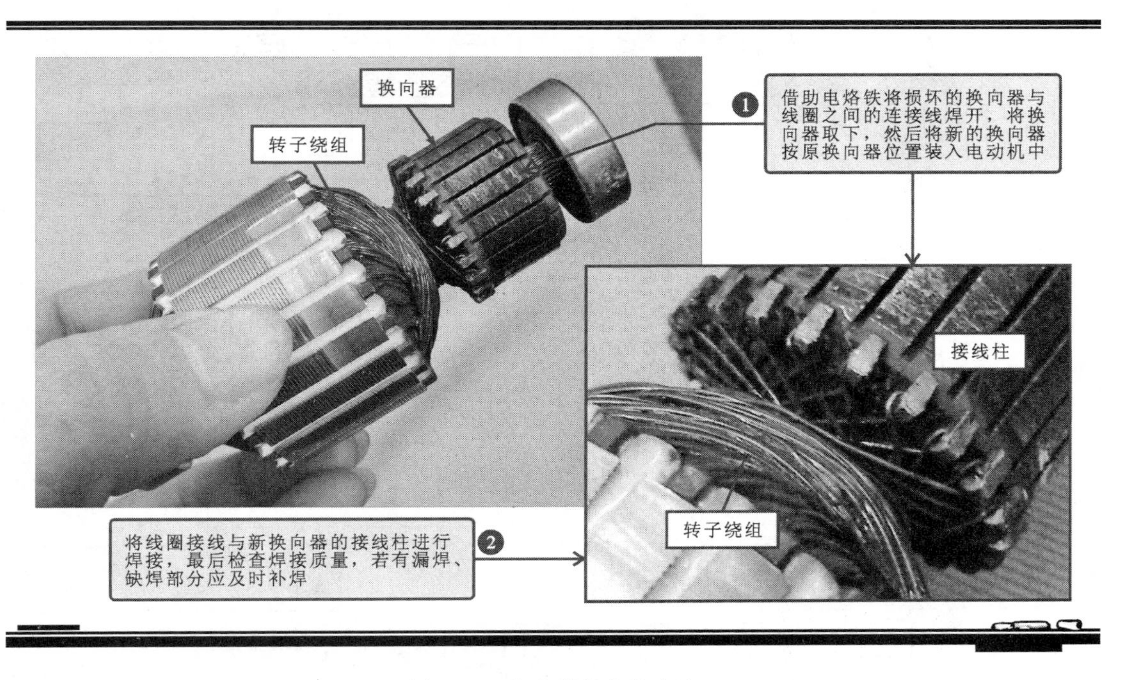

图7-38　换向器的代换方法

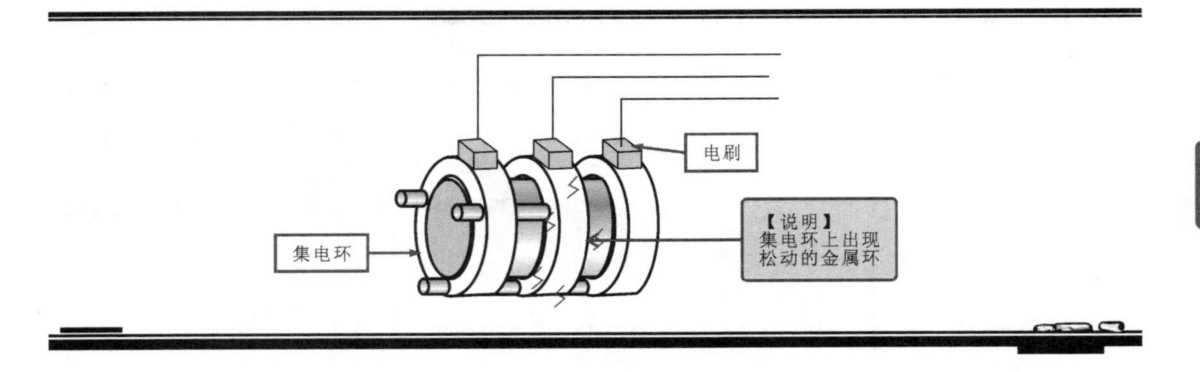

图7-39　集电环上铜环松动的故障

7.3.4　电动机集电环铜环间短路了怎么办

电动机集电环铜环间短路也多发生在集电环中。集电环铜环短路是指集电环中原本绝缘的铜环之间发生接触现象，通常是由于接线杆绝缘套管破损或铜环间的塑料出现开裂进入异物（如电刷磨损掉落的炭粉）造成。

1. 集电环铜环间短路的检测方法

判断集电环的铜环间是否短路，可借助万用表检测铜环间的绝缘电阻来进行判断，如图7-41所示，当任意两个铜环间的电阻值较小时，表明该电动机的集电环存在短路现象。

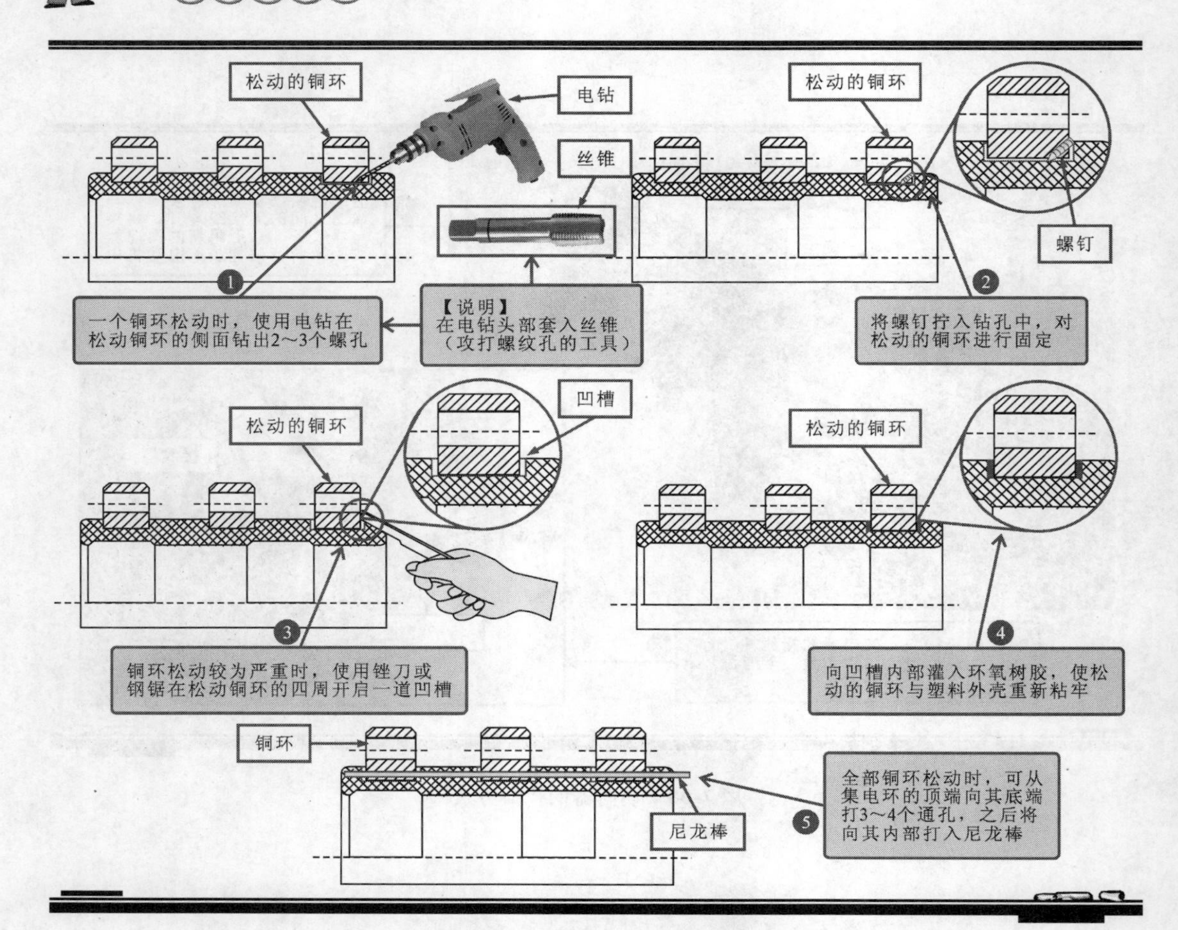

图 7-40　集电环上铜环松动故障的检修方法示意图

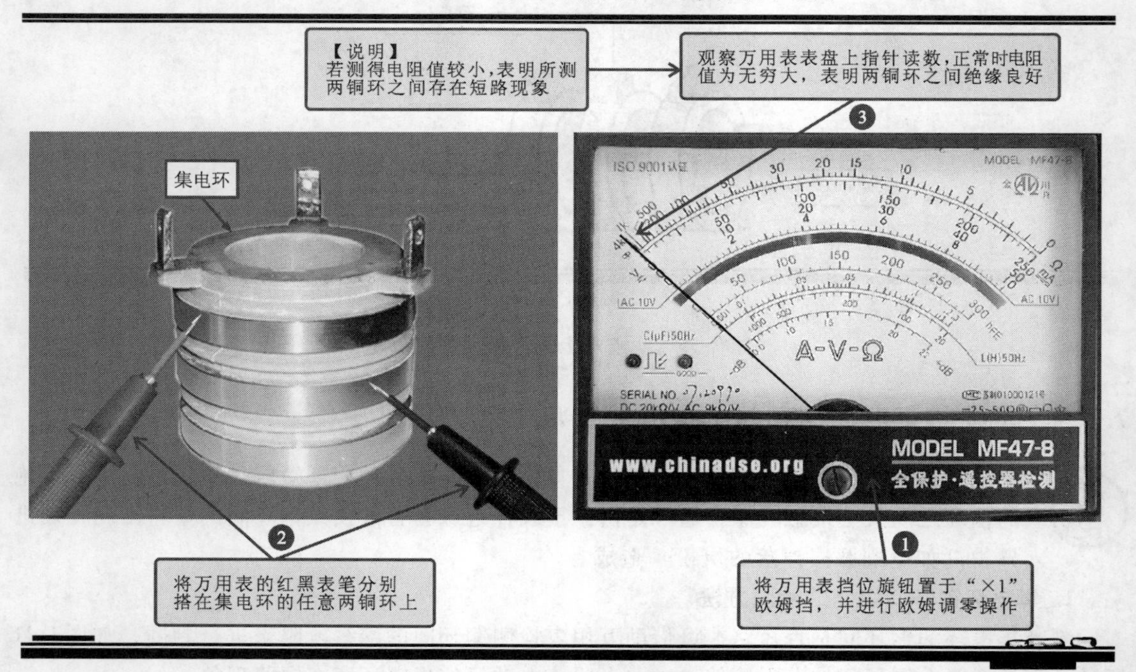

图 7-41　集电环铜环短路的检测方法

【资料】

集电环除铜环间出现短路情况外，还会出现铜环与其钢制轴套间的短路。当出现该类故障时，由于其故障产生在集电环的内部，因此很难进行维修，此时可对集电环进行整体更换。

2. 集电环铜环短路的检修方法

集电环的铜环间发生短路故障时一般不可修复，通常需要对整个集电环进行更换来排除故障。

7.3.5 电动机集电环铜环发热严重怎么办

这里我们仍以集电环为例，了解铜环发热严重故障的检修方法。当集电环的某一铜环温度明显高于其他铜环时，通常怀疑是由于接线杆与该铜环连接部位的电阻值较大而造成的发热现象。

1. 集电环铜环发热严重的检测方法

判断集电环的铜环的发热人员，可借助万能电桥分别检测各接线杆与所接铜环间的电阻值，如图7-42所示，正常情况下其电阻值应为0.01Ω以下。

2. 集电环铜环发热严重的检修方法

若经检测，集电环中的某一接线杆与对应铜环间的电阻值大于0.01Ω，则说明该接线杆与对应铜环出现接触不良的故障，此时可采用代换接线杆的方法排除故障，如图7-43所示。

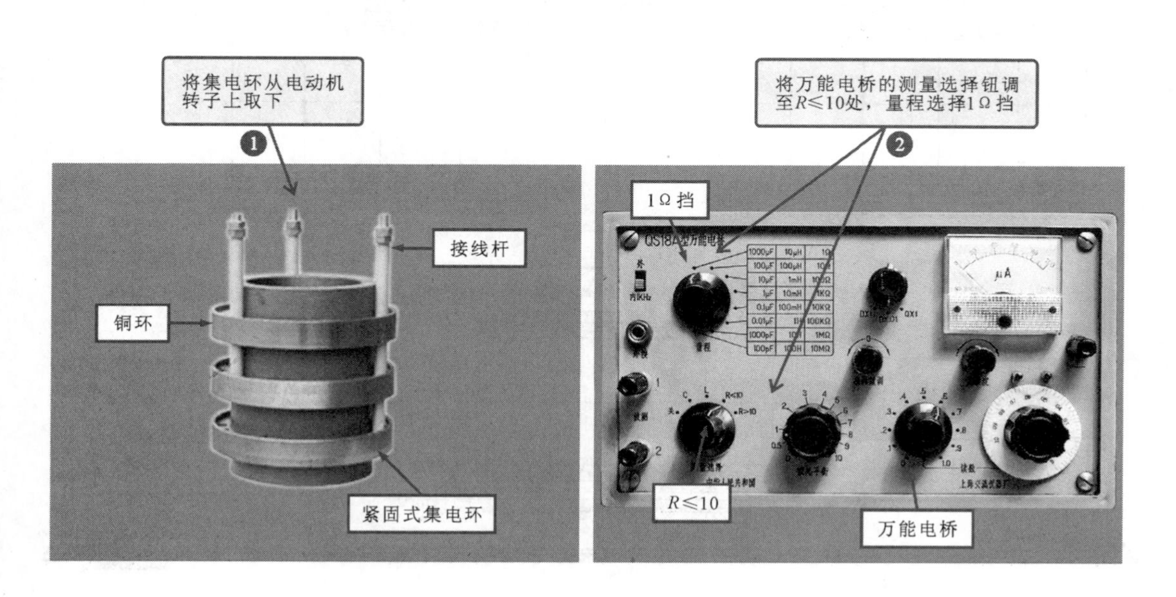

图7-42　集电环接线杆与所接铜环间电阻值的检测方法

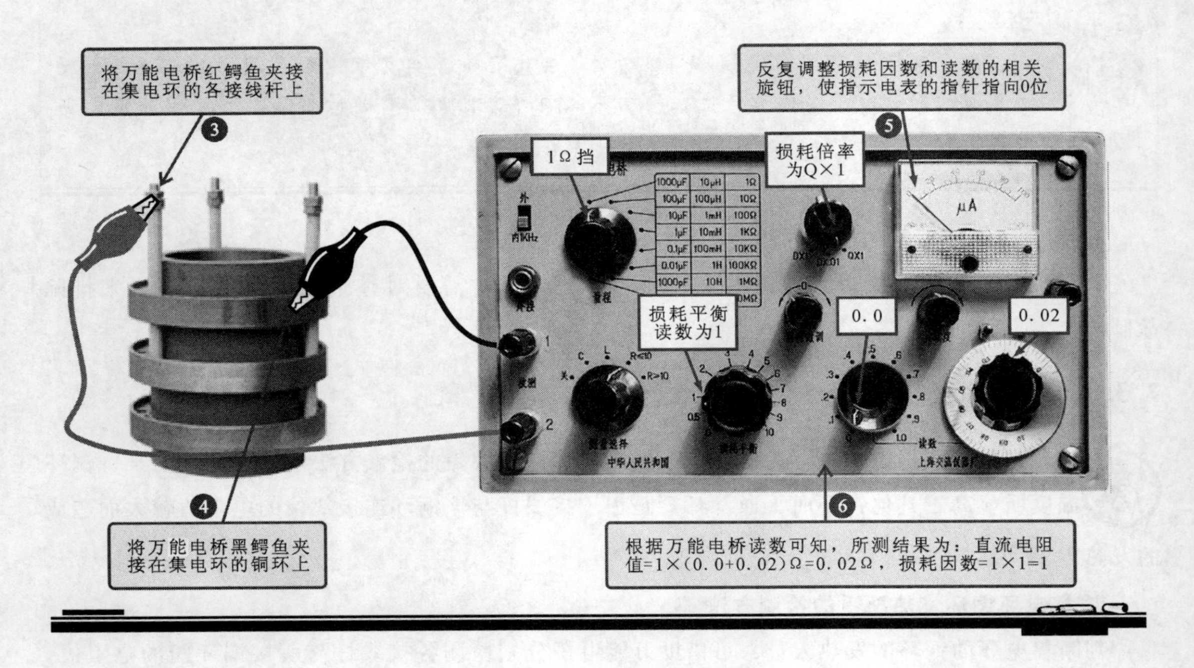

图 7-42　集电环接线杆与所接铜环间电阻值的检测方法（续）

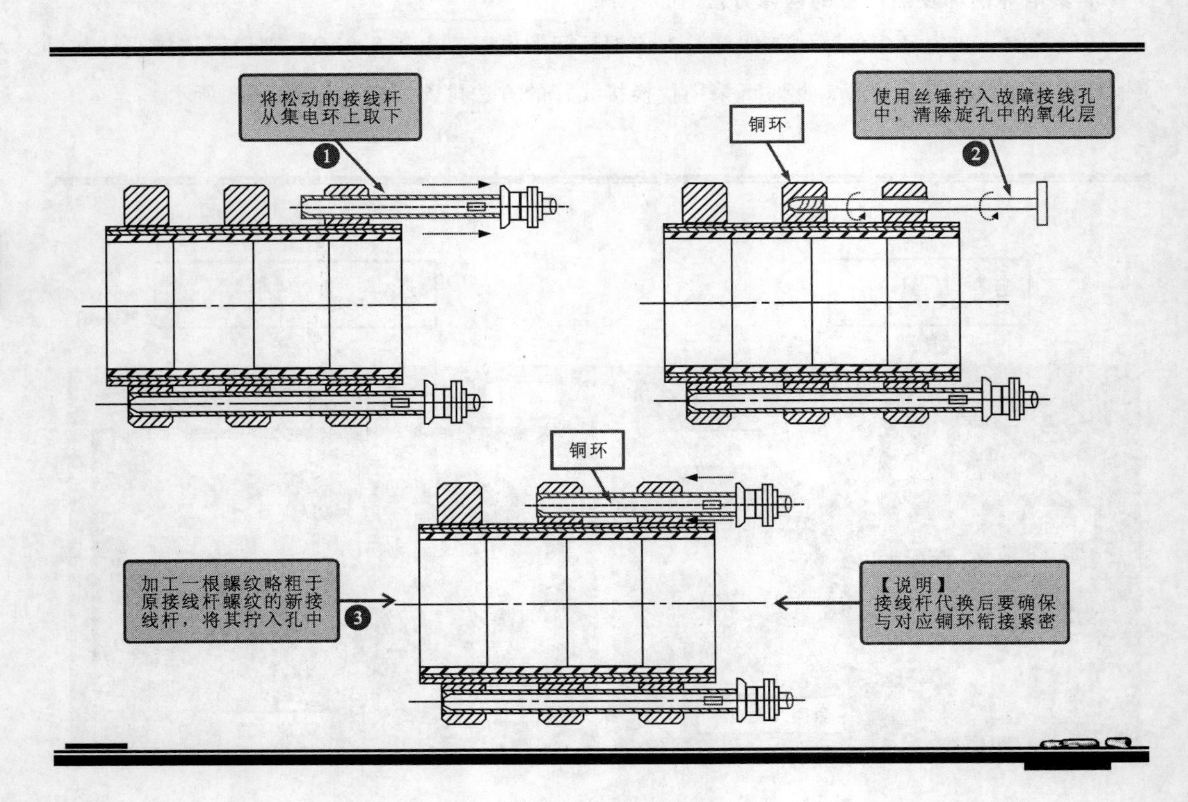

图 7-43　集电环铜环发热严重的检修方法示意图

7.4 动手检修电动机的电刷

电刷也是有刷电动机中十分关键零部件，主要用于与集电环配合向转子绕组传递电流，若电动机的电刷损坏，同样将引起电动机不工作或工作失常的故障。下面我们就来先了解一下电动机电刷的基本知识，并在此基础上，实际动手检修电动机电刷的各种故障。

7.4.1 电动机的电刷在哪里

电刷通常被固定在电刷架中，电刷引线与电动机定子绕组连接，如图7-44所示，它是电动机转子绕组（除笼型电动机外）传导电流的滑动接触体。在直流电动机中，它还担负着对转子绕组中的电流进行换向的任务。

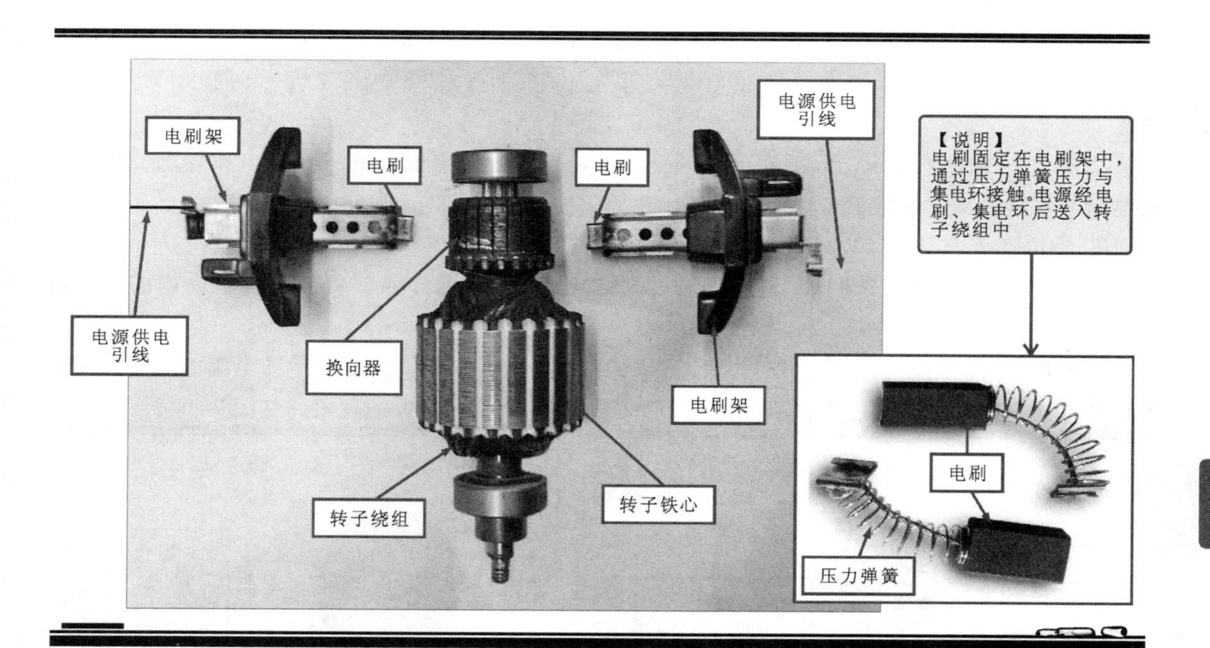

图7-44 电动机中的电刷

【资料】

电刷应具有导电、导热以及润滑性能良好，并具有一定的机械强度的特点。根据电刷的材料和生产方法常见的有金属石墨电刷和黑色电刷。金属石墨电刷中含有色金属，主要是铜粉、银粉、其次是铅粉、锡粉、氧化铅粉和石墨粉等。黑色电刷选用石油焦、沥青焦、炭黑、木炭以及天然石墨粉等，加入部分黏结剂制成的。

1. 电刷的功能特点

在实际应用中，电刷一般直接与电源连接，然后通过压力弹簧压力与集电环接触，将电源电流传递给集电环，经集电环在送入转子绕组中，具体功能特点在图 7-32 中已经综合介绍，这里不再重复。

2. 电刷的故障特点

电动机在工作过程中，电刷与集电环直接摩擦，为转子绕组供电，因而电刷在电气和机械方面都可能产生故障，通常，其主要的故障表现为电刷过热、电刷与集电环之间产生火花、电刷磨损过快、电刷振动、噪声大等。在维修过程中，维修人员可根据其具体的故障表现来进一步排查和维修故障。

7.4.2 电动机电刷过热怎么办

电动机电刷过热是指在电动机运转过程中电刷出现温度过高，出现过热的故障。电刷过热不仅会影响电刷的使用寿命，在一定程度上也反应出目前电刷处于非正常的工作状态，需要进行检查和修理。

根据维修经验，造成电动机电刷过热的原因主要有以下几个方面：

① 电刷承受的压力过大，导致电刷与集电环在运行过程中出现机械磨损而产生发热现象。

② 对于维修过的电刷，因更换了错误型号的电刷，导致电刷性能不符合工作要求，其电刷的电阻值将高于额定电阻值，从而产生过热现象。

③ 集电环表面粗糙致使摩擦力过大，使电动机负载过大。

④ 当集电环上设有多个电刷时，若某一电刷与集电环接触不良，将导致其他电刷因承担过多的电流而产生发热的现象。

一般情况下，电动机电刷过热以压力过大最为常见。检修时，可重点检测电刷的压力弹簧是否调整好，是否存在使用了不同规格的压力弹簧导致电刷压力过大的现象，如图 7-45 所示。

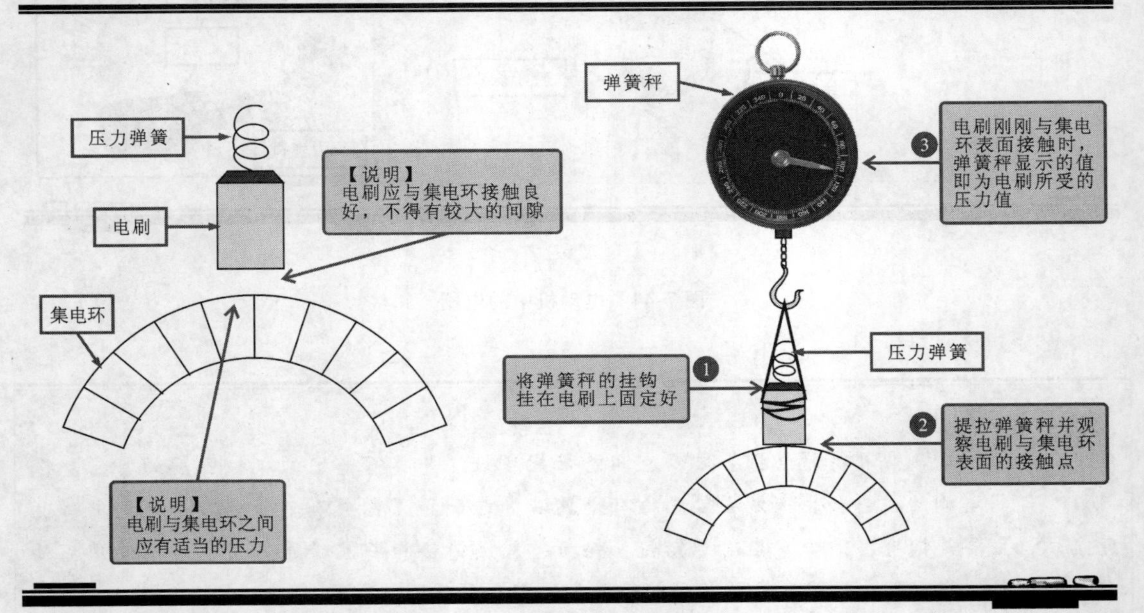

图 7-45 电动机电刷过热的检查方法

【资料】

当所检测的电刷压力与电动机所需压值产生变化时，应及时更换与电动机所需压值相符的电刷，常用电刷的正常压力如表7-1所列。

表7-1　常用电刷的正常压力

电刷型号	电刷压力/kPa	电刷型号	电刷压力/kPa
D104(DS4)	1.5～20.0	D252(DS52)	20.0～25.0
D214(DS14)	20.0～40.0	D172(DS72)	15.0～20.0
D308(DS18)	20.0～40.0	D176(DS76)	20.0～40.0

若经检查发现，电动机不同电刷的压力值不相同，即导致有些电刷压力过大，进而出现电刷过热故障时，通常采用更换电刷来排除故障，且为确保更换电刷后所有电刷压力保持一致，一般将电动机中的所有电刷同时用同规格的电刷进行更换。

电刷的代换方法如图7-46所示。

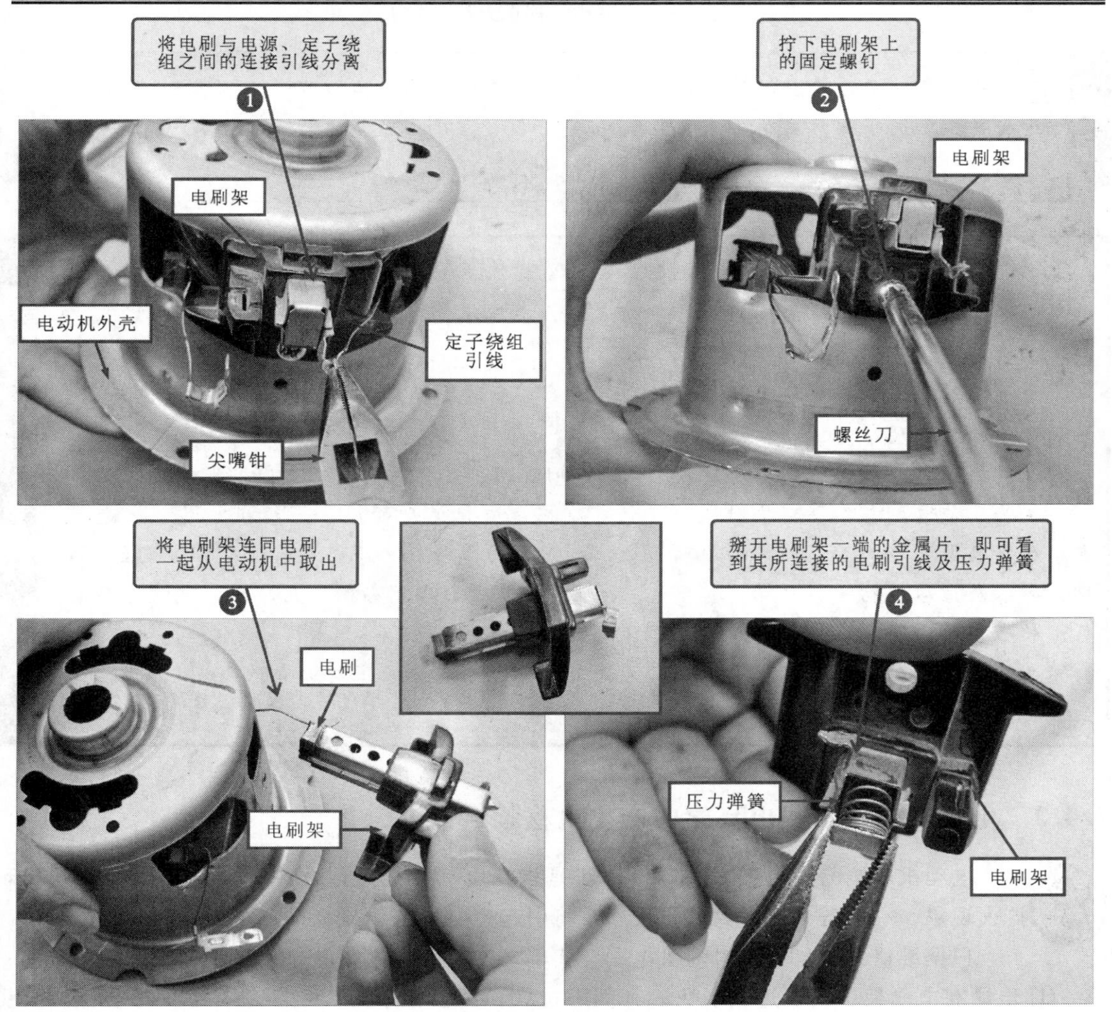

图7-46　电刷的代换方法

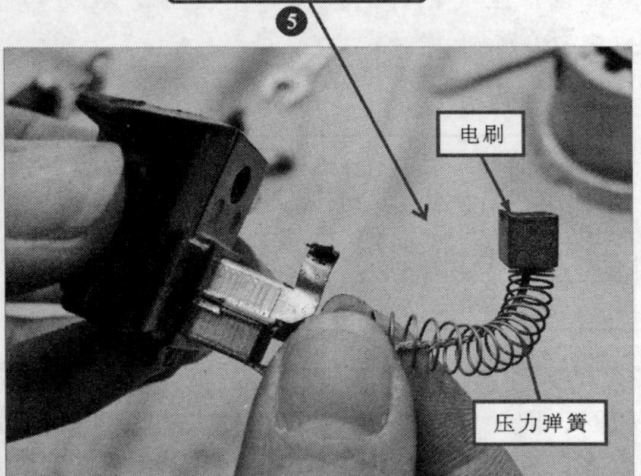

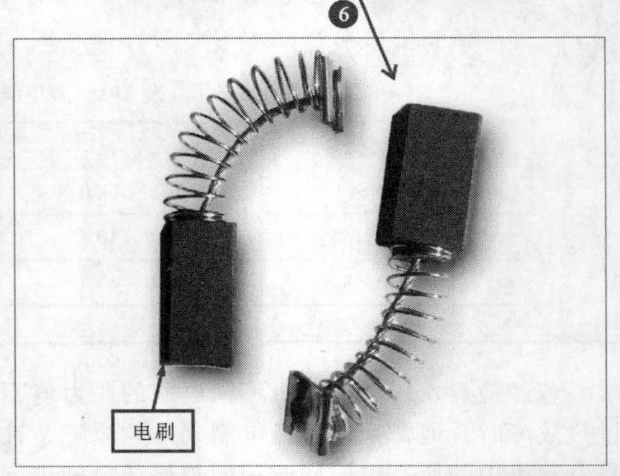

图 7-46 电刷的代换方法（续）

提问

电刷是电动机中的关键部件，电刷安装不好很容易产生磨损，那么在对电刷进行更换的时候，只要拆卸完，再找相同规格的直接代换就可以吗？有没有什么需要特别注意的地方？

回答

电刷作为电动机的关键部件，如若安装不当，不仅容易造成磨损，还可能在通电工作时与集电环之间产生严重的火花，损坏集电环，因此，在更换新电刷时应注意以下几点：

- 更换时，应保证电刷与原电刷的型号一致，否则更换后会引起电刷因接触状态不良导致过热的故障现象。
- 更换电刷时最好一次全部更换，如果新旧混用，可能会出现电流分布不均匀的现象。
- 为了使电刷与集电环接触良好，新电刷应该进行弧度研磨，一般在电动机上进行。在电刷与集电环之间放置一张细玻璃砂纸，在正常的弹簧压力下，沿电机旋转方向研磨电刷，砂纸应该尽量粘紧集电环，直至电刷弧面吻合，然后取下砂纸，用压缩空气吹净粉尘，再用软布擦拭干净。
- 更换电刷后，应保证各电刷的压力均匀，以免电流分配不均，导致个别电刷过热产生火花。

7.4.3 电动机电刷与集电环之间产生火花怎么办

电动机电刷与集电环之间产生火花是指在电动机运转过程中电刷与集电环之间出现打火现象，一般若火花过大或打火严重将引起集电环氧化或烧损、电刷过热等故障。

根据维修经验，造成电动机电刷与集电环之间产生火花的原因主要有以下几个方面：

① 电刷在电刷架中出现过松现象。其间隙过大，则会在架内产生摆动，不仅出现噪声，更

重要的是出现火花，对集电环产生破坏性影响。

② 电刷在电刷架中出现过紧的现象。其间隙过小，可能造成电刷卡在刷架中，弹簧无法压紧电刷，电动机因接触不稳定而产生火花。

③ 电刷磨损严重、压力弹簧因受热而弹力减小时，导致电刷所受压力减小，造成电刷与集电环因接触不良而产生火花。

图7-47所示为电刷与电刷架之间正常间隙示意图。

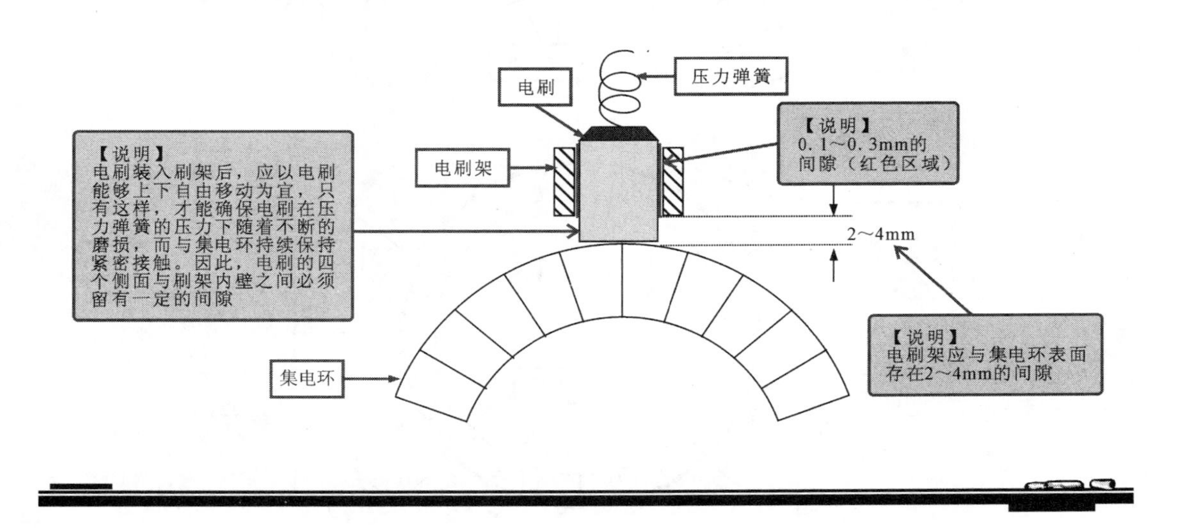

图7-47　电刷与电刷架之间正常间隙示意图

在检修该类故障时，若检查电刷规格、电刷压力弹簧压力及电刷架均无异常时，可通过打磨电刷与集电环的接触面，如图7-48所示，实现电刷与集电环良好的吻合。

7.4.4　电动机电刷磨损过快怎么办

正常情况下，电动机电刷允许一定程度的正常磨损，但如果电刷磨损过快，也说明存在异常故障，特别是同一组电刷中，一侧电刷磨损明显大于另一侧电刷磨损的情况，如图7-49所示。

根据维修经验，造成电刷磨损过快的原因主要有以下几点：

① 电刷承受压力过大。

② 电刷含碳量过多，即材料成分不合格或使用了错误型号的电刷。

③ 电动机长期处于温度过高或湿度过高的环境下工作。

④ 集电环表面粗糙，电刷在运行过程中，磨损过大或产生火花造成的。

检修时应根据具体情况找出电刷磨损的具体原因并检修，然后观察电刷的磨损情况，当电刷磨损高度占其电刷原高度的一半以上时，需要对电刷进行更换，具体更换方法可参照前文图7-46所示，这里不再重复。

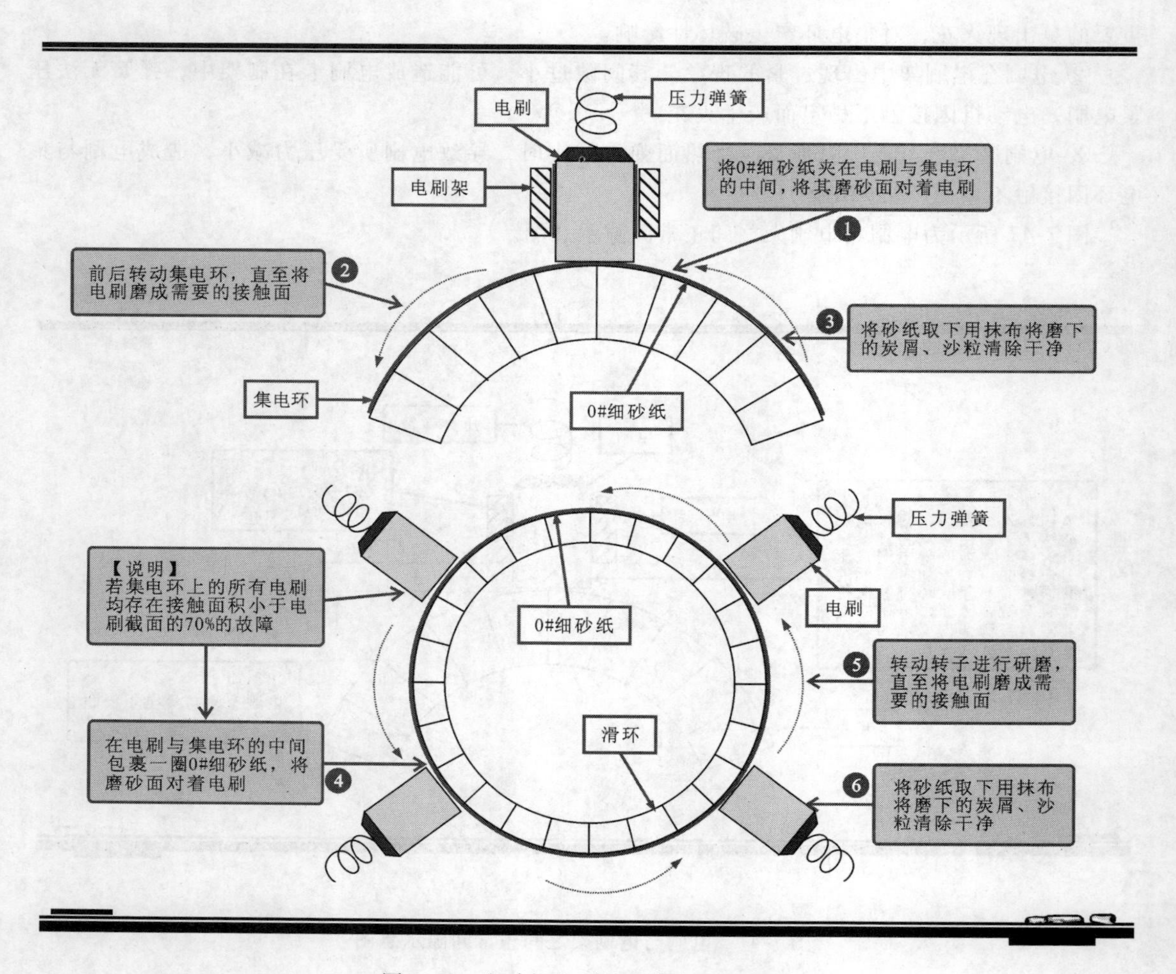

图 7-48　电动机电刷的研磨方法示意图

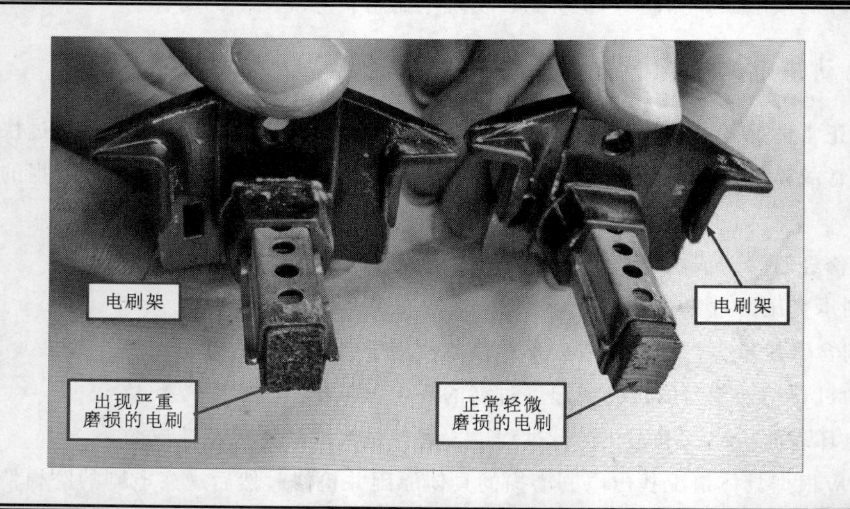

图 7-49　电动机电刷磨损严重的表现

第8章 电动机绕组的绕制是个“细致活”

现在，开始进行第8章的学习：本章我们需要弄清楚电动机绕组的绕制方法。电动机的绕组部分是决定电动机电气性能的关键部件，在电动机的检修过程中，最主要的工作就是对绕组进行检修，因此，掌握电动机绕组的绕制方法对于一名电动机维修人员来说意义重大，这也是需要电动机维修人员掌握的基本技能。这一章我们将从了解电动机绕组的绕制方式、绕组数据的计算方法入手，逐步展开动手训练绕组的拆除、重绕、嵌线、浸漆及烘干等一步一步的操作，希望大家在学习本章后能够掌握电动机绕组绕制这项“细致活”。好了，下面让我们开始学习吧。

8.1 清楚电动机绕组的绕制方式

大家都知道，电动机的种类多种多样，不同类型的电动机内部结构组成有所区别，电动机绕组的绕制方式也有很大不同。为了在动手操作中做到心中有数，避免盲目操作造成不必要的损伤，我们首先需要看明白电动机绕组的绕制方式，搞清楚不同绕制方式的区别与特点，以便为后面拆、绕、嵌线等操作做好准备。

8.1.1 看明白电动机绕组的绕制方式

电动机绕组的绕制方式是指电动机绕组在电动机铁心中的一种嵌线形式。目前常见的电动机定子绕组主要有两种绕制方式，即单层绕组绕制和双层绕组绕制。

1. 单层绕组绕制

单层绕组是指电动机定子铁心的每个槽内都仅嵌入一条绕组边的绕制方式，如图8-1所示，该类绕制方式中，绕组数等于电动机定子铁心槽数的一半；定子铁心槽内无须层间绝缘，不存在相间短路情况，且因绕组数较少，嵌线方便，工艺较简单。目前，10kW以下的小型三相异步电动机多采用这种绕制方式。

单层绕组按照线圈的形状、尺寸及引出端排列方法不同，又可分为单层链式绕组、单层同心式绕组和单层交叉链式绕组几种。

(1) 单层链式绕组

单层链式绕组是指由相同节距的线圈，一环套一环构成的类似长链的绕组形式。该类绕组方式中，由于线圈节距相同，即绕组各线圈的宽度相同，所跨定子铁心槽数相同，因此，绕组的绕制比较方便。

图8-2为典型单层链式绕组的展开图（Y802-4型三相异步电动机，4极24槽）。

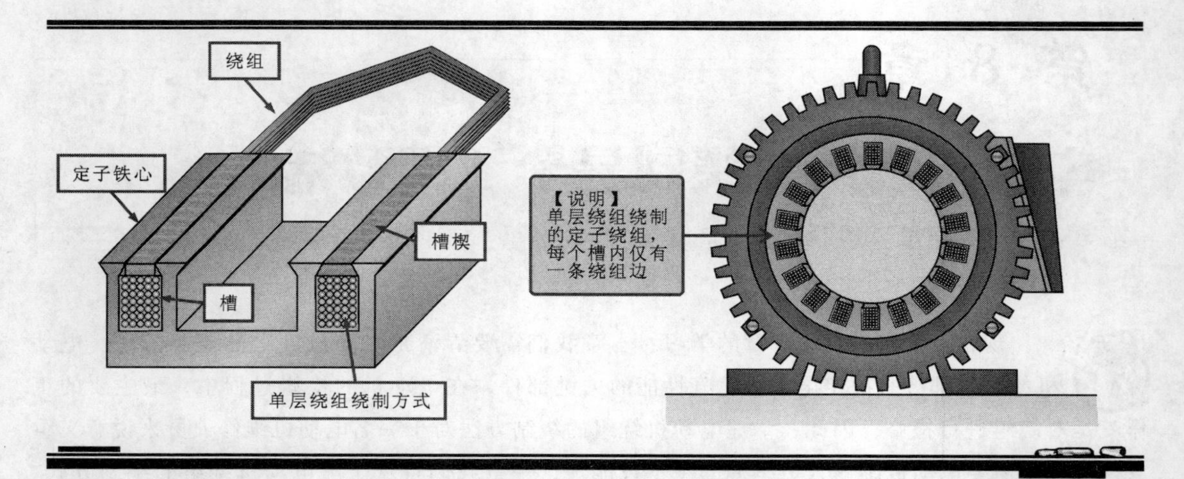

图 8-1 单层绕组绕制方式示意图

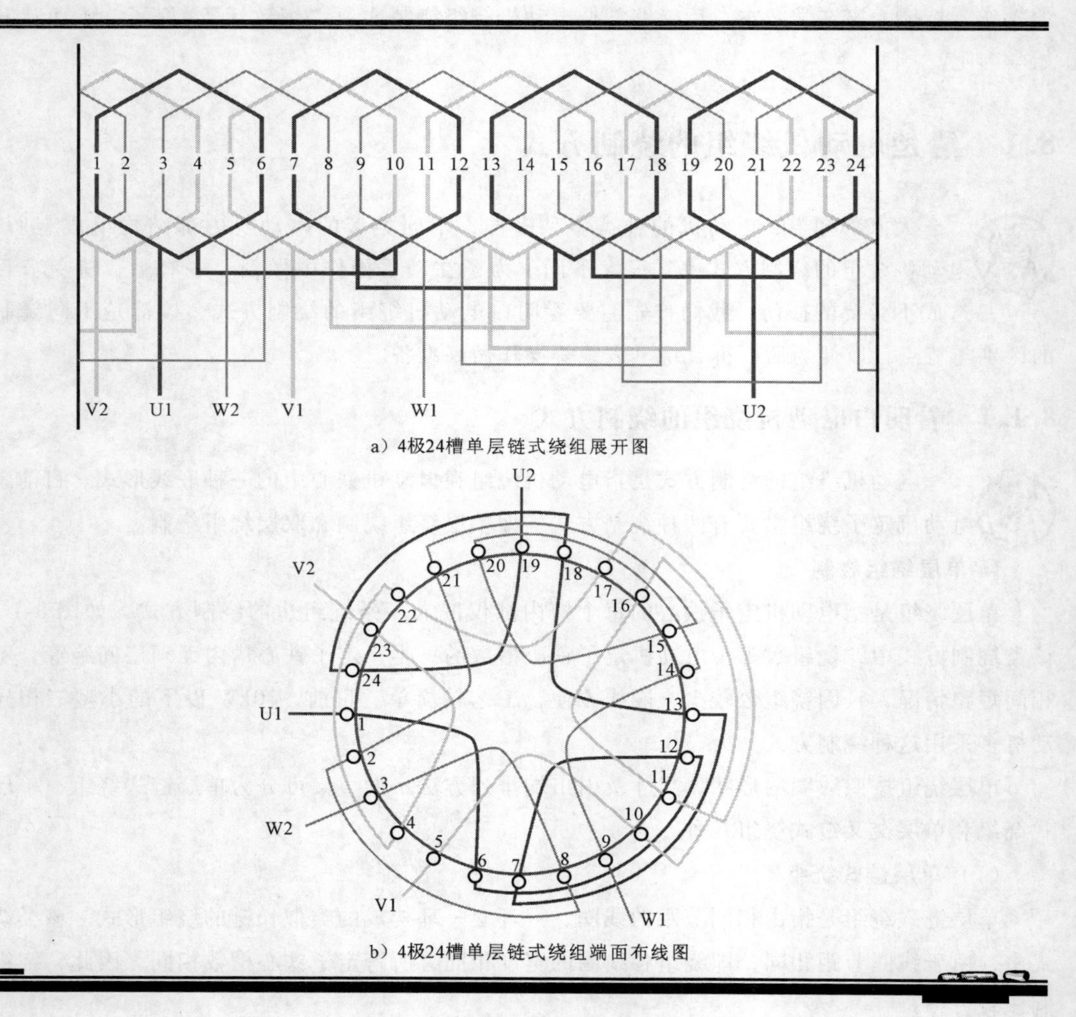

图 8-2 典型单层链式绕组的展开图

(2) 单层同心式绕组

单层同心式绕组是指由几个宽度不同的线圈套在一起，串联而成，由于线圈有大小之分，且小线圈总是套在大线圈里边，大小线圈同心，因此称为同心绕组。主要应用于2极小型电动机中。

图8-3、图8-4分别为2极24槽、2极30槽典型单层同心式绕组的展开图和端面布线图。

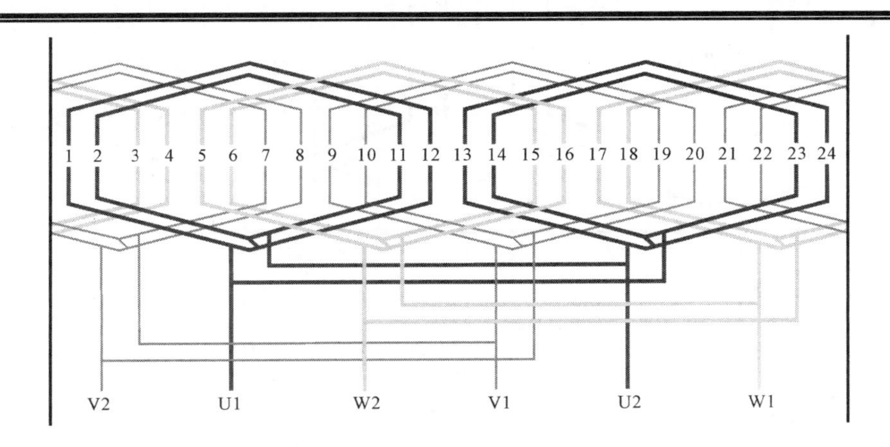

a) 绕组展开图

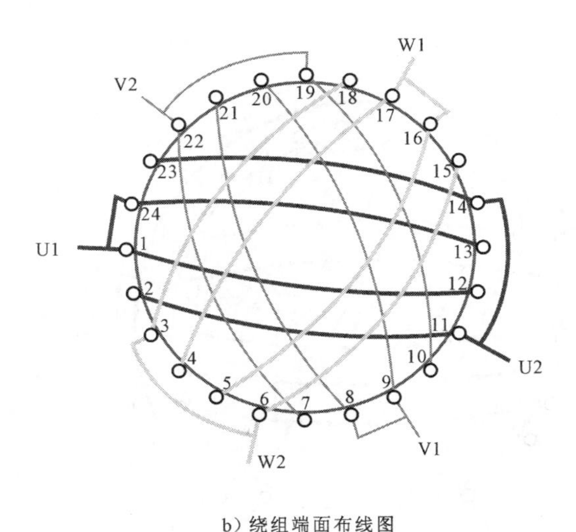

b) 绕组端面布线图

图8-3 2极24槽单层同心式绕组的展开图和端面布置图
(如Y100L-2型三相异步电动机)

(3) 单层交叉链式绕组

单层交叉链式绕组主要是用于每极每相槽数 q 为奇数，磁极数为4或2的三相异步电动机定子绕组中。

图8-5、图8-6分别为2极18槽、4极36槽单层交叉链式绕组的展开图和端面布线图。

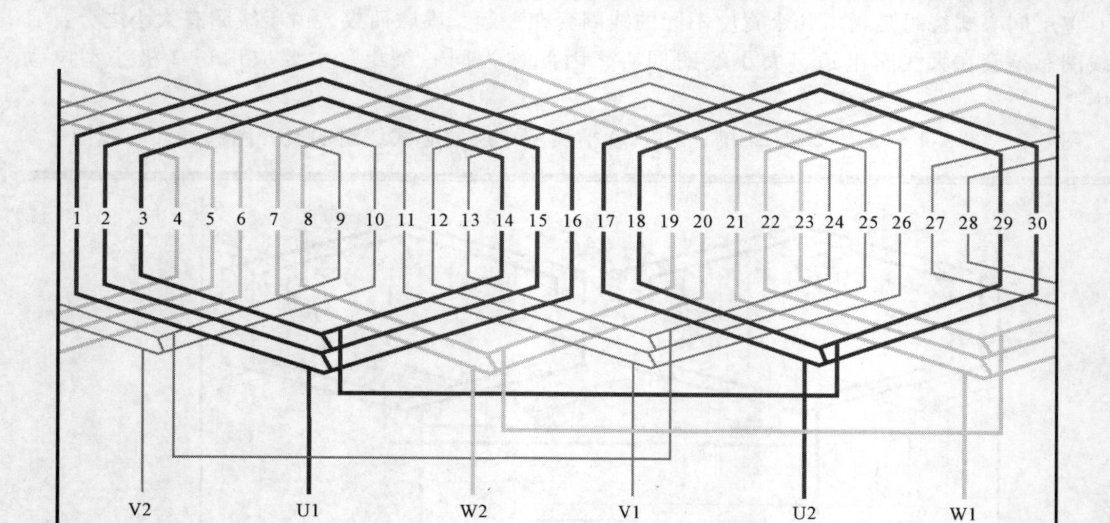

a）绕组展开图

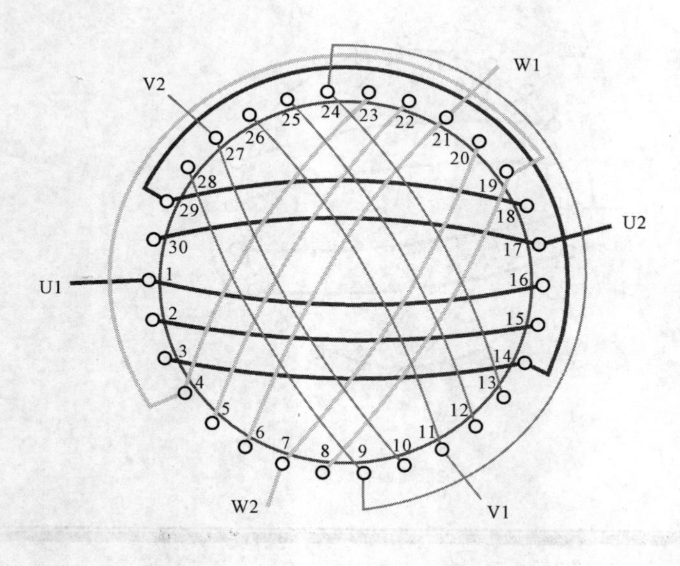

b）绕组端面布线图

图 8-4　2 极 30 槽单层同心式绕组的展开图和端面布线图
（如 Y132S1-2 型三相异步电动机）

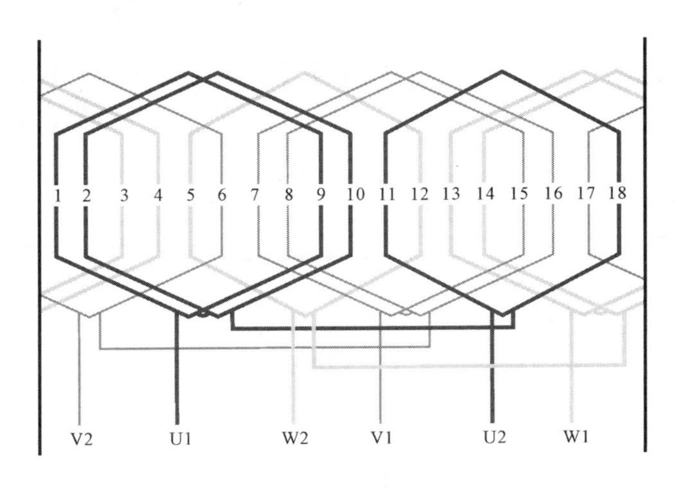

a）绕组展开图

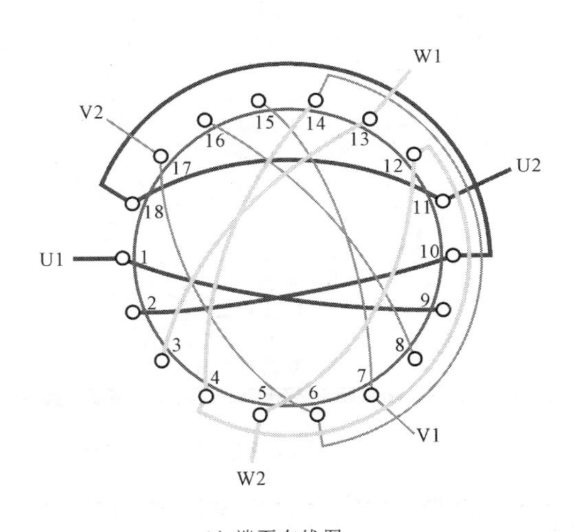

b）端面布线图

图 8-5　2 极 18 槽单层交叉链式绕组的展开图和端面布线图

2. 双层绕组

双层绕组是指电动机定子铁心的每个槽内都有上、下两层绕组边，如图 8-7 所示。该类绕制方式中，绕组股数等于电动机定子铁心的槽数；且在嵌线操作中要求槽内上层边与下层边之间进行绝缘处理，因此嵌线工艺比较复杂。

双层绕组中，每个线圈的尺寸相同，节距 Y 相等，且若绕组的一条边在线槽的上层，则另一条边放在相隔节距 Y 线槽的下层。目前，10 kW 以上的大中型电动机多采用双层绕组形式。

在电动机定子绕组中，双层绕组多采用叠绕式，该类绕制方式中，总线圈数较多，嵌线较复杂。

例如，图 8-8 为 4 极 18 槽双层叠绕式绕组的展开图和端面布线图。

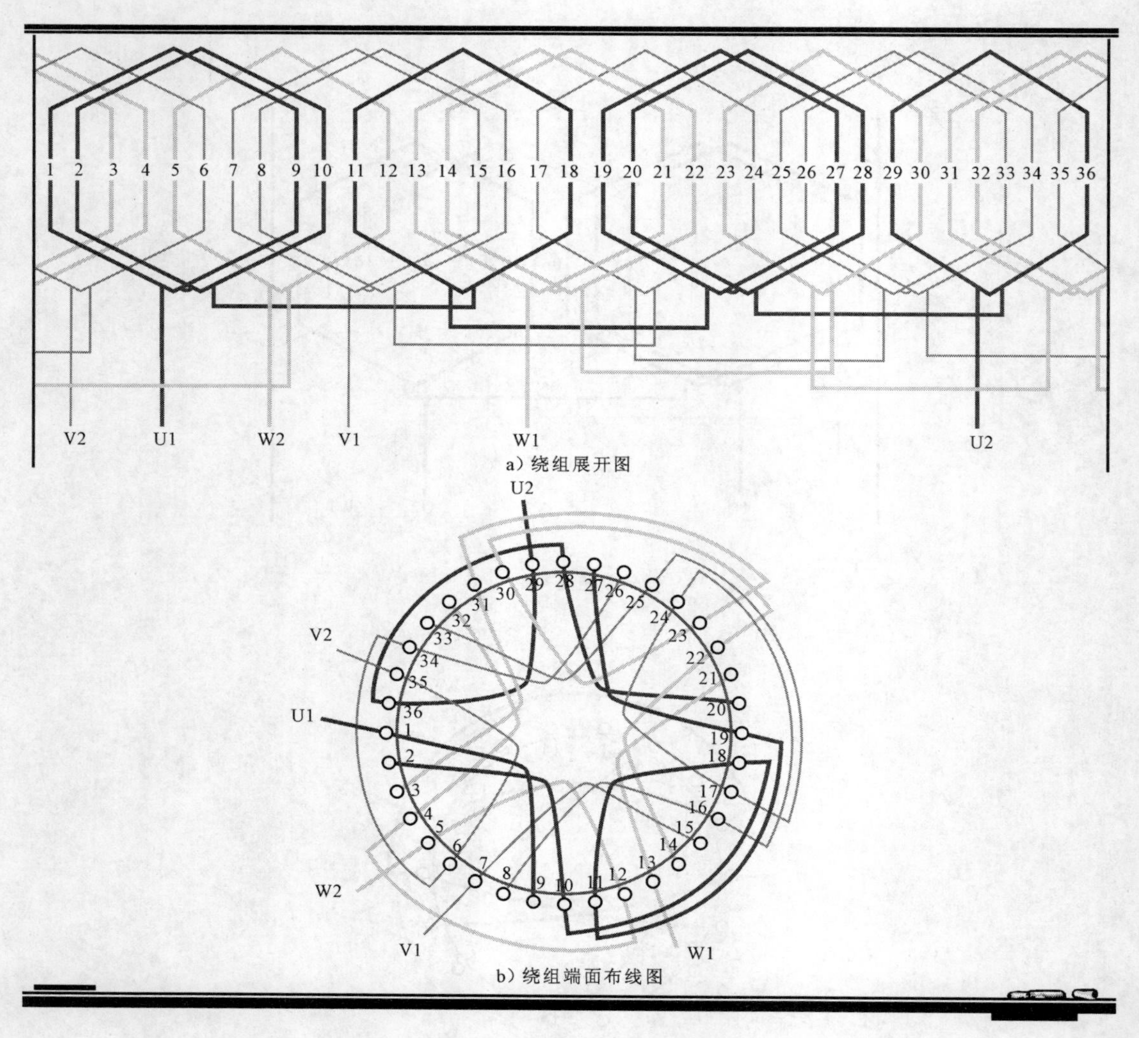

图 8-6　4 极 36 槽单层交叉链式绕组的展开图和端面布线图

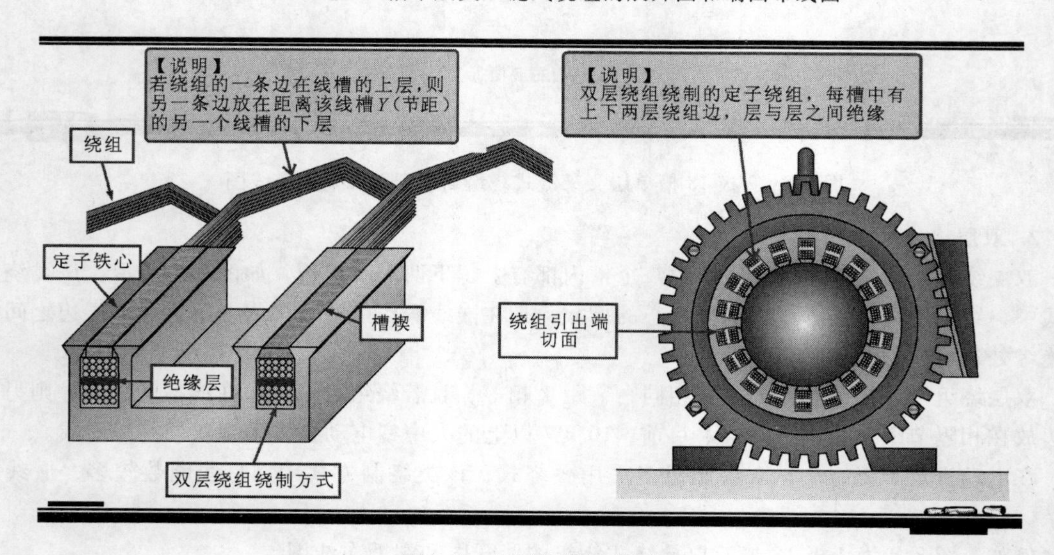

图 8-7　双层绕组示意图

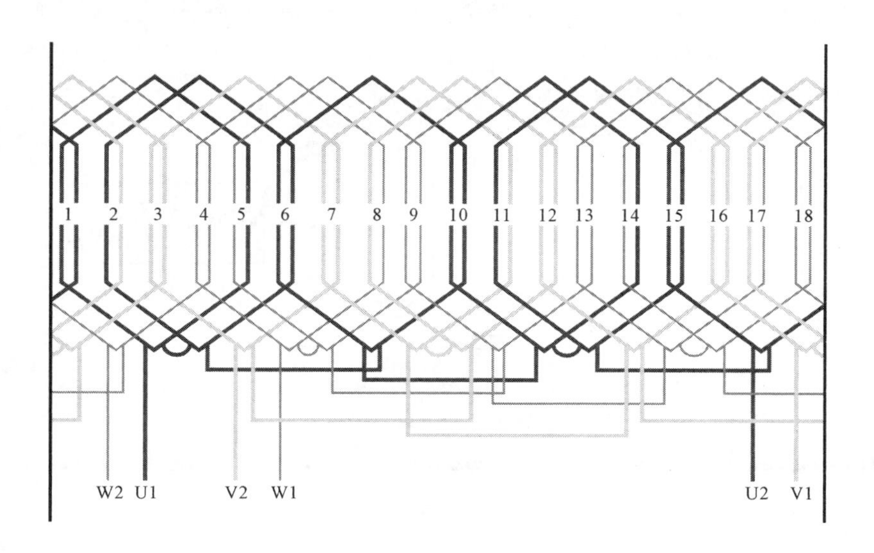

a）绕组展开图

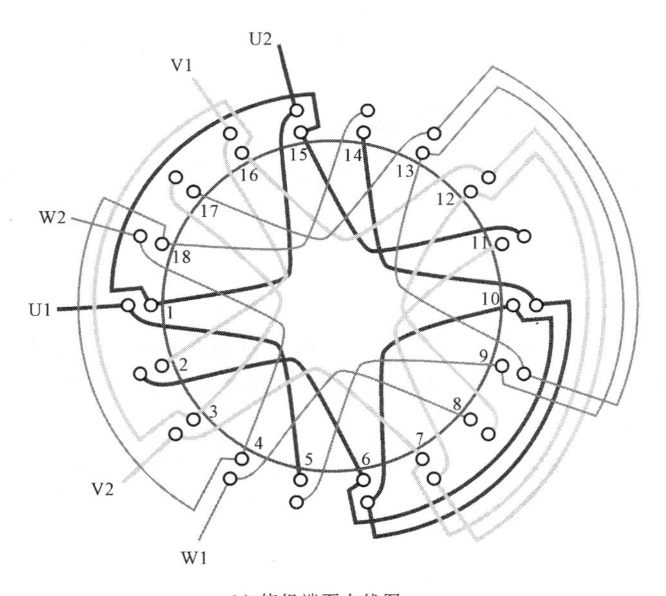

b）绕组端面布线图

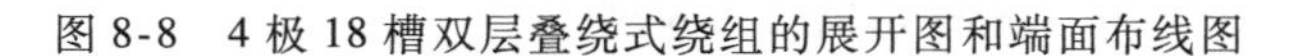

图 8-8　4 极 18 槽双层叠绕式绕组的展开图和端面布线图

提问　在前面学习过程中了解到，有些电动机的转子中也带有绕组，转子绕组的绕制有哪些方式呢？与定子绕组的绕制方式相同吗？

设有绕组的转子一般称为线绕式转子，该类转子绕组的绕制方式主要有叠绕组绕制和波绕组绕制，如图 8-9 所示，其中，叠绕组绕制主要应用于小型绕线转子，波绕组绕制主要应用于大中型绕线转子。

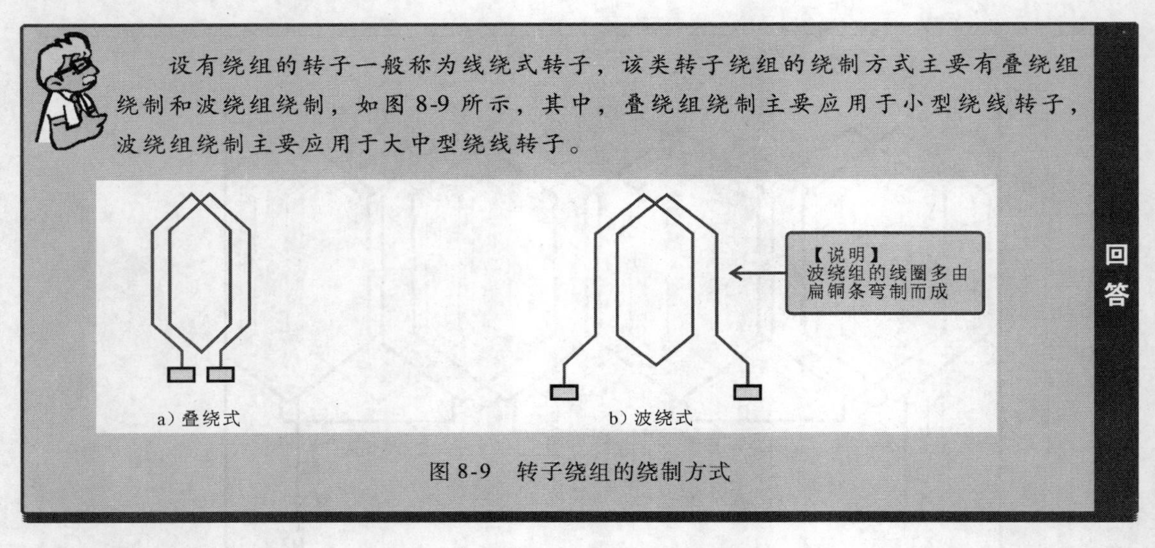

图 8-9　转子绕组的绕制方式

【注意】

值得注意的是，在电动机维修过程中，以电动机定子绕组损坏的情况最为常见，因此，在本章节介绍中，主要以电动机定子绕组的拆除、重绕、嵌线、浸漆、烘干等操作作为实训案例进行介绍。

8.1.2　记录好电动机绕组的绕制数据

对电动机绕组进行重绕前，需要详细记录电动机有关的原始数据及标识，如铭牌数据、定子绕组数据和定子铁心数据等，以作为备用参考数据，确保绕组拆除、重绕和嵌线等操作的顺利进行。

1. 记录铭牌数据

电动机的铭牌上提供了电动机的基本电气参数和数据，如型号、额定功率、额定电压、电流、转速、绝缘等级、接法等，如图 8-10 所示。记录这些数据，以备查询。

2. 记录定子绕组数据

在对电动机定子绕组拆除前，详细记录定子绕组的相关数据是十分关键的环节。其中包括记录定子绕组的绕制形式，绕组伸出铁心的长度，绕组两个有效边所跨的槽数（电动机的节距），绕组引出线的引出位置、槽号及定子铁心槽号。另外，在绕组拆除后，还需要记录一个完整线圈的形式，测量线圈各部分尺寸、直径、绕组匝数等数据。

（1）记录定子绕组的绕制形式

记录绕组的绕制形式。如三相电动机绕组绕制形式主要有三相单层链式、三相单层同心式、三相单层交叉式、三相双层式等几种，如图 8-11 所示。

（2）测量并记录定子绕组端部伸出铁心的长度

在拆除绕组前，借助钢直尺测量绕组端部伸出铁心的长度，并记录，如图 8-12 所示，以备重绕时参考。

（3）记录绕组两个有效边所跨的槽数

测量绕组两个有效边所跨的槽数，即电动机的节距，如图 8-13 所示。测量节距是为了能更

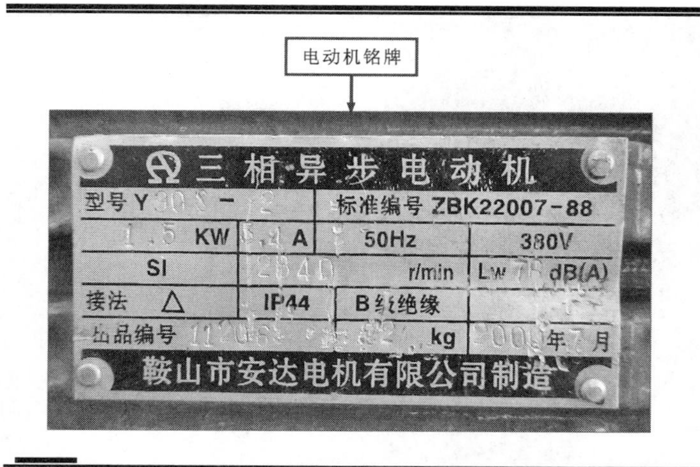

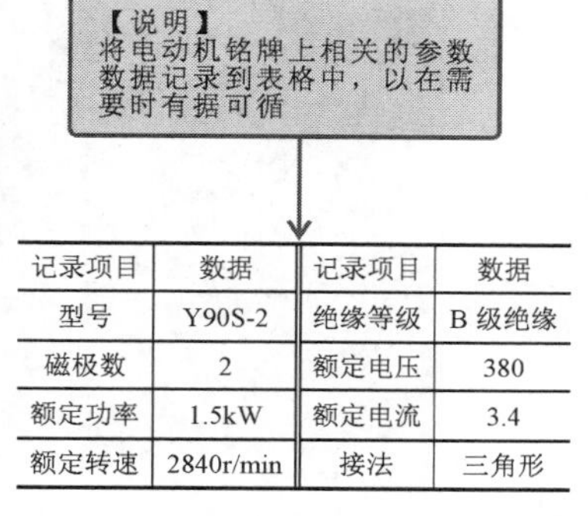

记录项目	数据	记录项目	数据
型号	Y90S-2	绝缘等级	B 级绝缘
磁极数	2	额定电压	380
额定功率	1.5kW	额定电流	3.4
额定转速	2840r/min	接法	三角形

图 8-10　记录电动机铭牌上的数据

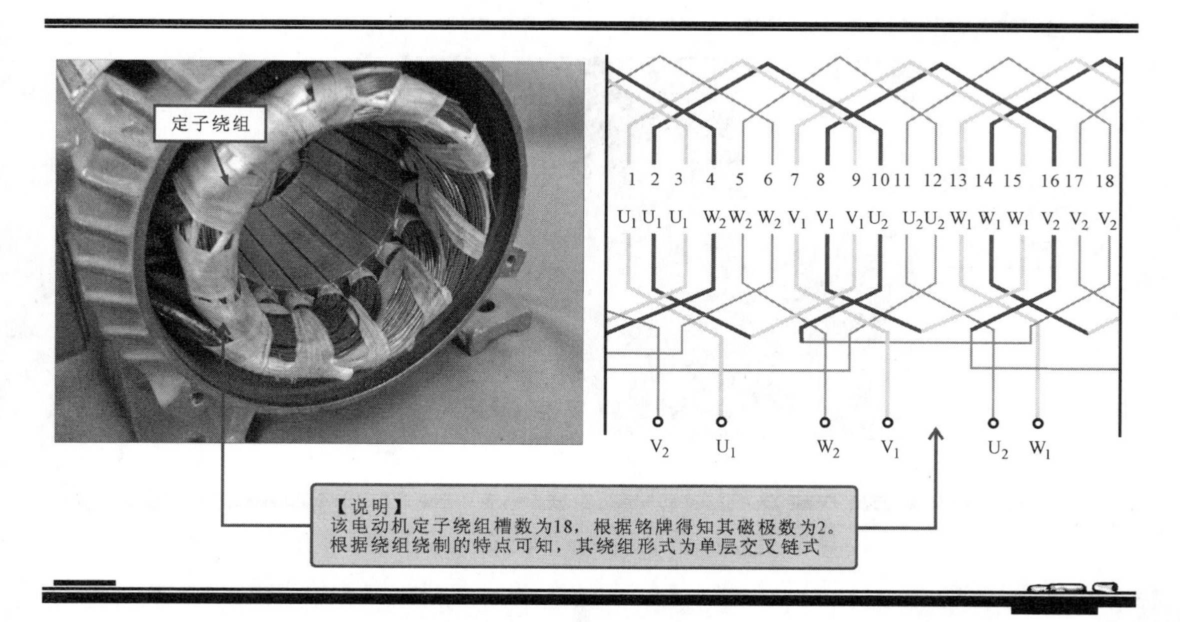

图 8-11　记录定子绕组的绕制形式

准确地将绕组嵌入定子铁心槽内。

（4）绕组引出线的引出位置、槽号及定子铁心槽号

为了在绕组嵌线时能正确将绕组嵌入铁心槽内，在拆除绕组前，须标记出绕组引出线的槽号及定子铁心槽号。一般情况，槽号标记为顺时针次序，1 号槽为 U 相 U_1 端引出线的位置，如图 8-14 所示，并按顺时针方向标记各引出线的引出位置，即电动机定子铁心槽中引出线的引出槽。

（5）测量并记录绕组线圈的形式、尺寸

在拆除绕组时，应保留几个完整的绕组线圈，以作为制作绕线模或绕制新绕组的依据。同时，需要测量和记录一个完整线圈的形式、测量线圈各部分尺寸、线径等数据，如图 8-15 所示。

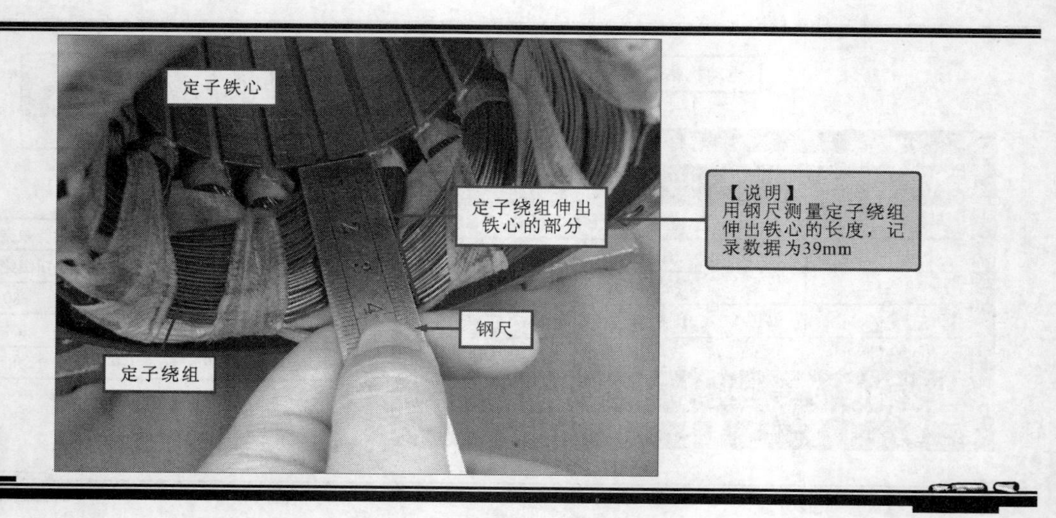

图 8-12　测量并记录定子绕组端部伸出铁心的长度

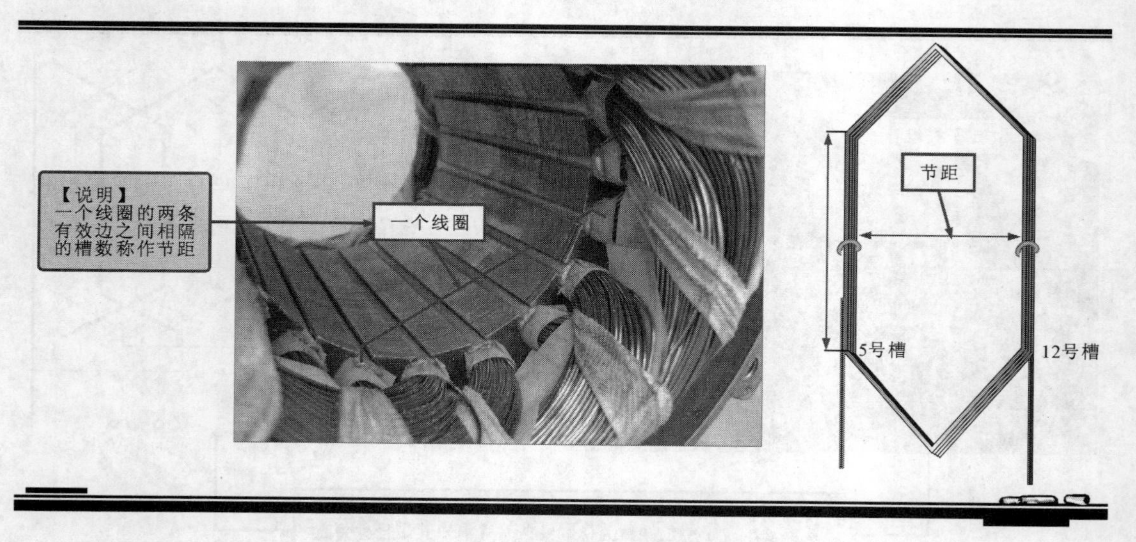

图 8-13　电动机绕组节距示意图

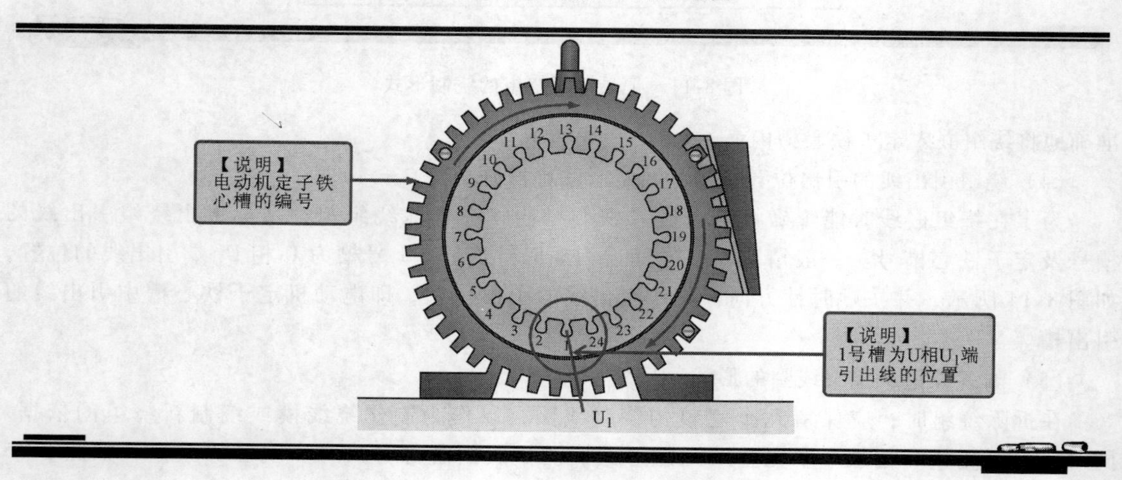

图 8-14　标记完成的定子铁心槽号示意图

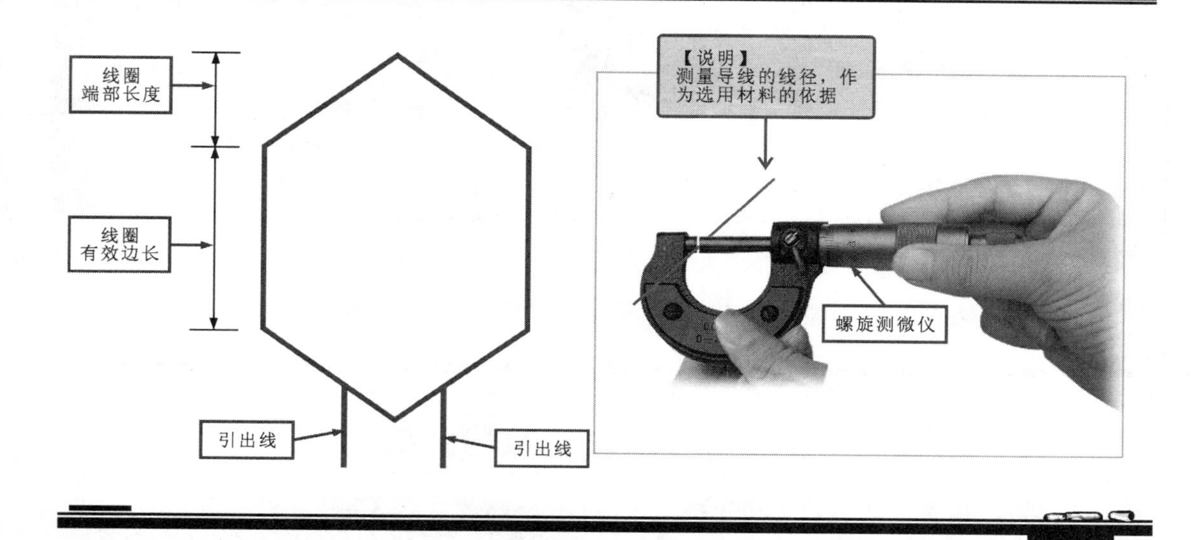

图 8-15 测量并记录绕组线圈的形式、尺寸

（6）记录绕组的匝数和股数

在拆除绕组时，记录下每股绕组的线圈匝数以及整个定子绕组的股数，作为绕组重绕的重要参数数据，如图 8-16 所示。

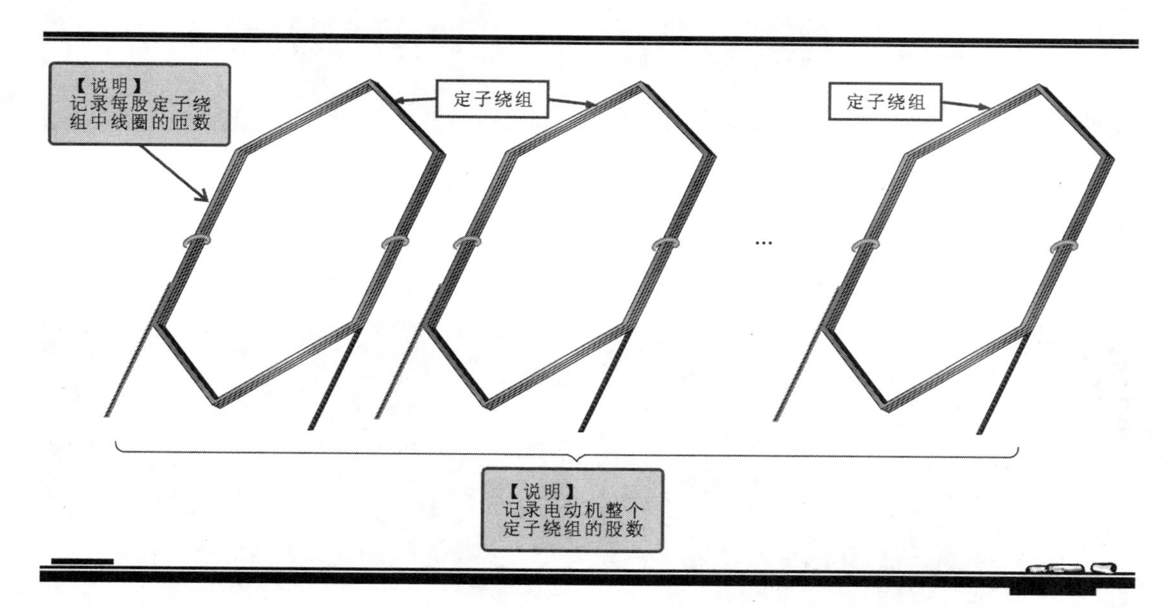

图 8-16 记录每股绕组的线圈匝数以及整个定子绕组的股数

提问

如果在电动机绕组拆除时，由于工艺条件因素，无法保留原有绕组形状，需要将绕组一端引出线全部切断后，再从另一端抽出绕组，此时，如何记录绕组线圈的相关数据？

回答

在这种情况下，大部分数据容易记录，如定子绕组的绕制形式、定子绕组端部伸出定子铁心的长度、一组绕组所跨的槽数、绕组引出线的引出位置、槽号、绕组的股数、线径，每股绕组中线圈的匝数等。缺少一个完整线圈的尺寸，此时，可以用一根漆包线仿制成一圈线圈的形状，根据现有的数据，如一组绕组所跨的槽数、引出线的位置等在定子铁心上绕制一圈线圈，作为参考。

3. 记录定子铁心数据

定子铁心的数据包括定子铁心的内径、长度以及槽的高度等，如图 8-17 所示。

【说明】
测量定子内径。用一根硬铜丝作为标尺放入定子铁心中间，在铁心内部直径处，再用钢直尺或测量尺进行精确测量（直径为75mm）

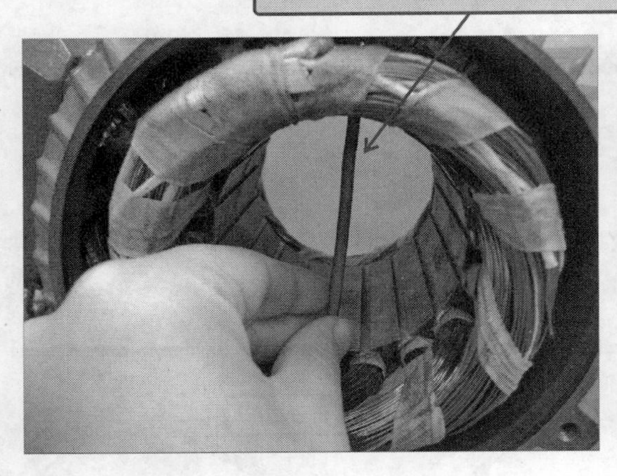

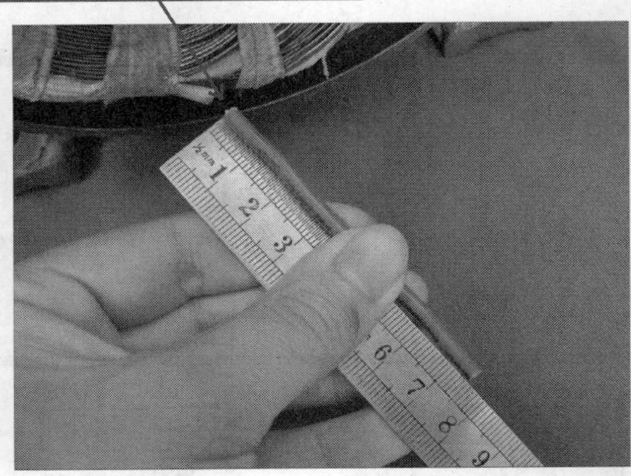

【说明】
测量定子铁心的长度，并记录（实测83mm）

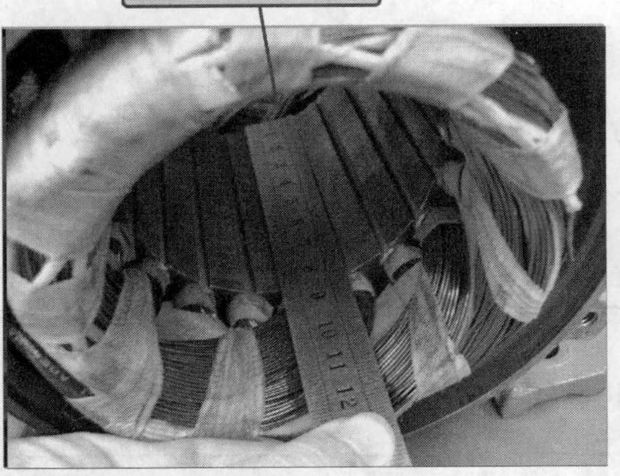

【说明】
测量定子铁心槽的高度，并记录（实测15mm）

图 8-17　定子铁心相关数据的记录

【资料】

关于电动机绕组的绕制数据，除了上述基本的数据外，还应对绕组所采用导线的规格进行查询和记录、对定子铁心中所采用槽楔的尺寸、材料、形状等进行了解和记录。一般情况下，可制作一张数据表格，见表8-1所列，将上述记录、测量、检查的数据仔细填写，以备查询。

表8-1 数据表格

记录项目	数据	记录项目	数据
绕制形式		导线型号及规格	
绕组端部的伸出长度		槽楔的材料	
一股绕组所跨槽数		槽楔的尺寸和形状	
绕组引出线位置		导线总重量	
绕组股数		铁心的内径	
每股绕组线圈的匝数		槽的高度	
线圈展开的长度		铁心长度	
线圈各边的尺寸		铁心的槽数	
铁心的内径		导线型号及规格	
槽的高度		槽楔的材料	
铁心长度		槽楔的尺寸和形状	
铁心的槽数		导线总重量	

8.2 电动机绕组的绕制数据如何计算

在电动机绕组的绕制过程中，除了通过对电动机定子绕组原始数据进行测量和记录作为绕组重绕的参考依据外，还涉及很多专业概念和相关数据的精确计算，下面我们就来看一看电动机绕组包含哪些参数数据，以及这些数据到底是如何计算的。

8.2.1 看看电动机绕组的哪些数据需要计算

电动机绕组作为电动机的主要电路部分，涉及很多关键电气参数，这就需要我们了解这些电气参数的含义和基本计算方法，如绕组的线圈、线圈匝数、槽数、磁极数、极距、节距、极相数、每极每相槽数、电角度、槽距角、相带等。

1. 线圈

电动机绕组一般是由多个线圈或多个线圈组按一定的规律连接而成的。线圈是采用浸有绝缘层的导线（漆包线）按一定形状、尺寸在线模上绕制而成的，可由一匝或多匝组成。线圈示意图如图8-18所示。

【资料】

线圈放入铁心槽内的部分称为有效边，作为电磁能量转移部分，槽外的部分称为端部，起连接两条有效边的作用，通常为节省材料，在嵌线工艺允许的情况下，线圈端部应尽可能短些。

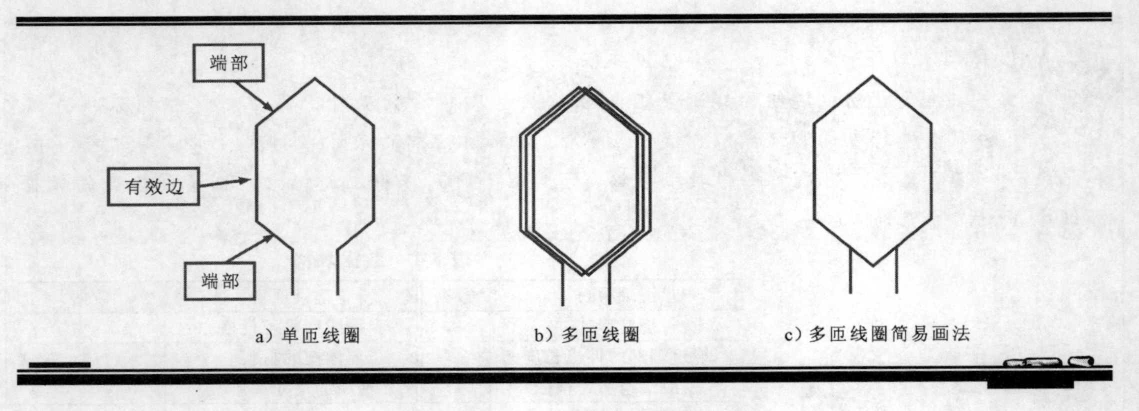

a）单匝线圈　b）多匝线圈　c）多匝线圈简易画法

图 8-18　电动机绕组线圈的示意图

2. 线圈匝数

电磁线在绕线模中绕过一圈称为一匝。如果采用单根导线绕制线圈，其线圈的总匝数就是线圈的总根数。对于容量较大的电动机采用多根导线并行绕制的方式，此时线圈的匝数应该是槽内线圈的总根数除以并行绕制导线的根数，即

$$\text{线圈匝数}=\frac{\text{线圈总根数}}{\text{并行导线根数}}$$

只有当采用单根导线进行绕制时，其线圈匝数才等于线圈的总根数。

3. 槽数和磁极数

槽数是铁心上线槽的总数，通常用字母 Z 表示，例如国产的 Y90L-4 型三相异步电动机共有 24 个线槽，那么其定子槽数 $Z=24$。

极数是每相绕组通电后所产生的磁极数，由于电动机的极数总是成对出现，所以电动机的磁极个数就是 $2p$。

对于异步电动机的磁极数通常可从电动机的铭牌上得知，如 Y90L-4 型三相异步电动机，“4”则表示其磁极数。若无法从铭牌得知，则可根据电动机转速来计算磁极数，其计算公式如下：

$$p=\frac{60f}{n_1}$$

式中　p——磁极对数；

f——电源频率；

n_1——同步转速（若用电动机的转速 n 代替 n_1，所得结果应取整数）。

4. 极距

两个相邻磁极轴线之间的距离称为极距，用字母 τ 表示，单位为（槽/极）。极距的大小可用铁心上的线槽数表示，若定子铁心的总槽数为 Z，磁极数为 $2p$ 的电动机，其极距为

$$\tau=\frac{Z}{2p}$$

此外，极距还可用长度表示，若 D_i 为定子铁心的内径，单位为 mm，其极距为

$$\tau=\frac{\pi D_1}{2p}$$

5. 节距

一个线圈的两条有效边之间相隔的槽数称为节距，通常用字母 Y 表示。例如，某一线圈的一个有效边在铁心槽 1 中，另一有效边在铁心槽 8 中，则线圈的节距 $Y=7$，如图 8-19 所示。

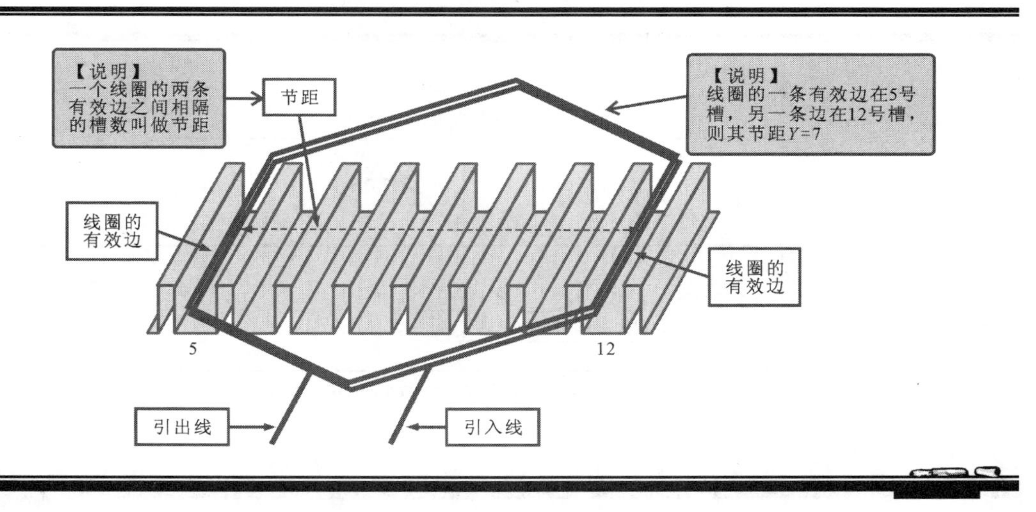

图 8-19 电动机绕组的节距

【资料】

为了获得较好的电气性能，节距 Y 应尽量接近极距 τ。同类型号不同电动机绕组，其节距的选取也不同。一般当 $Y=\tau$ 时，称为整节距，这种绕组称为整距绕组；当 $Y<\tau$ 时，称为短节距，这种绕组称为短距绕组；当 $Y>\tau$ 时，称为长节距，这种绕组称为长距绕组。在实际应用中常用的是整距和短距绕组。

6. 极相数

每一项绕组在一个磁极下所具有的线圈组称为极相数，又称线圈组。一个线圈组中的线圈可以是一个或多个线圈串联构成的。

在三相电动机中，其绕组的极相数为

$$极相数=2pm$$

式中 p——磁极对数，如在 2 极式电动机中，$p=1$；4 极式电动机中，$p=2$。

m——电动机相数，在三相电动机中，$m=3$。

7. 每极每相槽数

在三相电动机中，每个磁极所占槽数需均等地分给三相绕组，每一个极下所占的铁心槽数称为每极每相槽数，其用字母 q 表示。

对于双层绕组，线圈数目等于槽数，因此每极每相槽数 q 就是一个极相组内所串联的线圈数目，即

$$q=\frac{Z}{2pm}=\frac{\tau}{m}$$

8. 电角度

电动机圆周在几何上对应的角度为 360°，这个角度称为机械角度，从电磁角度来看，若磁

场空间按正弦波分布，则经过 N、S 一对磁极恰好是正弦曲线上的一个周期，如有导体去切割这个磁场，经过 N、S，导体中所感应的正弦电势的变化亦为一个周期，变化即经 360°电角度，一对磁极占有的空间是 360°电角度。电角度与机械角度的关系如图 8-20 所示。

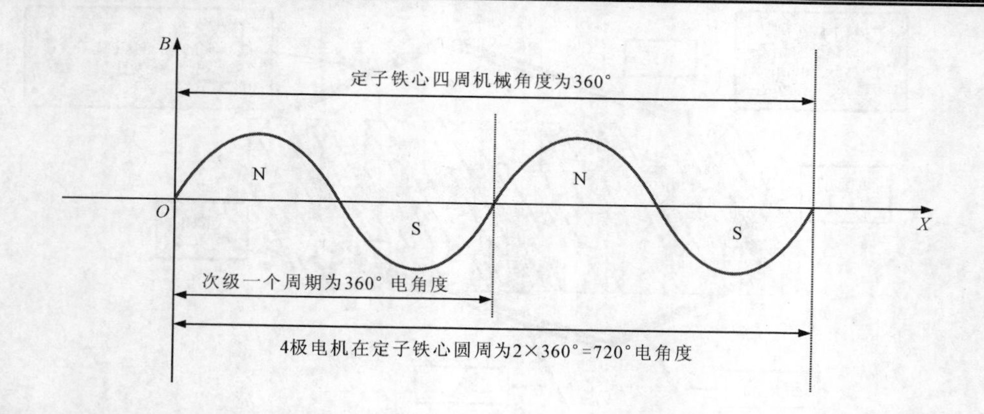

图 8-20　电角度与机械角度的关系

若电动机有 p 对磁极，电动机圆周按电角度计算就为 $p\times360°$，而机械角度总是 360°，因此

$$电角度=p\times机械角度$$

9. 槽距角

槽距角是指相邻两槽之间的电角度，用字母 a 表示。由于定子槽在定子内圆上是均匀分布的，若 Z 为定子槽数，p 为极对数，则槽距角为

$$a=\frac{p\times360°}{Z}$$

提问

计算槽距角这一数据有什么实际意义，对电动机绕组的绕制操作有什么帮助？

在三相异步电动机中，U、V、W 三相绕组的电角度为 120°，若能够计算出槽距角 a，便能够计算出每相绕组相隔的槽数。例如，4 极 36 槽的三相电动机中，根据计算公式可知，其槽距角 $a=(2\times360°)/36=20°$，而 V_1、U_1 相差 120°电角度，则可知 V_1 与 U_1 应相隔 $120°/20°=6$ 槽。若 V_1 一边在 3 号槽，则 U_1 一边应在 9 号槽。由此计算，对电动机绕组重绕的嵌线操作十分有帮助。

回答

10. 相带

相带是指一个极相组线圈所占的范围，在三相绕组中，每个极距内分为 U、V、W 三相，每个极距为 180°电角度，故每个相带为 60°。

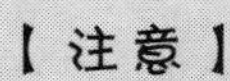

【注意】

对于不同型式的电动机，其绕组的结构、排列规律均不相同，但其绕组的构成必须满足以下基本要求：

① 绕组的结构要对称，空间彼此相隔120°电角度，各相阻抗要相等。

② 绕组要求结构力求使磁动势、电动势波形接近于正弦波形，尽量减少谐波及其产生的损耗。

③ 要有可靠的绝缘性能、力学性能，节省材料，维修方便等特点。

8.2.2 试着计算几种电动机绕组的数据

通过前面了解的电动机绕组的绕制方式可以了解到，电动机绕组有多种绕制方式，那么采用不同绕制方式的绕组如何计算绕组数据，这是作为一名电动机维修人员必须掌握的理论技能，下面我们就以不同绕制方式的绕组为例，实际练习一下绕组的数据计算方法。

1. 单层链式绕组的计算

单层链式绕组是由相同节距的线圈组成。采用这种绕制方式的电动机型号有国产的JO2-21-4、JO2-22-4、Y90L-4、Y802-4、Y90S-4（4极24槽）；Y90S-6、Y90L-6、Y132S-6、U132M-6、Y160M-6（6极36槽）；Y132S-8、Y132M-8、Y160M1-8、Y160M2-8、Y160L-8（8极48槽）等。

下面我们以Y802-4型三相异步电动机为例进行举例讲解，该电动机为4极24槽的单层链式绕组，其三相绕组展开图参照前文图8-2所示。

根据绕组数据计算公式，该类电动机绕组数据的计算如下：

极距：$\tau=\dfrac{Z}{2p}=\dfrac{24}{2\times2}=6$；

极相数 $=2pm=2\times2\times3=12$；

每极每相槽数：$q=\dfrac{Z}{2pm}=\dfrac{\tau}{m}=\dfrac{6}{3}=2$；

槽距角：$a=\dfrac{p\times360°}{Z}=\dfrac{2\times360°}{24}=30°$。

2. 单层同心式绕组的计算

单层同心式绕组中，线圈的节距不相等。采用这种绕制方式的电动机型号有Y100L-2、JO2-12-2、JO2-31-2（2极24槽）；Y112M-2、、Y132S1-2、Y132S2-2、Y160M2-2（2极30槽）等。

下面以Y132S1-2型三相异步电动机为例进行举例讲解。该电动机为2极30槽的单层同心式绕组，其三相绕组展开图参照前文图8-4所示。

根据绕组数据计算公式。该类电动机绕组数据的计算如下：

极距：$\tau=\dfrac{Z}{2p}=\dfrac{30}{2\times1}=15$；

极相数 $=2pm=2\times1\times3=6$；

每极每相槽数：$q=\dfrac{Z}{2pm}=\dfrac{\tau}{m}=\dfrac{15}{3}=5$；

槽距角：$a=\dfrac{p\times360°}{Z}=\dfrac{1\times360°}{30}=12°$。

3. 单层交叉链式绕组的计算

采用单层交叉链式绕组的电动机型号主要有 Y801-2、Y802-2、Y90S、Y90L-2Y（2 极 18 槽）；Y100L1-4、Y100-4、Y112M-4、Y132S-4、Y132M-4、Y160L-4、JO2-31-4、JO2-32-4（4 极 36 槽）等。

下面以 Y132M-4 型三相异步电动机为例进行举例讲解，该电动机为 4 极 36 槽的单层交叉链式绕组，其三相绕组展开图参照前文图 8-6 所示。

根据绕组数据计算公式，该类电动机绕组数据的计算如下：

极距：$\tau=\dfrac{Z}{2p}=\dfrac{36}{2\times2}=9$；

极相数 $=2pm=2\times2\times3=12$；

每极每相槽数：$q=\dfrac{Z}{2pm}=\dfrac{\tau}{m}=\dfrac{9}{3}=3$；

槽距角：$a=\dfrac{p\times360°}{Z}=\dfrac{2\times360°}{36}=20°$。

4. 双层叠绕组的计算

采用双层叠绕组的电动机型号主要有 Y180M-2（2 极 36 槽-1）；Y200L1-2、Y200L2-2、Y225M-2、Y250M-2（2 极 36 槽）、Y180M-4、Y180L-4（4 极 48 槽）、Y180L-6、Y200L1-6、Y200L2-6、Y225M-6（6 极 54 槽）、Y180L-8、Y200L-8、Y225S-8、Y225M-8（8 极 54 槽）等。

下面以 Y180L-4 型三相异步电动机为例进行举例讲解。该电动机为 4 极 48 槽的双层叠绕组。根据绕组数据计算公式，该类电动机绕组数据的计算如下：

极距：$\tau=\dfrac{Z}{2p}=\dfrac{48}{2\times2}=12$；

极相数 $=2pm=2\times2\times3=12$；

每极每相槽数：$q=\dfrac{Z}{2pm}=\dfrac{\tau}{m}=\dfrac{12}{3}=4$；

槽距角：$a=\dfrac{p\times360°}{Z}=\dfrac{2\times360°}{48}=15°$；

节距：$Y=\dfrac{5}{6}\tau=\dfrac{5}{6}\times12=10$。

8.3 动手拆除电动机的绕组

在了解和记录好电动机绕组的相关参数含义及数据以后，就可以动手拆除电动机绕组了。为了让大家在学习过程中更加明确绕组拆除的方法和步骤，可将绕组的拆除分成三个部分：绕组的绝缘软化；绕组的拆除；定子槽的清理，下面就让我们开始吧。

8.3.1 绕组的绝缘软化

电动机的绕组由于经过了浸漆、烘干等绝缘处理，坚硬而牢固，很不容易拆下。所以拆除绕组时，应先采取相应措施使绕组的绝缘漆软化，同时应尽量不使绕组损坏，保持圈状，以便必要时对照绕制。

目前，常用的绕组绝缘软件的方法主要有热烘法和溶剂浸泡溶解法，下面分别介绍：

1. 采用热烘法进行绕组绝缘软化

热烘法是指用工业用电烤箱对定子进行加热，待绝缘软化后，趁热拆除旧绕组。一般加热温度控制在100℃左右，通电时间在1h左右。

采用热烘法进行绕组绝缘软化的操作方法如图8-21所示。

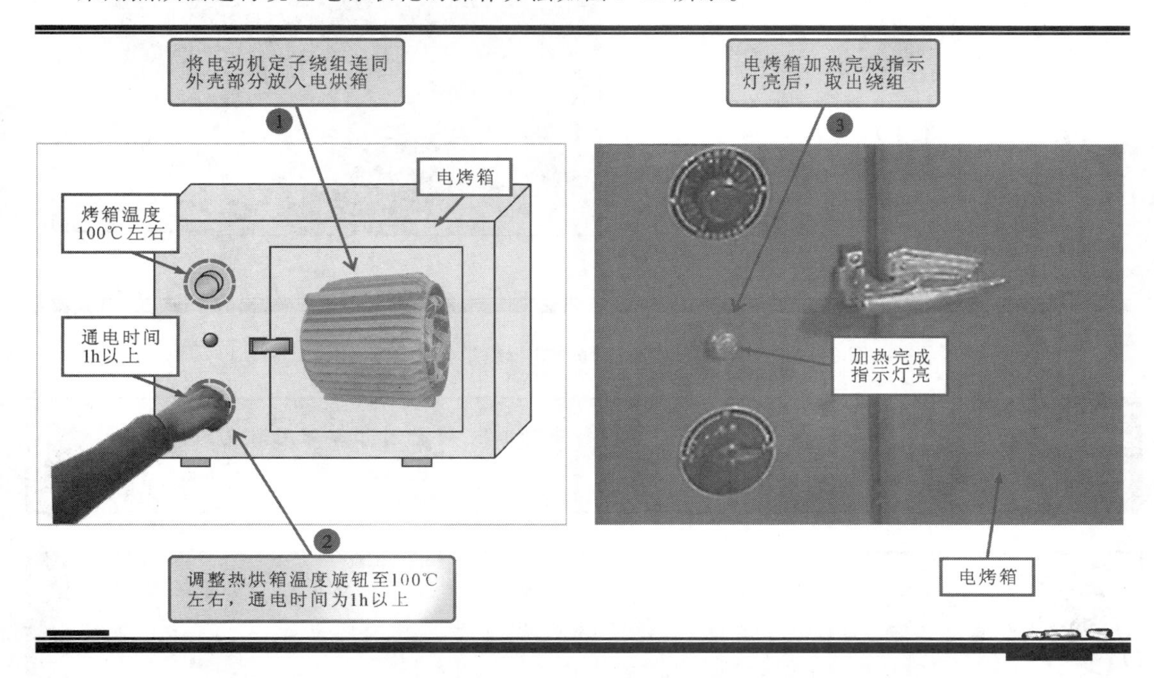

图8-21　采用热烘法进行绕组绝缘软化的操作方法

2. 采用溶剂浸泡溶解法进行绕组绝缘软化

溶剂浸泡法是指将电动机定子置于放有浸泡溶液的浸泡箱中进行加热浸泡，使绝缘绕组软化。

浸泡溶液多采用浓度为10%的烧碱（氢氧化钠）的水溶液，浸泡前，先将电动机定子绕组的槽楔和端部绑扎的绝缘带拆除，然后将配置好的烧碱注入浸泡箱中，注入的高度以没过绕组为准，最后将电动机定子放入浸泡箱中，加热浸泡箱，至绕组绝缘漆软化后拿出，如图8-22所示。

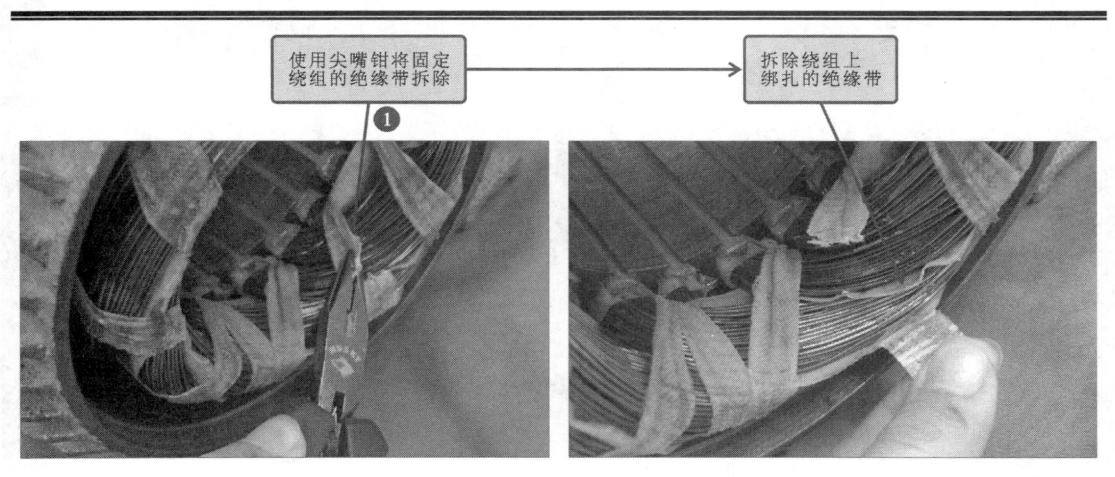

图8-22　采用溶剂浸泡溶解法进行绕组绝缘软化

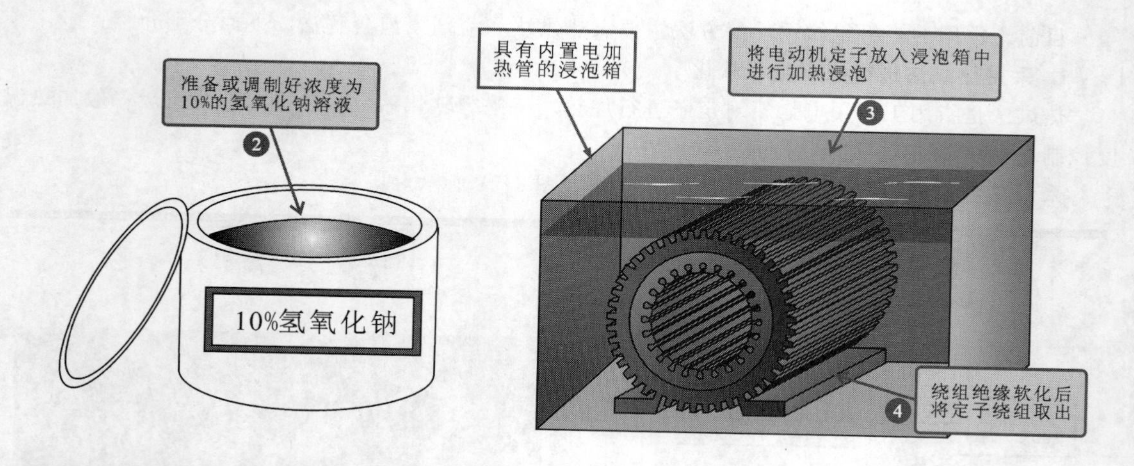

图 8-22　采用溶剂浸泡溶解法进行绕组绝缘软化（续）

提问

我想知道，所有电动机的定子绕组进行绝缘软化的溶剂，都采用浓度为10%的氢氧化钠溶液吗？

在上述软化绝缘步骤中，所用溶剂为氢氧化钠溶液，但对于铝壳的电动机不能采用上述方法。溶剂浸泡法中还可以采用石蜡（5%）、甲苯（45%）、丙酮（50%）搅拌好后的溶剂进行绕组的绝缘软化，如图 8-23 所示。

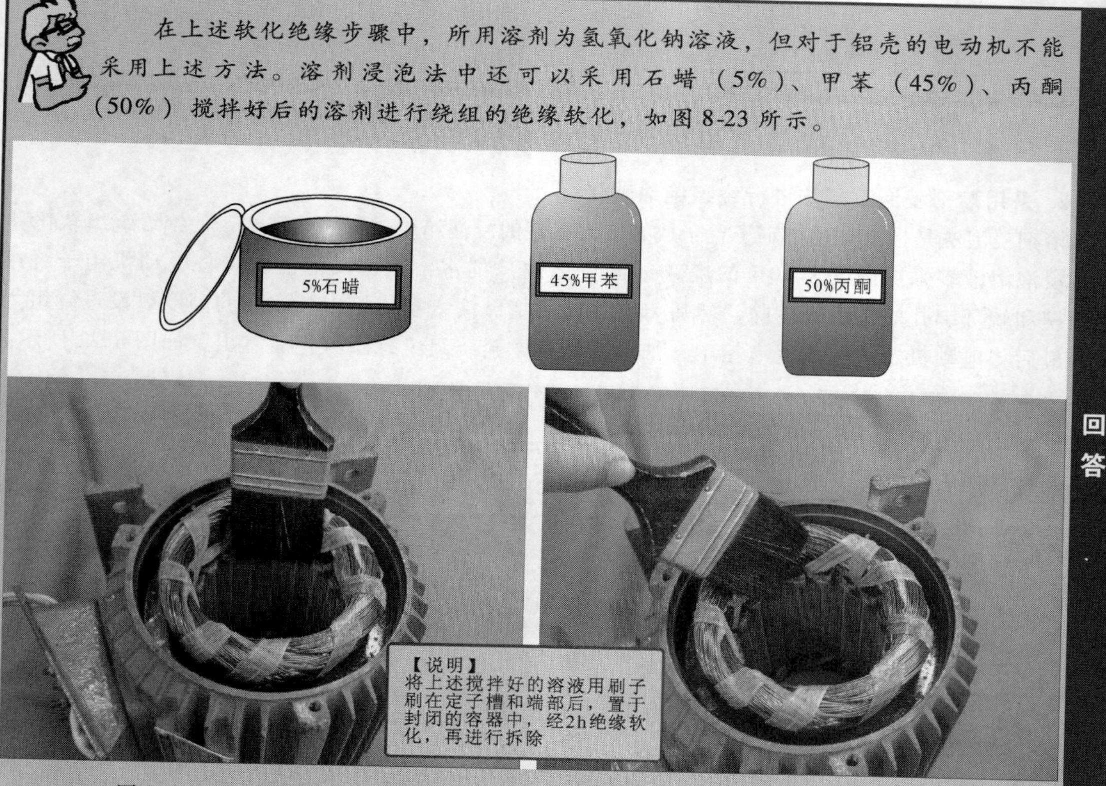

图 8-23　采用石蜡（5%）、甲苯（45%）、丙酮（50%）进行绝缘软化的方法

回答

【资料】

在实际应用中，除了上述几种绝缘软化的方法外，还有火烧法和通电加热法。

火烧法是指将电动机定子直接架在支架上，在下面和定子中放适量的木材，然后点燃木材，用火进行加热。绕组被引燃后，撤出部分或全部木材，待绕组的火焰熄灭并自然冷却，再对导线拆除，但由于这种方法会造成一定的空气污染，还会破坏铁心的绝缘性能，使电磁性能下降，因此目前该方法已基本不再使用。

通电加热法是指采用通电加热的方法对电动机的绕组进行软化。通电加热绕组前，先将定子槽内的槽楔拆除，并对电动机绕组的连接方法进行相应变化，如图8-24所示，然后再接通电源开始加热，此方法耗费电能较多，但对空气的污染较小，对铁心性能的损伤也较小。

通电加热绕组时，可采用三相交流电加热、单相交流电加热、直流电源加热的方法。若绕组中有断路或短路的线圈，此方法可能会出现局部不能加热的情况，这时可采用其他方法再进一步加热。

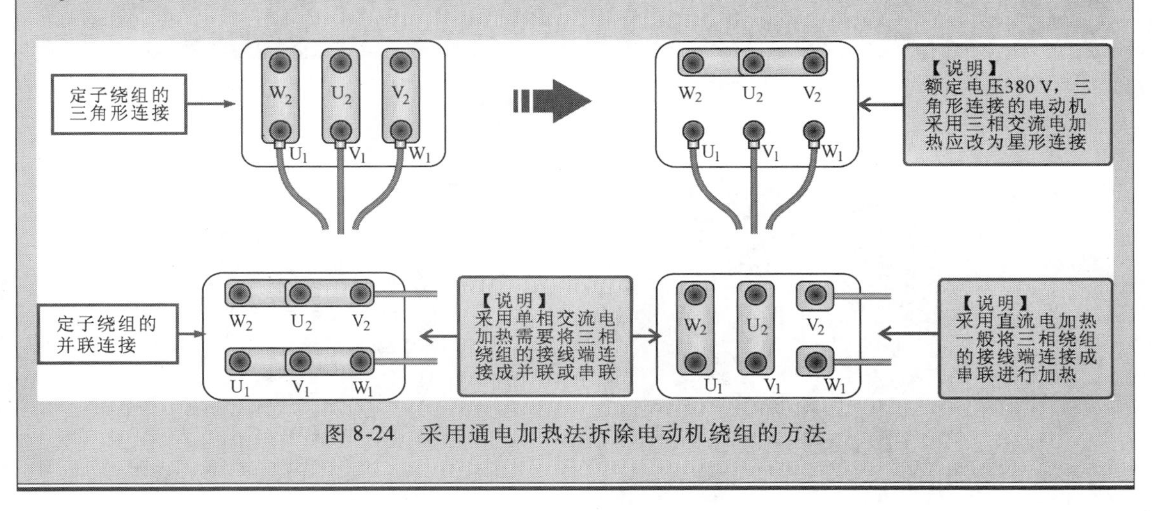

图8-24 采用通电加热法拆除电动机绕组的方法

8.3.2 绕组的拆除

绕组的拆除是我们进行电动机定子绕组检修中的重要环节。在完成电动机的定子绕组绝缘部分的软化操作，下一步就可以开机动手拆除绕组了。

图8-25所示为电动机绕组的拆除方法。

【注意】

在上述拆除操作中，由于先前已经将绕组进行绝缘软化，因此拆除操作比较简单。这种操作方法能够尽量保持绕组的圈状，对重新绕制绕组很有参考价值。

需要注意的是，当电动机绕组损坏情况比较严重，或由于设备条件等限制，无须或无法对电动机绕组进行绝缘软化时，可以通过切除绕组断面引线的方法拆除绕组，如图8-26所示。

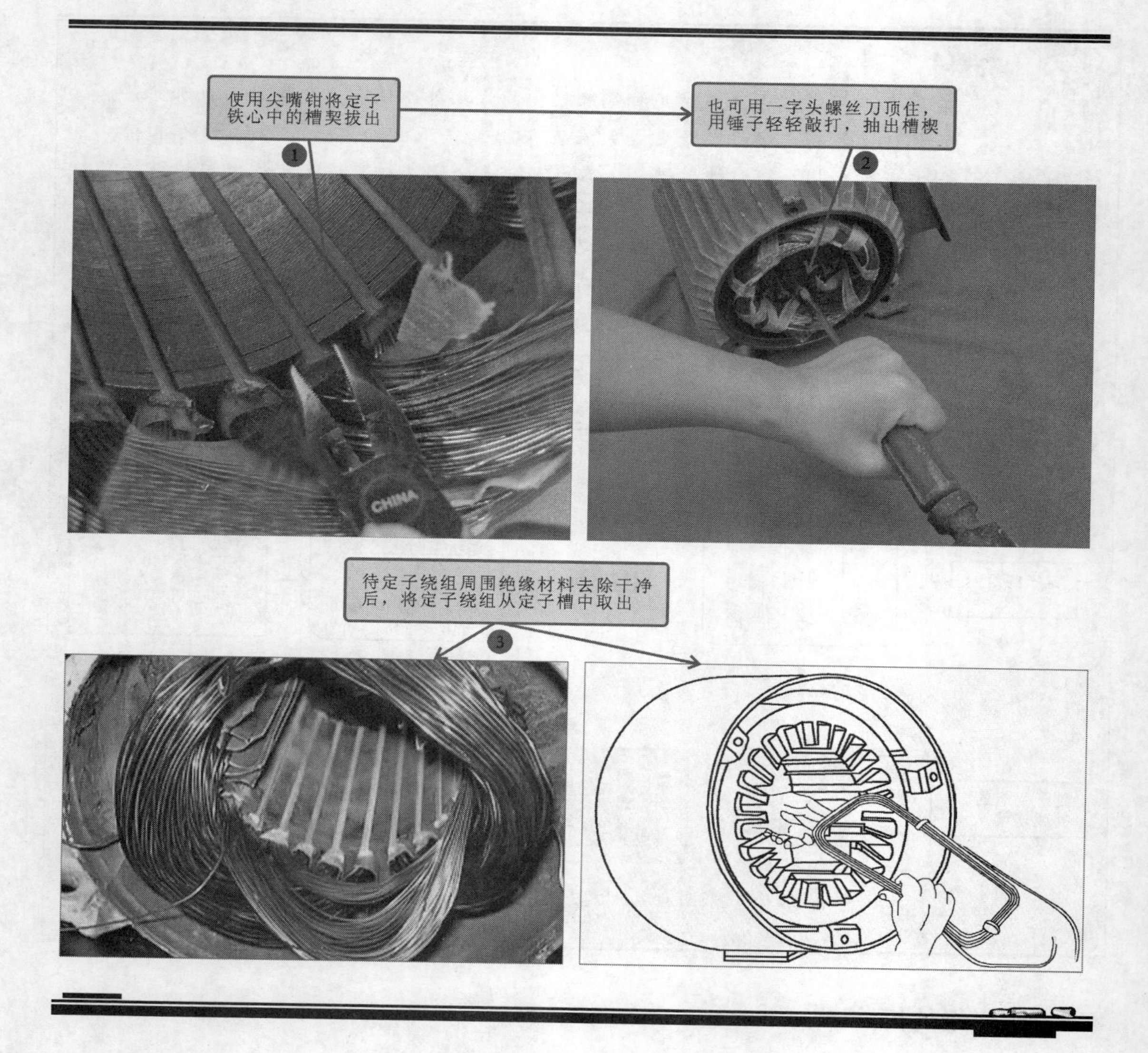

图 8-25　电动机绕组的拆除方法

8.3.3　定子槽的清理

电动机定子绕组拆除完成后，定子槽内会残留大量的灰尘、杂物等，因此在拆除绕组后需要对定子槽进行清理。

图 8-27 所示为电动机定子槽的清理方法。

【注意】

清理定子铁心槽是电动机绕组嵌线前的必备程序，若忽略该步骤或清洁不彻底，可能对下一步的嵌线操作造成影响。如槽内有杂物，绕组将不能完全嵌入槽中；定子槽有锈蚀等将直接影响电动机的性能，严重的将导致电动机无法工作，因此，应按照操作规程和步骤认真清理，并修复有损伤的部位。

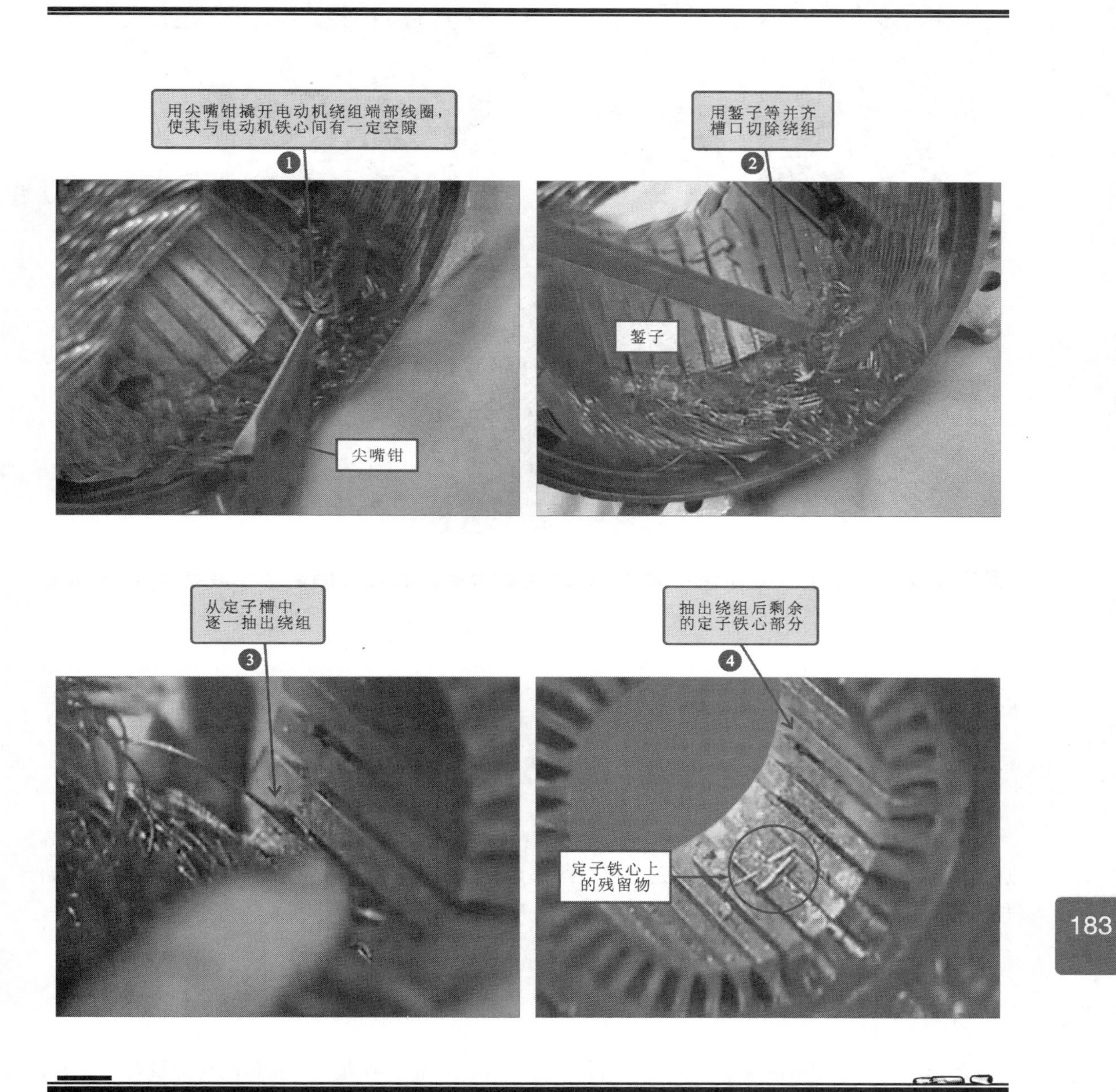

图 8-26　电动机绕组的强制拆卸

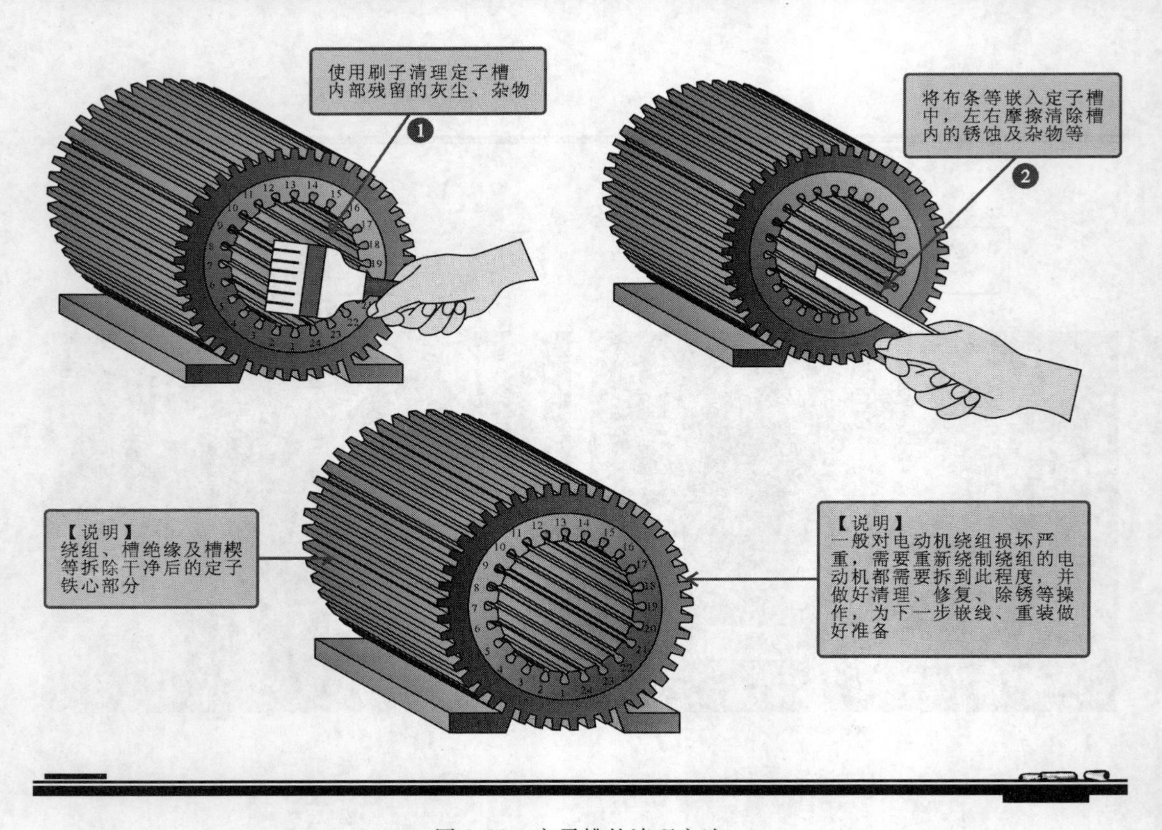

图 8-27　定子槽的清理方法

8.4　重新绕制电动机绕组

修理和更换电动机的绕组时，需要根据原绕组的直径、材料、匝数、形状等原始数据重新绕制绕组，因此电动机绕组的绕制是维修人员需要掌握的基础技能之一。下面我们就开始手动进行电动机绕组的绕制操作。

8.4.1　做好绕组绕制前的准备工作

绕组绕制前应准备好绕组材料和绕线工具。通常电动机采用漆包线作为绕组的材料；绕制时，需要有专门的绕组工具进行绕制。

1. 准备和选取绕组线材

电动机绕组多采用漆包线作为绕组线圈材料，准备和选取绕组线材时，可先通过测量了解旧绕组的线径，然后根据测量结果选择与旧绕组规格、材质完全一致的漆包线进行绕制。

测量旧绕组线圈的线径时须借助螺旋测微仪进行，如图 8-28 所示。

根据测量结果，选取 1-ϕ0.85 规格的电动机绕组用铜漆包线，作为绕制的线材。

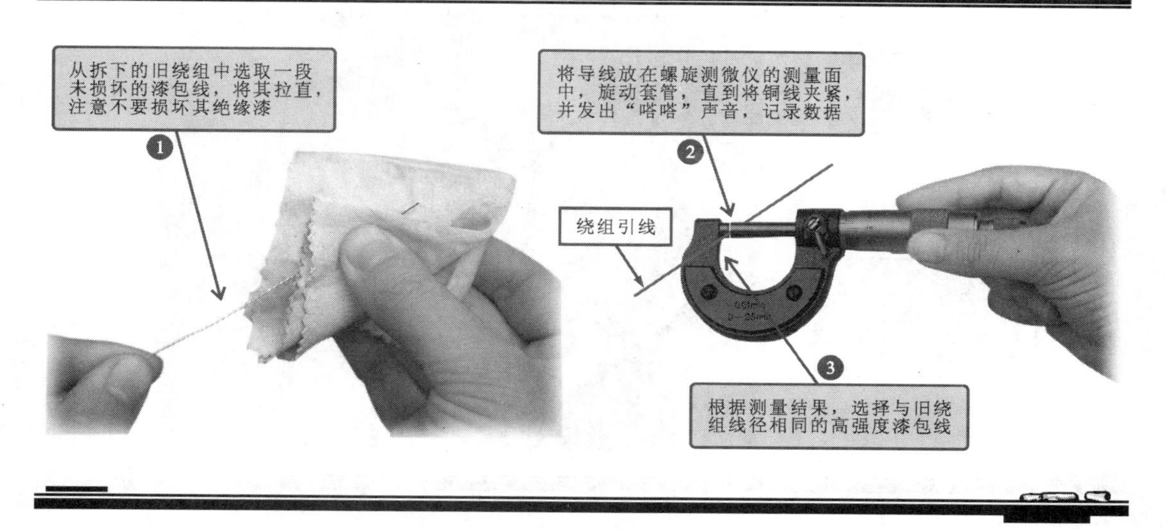

图 8-28　漆包线的选取方法

2. 准备绕制工具

电动机绕组的绕制，需要使用特定的绕线工具。一般常见的绕线工具主要有自制的绕线模具和手动式绕线机等。通常手动式绕线机还需要配合尺寸符合要求的绕线模。

图 8-29 所示为需要准备的绕线工具。

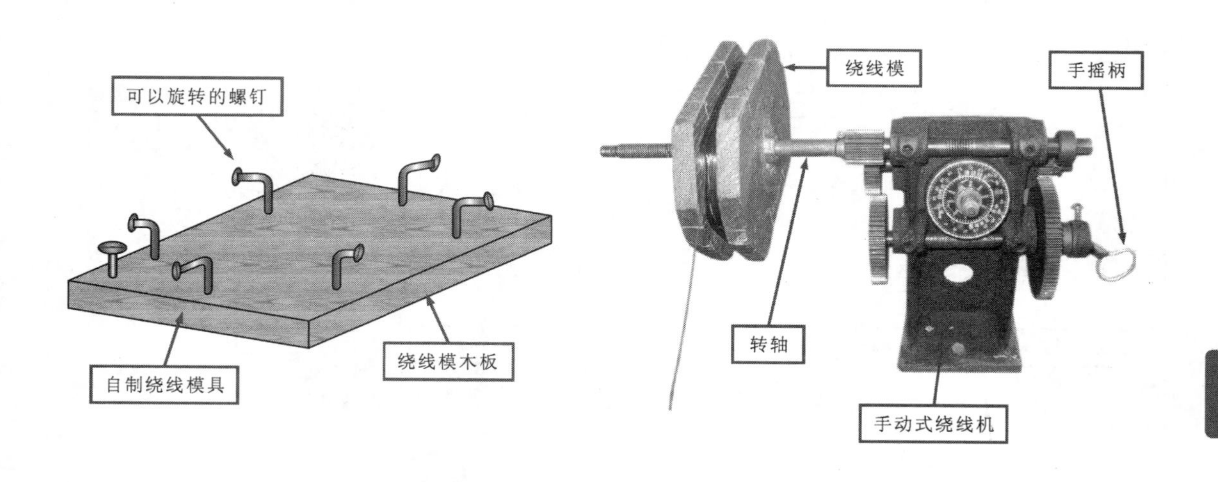

图 8-29　需要准备的绕线工具

线圈的大小直接决定了嵌线的质量和电动机的性能，一般绕制的绕组尺寸过大，则不仅浪费材料，还会使绕组端部过大顶住端盖，影响绝缘；尺寸过小，将绕组嵌入定子铁心槽内会比较困难，甚至不能嵌入槽内。电动机绕组重绕时，线圈的大小是由绕线模的大小所决定的，因此确定绕线模的尺寸是绕线前的关键步骤。

图 8-30 所示为绕线模尺寸的确定方法。

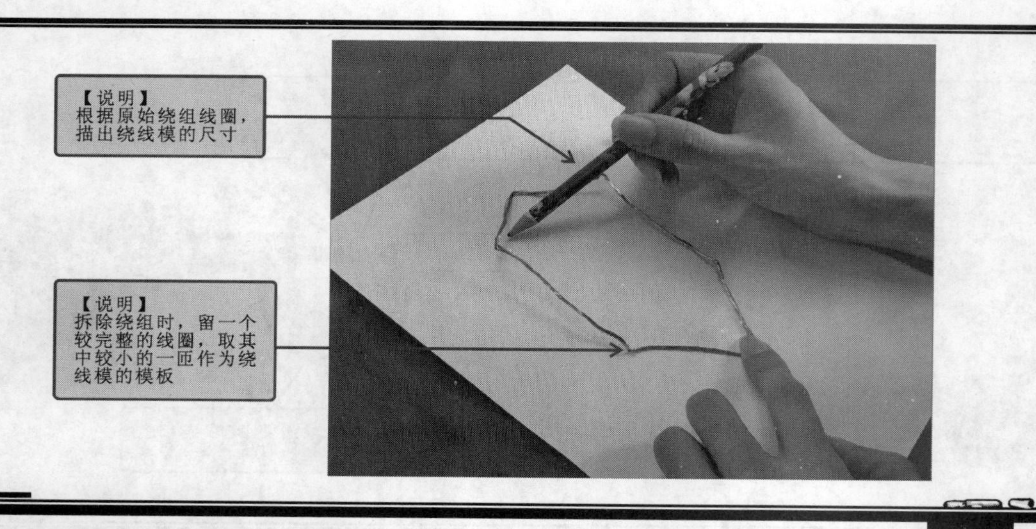

图 8-30　绕线模尺寸的确定方法

【资料】

上述方法只是粗略确定绕线模尺寸，若要更加精确地确定绕线模尺寸，可通过测量电动机的一些数据，计算绕线模的尺寸。

(1) 椭圆形绕线模相关参数的计算

图 8-31 所示为测量椭圆形绕线模所需要的具体变量标识。

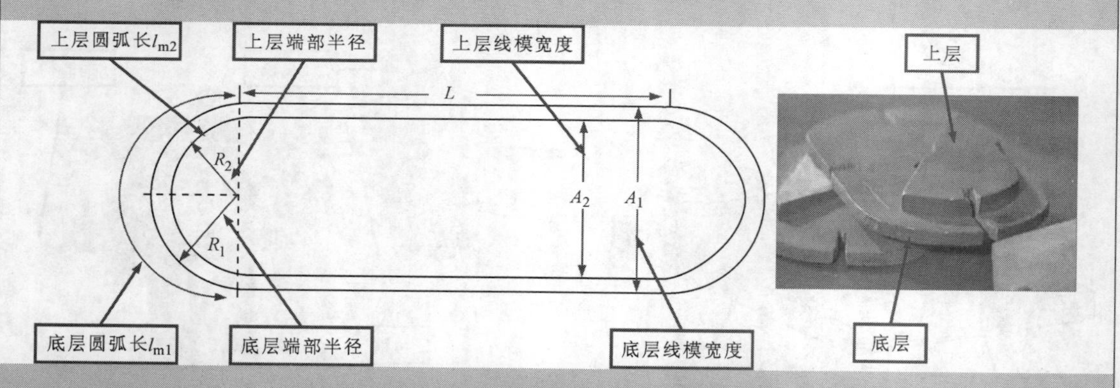

图 8-31　测量椭圆形绕线模所需要的具体变量标识

① 绕线模宽度计算公式是

$$A_1=\frac{(\pi D_{i1}+h_s)}{Q_1}(Y_1-k)$$

$$A_2=\frac{(\pi D_{i1}+h_s)}{Q_1}(Y_2-k)$$

式中：A_1、A_2 分别代表绕线模的宽度；D_{i1}是定子铁心内径；h_s 是定子槽高度；Q_1 是定子槽数，Y_1、Y_2 是绕组节距；k 是修正系数，一般情况电动机极数为 2 时修正系数可取 2～3，4 极修正系数可取 0.5～0.7，6 极修正系数可取 0.5，对于 8 极以上为 0。

② 绕线模直线长度计算公式是

$$L = L_{Fe} + 2d$$

式中：L_{Fe}代表定子铁心的长度；d代表绕组伸出铁心长度；具体数字可参考表8-2所列。

表8-2　线圈伸出铁心长度　　单位：mm

电动机极数	2极	4极	6、8、10极
小型电动机线圈伸出铁心长度	12～18	10～15	10～13
大型电动机线圈伸出铁心长度	20～25	18～20	12～15

③ 绕线模底层端部半径和上层端部半径计算公式是

$$R_1 = A_1/2 + (5 \sim 8)$$

$$R_2 = A_2/2 + (5 \sim 8)$$

④ 绕线模底层端部圆弧长度和上层端部圆弧长计算公式是

$$I_{m1} = KA_1$$

$$I_{m2} = KA_2$$

式中：K是指系数，2极电动机K取1.20～1.25，4极电动机K取1.25～1.30，6～8极电动机K取1.30～1.40。

⑤ 绕线模芯板厚度计算公式是

$$b = (\sqrt{N_c} + 1.5)d_m$$

模芯板厚度是指绕线模板的厚度，通常用b表示。式中N_c表示绕组的匝数，d_m表示绝缘导线的外径（mm）。

（2）菱形绕线模相关参数的计算

图8-32所示为测量菱形绕线模所需要的具体变量标识。

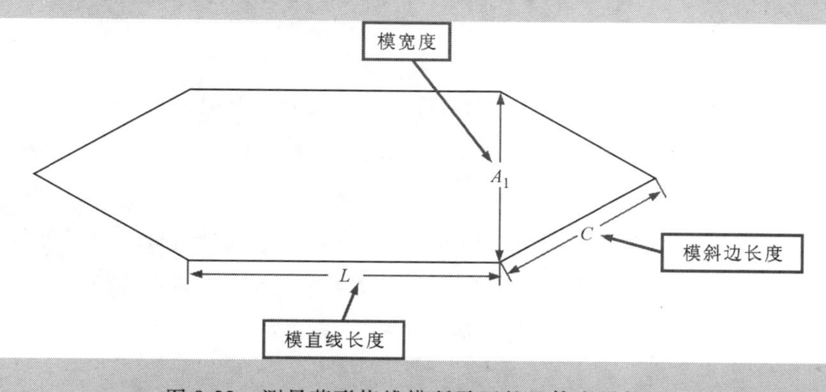

图8-32　测量菱形绕线模所需要的具体变量标识

① 菱形绕线模宽度计算公式是

$$A_1 = \frac{\pi D_{i1} y}{Z}$$

式中，D_{i1}为定子铁心内径（单位：mm），y为绕组节距（单位：槽），Z为定子总槽数（单位：槽）。

② 菱形绕线模直线长度公式是

$$L = h + 2a$$

式中：a为绕组直线部分伸出铁心的单边长度，通常a为10～20mm，h为定子铁心的长度（mm）

③ 菱形绕线模斜边长公式是

$$C = \frac{A}{t}$$

式中：t为经验因数，一般对于2极电动机，$t \approx 1.49$；对于4极电动机，$t \approx 1.53$；对于6极电动机，$t \approx 1.58$；对于8极电动机，$t \approx 1.58$。

8.4.2 开始动手进行绕组的绕制

选择好绕组所用的漆包线材料、准备好绕制工具，并根据之前记录的数据确定好绕组的股数，每股绕组中线圈的匝数后，就可以进行绕组的绕制了。通常小型电动机中绕组重绕采用自制绕线模进行绕制，而三相交流电动机一般采用绕线机进行绕制。

使用绕线机绕制三相交流电动机绕组的方法如图8-33所示。

【注意】

在进行电动机绕组绕制前，我们了解绕制过程中，需要注意的几个问题：

◆绕制前，应检查选用导线的线径是否符合要求，导线的材料应为漆包线是否与旧绕组类型一致。

◆检查绕线模有无裂缝、破损，严重时应更换，否则可能影响绕线效果。

◆绕线时一般从右向左绕制，同心式的绕组，应从小绕组绕起。

◆边绕边记录绕制匝数，或从绕线器的计数盘上查看绕制匝数，直到与旧绕组匝数相同时，才可停止。

◆若绕制过程中断线或两轴线之间交接时，应首先将待连接的引线端头用火烧去表皮绝缘漆，再用细砂纸或小刀轻轻刮去炭灰，将两个线头扭接在一起，在用电烙铁进行焊接，最后包一层黄蜡布，再进行绕制剩余匝数，或在接线前套一段黄腊管，接好线头后，用黄腊管套住接头。

注意：若绕制导线为多根并绕的导线，对其进行接头时，应当相互错开一定的距离，在进行连接和绝缘处理。

◆绕好的绕组应在首位做好标记，从绕线模上折卸前应经绕组捆牢。

◆绕组绑扎好后，从模具上退下，再绕制另一组线圈，依次进行，直到绕制线圈个数与要求数量符合。

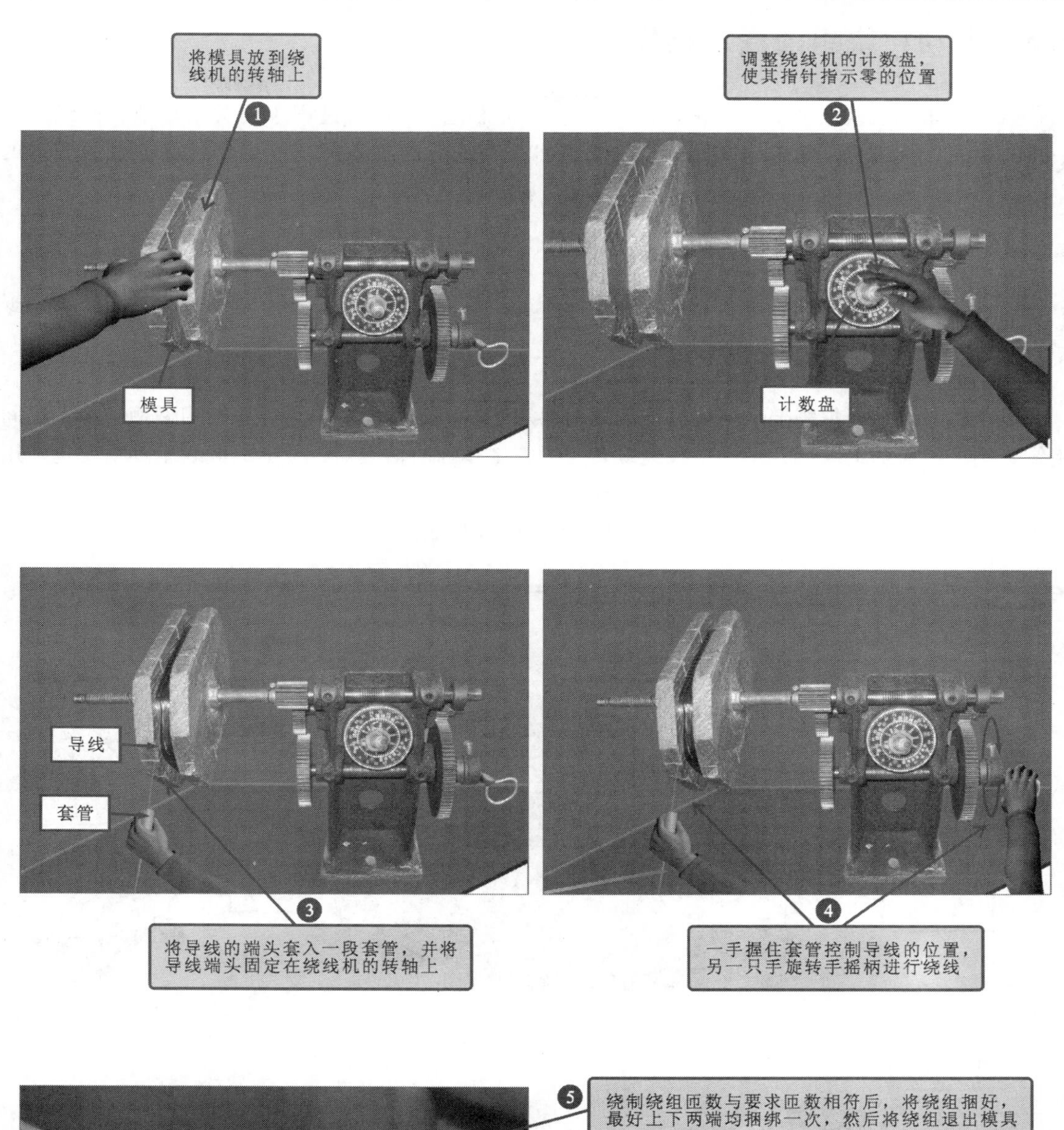

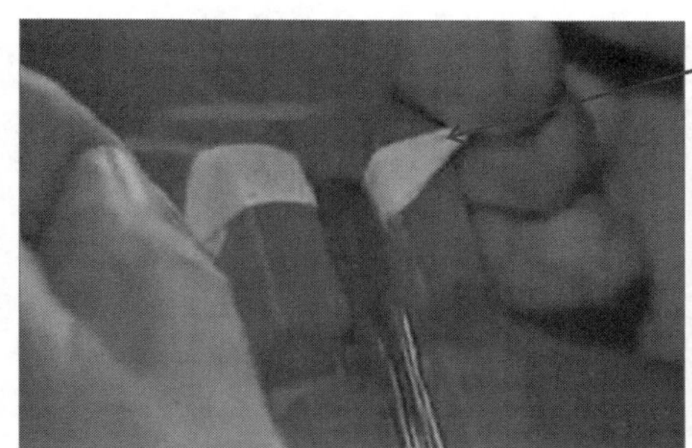

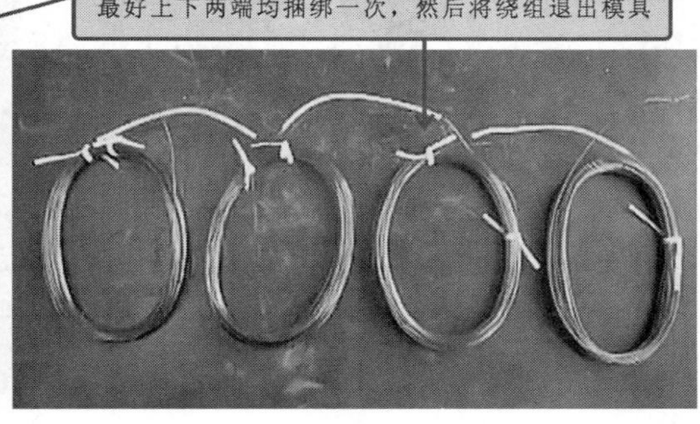

图 8-33　使用绕线机绕制三相交流电动机绕组的方法

8.5 电动机绕组的嵌线操作

电动机绕组的嵌线操作是我们对电动机绕组进行拆换过程中的关键环节，嵌线的质量直接影响电动机的电气性能，因此严格按照嵌线的步骤和规范操作是保证嵌线质量的基本要求。

8.5.1 做好电动机嵌线前的准备工作

在进行电动机绕组嵌线前，需要准备好嵌线用的各种材料和嵌线工具，然后还需要根据记录或计算的数据，搞明白，理清楚嵌线的操作顺序，为实际操作做好准备。

1. 准备嵌线的材料和工具

电动机嵌线前根据需要准备好嵌线用的材料和工具。基本的材料主要包括用做槽绝缘、层间绝缘、端部绝缘的绝缘纸，用于接线绝缘黄腊管，制作好的槽楔等；基本的嵌线工具主要包括压线板、划线板、剪刀、橡胶锤、电烙铁、焊锡丝等。

图 8-34 所示为电动机绕组嵌线前需要准备的材料和工具。

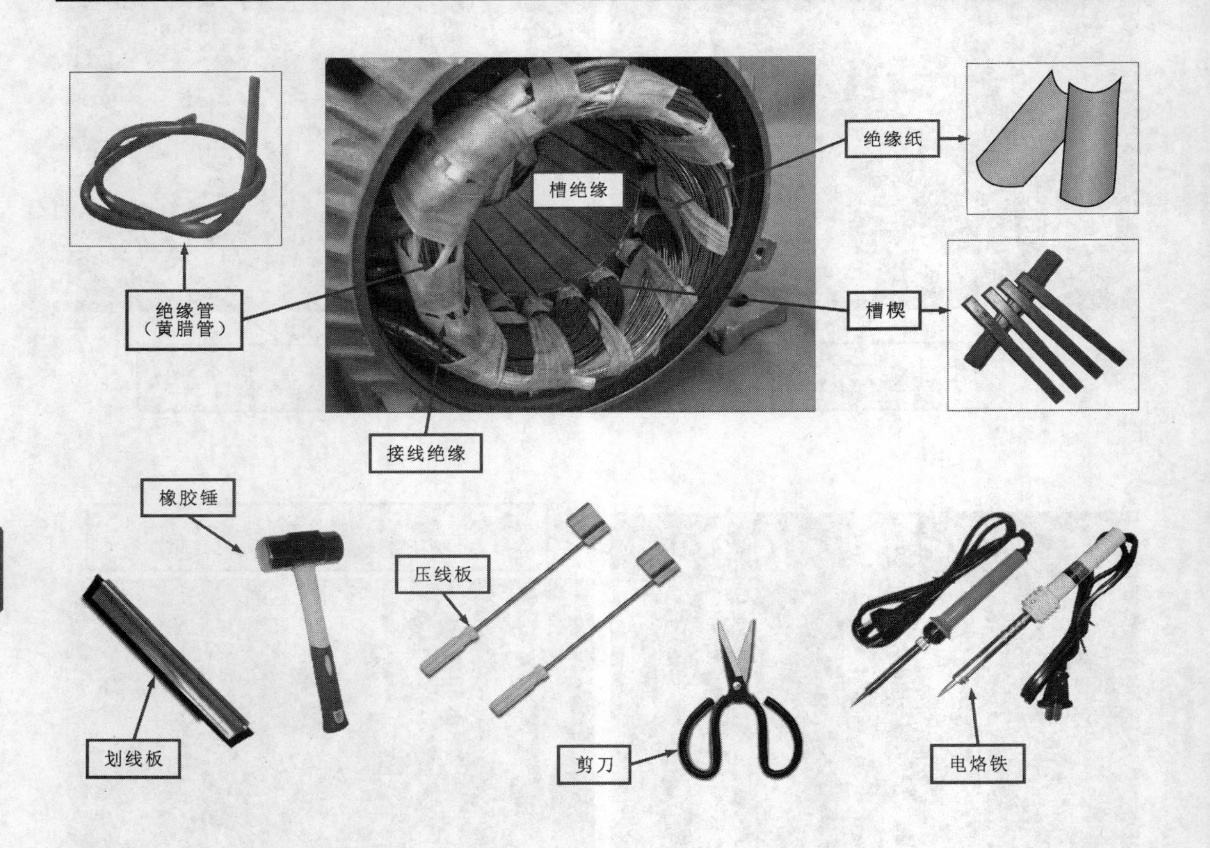

图 8-34 需要准备嵌线的材料和工具

（1）绝缘纸的裁剪

绝缘纸用于在电动机绕组嵌线时，实现电动机定子槽绝缘、层间绝缘和端部绝缘，可根据实际需要，裁剪出不同的尺寸，以备使用。

绝缘纸的裁剪方法如图8-35所示。

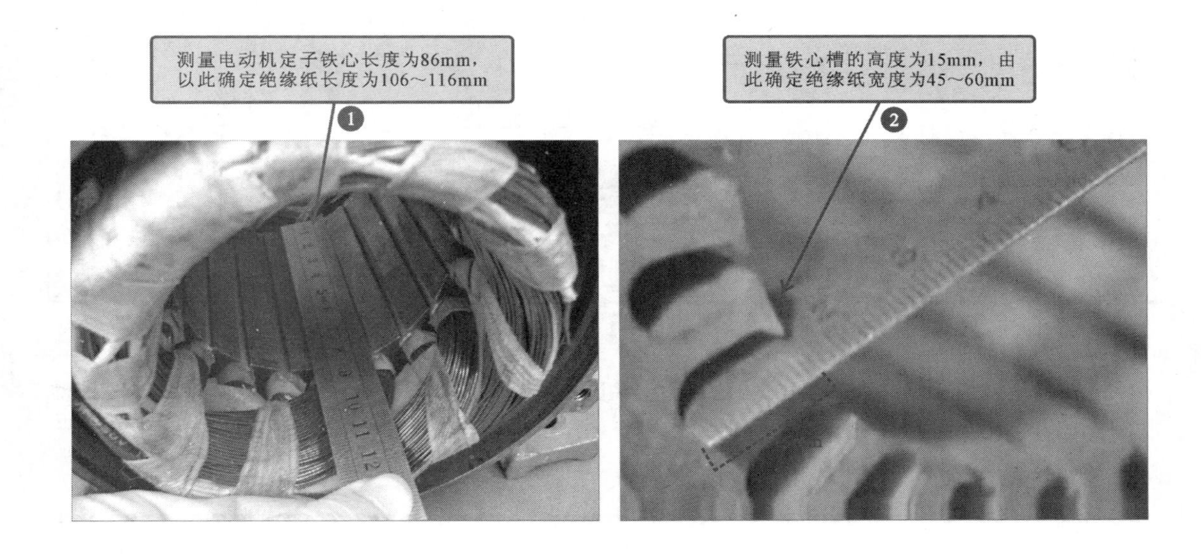

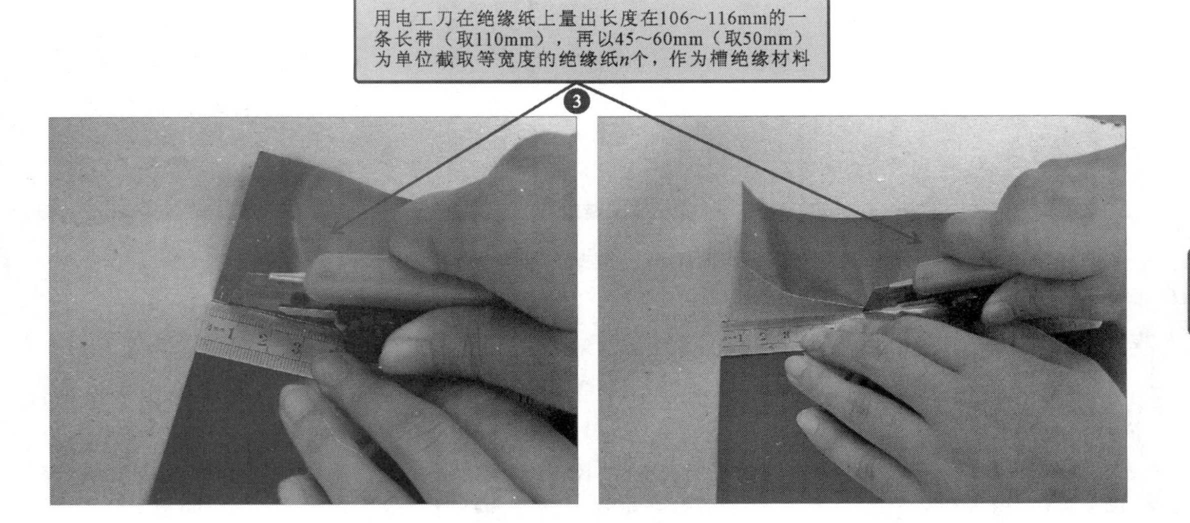

图8-35 绝缘纸的裁剪方法

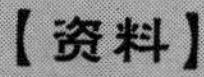

【资料】

为节省材料，一般可先在一个较大面积的绝缘纸上画好裁剪线，然后根据画好的裁剪线，将绝缘纸裁剪成符合长度的矩形长条，然后根据宽度截取为一片一片的相应数量的槽绝缘纸，如图 8-36 所示。

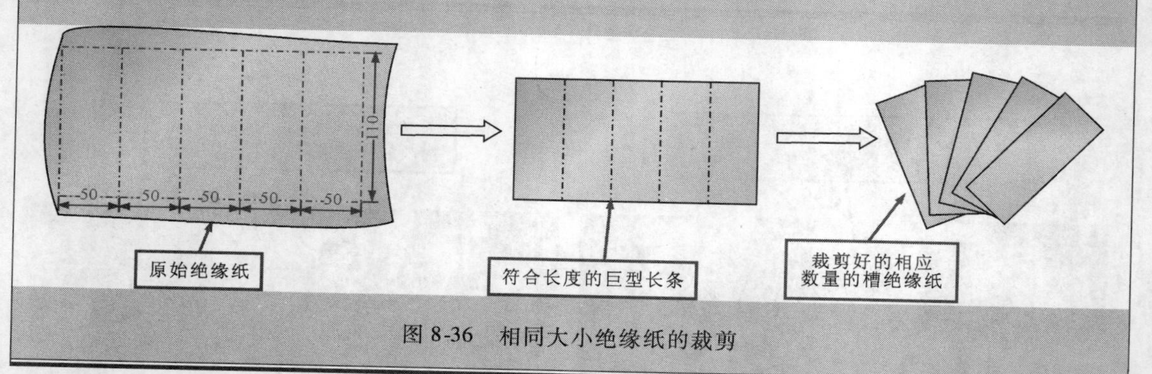

图 8-36　相同大小绝缘纸的裁剪

（2）槽楔的制作

槽楔是用来压住槽内导线，防止绝缘和绕组线圈松动的材料。若槽楔过大，将无法楔入槽中，若过小将起不到压紧的作用，因此制作槽楔时应注意其规格和形状符合铁心槽的要求。

图 8-37 所示为槽楔的制作过程。

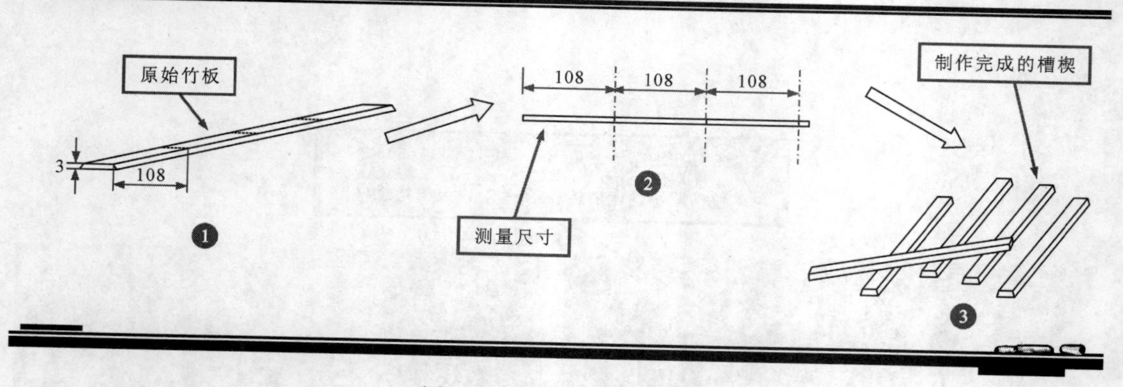

图 8-37　槽楔的制作过程

槽楔的制作方法如图 8-38 所示。

2. 依据记录数据，找准嵌线技巧

在对电动机绕组进行嵌线前，应根据前面记录绕组的绕制方式作为重要的操作依据进行嵌线。

根据图 8-11 可知，待拆除电动机的绕组为 18 槽 2 极单层交叉链式绕组，查询其绕组展开图（图 8-5）。根据绕组数据计算公式，该电动机绕组数据的计算如下：

极距：$\tau=\dfrac{Z}{2p}=\dfrac{18}{2\times1}=9$；

极相数 $=2pm=2\times1\times3=6$；

每极每相槽数：$q=\dfrac{Z}{2pm}=\dfrac{\tau}{m}=\dfrac{9}{3}=3$；

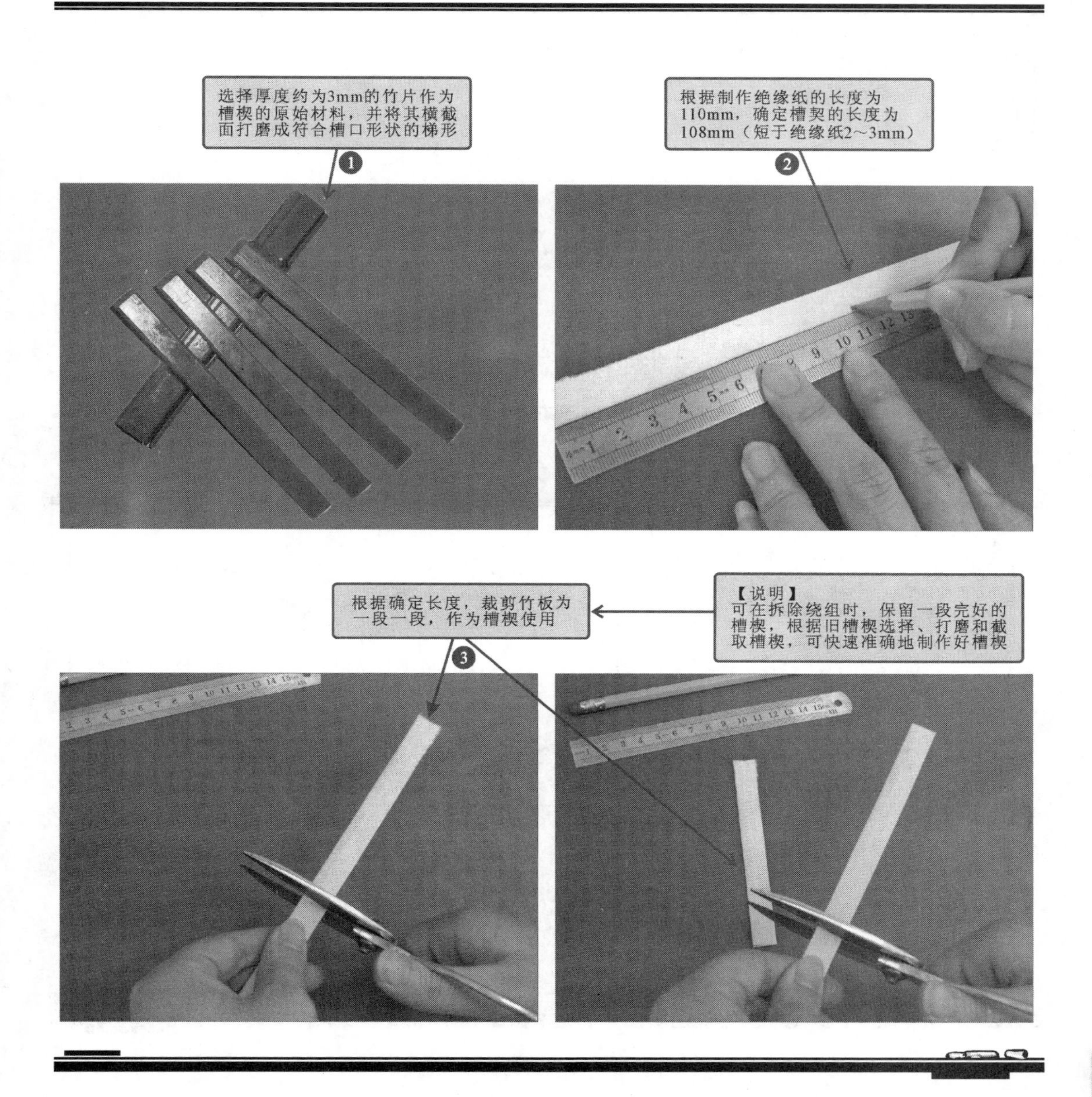

图 8-38　槽楔的制作方法

槽距角：$a=\dfrac{p\times 360°}{Z}=\dfrac{1\times 360°}{18}=20°$。

该类电动机绕组可采用整嵌式和叠绕式进行嵌线。

（1）整嵌式

整嵌式是指在嵌线过程中先嵌好一相再嵌另一相的方法，如图 8-39 所示。

（2）叠绕式

叠绕式是指采用“嵌 2、空 1、嵌 1、空 2、吊 3”的方法进行嵌线，即连续嵌两个槽，然后空一个槽，再嵌一个槽，然后空两个槽，接着，连续嵌两个槽，然后空一个槽，再嵌一个槽，然后空两个槽，直至全部嵌完，如图 8-40 所示。

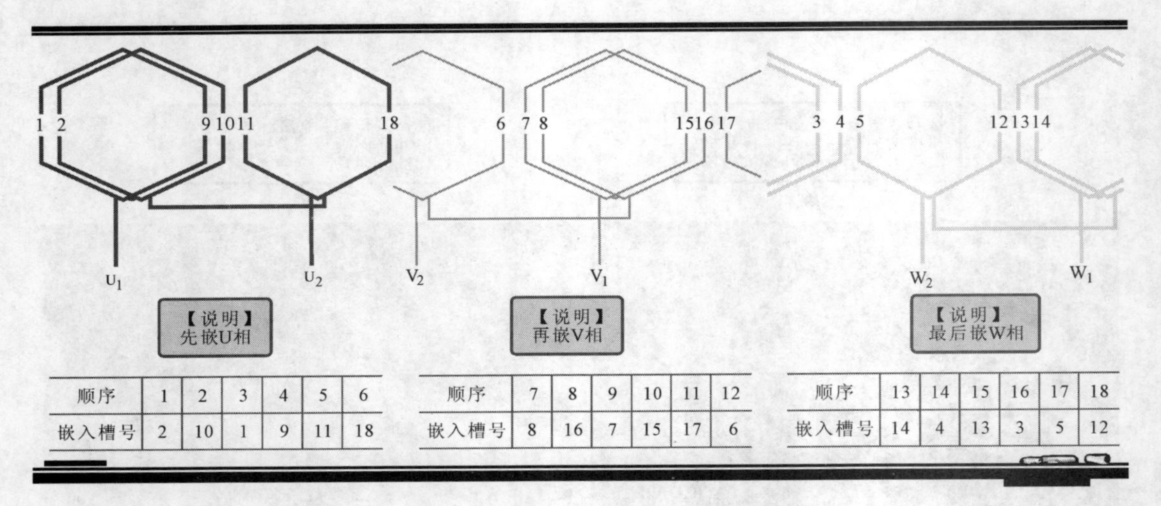

顺序	1	2	3	4	5	6
嵌入槽号	2	10	1	9	11	18

顺序	7	8	9	10	11	12
嵌入槽号	8	16	7	15	17	6

顺序	13	14	15	16	17	18
嵌入槽号	14	4	13	3	5	12

图 8-39 整嵌式的嵌线顺序

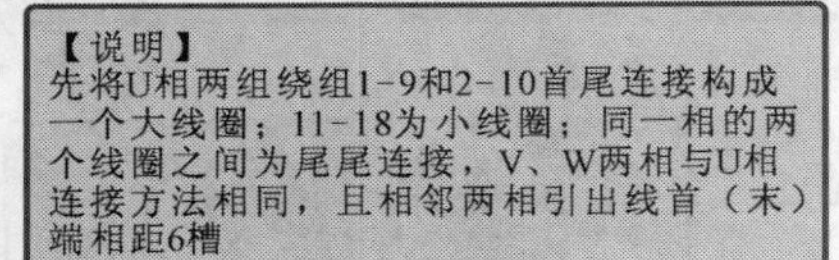
【说明】
先将U相两组绕组1-9和2-10首尾连接构成一个大线圈；11-18为小线圈；同一相的两个线圈之间为尾尾连接，V、W两相与U相连接方法相同，且相邻两相引出线首（末）端相距6槽

嵌线时，按照嵌2、空1、嵌1、空2、吊3的方法嵌线：

① 先将U1相的两个有效边嵌入2、1号槽，两条下边暂时“吊起”不嵌；

② 空一个槽（即空18号槽），将V2相绕组嵌入17号槽，另一边暂时“吊起”不嵌；

③ 空两个槽（即空16、15号槽），此时2、1、17对应的另一边都吊起，即吊3；

④ 将W1相绕组嵌入14、13号槽，另一边嵌入4、3号槽（不需要吊起，已经有吊3了）；

⑤ 空一个槽（即空12号槽），将U2相绕组嵌入11号槽，另一边嵌入18号槽（不需要吊起）；

⑥ 空两个槽（即空10、9号槽）；

⑦ 将V1相绕组嵌入8、7槽，同时将对应另一边嵌入16、15号槽；

⑧ 空一个槽（即空6号槽），将W2相绕组嵌入5号槽，另一边嵌入12号槽；

⑨ 最后将吊起的3个边分别对应嵌入10、9、6号槽，至此电动机绕组嵌线完毕。

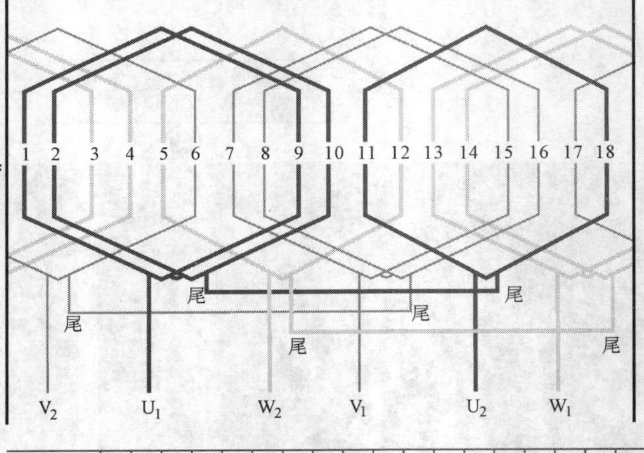

顺序	1	2	3	4	5	6	7	8	9	10	11	12	13	14	15	16	17	18
嵌入槽号	2	1	17	14	4	13	3	11	18	8	16	7	15	5	12	10	9	6

图 8-40 叠绕式的嵌线顺序

8.5.2 动手进行嵌线操作

嵌线是指将前面绕制好的线圈，嵌入电动机定子铁心槽内，主要包括放置槽绝缘、嵌放绕组、相间绝缘、端部整形、绕组接线、绑扎外引线和连接电动机相线等几个步骤。

1. 放置槽绝缘

放置槽绝缘是指将绝缘纸放入定子槽中形成绕组与槽内的绝缘，如图 8-41 所示。

2. 嵌放绕组

嵌放绕组是指将绕制好的绕组根据前述的嵌线方法嵌入放好绝缘纸的定子槽中，并用绝缘纸将绕组包好，然后压上槽楔。

根据前述记录数据，电动机铭牌上标识的型号 Y90S-2，可知此电动机的槽数为 18 个，极数

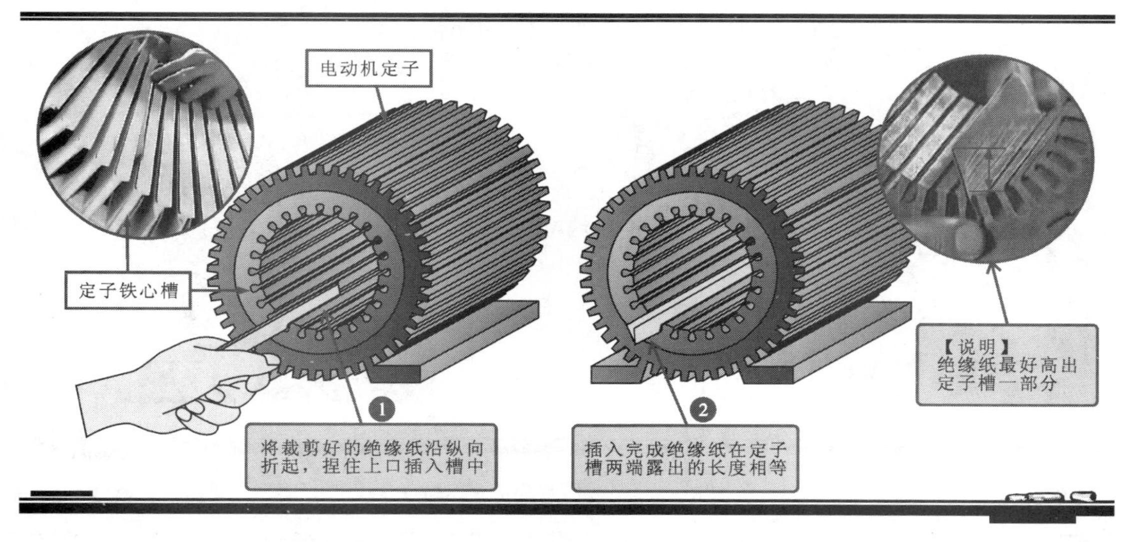

图 8-41　放置绝缘槽纸进行槽绝缘的方法

为2，采用三相单层交叉链式绕组的方法绕制，下面采用叠绕式进行嵌线，操作顺序参照图8-40所示。

绕组的具体嵌放操作如图8-42所示。

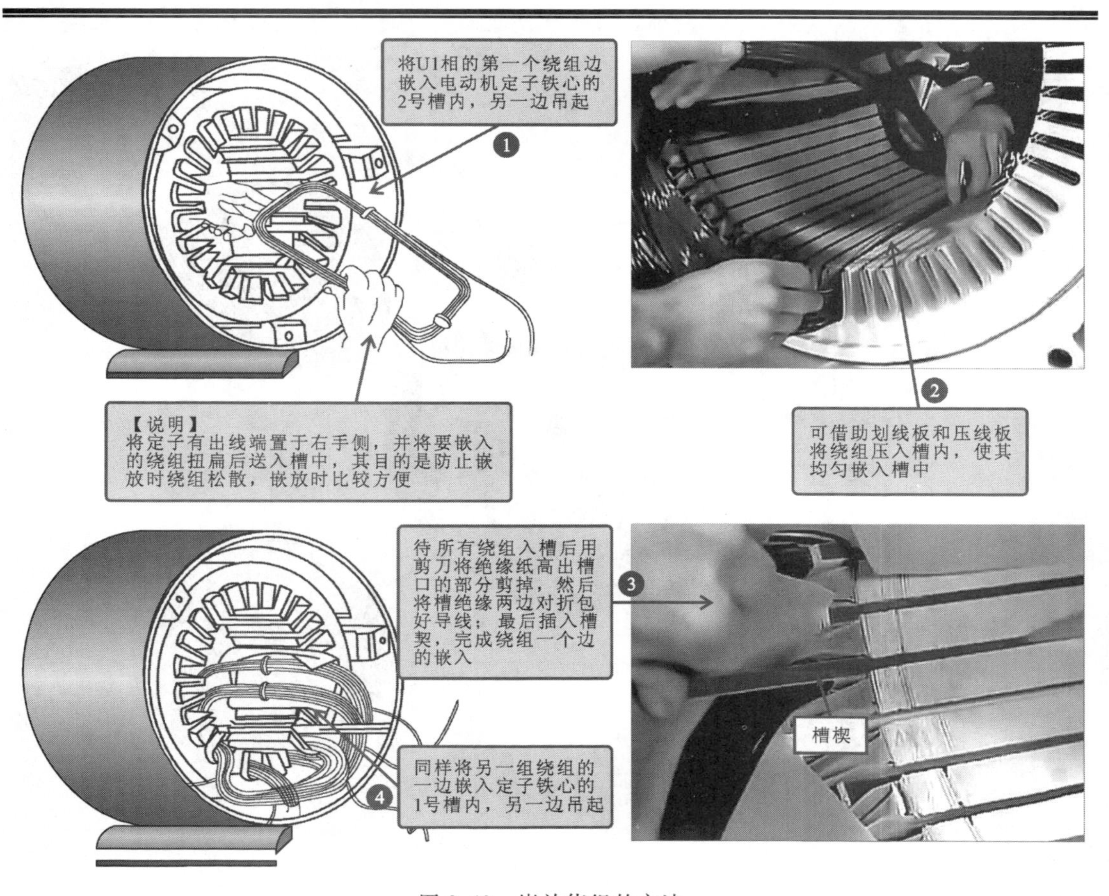

图 8-42　嵌放绕组的方法

图 8-42　嵌放绕组的方法（续）

【资料】

在进行嵌放绕组时，需要注意：当可以嵌放一个绕组的两个边入槽时，应注意绕组上边嵌放的，应将绕组稍微挤压后滑入槽内，全部放入槽内后，包好绝缘纸，放好槽楔，再将绕组端口处进行简单的整形，为嵌放以后绕组做好准备。

当全部绕组嵌入到槽中后，再将前面吊起的绕组的一边嵌入，其嵌入的方法和其他绕组嵌入方法相同，嵌放时也应将绕组稍微挤压滑入槽内；前部绕组嵌好后，接下来将绕组绑扎带绑扎好，到此电动机的嵌线过程便完成了。

相关技巧如图 8-43 所示。

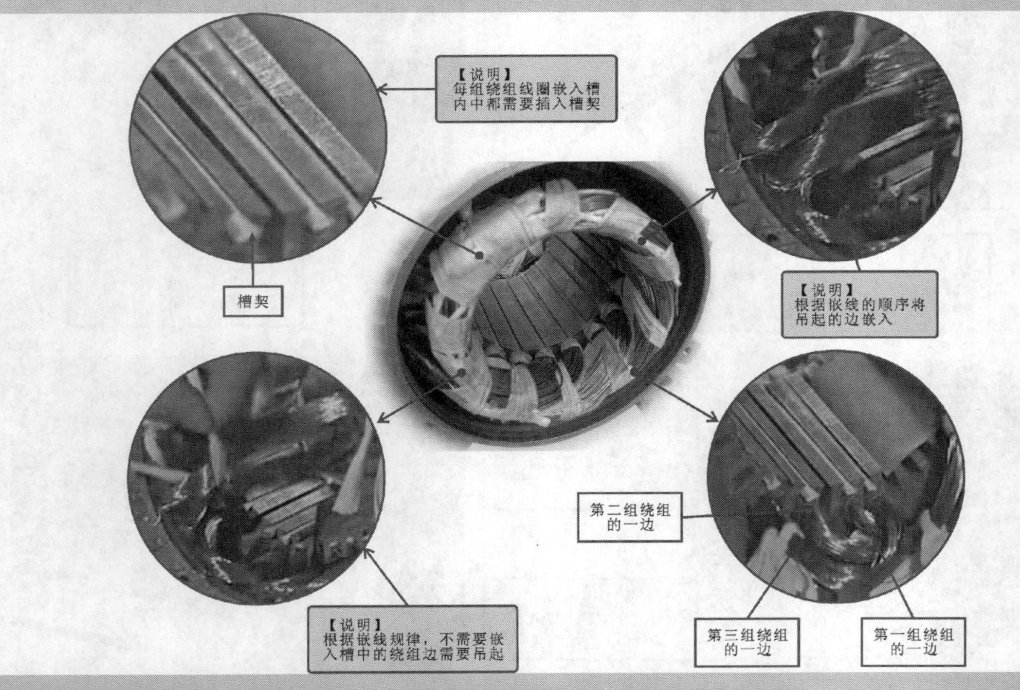

图 8-43　嵌放绕组时的技巧

3. 相间绝缘

相间绝缘是指绕组嵌放完成后，为避免在绕组的端部产生短路，通常需要在每个极相绕组之间加垫绝缘。

极相绕组间绝缘放置的位置应合适，须起到相间绝缘的作用；相间绝缘选用材料与槽绝缘相同，一般选用薄膜型绝缘纸。相间绝缘的方法如图 8-44 所示。

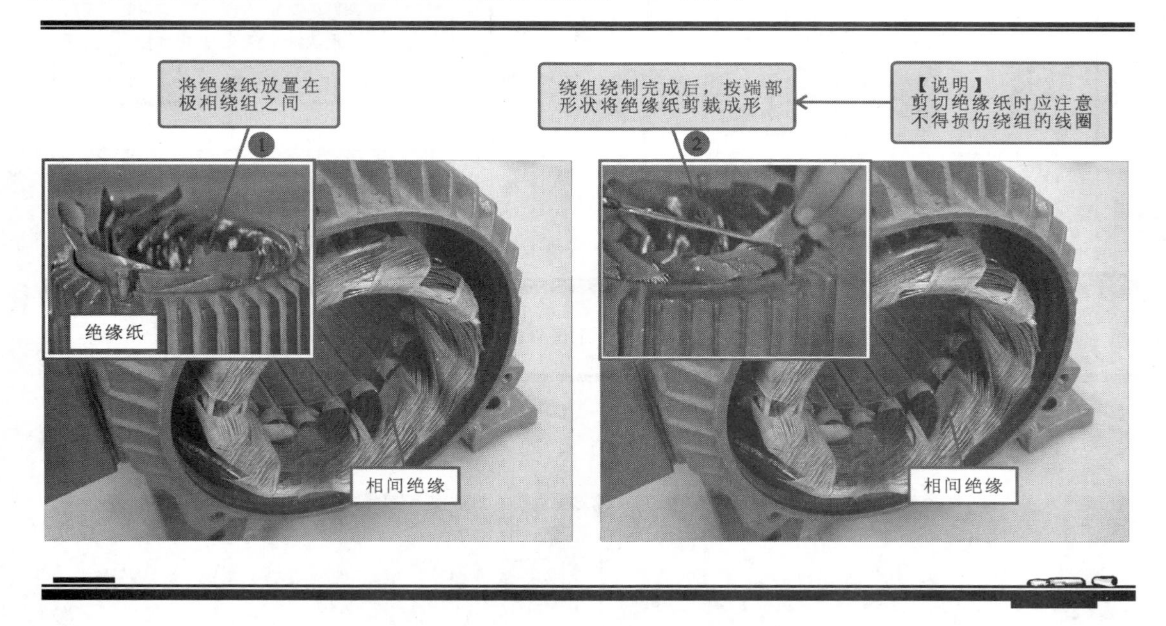

图 8-44 相间绝缘的方法

4. 端部整形

端部整形是指用橡胶锤将嵌好的绕组端部进行整理，使其成喇叭状，端部整形的方法如图 8-45 所示。

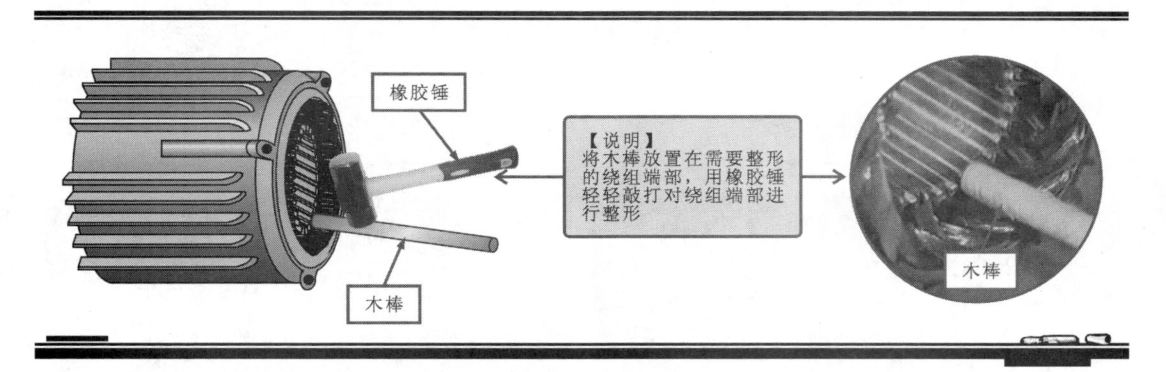

图 8-45 端部整形的方法

5. 绕组接线

绕组接线是指绕组端部整形结束后，将同一相绕组中各极相绕组的首尾端按一定规律连接在一起，这时就需要参考绕组端面布线接线图进行接线。

在该 18 槽 2 极单层交叉链式绕组中，需要进行连接的绕组引出线，如图 8-46 所示。

绕组接线的方法如图 8-47 所示。

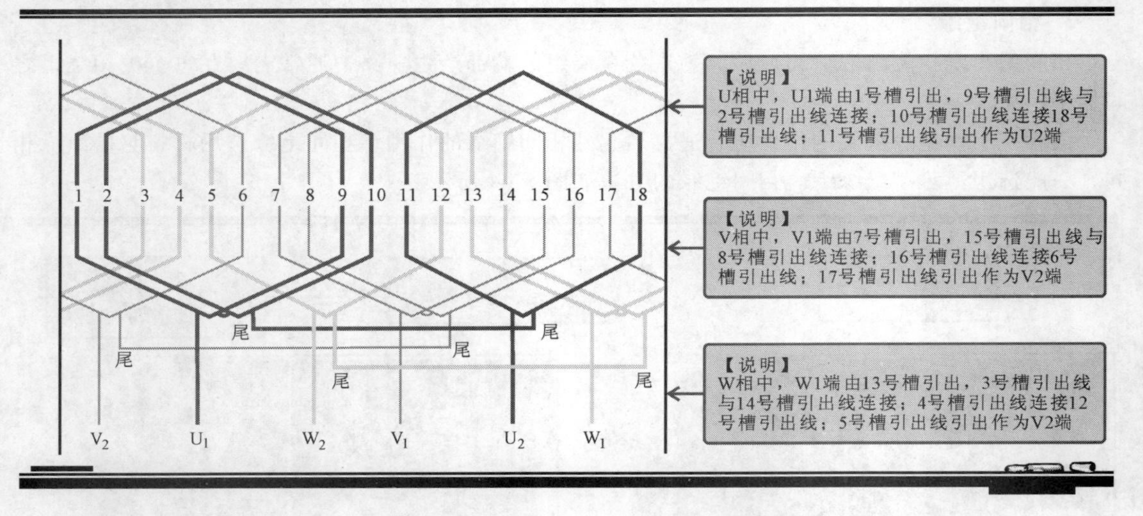

图 8-46　18 槽 2 极单层交叉链式绕组的引出线的连接关系

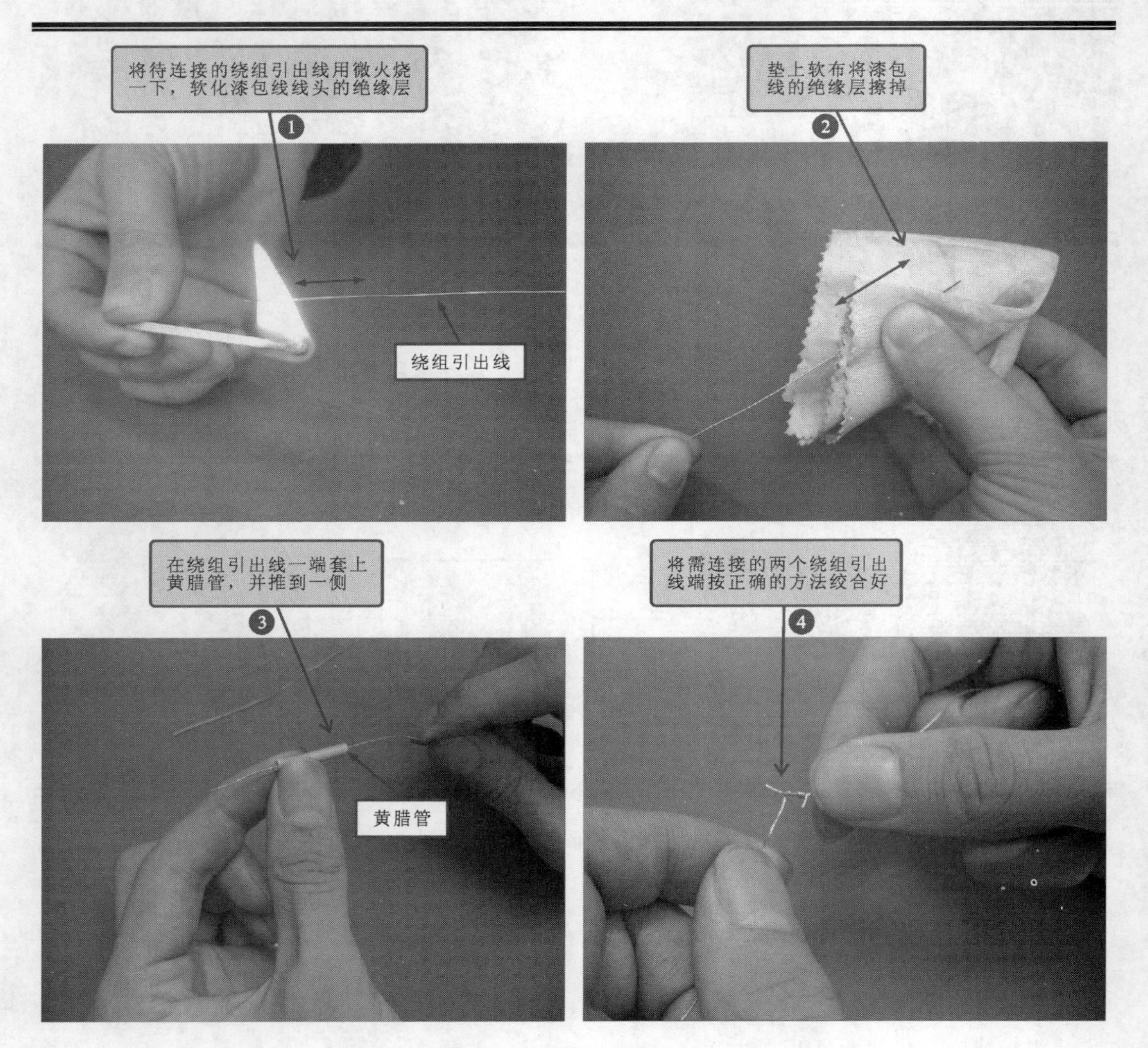

图 8-47　绕组接线的方法

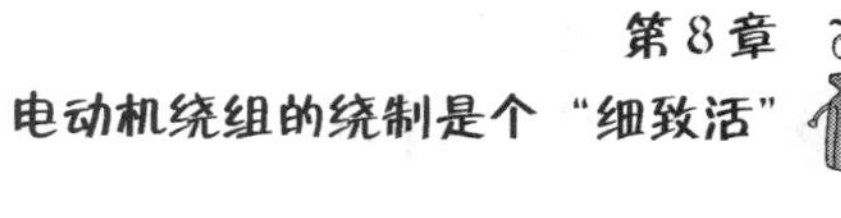

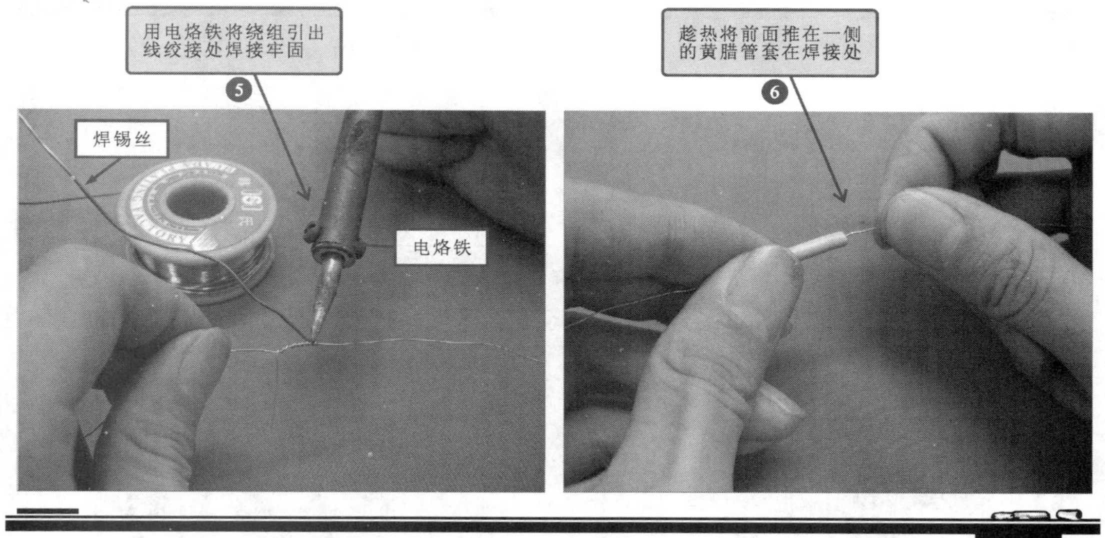

图 8-47　绕组接线的方法（续）

6. 绑扎外引线

绑扎外引线是绕组嵌线中不容忽视的一个程序，主要是将绕组端部按照一定次序将其绑扎成一个紧固的整体，如图 8-48 所示。

图 8-48　绑扎外引线的方法

7. 连接电动机相线

电动机嵌线完成后，需要将电动机的所有引出线连接接线端子，引入电动机接线盒的接线柱上，如图 8-49 所示。

将所有电动机引出线端套上一段绝缘套管，并将要连接的线排列在绕组端部的顶部或侧面

①

用冷压钳将接线端子压接在引出线上，并在压接处套上黄腊管进行绝缘

②

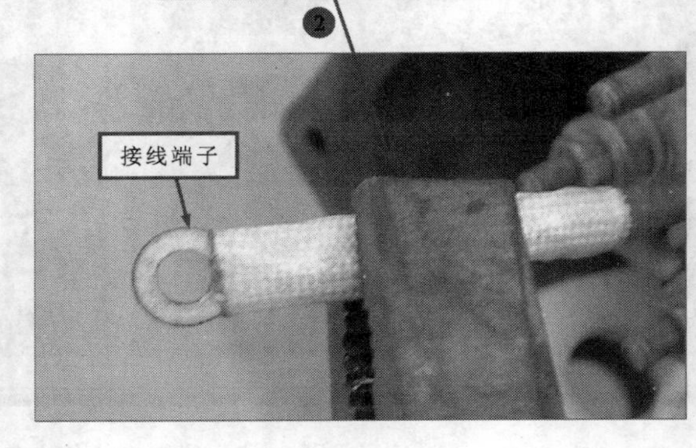

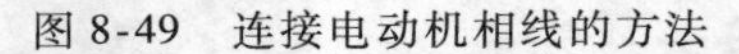

图 8-49　连接电动机相线的方法

【资料】

连接接线端子的方法主要有冷压法和锡焊法，其中冷压法是用冷压钳将接线端压接在引出线上，此方法多用于小型电动机；锡焊法是使用电烙铁等工具将接线端压接在绝缘套管上，此方法多用于大型电动机。

8.6　电动机绕组的浸漆与烘干处理

对电动机绕组进行重新绕制和嵌线操作后，接下来最后一个工序就是对绕组部分进行浸漆和干燥处理。绕组进行浸渍烘干处理主要是为了改善绕组的导热性和提高散热性、抗潮性、防霉性以及抗振性和机械稳定性；另外浸漆也提高了绕组的机械强度，使绕组表面形成光滑的漆膜，还可增强耐油、耐电弧的能力。

8.6.1　做好绕组浸漆与烘干前的准备工作

在进行电动机绕组浸漆与烘干操作前，同样需要将浸漆与烘干用到的各种材料和工具设备准备齐全，然后便可根据实际情况选定某种浸漆与烘干的操作方法，动手操作了。

电动机绕组浸漆与烘干中主要需要提前准备好浸漆用的绝缘漆，即需要根据被浸电动机的绝缘等级及实际应用选用合适的绝缘漆。例如，对于应用在油性环境大的电动机，应选用耐油性好的绝缘漆。目前，绝缘漆主要有沥青漆和清漆两大类，其中清漆中常用的主要有醇酸绝缘漆，该类型绝缘漆具有耐油性好、耐电弧性和漆膜平滑等优点。

图 8-50 所示为浸漆操作中所用的两种绝缘漆。

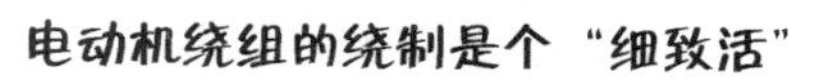

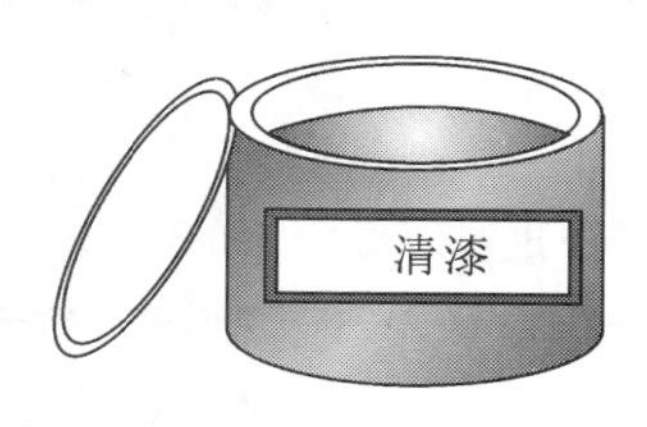

【说明】
使用绝缘漆时，若过于黏稠，可以加入甲苯、二甲苯等溶液进行稀释

图 8-50　浸漆操作中所用的两种绝缘漆

8.6.2　动手进行浸漆和烘干操作

电动机绕组进行浸漆和烘干操作也称为电动机的绝缘处理。其主要有四个步骤：预烘、绕组浸渍、浸烘处理和涂覆盖漆。电动机浸漆和烘干的方法有很多，在实际操作中，根据电动机和操作的具体情况选择合适的操作方法即可。

1. 绕组浸漆前的预烘操作

对绕组进行浸漆前，先将绕组预热高出线圈绝缘耐热等级 5～10℃，该操作称为预烘，主要是为了将电动机绕组间隙及绝缘内部的潮气烘干，提高浸漆的质量。

预烘多采用工业用电烤箱进行，其方法与前述绕组的绝缘软化基本相同，但目的相反。将电动机放到烤箱中，根据电动机的类型和绝缘耐热等级调整烘干的温度和时间，达到烘干电动机绕组的目的。

2. 绕组浸漆

绕组经预烘后的温度降至 60～80℃ 时，便可以开始浸漆。常用的浸漆方法主要有浇漆法和浸泡法。

（1）采用浇漆法进行绕组浸漆

浇漆是指将绝缘漆浇到绕组中的方法，在维修中较常采用。浇漆时为了节省原料，将电动机垂直放在漆盘上，先浇制绕组的一端，经过 20～30 min 后，将电动机调过来浇制另一端，直到电动机两端均浇透。

图 8-51 所示为采用浇漆浸漆法进行绕组浸漆的方法。

图 8-51　采用浇漆法进行绕组浸漆的方法

(2) 采用浸泡法进行绕组浸漆

浸泡是指将电动机浸入盛有绝缘漆的容器中，并使电动机全部浸入其内部一段时间后（不再冒气泡时），取出电动机。

图 8-52 所示为采用浸泡浸漆法进行绕组浸漆的方法。

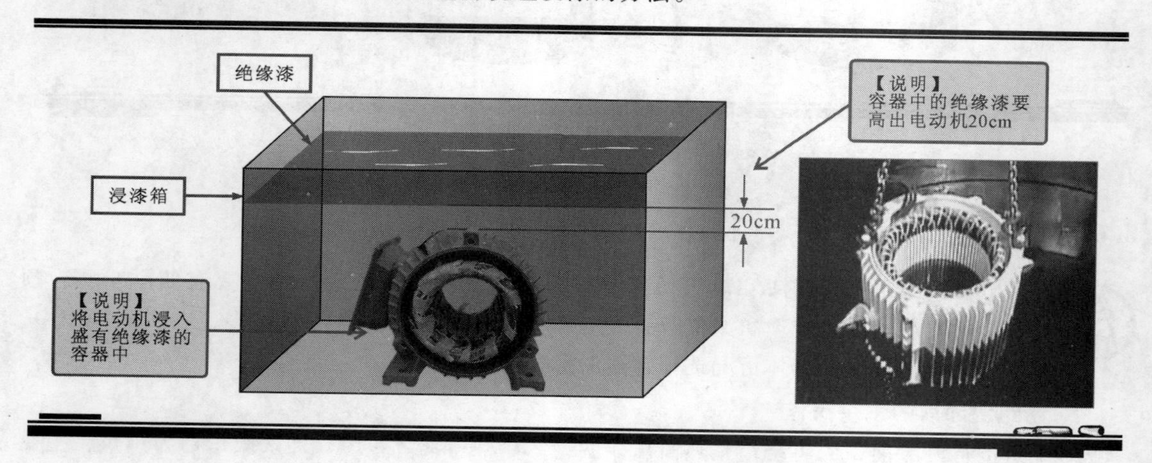

图 8-52 采用浸泡浸漆法进行绕组浸漆的方法

3. 浸烘处理

浸烘处理主要是将绝缘漆中的溶剂和水分蒸干，使绕组表面的绝缘漆变为坚固的漆膜的操作。

绕组进行浸烘需要两个阶段。第一阶段为低温阶段，是为使绝缘漆中的溶剂挥发掉，因此在烘干时温度不必太高，温度控制在 70 ~ 80℃即可，一般烘干 2 ~ 4h。

第二阶段是高温阶段，此阶段是为了使绝缘漆聚合和基氧化，形成漆膜，此时温度需要提高到 130℃ ±5℃。此阶段烘干时，要每隔 1h 测量一次电动机的绝缘电阻值，当所测量三个连接点的绝缘电阻值不变时，此电动机烘干完成。

目前，常用的电动机绕组浸烘方法主要有灯泡烘干法、通电烘干法等。

(1) 灯泡烘干法

灯泡烘干法一般适用于小型电动机绕组绝缘漆的烘干。其具体操作方法为：将电动机定子垂直放置，把灯泡放在定子绕组中间位置，不要接触绕组，接通灯泡电源使其发光，用灯泡散发是热量烘干绕组绝缘漆。

图 8-53 所示为采用灯泡烘干法进行绕组烘干的方法。

(2) 通电烘干法

通电烘干法又称电流烘干法，是指将电动机绕组引出端子接在低压电源上（低于额定工作电压），使绕组中有电流通过，通过绕组自身发热对其进行烘干。

图 8-54 所示为采用通电烘干法进行绕组烘干的方法。

【资料】

电动机浸漆后烘干操作也可采用电烤箱烘干法，其操作方法与预烘时操作相同。一般烘干时 A 级绝缘温度应为 115 ~ 125℃，E、B 级绝缘为 125 ~ 135℃，时间为 5h 左右。

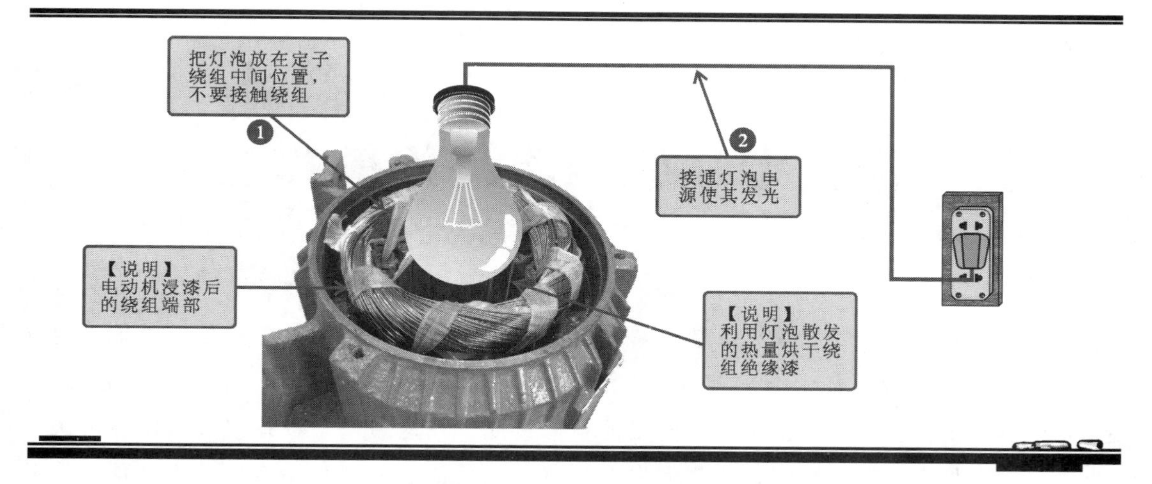

图 8-53　采用灯泡烘干法进行绕组烘干的方法

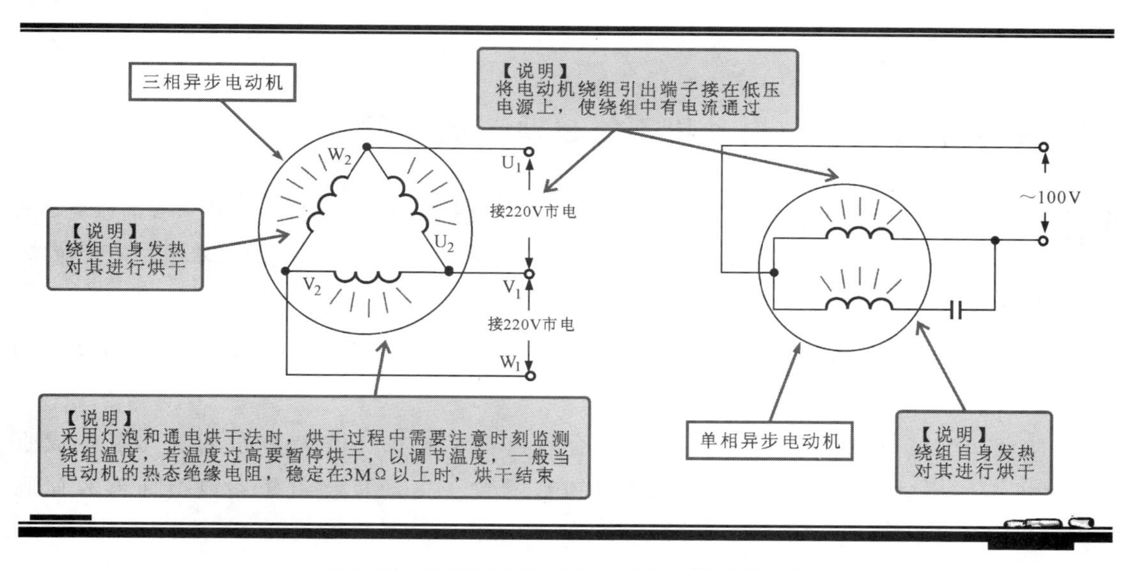

图 8-54　采用通电烘干法进行绕组烘干的方法

4. 涂覆盖漆

电动机浸渍完成后，绕组温度在 50～80℃ 时进行涂覆盖漆两次，对于电动机经常工作在潮湿的环境可多涂几次漆。

第9章 实战中检验电动机故障检修的技能

现在，开始进入第9章学习：从检修实战中检验电动机故障检修的技能。电动机在运转过程中经常会出现各种各样的故障，如电动机不起动、转速低、起动慢、外壳带电、不工作等。为了检验我们学习的检修技能，在这一章中，我们就来实际解决一下电动机的常见几种故障案例，希望大家在学习本章后能够从实战中夯实基本技能，检验哪些方面仍存在不足，并积累实际动手经验，提高检修技能。好了，下面让我们开始动手吧。

9.1 动手解决“直流电动机不能起动”的故障

在检修直流电动机过程中，“不能起动”是最常遇到的故障之一，这里我们以典型直流电动机为例，分析该故障常见的故障原因，并动手检修“直流电动机不能起动”故障，直到故障排除。

① 故障表现：典型采用直流电动机的电动产品中，接通电源后，电动机不起动，也无任何反应。

② 故障分析：根据上述故障表现，结合直流电动机的工作特点可知，一般造成直流电动机不能启动的故障原因主要为供电引线异常、电动机绕组短路或换向器表面脏污等。

③ 故障检修：怀疑电源供电线路异常，排除外接供电引线异常情况下，可首先用万用表粗略测量直流电动机绕组间的阻值，检查绕组有无短路或绕组回路有无断路情况，如图9-1所示。

【注意】

正常情况下，有刷电动机供电引线之间应有几欧姆电阻值。若在改变引线状态时，发现万用表测量其电阻值有明显变化，则一般说明引线中可能存在短路或断路故障，应更换引线或将引线重新连接好：若电阻值趋于无穷大，说明电动机供电引线线路中可能存在断路故障，如引线断路、电刷未与换向器接触、转子绕组断路等。

经检测，直流电动机绕组回路电阻值异常，接下来逐一对回路中的电气部件进行检查，如检查电动机供电引线的连接情况；若连接正常，则需要将直流电动机进行拆卸，对内部换向器表面进行清洁，以排除绕组回路接触不良故障，如图9-2所示。

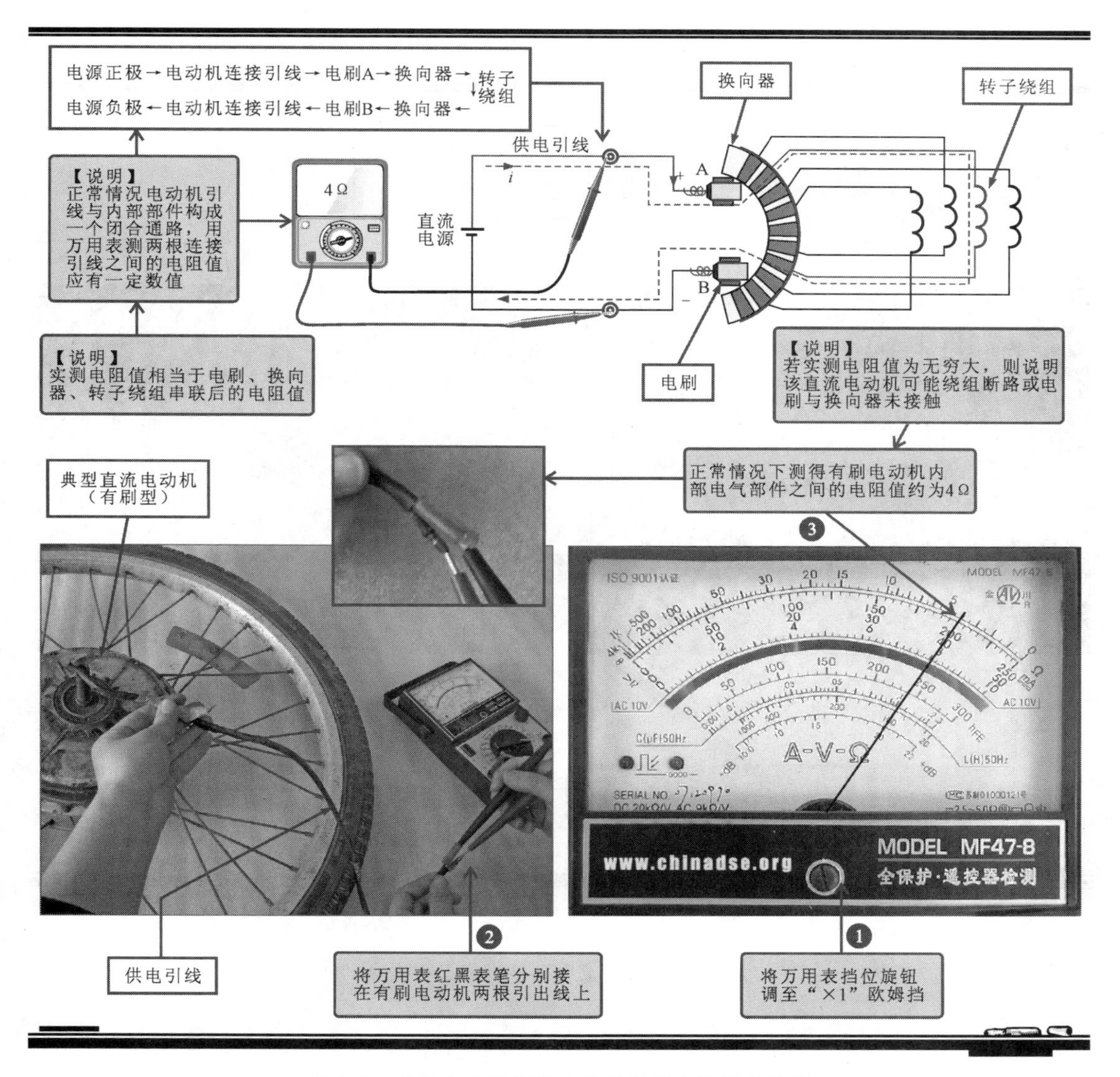

图 9-1　直流电动机绕组或绕组回路电阻值的检测

【注意】

供电及电动机本身部件异常时，电动机不起动是比较常见的故障，检查完上述故障后，将电动机装好后进行调试，若电动机能正常起动，则说明故障排除。

若检查完上述部分，电动机仍然还不能正常起动，此时需要检查直流电动机的其他可能的故障原因，例如：

励磁回路断开、电刷回路断开、因电路发生故障使电动机未通电、电枢（转子）绕组断路、励磁绕组回路断路或接错、电刷与换向器接触不良或换向器表面不清洁、换向极或串励绕组接反、起动器故障、电动机过载、负载机械被卡住，使负载转矩大于电动机堵转转矩，负载是否过重、起动电流太小、直流电源容量太小、电刷不在中性线上等。

上述情况均可能引起直流电动机不能起动的故障，可在排除故障的过程中根据实环境情况，具体分析，逐步排查，直到找到故障点，排除故障。

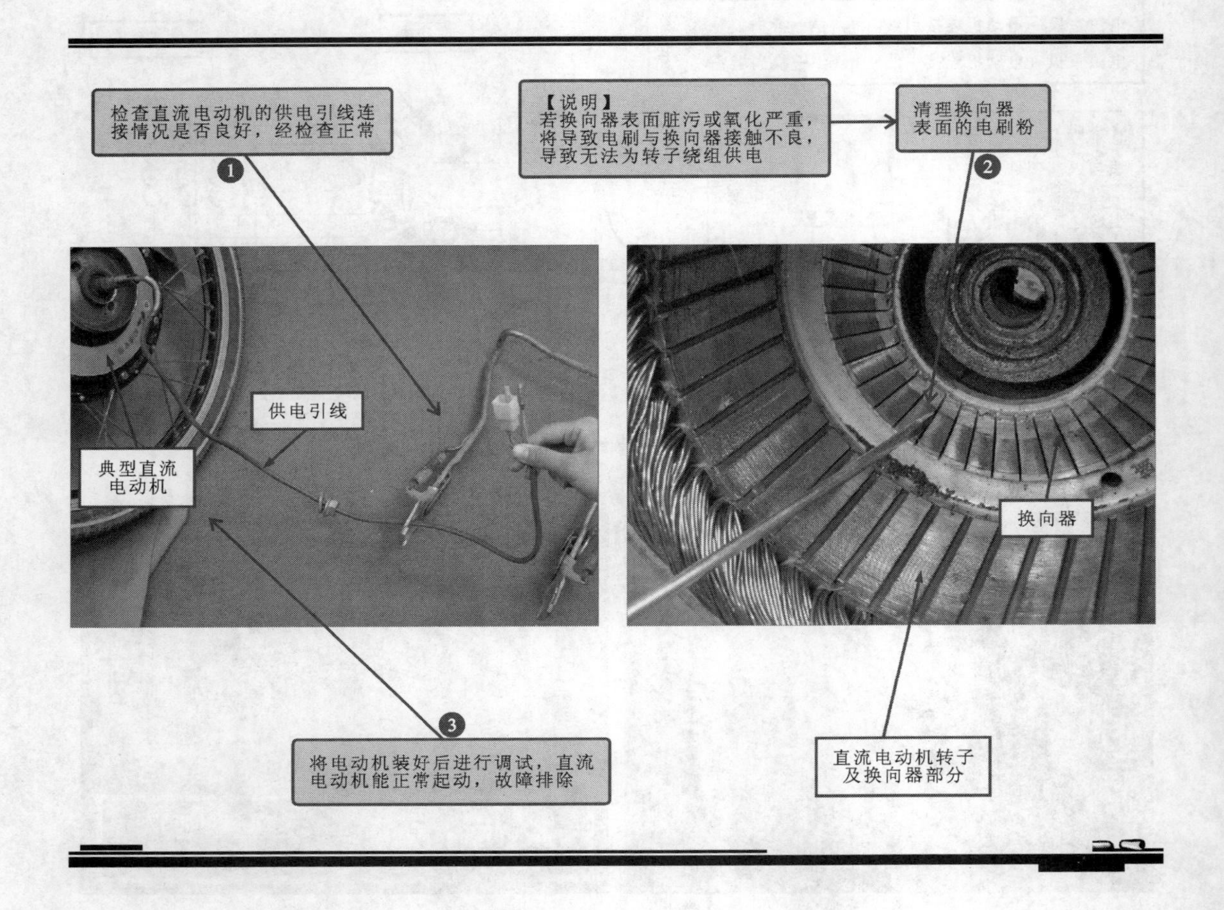

图 9-2 排查直流电动机不能起动故障

9.2 动手解决“直流电动机不转”的故障

“直流电动机不转”是直流电动机性能失常最直观的体现，作为一种动力部件，将电能转换成转动的机械能是它的基本特性，当直流电动机无法体现这一基本特性时，就需要我们仔细分析故障原因，找到故障点，排除故障。

① 故障表现：采用直流电动机的典型电动产品中，接通电源后，电动机不转，有“嗡嗡”声。

② 故障分析：根据上述故障表现，造成电动机不转，有嗡嗡声的原因主要有轴承卡住、电源回路接点松动、电动机装配太紧或轴承内油脂过硬等。

③ 故障检修：首先检查轴承是否被卡住，导致直流电动机转轴无法转动；若轴承被卡住，将电动机拆开，将阻塞物取出或更换新轴承；若轴承没有卡住，检查电动机装配是否太紧或轴承内有杂质、电源回路接点松动等。

图 9-3 所示为“直流电动机不转”故障的检修方法。

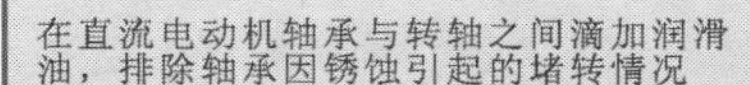

拆卸直流电动机，检查轴承是否被卡住以及磨损是否严重，经检查均未发现异常

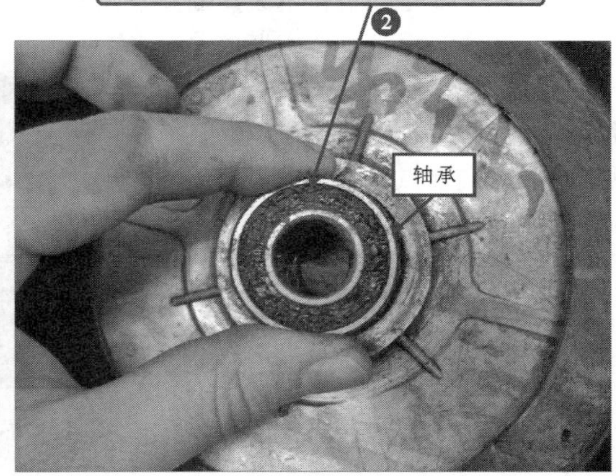

向轴承适当补充润滑脂，回装轴承，接通电动机的电源进行调试，故障依旧，此时怀疑电源回路接点松动

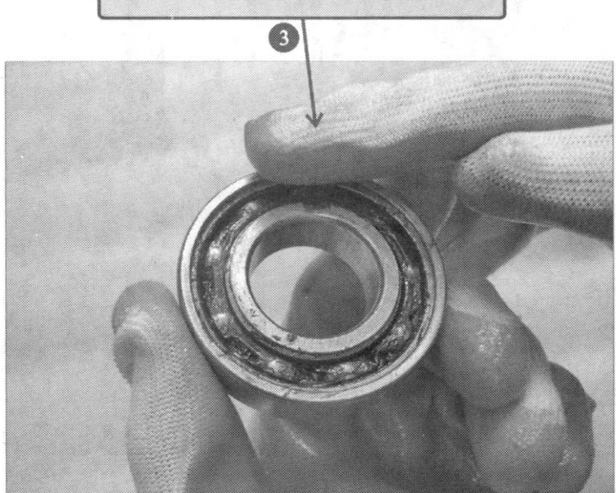

拆开电动机，发现电刷在电刷架上的固定螺钉松动，使用螺丝刀拧紧固定螺钉，然后将电动机装好进行调试，电动机工作正常，故障排除

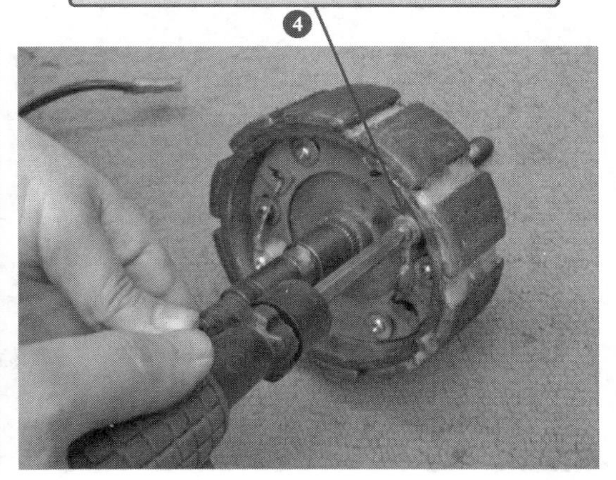

图 9-3 “直流电动机不转”故障的检修方法

9.3 动手解决“单相交流电动机不起动”的故障

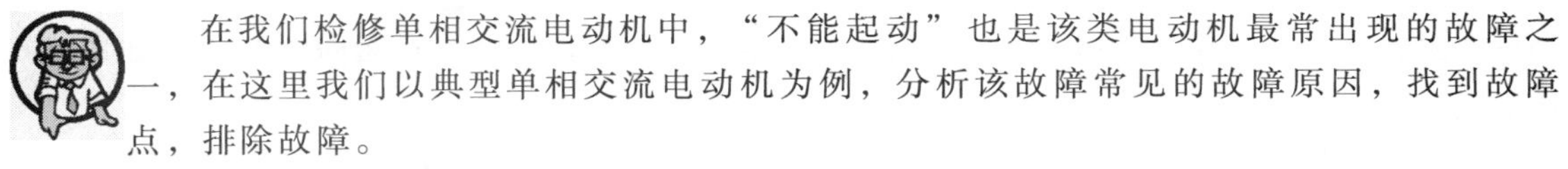

在我们检修单相交流电动机中，“不能起动”也是该类电动机最常出现的故障之一，在这里我们以典型单相交流电动机为例，分析该故障常见的故障原因，找到故障点，排除故障。

① 故障表现：典型单相交流电动机接通电源后，电动机不工作，无任何反应。

② 故障分析：根据上述故障表现，结合交流电动机的结构和工作特点，造成单相电动机不起动的原因主要有：

• 单相交流电动机的起动电路故障；
• 单相交流电动机供电线路断路、插座或插头接触不良；
• 单相交流电动机绕组断路。

③ 故障检修：首先排查单相交流电动机以外可能的故障原因，即检查单相交流电动机的启动电路部分。根据单相交流电动机所在电路关系，了解到该单相交流电动机由起动电容器控制起动，这里我们重点检查起动电容器是否正常，如图 9-4 所示。

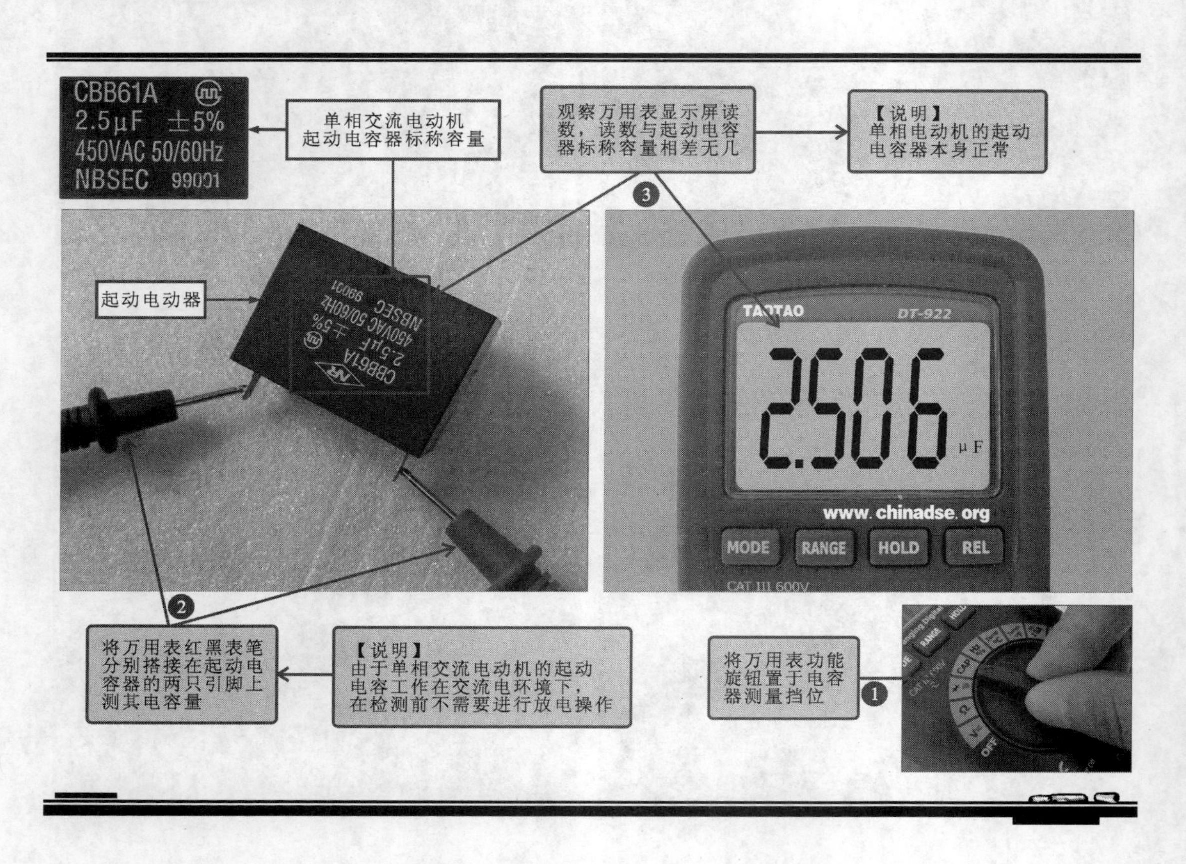

图 9-4　单相交流电动机起动电容器的检测

经检查发现，该单相交流电动机的起动电容器正常。根据检修分析，我们继续对其他可能的故障原因进行排查。

接下来，我们检查该单相交流电动机的供电线路有无断路、插座或插头接触不良，即检查单相交流电动机电源供电端有无 220V 交流电压，如图 9-5 所示。

经检查发现，单相交流电动机供电正常。此时，我们怀疑单相交流电动机内部损坏。断开电动机电源后，检查其内部绕组的电阻值情况，判断绕组及绕组之间有无断路故障，如图 9-6 所示。

经实测发现，该单相电动机检测中有两组数值为无穷大，怀疑内部绕组存在断路故障，用同规格单相交流电动机进行代换后，故障排除。

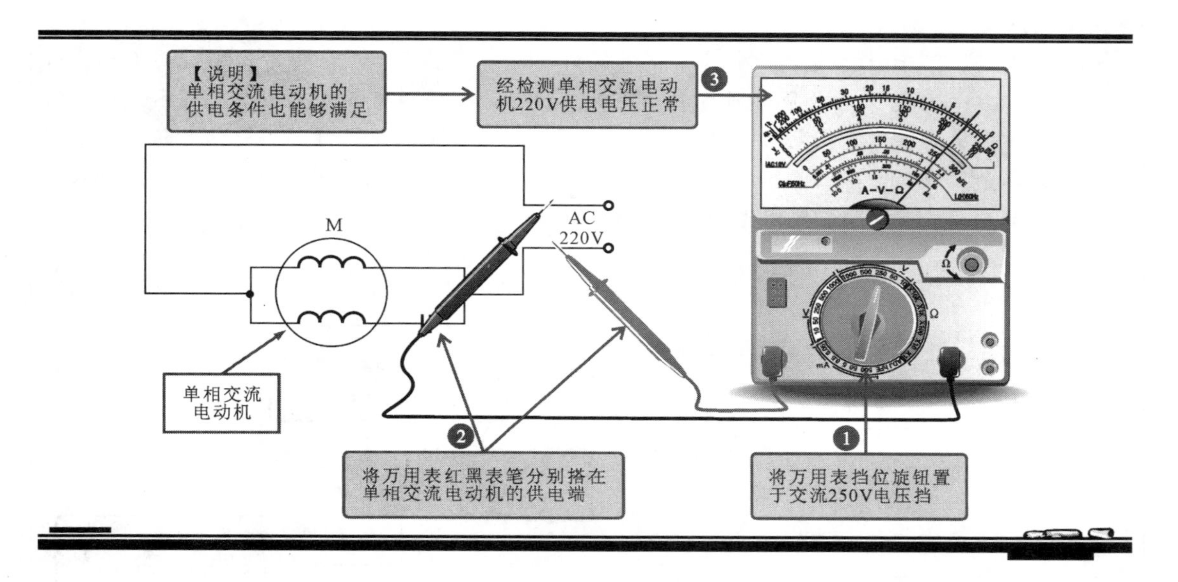

图 9-5　检查单相交流电动机的供电情况

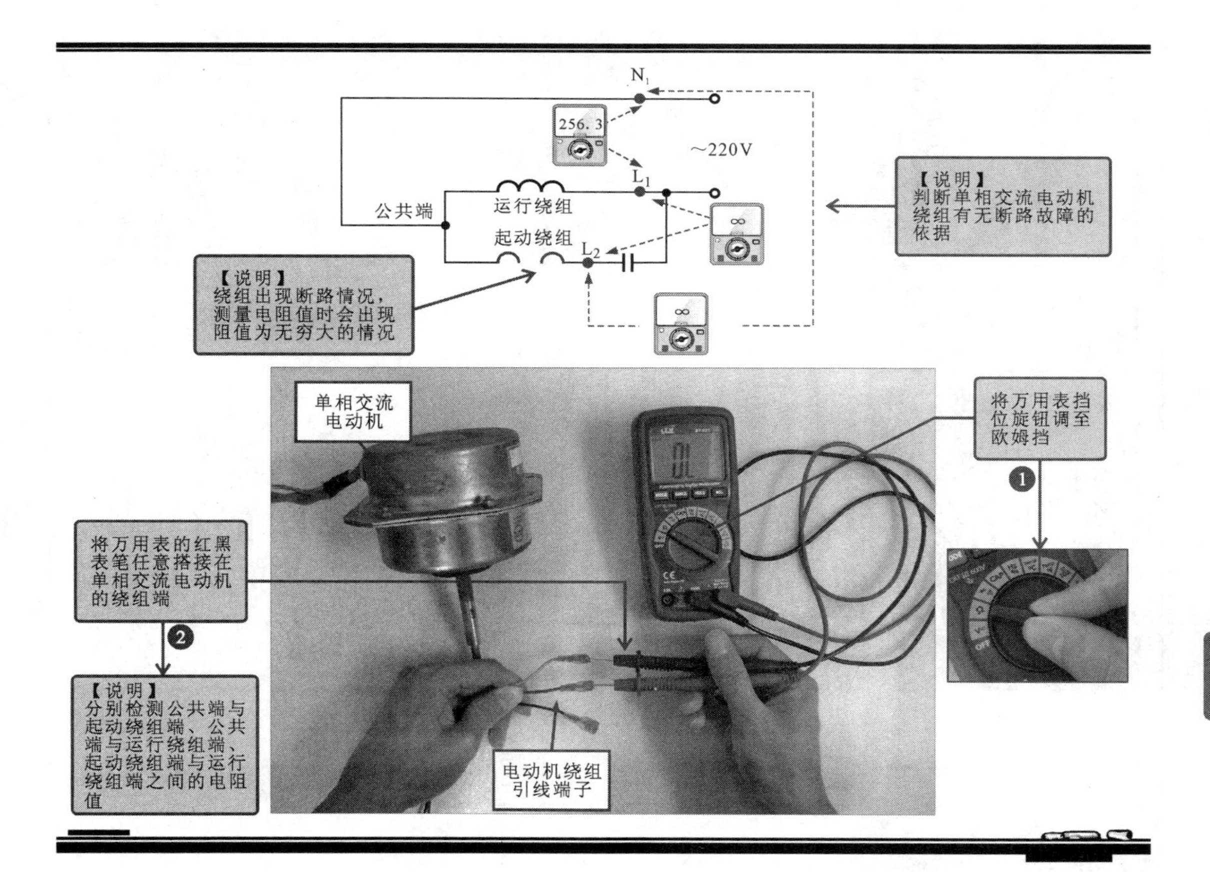

图 9-6　单相交流电动机绕组电阻值的检测

【注意】

单相交流电动机绕组的连接方式较为简单，通常有三个线路输出端，其中一条引线为公共端，另外两条分别为运行绕组端和起动绕组引线端，如图9-7所示。正常情况下，任意两引线端均有一定电阻值，且满足其中两组电阻值之和等于另外一组数值。若检测时发现某两个引线端的阻值趋于无穷大，则说明绕组中有断路情况；若三组数值不满足等式关系，则说明单相交流电动机绕组可能存在绕组间短路情况。

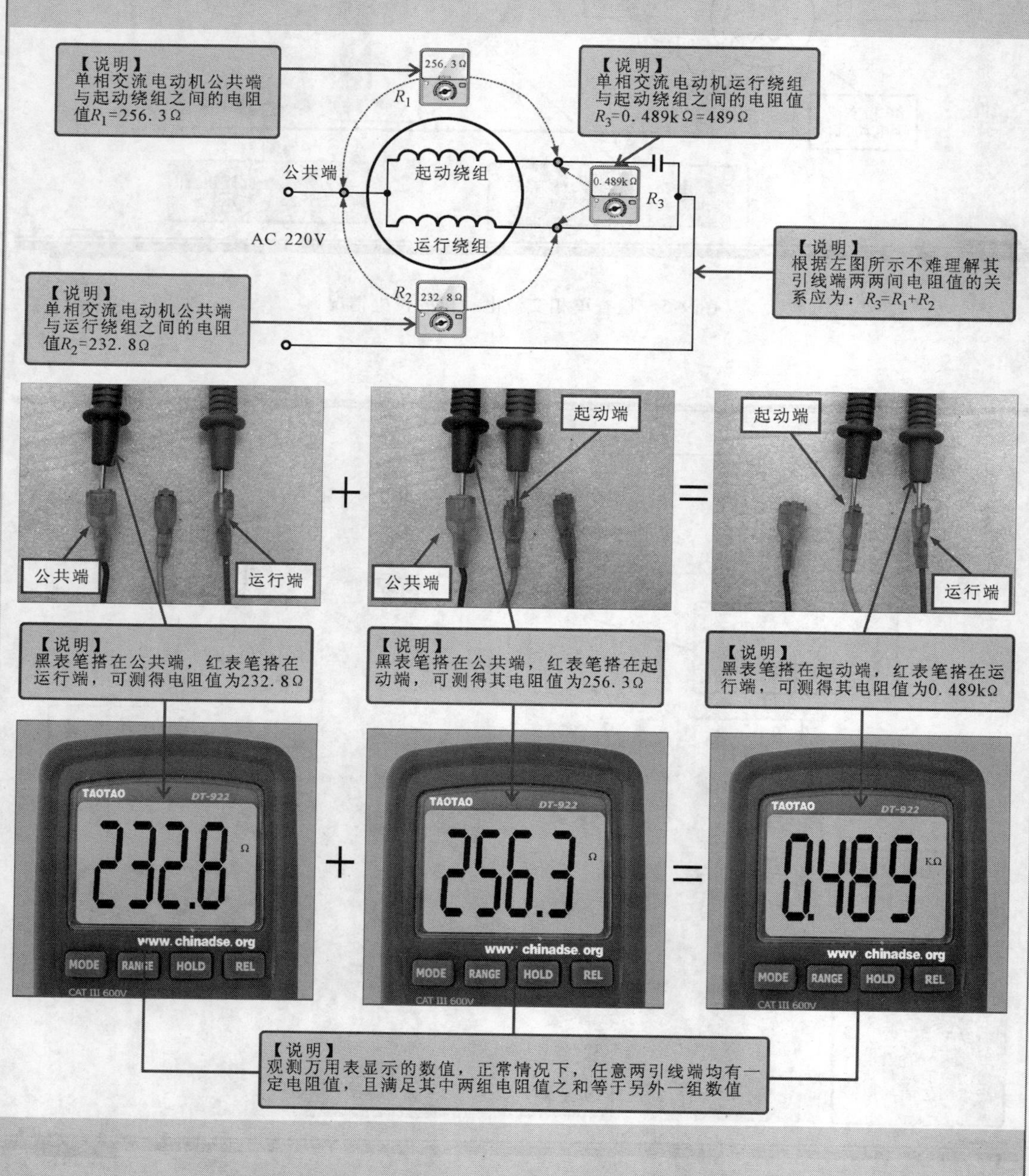

图9-7 单相交流电动机绕组之间电阻值的等式关系

提问

在正常情况下，单相交流电动机绕组部分满足两数值之和等于第三个数值的规律，其他类型的电动机都符合这种规律吗？如果不是，那么正常情况下，直流电动机、三相交流电动机绕组的阻值是什么关系呢？

回答

用同样的方法和检测仪表测试不同类型电动机绕组电阻值时，会出现不同的测试结果和等式关系，这是由电动机内部绕组的结构和连接方式决定的，如图9-8所示。

普通直流电动机内部一般只有一相绕组，从电动机中引出有两根引线，如图9-8a所示。检测电阻值时相当于检测一个电感线圈的电阻值，因此应能够测得一个固定阻值。

单相电动机内大多包含两相绕组，但从电动机中引出有三根引线，其中分别为公共端、起动绕组、运行绕组，根据图9-8b中绕组连接关系，不难明白 $R_1+R_2=R_3$ 的原因。

三相电动机内一般为三相绕组，从电动机中引出也有三根引线，每两根引线之间相当于两组绕组的阻值，根据图9-8c可以清晰地了解 $R_1=R_2=R_3$ 的原因。

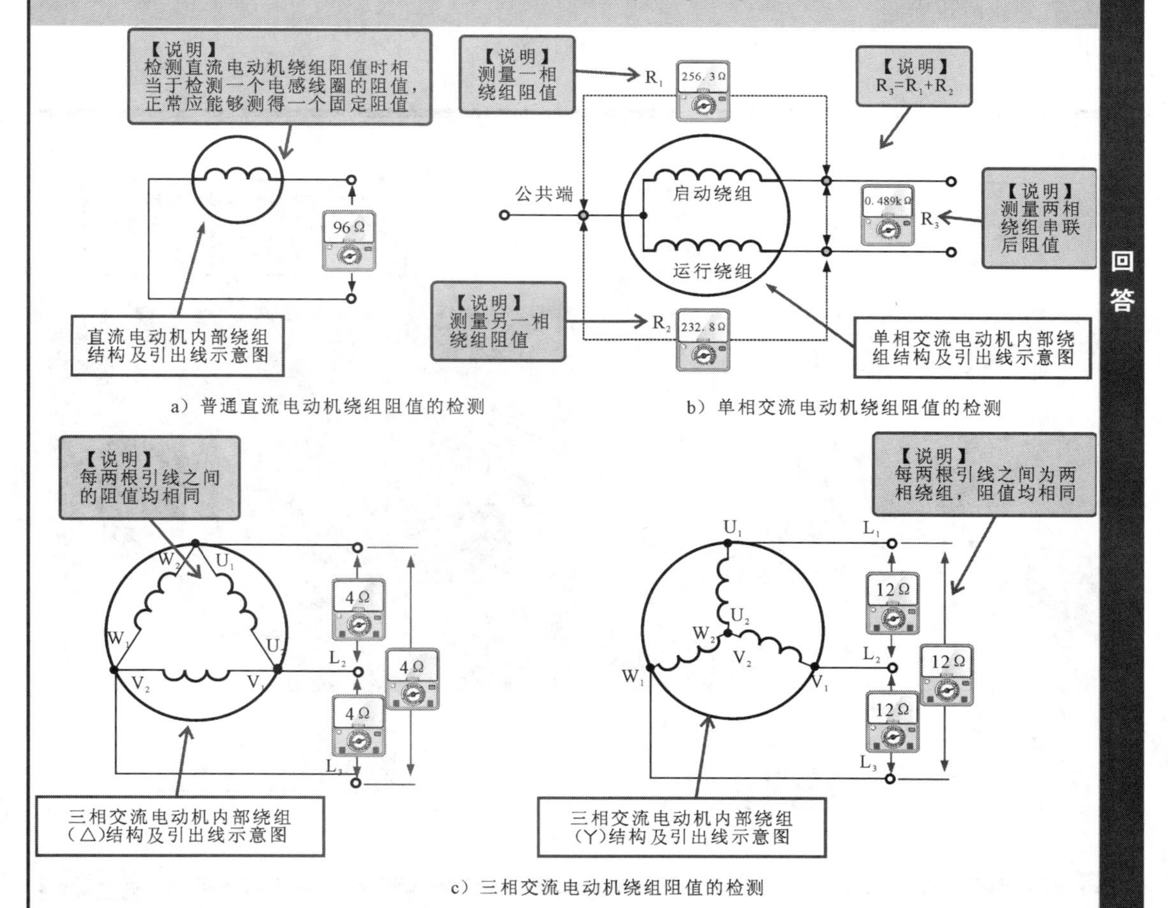

a）普通直流电动机绕组阻值的检测

b）单相交流电动机绕组阻值的检测

c）三相交流电动机绕组阻值的检测

图9-8　不同类型电动机绕组电阻值的关系

9.4 动手解决“单相交流电动机转速低”的故障

单相交流电动机的“转速”是决定该类电动机输出性能的重要参数，若“转速”异常，将直接导致单相交流电动机传动性能失常，从而引发各种各样的故障。这里，我们以电风扇中的单相交流电动机为例，介绍该类电动机转速低的故障原因和基本检修方法。

① 故障表现：单相交流电动机在运行过程中转速没有达到本身的转速，并且运转起来无力，感觉动力不足。

② 故障分析：根据上述故障表现，通常情况下，造成电动机转速异常的故障原因主要有：

- 电源供电电压偏低；
- 电动机的轴承过紧或负载过大；
- 电动机绕组中可能有轻微短路等。

③ 故障检修：首先对电源的供电电压进行检查，确定电动机是否达到所需的额定电压，若没有达到额定电压值，则检测电源部分的部件；若电压正常，对电动机的轴承和绕组进行检查和测量，直到故障排除。

图 9-9 所示为单相交流电动机转速低的检修操作方法。

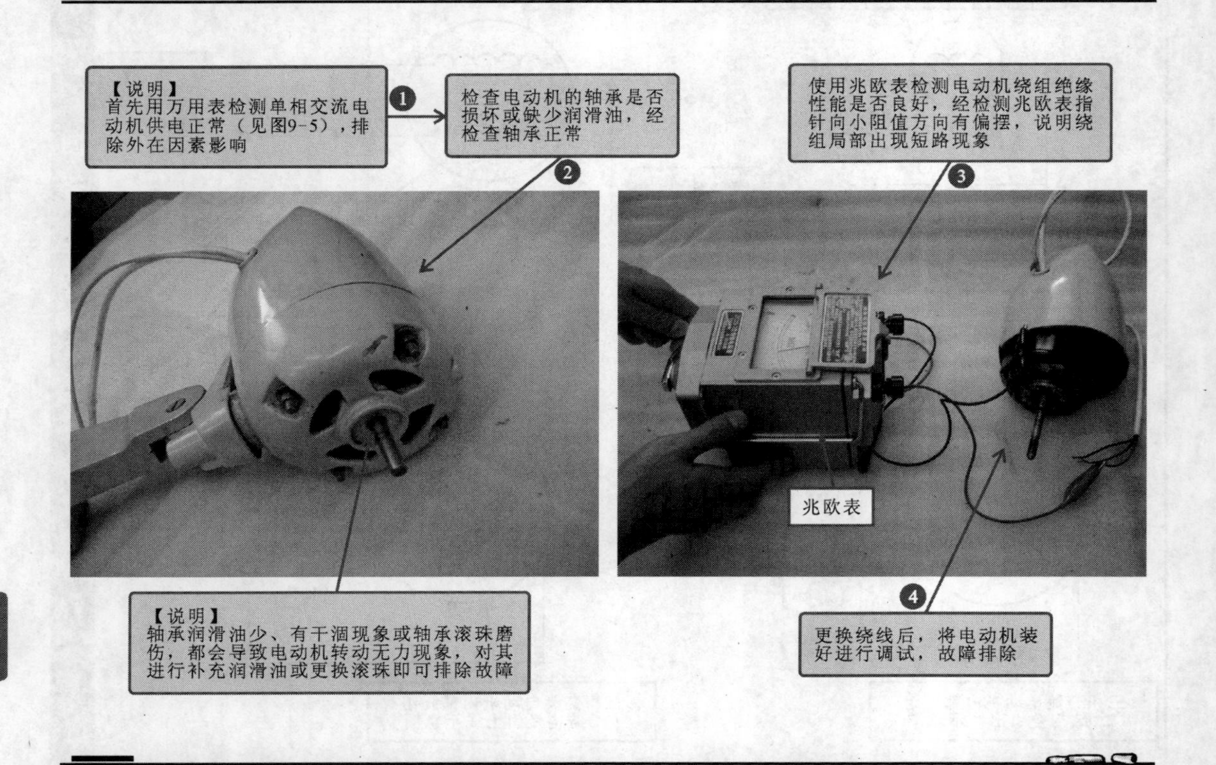

图 9-9 单相交流电动机转速低的检修操作方法

9.5 动手解决“单相交流电动机起动慢”的故障

“单相交流电动机起动慢”是很多维修人员常遇到的问题，对该类问题，除了仔细分析与单相交流电动机起动相关的功能部件或线路外，还应仔细检查可能阻碍电动机起动的一些零部件，并逐一修复或更换损坏的部件，直到故障排除。

① 故障表现：带有离心开关的单相交流电动机在空载或借助外力的情况下可以起动，但起动得比较慢而且转向也不稳定。

② 故障分析：根据上述故障表现分析，造成单相交流电动机起动不正常的故障一般有以下几种情况：

- 起动绕组开路；
- 离心开关触点接触不良；
- 起动电容损坏。

③ 故障检修：根据上述对故障的分析，我们检修时可以对怀疑损坏的功能部件采用排除法进行逐一检测，找到损坏的部件，进行修复或更换来排除故障。

首先，检查单相交流电动机起动绕组是否开路，如图9-10所示。

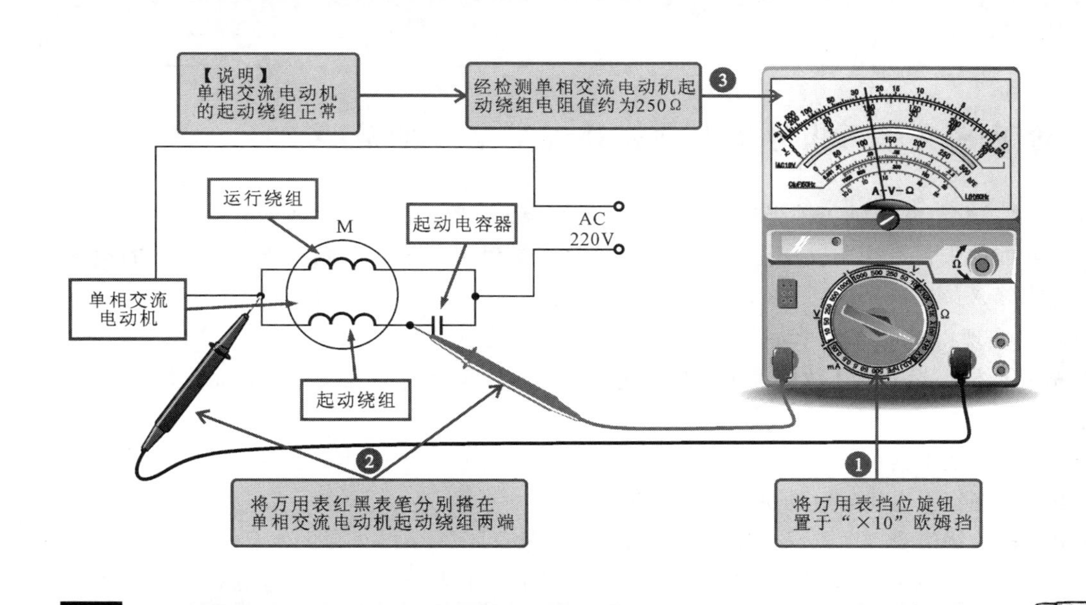

图9-10 单相交流电动机起动绕组的检测方法

经检测可知，单相交流电动机起动绕组正常。接着，对单相交流电动机上的离心开关进行检查，重点检查触点的接触情况，如图9-11所示。

经检查发现，离心开关在电动机起动时，处于接触不良状态，更换离心开关，通电试机，故障排除。

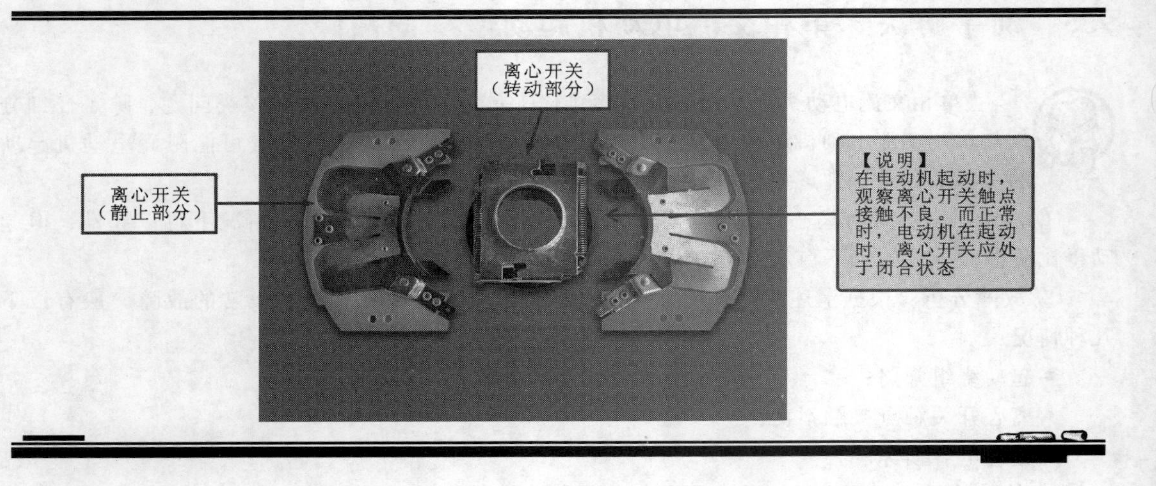

图 9-11　单相交流电动机离心开关的检查方法

【注意】

若经检测并修理好绕组和离心开关后，电动机的起动仍然比较慢或还需要借助外力时，可以查看电动机的其他特殊附件，例如起动电容器或起动继电器等是否损坏。

9.6　动手解决“三相异步电动机外壳带电”的故障

“三相异步电动机外壳带电”是一种具有极大危险性的故障，不仅仅是电动机本身电气性能的失常，这类故障往往还会造成维修人员触电伤害，因此对于该类故障的检修需要维修人员谨慎操作，重点做好防护工作。

① 故障表现：三相异步电动机接通电源后，检查外壳有漏电现象。

② 故障分析：根据上述故障表现分析，造成三相异步电动机外壳带电故障的原因主要有以下几种：

- 电动机接地不良；
- 电动机绕组引出线与电动机接线盒碰触；
- 电动机的绕组受潮、绝缘性能变差，与外壳碰触。

③ 故障检修：根据上述对故障的分析，可首先检查三相异步电动机的电源线与接地线的连接是否正常，如图 9-12 所示。

经检查可知，三相异步电动机的三相电源线分别连接在接线盒中的三相绕组连接端子上，电动机外壳及接线盒外壳均与地线连接，正常。

接下来，检查电动机绕组引出线与接线盒连接部分无异常，怀疑该电动机故障是由电动机绕组与外壳存在短路引起的。

借助兆欧表检测电动机三相绕组与外壳之间的绝缘电阻值，如图 9-13 所示，正常情况下，电动机三相绕组电阻值与外壳之间绝缘电阻值应为无穷大。

经检测发现，三相异步电动机其中一相绕组与外壳间存在短路现象，将电动机定子绕组进行

图 9-12　检查三相异步电动机电源线与接地线的连接情况

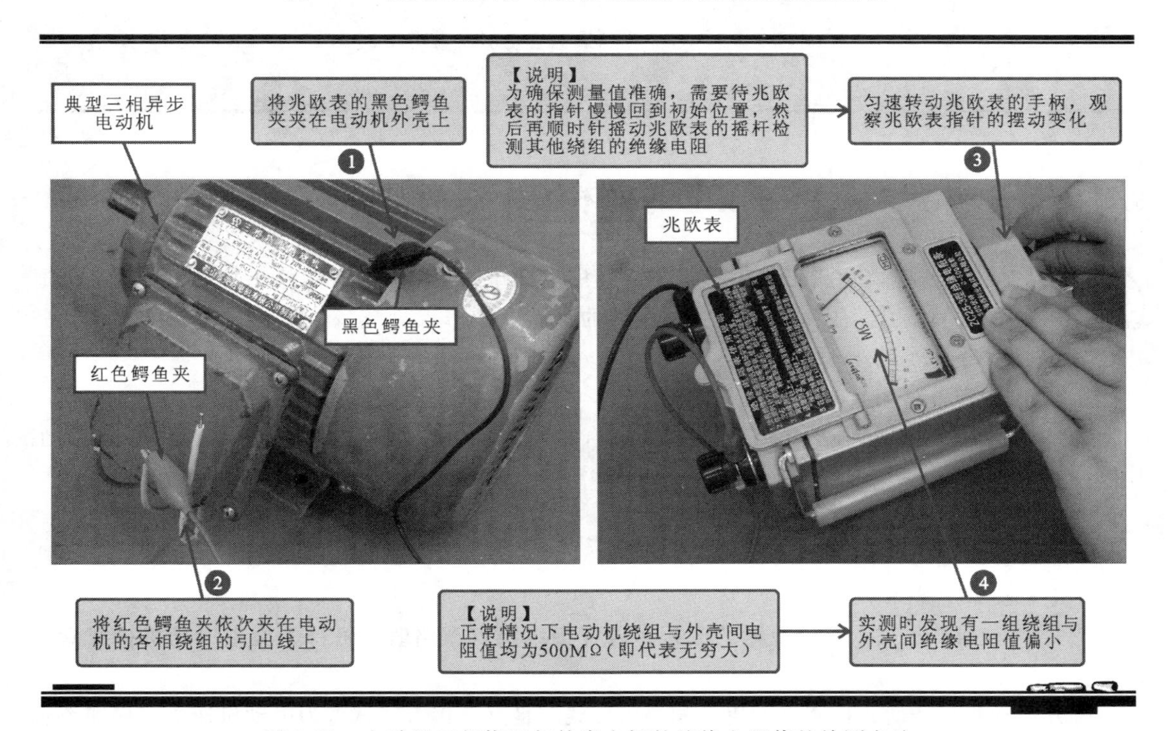

图 9-13　电动机三相绕组与外壳之间的绝缘电阻值的检测方法

拆除、绕制、嵌线和重新绝缘烘干后，通电试机故障排除。

【资料】

电动机绕组与外壳出现短路情况，通常是由于电动机机座或绕组没有安装良好，导致绕组与电动机外壳连接，从而使绕组接地。当出现该故障时，通电运行电动机时，如果操作人员触及机座或外壳将会引起人身触电事故，如图 9-14 所示，为防止事故发生，操作人员在不确定电动机是否存在异常情况下，应佩戴绝缘手套，穿上绝缘鞋等，也可在操作前先用试电笔检测电动机外壳是否带电，以上方法均可有效避免事故发生。

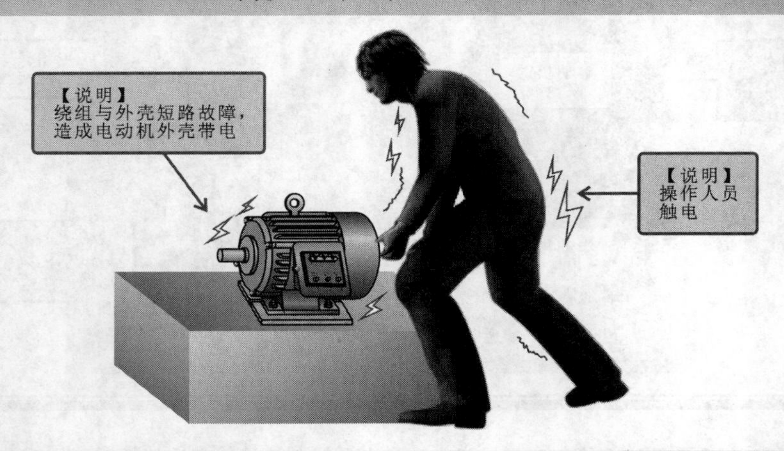

图 9-14　电动机外壳带电容易引发触电事故

9.7　动手解决“三相异步电动机不工作”的故障

“三相异步电动机不工作”是指电动机不转动或在工作中突然停止转动，这类故障通常比较棘手，引发故障的原因也是多样的，需要维修人员具备一定的维修技能水平，并细心、耐心排查，最终排除故障。

① 故障表现：三相异步电动机突然不工作。

② 故障分析：根据上述故障表现分析并结合检修经验可知，造成三相异步电动机突然不工作的原因主要有以下几种：

- 电动机绕组间短路故障；
- 电动机绕组断路；
- 电动机绕组烧毁。

③ 故障检修：根据上述对故障的分析，若怀疑绕组有短路时，可首先检查电动机接线盒内部情况。

打开电动机接线盒，检查电动机三相绕组接线都良好。接着，试着为电动机通电，仔细查看通电时电动机的状态。

检查发现，电动机可以起动，但起动时电流会增大，起动转矩减小，电动机运行中会出现三相电流不平衡、噪声增大和局部发热等现象，运行一段时间后会闻到烧焦的气味，严重时会冒烟，此时立即断电检查。根据这一过程中电动机的状态，怀疑电动机绕组间存在短路故障。

此时，可借助兆欧表检测该电动机绕组间的绝缘性能，如图 9-15 所示。

检测发现，该电动机绕组间确实存在异常情况，怀疑其绕组引出线和各过桥线的焊接处有焊点脱落或熔化现象，立即对怀疑部位进行补焊。

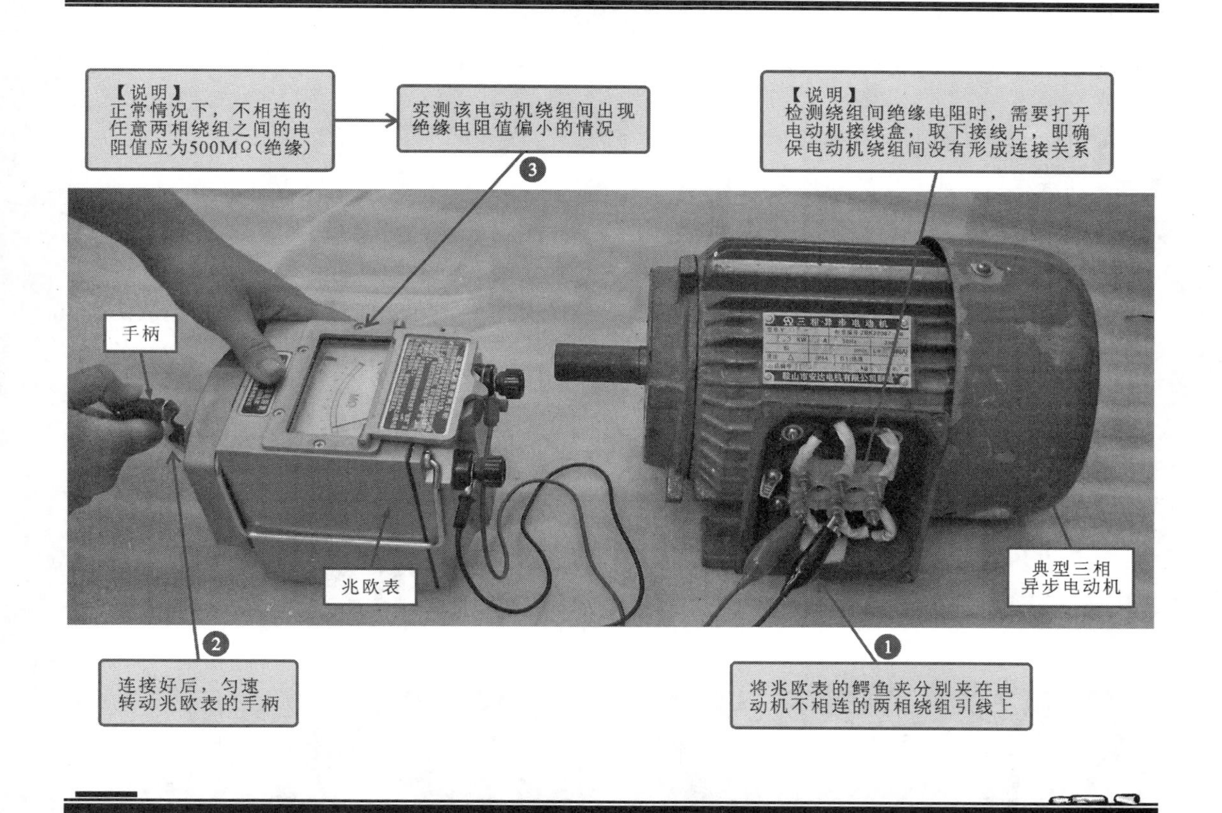

图 9-15　三相异步电动机绕组间绝缘性能的检测

然后，再次检查电动机绕组间的绝缘性能，均为无穷大，通电试机，故障排除。

【注意】

若电动机还不能正常工作，需要继续往下检查，若又发现绕组烧毁的现象，绕组烧毁一般有三种情况：一、绕组全部烧成黑色，经常是电动机长时间过载、定子和转子相擦严重、轴承损坏造成的；二、绕组一相或两相变成黑色，一般是电动机缺相运行造成的；三、电动机绕组局部烧断，则是匝间或对地短路，若绕组部分变色，则说明有短路情况，但不是很严重。需要将上述故障都依次检查后，再用万用表测量相间的绝缘电阻，若两相间的绝缘电阻值为无穷大，则说明故障排除。

9.8　动手解决“三相异步电动机扫膛”的故障

“三相异步电动机扫膛”是指三相异步电动机在能够起动并运转的前提下，出现的一种内部定子和转子之间异常的故障，对于该类故障检修，往往需要将电动机拆开后，对

可能引发故障的部件进行检查和修复。

① 故障表现：三相异步电动机在运行的过程中，并没有超载，但整机总是发热，拆开电动机后发现定子和转子都有一圈划痕，出现扫膛的现象。

② 故障分析：根据上述故障的表现，通常情况下，造成电动机扫膛的情况，可能有以下几点：

- 机座、端盖和转子三者不在一个轴心线上；
- 轴承有损坏或者安装的角度不正常；
- 端盖内孔有磨损；
- 定子的硅钢片变形。

③ 故障检修：根据上述对故障的分析，实际检修操作中，可分别对可能引起扫膛故障的几种原因进行逐一排查。

首先检查机座、端盖和转子三者是否在一个轴心线上，并重点检查电动机轴承有无损坏或安装角度异常情况，如图 9-16 所示。

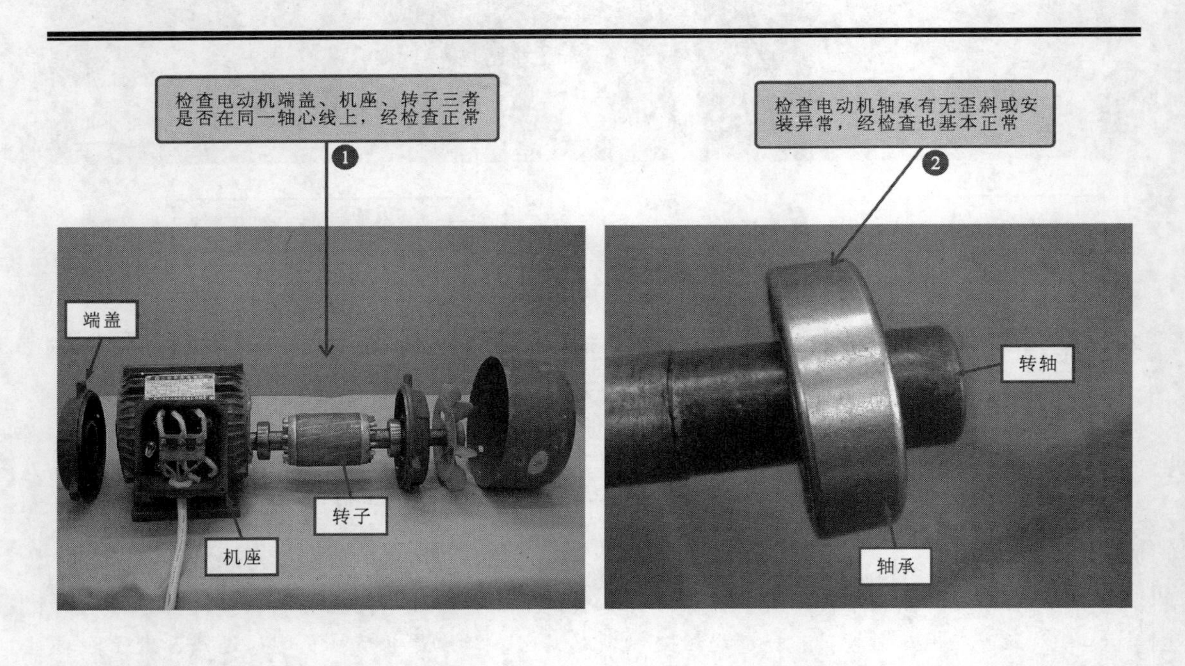

图 9-16　检测电动机机座、端盖和转子三者是否在一个轴心线上

经检查发现，电动机的机座、端盖和转子三者轴心线正常，轴承安装也基本正常。接着，检查电动机端盖内孔有无磨损变形、定子铁心内的硅钢片有无变形情况，如图 9-17 所示。

检查发现，端盖内孔有明显磨损现象，硅钢片因扫膛也出现变形，将电动机端盖更换，并校正硅钢片后，通电试机，故障排除。

图 9-17 检查端盖内控和定子硅钢片

9.9 动手解决“三相异步电动机振动、电流不稳”的故障

在实际应用中，由于三相异步电动机的负载特性，通常要求其具备一定的稳定性，因此，对于“三相异步电动机振动、电流不稳”故障的检修是维修人员必须掌握的一种技能，下面我们以典型的出现该故障的三相异步电动机为实训样机，实际动手解决该类故障。

① 故障表现：有一台三相异步电动机，由于轴承故障出现运行异常问题，经检修后轴承故障排除，但连接好绕组引出线后，发现电动机在运行过程中出现振动、电流不稳故障。

② 故障分析：根据上述故障表现，电动机在检修前未出现检修后的故障，这种情况下，电动机出现振动及电流不稳的情况，多是由维修人员操作不正确，导致电动机绕组引出线接线错误引起的，如图 9-18 所示。

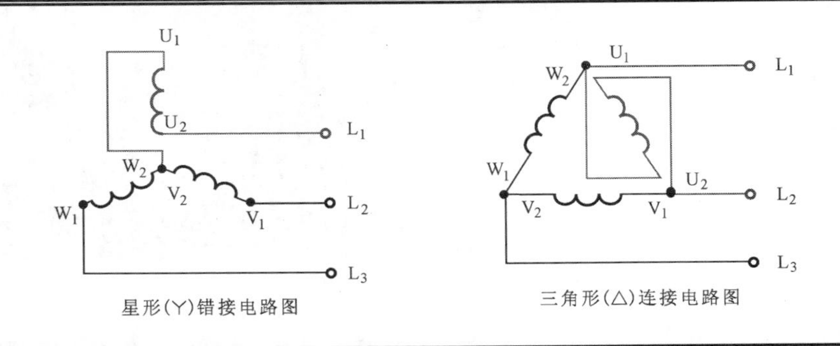

图 9-18 三相异步电动机绕组引线接错线的几种情况

③ 故障检修：怀疑三相异步电动机绕组引线接错，可通过仔细检查接线盒中，绕组引出线接线方式进行判断，如图 9-19 所示。

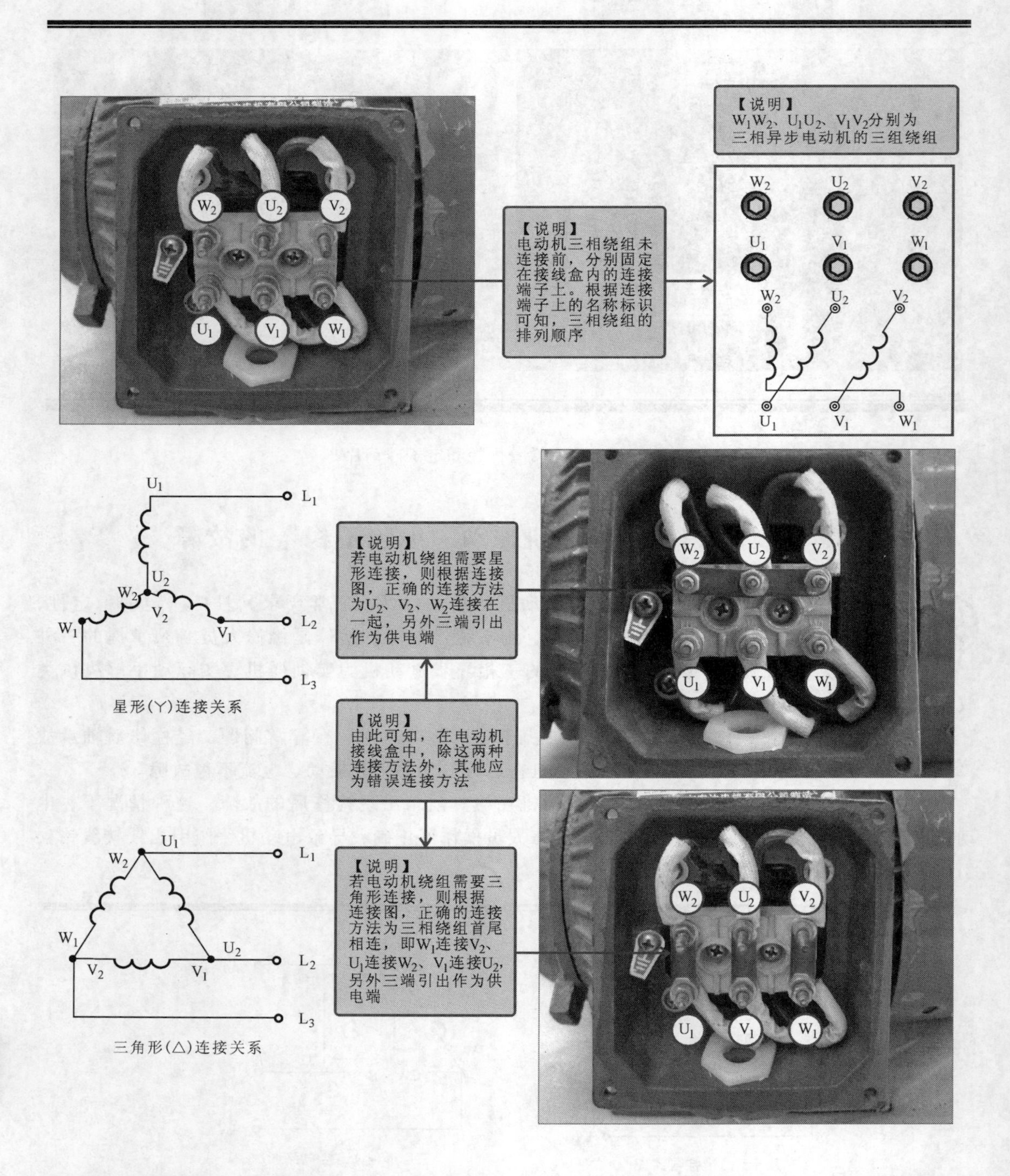

图 9-19　三相异步电动机绕组引线连接状态的检查

提问

我想知道，若单相交流电动机的绕组接错线会引起什么样的故障？常见的接错线的情况有哪些形式？通过什么方法来判断单相交流电动机的绕组连接错了呢？

回答

单相异步电动机出现绕组接错线的故障时，电动机将不能正常运行。图9-20所示为单相异步电动机绕组接错线的示意图。对于单相异步电动机绕组接错线的检查需采用指南针进行判断，如图9-21所示。首先将定子从电动机的转子中取出，之后为电动机加直流电压；将指南针在定子周围移动，当指南针指针出现南北交替摆动时，表明该电动机绕组无接错线的故障，若指南针在经过某绕组时，指南针的指向不变或指向不定时，则表明该电动机绕组存在接错线的故障。

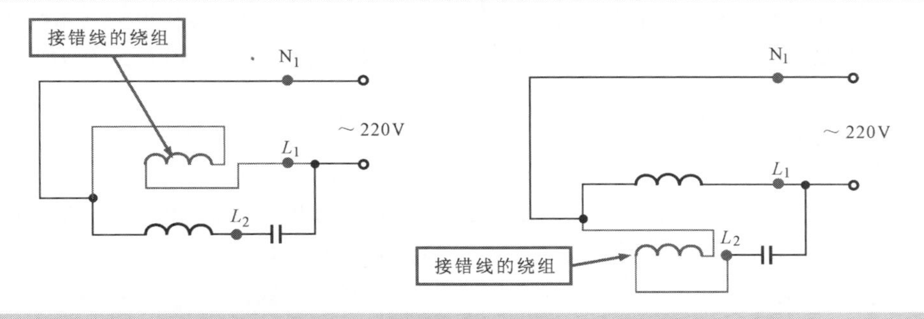

图9-20　单相异步电动机绕组接错线的示意图

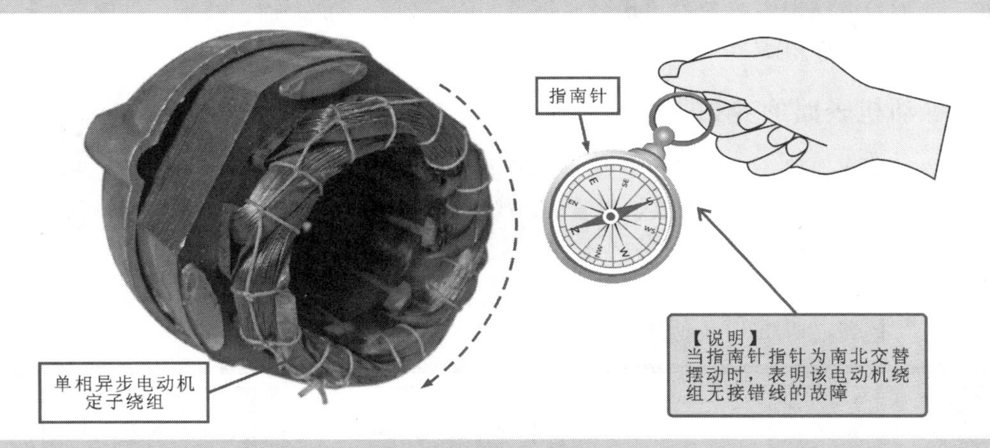

图9-21　单相异步电动机绕组接错线的检测方法

第10章 多学一些电动机保养维护的方法

现在，开始进入第10章的学习：本章我们要了解一些电动机的保养和维护的方法。在电动机使用及运行中，除了要求必须按照操作规程正确使用外，还应该定期对电动机进行保养和维护操作，以防止故障发生，保证电动机安全可靠地运行。因此，在这一章中，我们就来学习一些电动机的基本保养维护的方法，希望大家在学习本章后能够认识到电动机养护工作的重要性，并掌握基本的养护方法，提高电动机使用寿命。好了，下面让我们开始学习吧。

10.1 电动机的养护工作必不可少

在我们实际维修电动机过程中发现，电动机的大多数故障都是因日常养护工作不到位造成的，特别是有些操作人员根本不注重养护或不知道如何养护，在发现电动机故障时，只能进行维修，不仅了提高成本，还十分耗时耗力。因此，对于电动机维修人员来说，多学一些电动机养护方法也是一门大学问。

这里，我们对电动机需要重点养护的几个方面——如电动机表面、转轴、电刷、铁心、风扇、轴承等进行一一介绍。

10.1.1 电动机表面的养护

电动机在使用一段时间后，由于工作环境影响，在其表面上可能会积上灰尘和油污等，这样就会影响电动机的散热和通风，严重时还会影响电动机的正常工作，因此，对电动机表面的养护也是电动机养护工作中的重要环节。

对电动机表面进行养护时，多采用软毛刷或潮毛巾擦除表面的灰尘；若有油污，可以用毛巾蘸少许汽油进行拭擦，如图10-1所示。

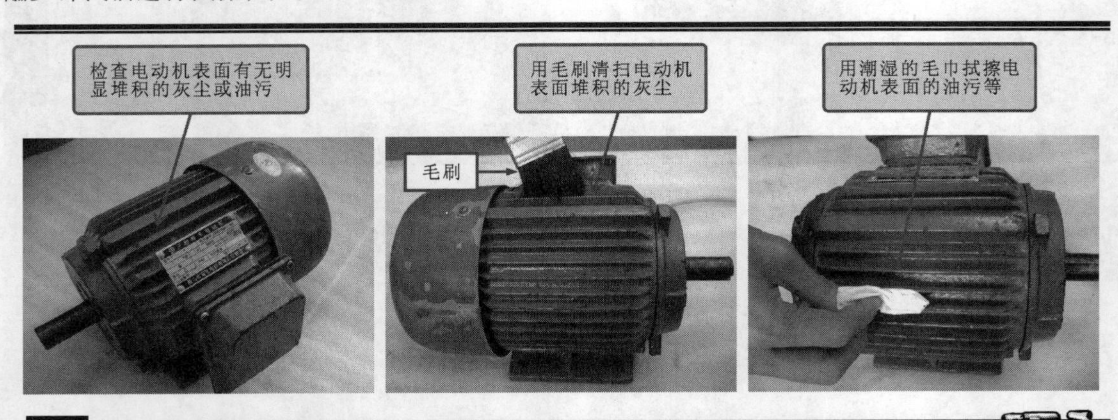

图10-1 电动机表面的养护方法

10.1.2 电动机转轴的养护

电动机转轴是决定电动机传动性能的关键部件，在日常使用和工作中，由于其工作特点，可能会出现锈蚀、脏污等情况，若这些情况严重，将直接导致电动机不起动、堵转或无法转动等故障，因此，在电动机保养维护过程中，转轴的养护也是十分重要的环节。

一般情况下，若转轴表面有铁锈或杂质，首先用软毛刷清扫表面的污物，然后用细砂纸包住转轴，用手均匀转动细砂或直接用砂纸拭擦，即可除去转轴表面的铁锈和杂质，如图10-2所示，去锈渍后要注意最后的清扫环节，避免有杂质留在转轴表面上。

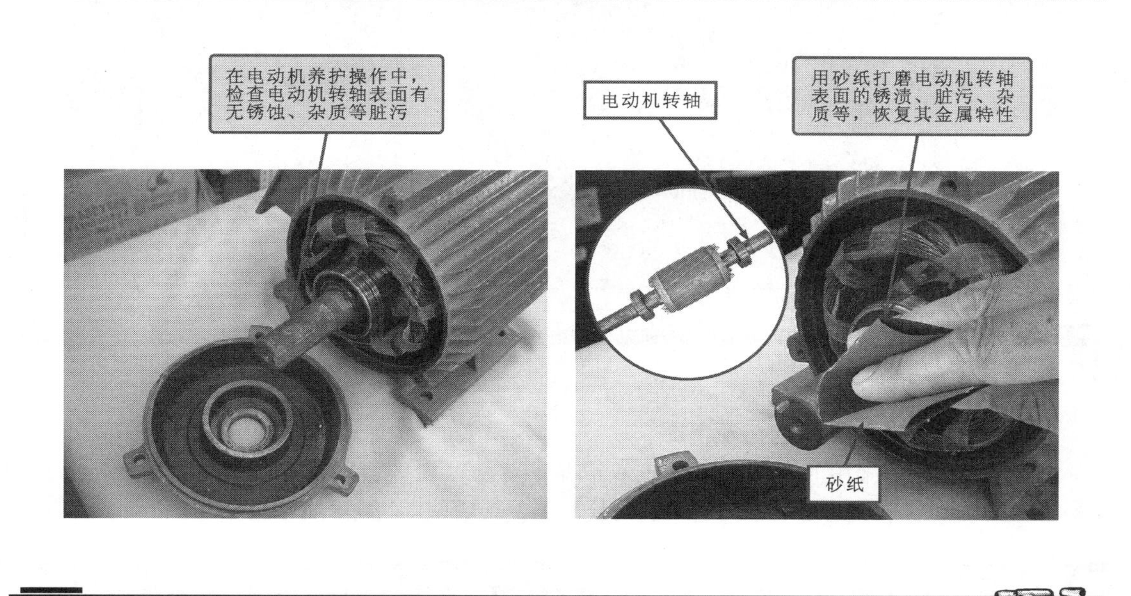

图10-2 电动机转轴的养护

10.1.3 电动机电刷的养护

电刷是有刷类电动机的关键部件，若电刷异常将直接影响电动机的运行状态和工作效率。因此，对于电动机电刷的养护工作也是电动机维修必须掌握的一项基本技能。

根据电刷的工作特点，一般情况下，电刷出现异常主要是因电刷或电刷架上炭粉堆积过多、电刷长时间使用后严重磨损、电刷在电刷架中活动受阻等引起的，因此，在对电刷进行日常养护时，重点应放在以下几个方面：

1. 定期清理电刷和电刷架上的炭粉

有刷电动机运行工作中，电刷需要与整流子靠压力弹簧压力接触，因此，在电动机转子带动整流子转动过程中，电刷会存在一定程度的磨损，电刷上磨损下来的炭粉很容易堆积在电刷与电刷架上，这就要求电动机保养维护人员对电刷和电刷架进行定期清理，确保电动机正常工作。

2. 检查电刷磨损情况

对电刷进行养护操作中，需要重点监视和检查电枢的磨损情况，如图 10-3 所示，一般当电刷磨损至原有高度的 1/3 时，就要及时更换，否则可能会造成电动机工作异常，有时还会使电动机出现更严重的故障。

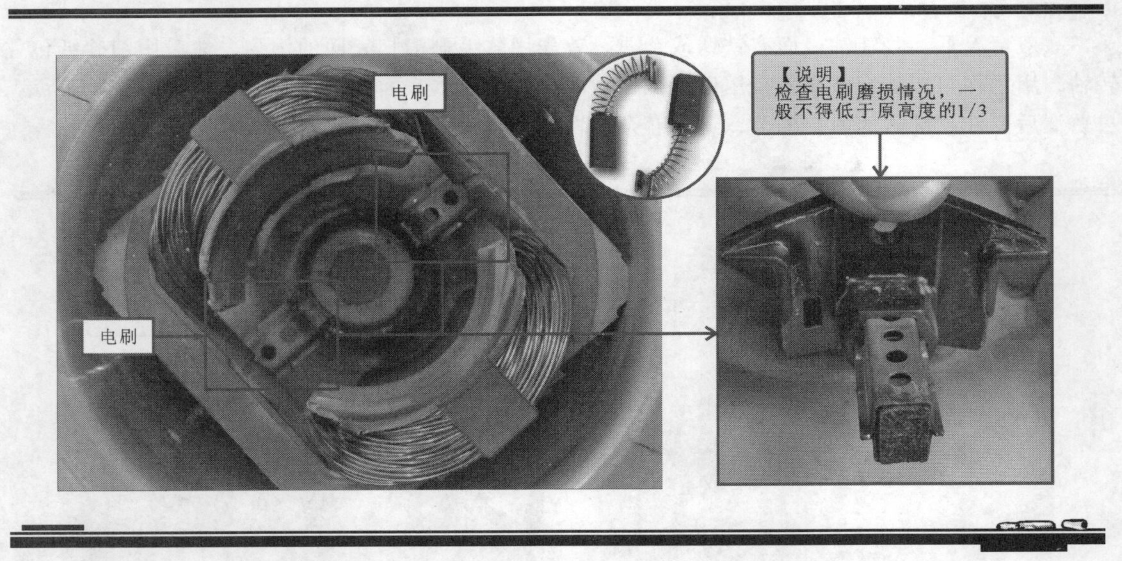

图 10-3 检查电刷磨损情况

3. 检查电刷在电刷架中的活动情况

检查电刷在电刷架中的活动情况，正常情况下要求电刷应能够在电刷架中自由活动，如图 10-4 所示，若电刷卡在电刷架中，则无法与换向器接触，电动机无法正常工作。

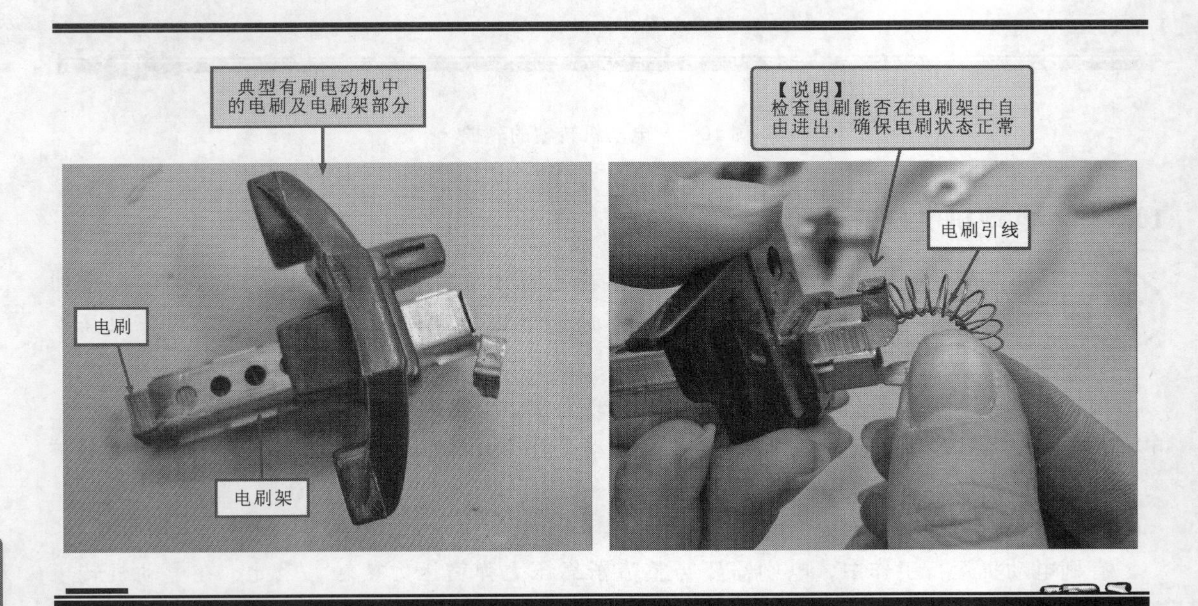

图 10-4 检查电刷在电刷架中能否自由活动

4. 检查电刷引线有无变色

在对电刷进行养护操作中，查看电刷引线有无变色，并依此了解电刷是否过载、电阻偏高或导线与刷体连接不良的情况，有助于及时预防故障发生。

【注意】

在有刷电动机中，电刷与换向器是一组配套工作的部件，对电动机电刷进行养护操作时，同样还需要对换向器进行相应的保养和维护操作，如清洁换向器表面的炭粉、打磨换向器表面的毛刺或麻点、检查换向器表面有无明显不一致的灼痕等，以便及时发现故障隐患排除故障。

10.1.4 电动机铁心的养护

电动机中铁心部分可以分为静止部分的定子铁心和转动部分的转子铁心，为了确保其能够安全使用、并延长使用寿命，在保养时可用毛刷或铁钩等定期清理、去除铁心表面的脏污、油渍等，如图10-5所示。

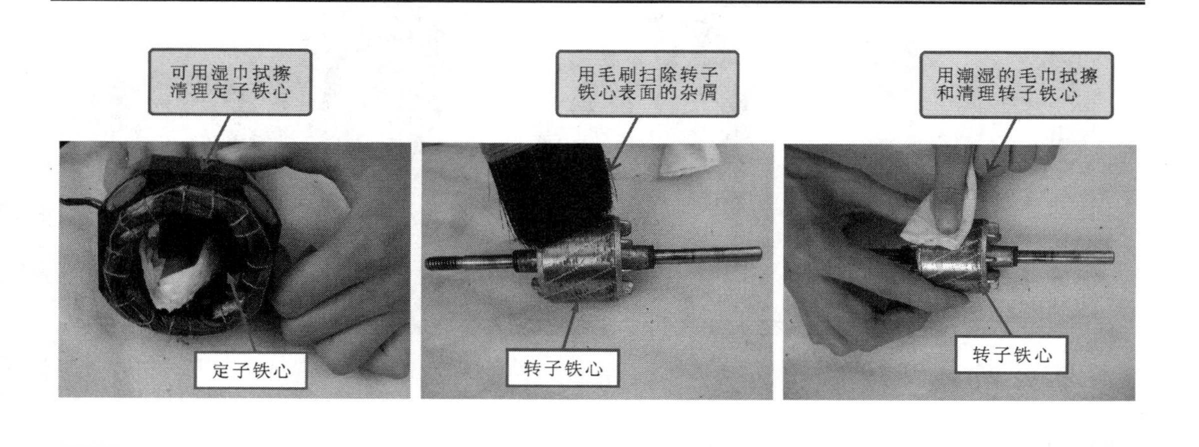

图10-5 电动机铁心的养护操作

10.1.5 电动机风扇的养护

风扇在电动机中主要用于通风散热。由于正常的通风散热是电动机正常工作的必备条件之一，因此，检查风扇能否正常运转是电动机保养维护操作中十分关键的环节。

对电动机风扇进行养护主要包括检查风扇扇叶有无破损、风扇表面不要有油污、风扇卡扣不可出现裂痕损坏，否则影响正常运转，如图10-6所示。

10.1.6 电动机轴承的养护

电动机中轴承是支承转轴旋转的关键部件，一般可分为滚动轴承和滑动轴承两大类，其中滚动轴承又可分为滚珠轴承和滚柱轴承两种，如图10-7所示。在小型电动机中，一般采用滚珠轴承；在中型动机中，通常采用两种轴承，分别是传动端的滚柱轴承和另一端

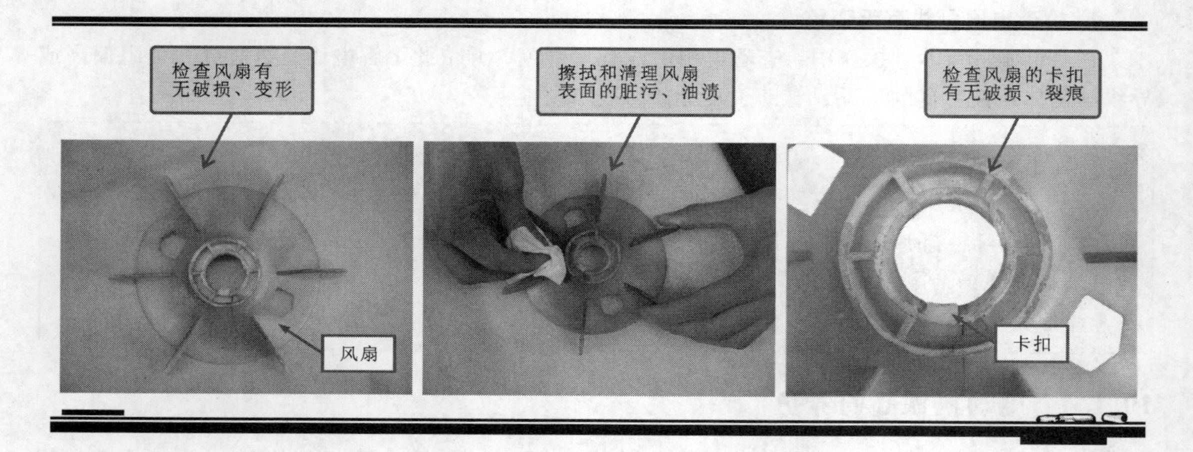

图 10-6　电动机风扇的养护

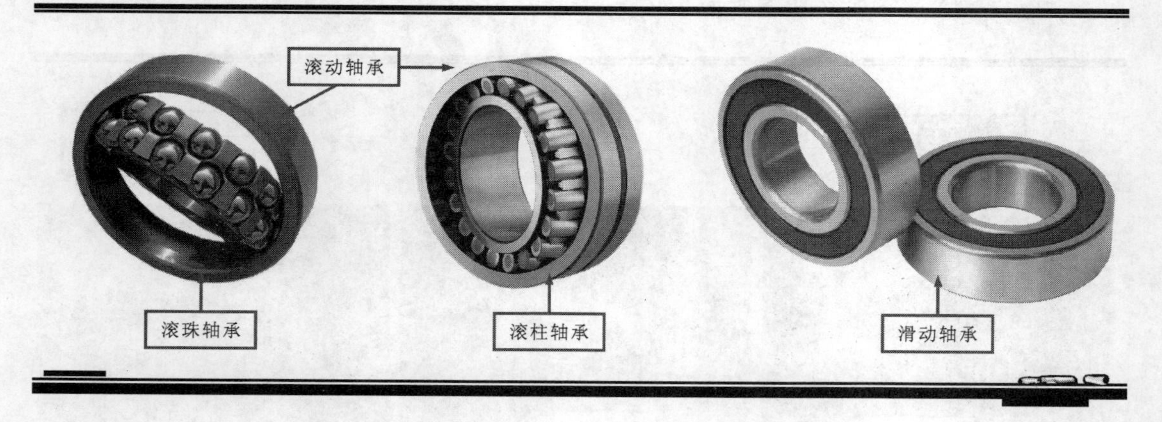

图 10-7　电动机常用轴承的外形

的滚珠轴承；在大型电动机中，一般都会采用滑动轴承。

由于电动机经过一段时间的使用后，会因润滑脂变质、渗漏等情况造成轴承磨损、间隙增大的现象，如图 10-8 所示。此时轴承表面温度升高，运转噪声增大，严重时还可能使定子与转子相摩擦，所以对电动机进行养护操作中，定期清洗和润滑轴承部分十分关键，一般情况下在电动

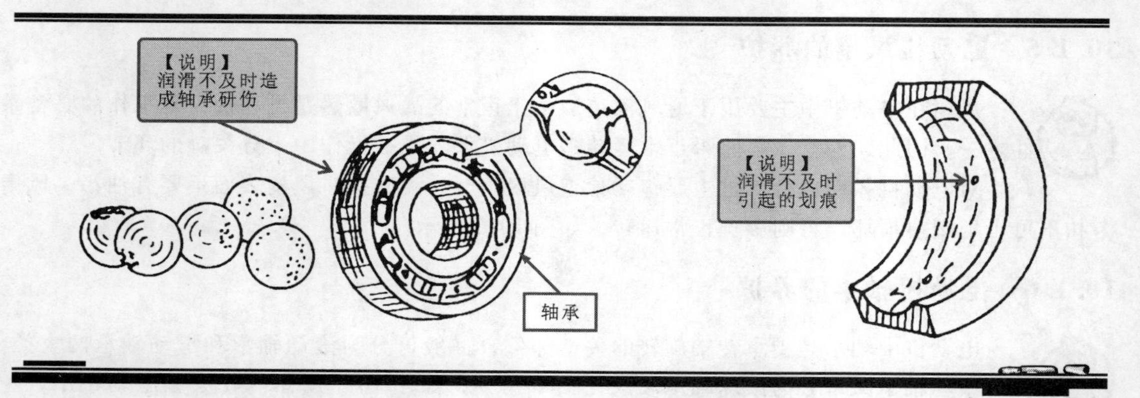

图 10-8　电动机轴承常见异常情况

机使用2000h后应进行清洗和涂抹润滑脂。

一般来说，对电动机轴承进行养护操作可分为四个步骤，即准备清洗润滑的材料、清洗轴承、清洗后检查轴承和对轴承进行润滑。

1. 准备清洗润滑的材料

在对轴承进行养护操作中，清洗和润滑是基本的操作方法。在具体操作前，需要首先准备和调制出清洗和润滑用的各种材料。如清洗轴承可用机油、煤油或汽油等；润滑轴承多采用润滑脂，如图10-9所示。

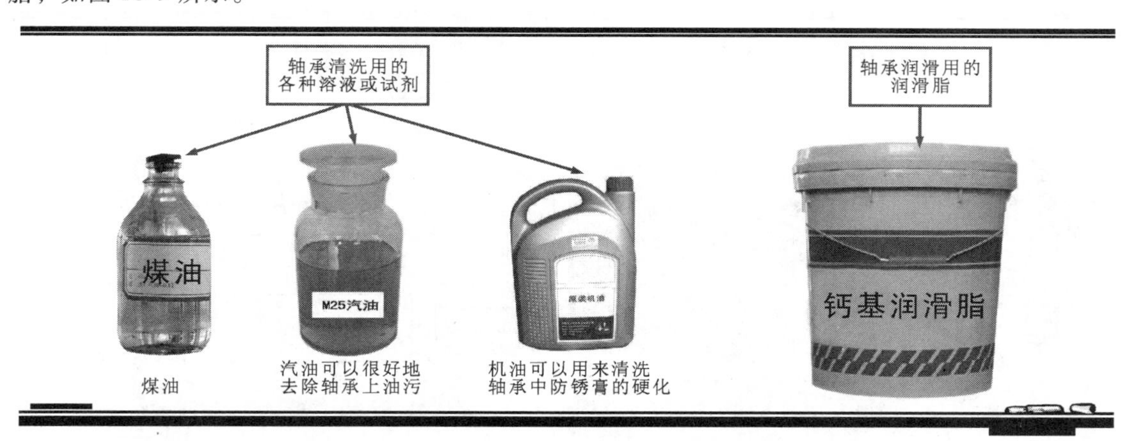

图10-9　准备清洗润滑的材料

【资料】

常用的电动机轴承润滑脂主要有钙基润滑脂、钠基润滑脂、复合钙基润滑脂、钙钠基润滑脂、锂基润滑脂、二硫化钼润滑脂等，不同润滑脂其性能和应用场合有所不同，上述几种常见润滑脂的特点及应用场合如表10-1所列。

表10-1　不同类型润滑脂的特点和适用场合

名称	特　点	适　用　场　合
钙基润滑脂	抗水性强、稳定性好、纤维较短、泵送性好、不耐高温；若把它用于高温场合，当轴运行在100℃以上，便逐渐变软甚至流失，不能保证润滑，使用温度范围仅为-10~60℃	用于一般工作温度，与水接触的高转速、轻负荷；中转速、中负荷封闭式电动机滚动和滑动轴承的润滑
钠基润滑脂	不抗水、稳定性好、耐高温、防护性好、附着力强、耐振动；若把它用于很潮湿的场合，当润滑脂触水水解后而变稀流失，会导致轴承缺油过早损坏	在较高工作温度，中速、中等负荷、低速、高负荷开启式或封闭式电动机滚动和滑动轴承润滑
锂基润滑脂	可替代钙基、钠基和钙钠基润滑脂的使用。锂对水的溶解度很小，具有良好的抗水性	派生系列电动机密封轴承润滑，可以减少维护工作量，增加轴承使用寿命，降低维护费用
钙钠基润滑脂	兼有钙基润滑脂的抗水性，和钠基润滑脂的耐高温性，具有良好的输送性和机械安定性，安全可替代钙基、钠基润滑脂使用	在较高工作温度，允许有水蒸气的条件下（不适用于低温场合的90kW以下封闭式电动机和发动机的滚动轴承润滑）

注：润滑脂是一种半固体的油膏状物质，主要由润滑剂和稠化剂组成，但不管采用哪一种润滑脂，在加装前都应加入一定比例的润滑油。对于转速高和工作温度高的轴承，润滑油的比例应少些。

2. 轴承的清洗

在清洗轴承时，根据不同情况的轴承可以采用不同的洗清方法，一般分为：热油清洗法、普通清洗法和淋油（油枪喷射法）。

（1）采用热油清洗法清洗轴承

用热油法清洗轴承是指将轴承放在100℃左右的热机油中进行清洗的方法，适用于使用时间过久，轴承上防锈膏及润滑脂硬化的轴承的清洗。

图10-10所示为采用热油清洗法清洗轴承的具体操作方法。

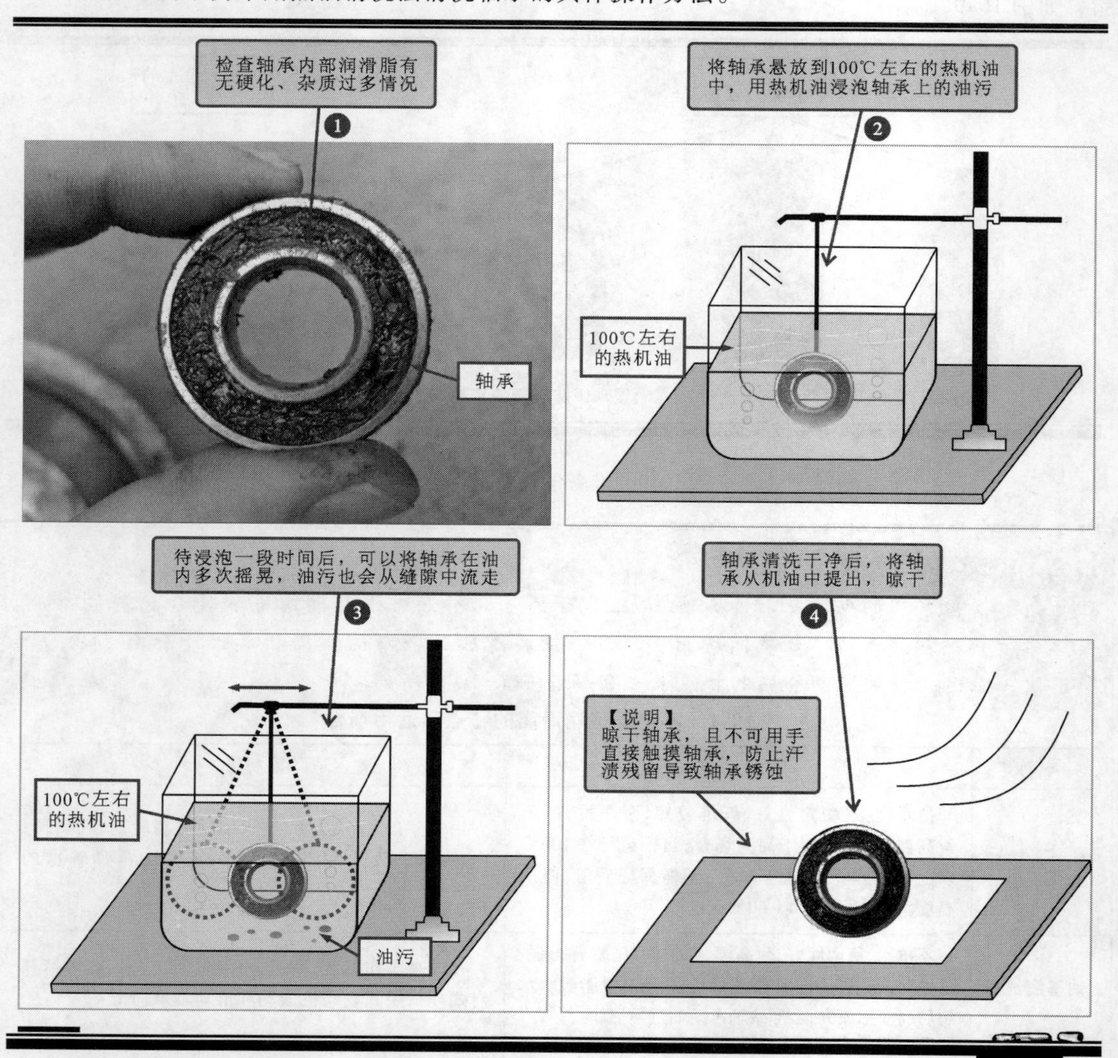

图10-10　热油清洗法清洗轴承的具体操作方法

【注意】

值得注意的是，清洗后的轴承可用干净的布巾擦干，注意不要用掉毛的布巾，然后晾在干净的地方或选一张干净的白纸垫好，直至晾干。

清洗后的轴承不要用手摸，以防止汗或水渍腐蚀轴承，也不要清洗后直接涂抹润滑脂，否则会引起轴承生锈，要晾干后才能填充润滑剂或润滑脂。

（2）采用普通清洗法清洗轴承

在日常保养和维修过程中，电动机的轴承锈蚀或油污不多时，一般可采用煤油浸泡的方法进行清洗，该方法操作简单、安全，较常采用。

图10-11所示为采用普通清洗法清洗轴承的具体操作方法。

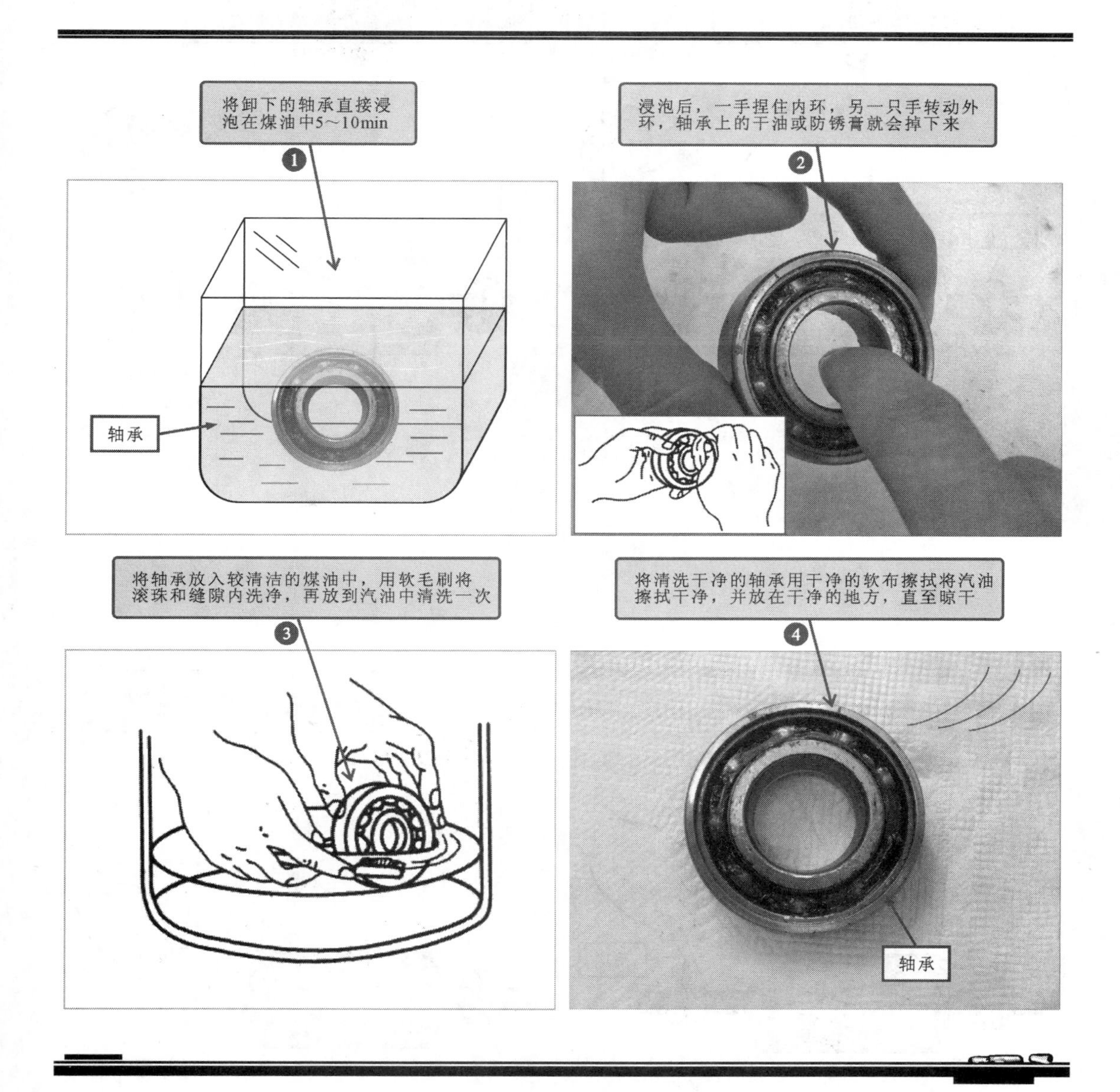

图10-11　普通清洗法清洗轴承的具体操作方法

（3）采用淋油法清洗轴承

淋油法清洗轴承是指将清洗用的煤油灯淋在需要清洗的轴承上，对其进行清洗，适用于对安装在转轴上的轴承进行清洗，一般可以日常保养操作中进行，无需将轴承卸下，可有效降低拆卸轴承的损伤概率。

图10-12所示为采用淋油法清洗轴承的具体操作方法。

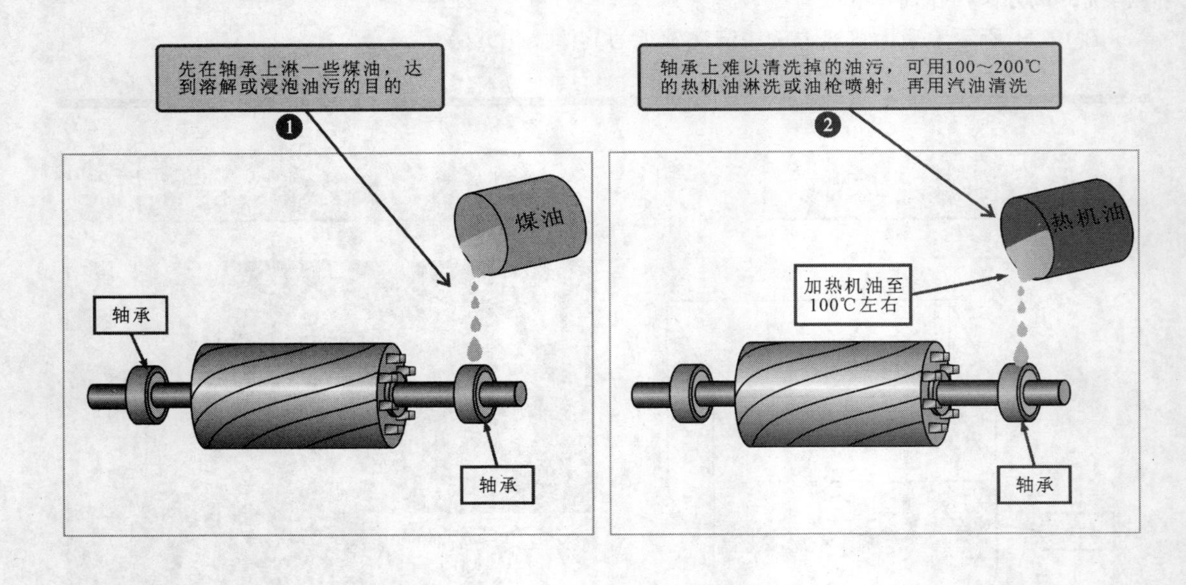

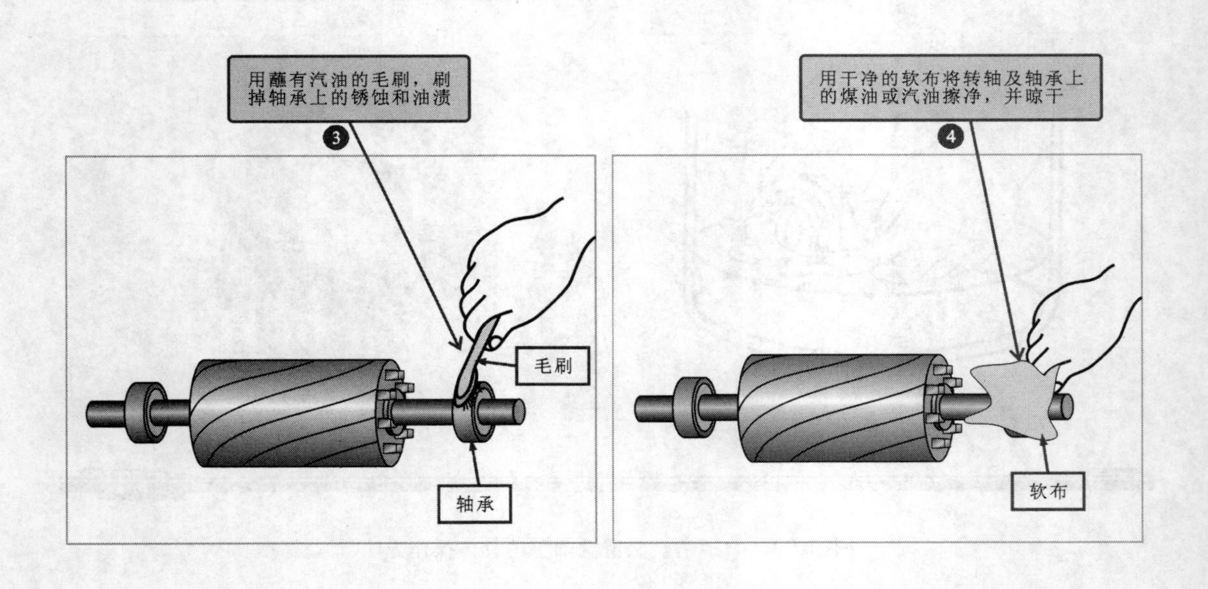

图 10-12　淋油法清洗轴承的具体操作方法

【注意】

淋油法清洗轴承一般适用于对安装在转轴上的轴承进行清洗，如图10-13所示，清洗时，一定要注意不要使用锋利的工具刮到轴承上难以清洗的油污或锈蚀，以免损坏轴承，破坏了轴承滚动体和槽环部位的光洁度。

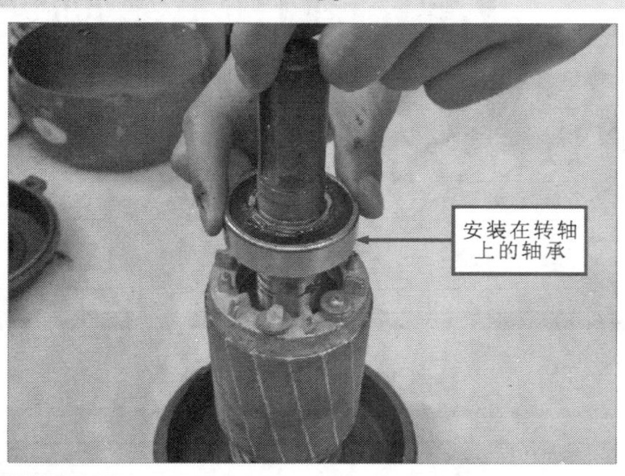

图10-13　安装在电动机转轴上的轴承

【注意】

清洗轴承是电动机日常维护和保养工作中的重要项目，一般若轴承拆卸完成后，检查轴承是否还能使用，若不能使用，则需更换型号相同的轴承；若还能使用，则在装配前需要清洗。不同应用环境和不同锈蚀脏污程度的轴承可根据实际情况采用不同的方法进行清洗，上述的几种方法为几种较常见的方法，保养及维护人员可在实际操作中灵活运用，注意人身及设备安全，在遵守操作规程的条件下，找出最适合所需清洗的轴承的方法。

3. 清洗后检查轴承

轴承清洗后，在进行润滑操作之前，还需要对轴承外观、游隙等进行检查，初步判断轴承能否继续使用。

（1）轴承外观的检查

检查轴承外观，可以直观地看到轴承的内圈或外圈配合面磨损是否严重，滚珠或滚柱是否破裂、有锈蚀或出现麻点，保持架是否碎裂等现象。若外观检查发现轴承损坏较严重，则需要直接更换轴承，否则即使重新润滑也无法恢复轴承的力学性能。

（2）轴承游隙的检查

轴承的游隙是指轴承的滚珠或滚柱与外环内沟道之间的最大距离，如图10-14所示。当该值超出了允许的范围时，则应进行更换。

判断轴承的径向间隙是否正常，可以采用手感法进行检查，具体操作方法如图10-15所示。

4. 轴承的润滑

轴承经清洗、检查后若仍满足基本力学性能，仍能够继续使用时，接下来需要对其进行润滑，这个环节也是轴承养护操作中的重要环节，不仅能够确保轴承正常工作，有效的润滑维护还可增加轴承的使用寿命。

轴承润滑的具体操作方法如图10-16所示。

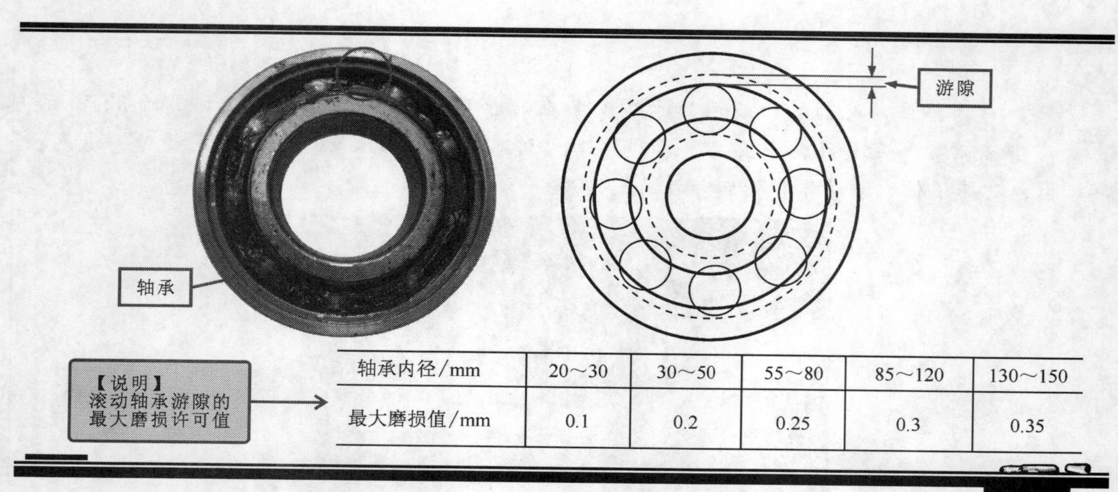

轴承内径/mm	20～30	30～50	55～80	85～120	130～150
最大磨损值/mm	0.1	0.2	0.25	0.3	0.35

图 10-14　轴承游隙

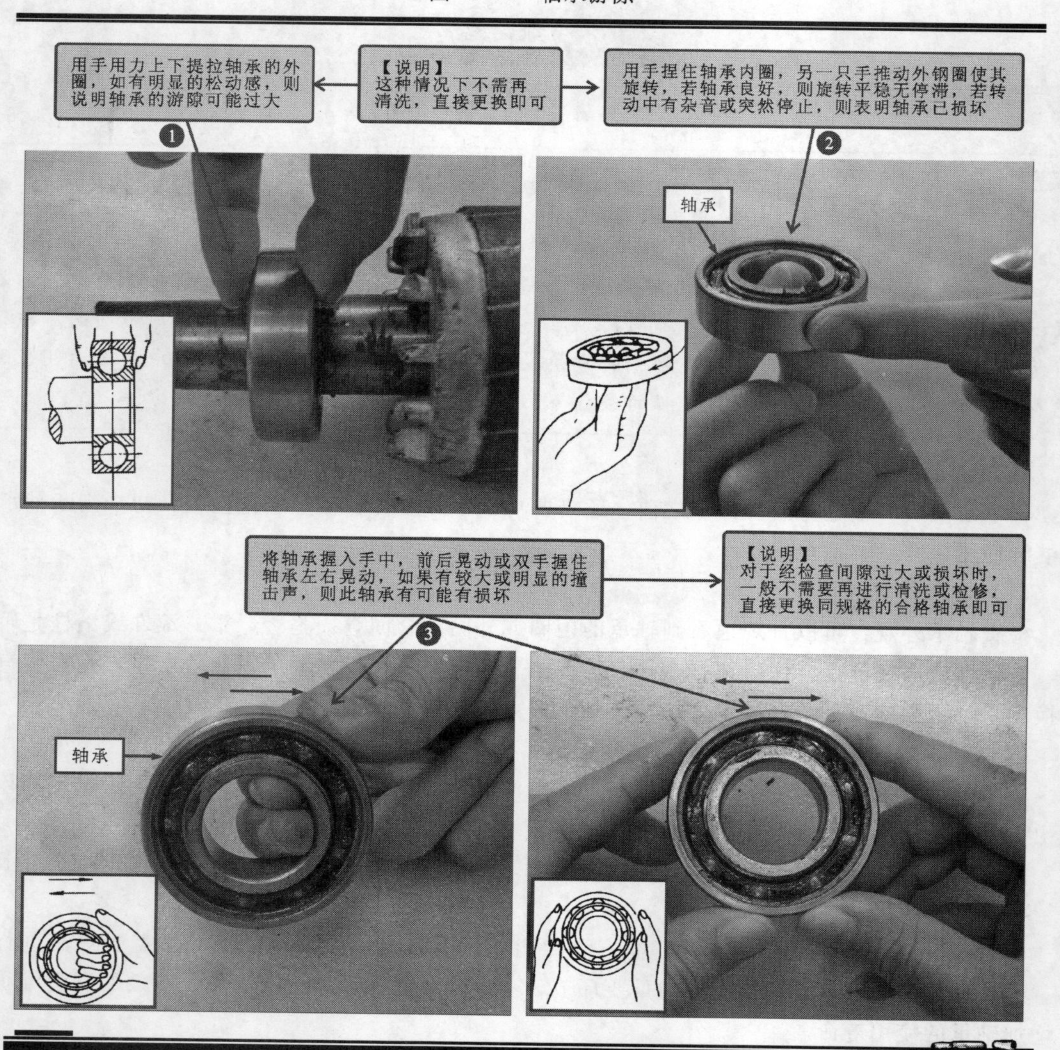

图 10-15　轴承游隙的检查方法

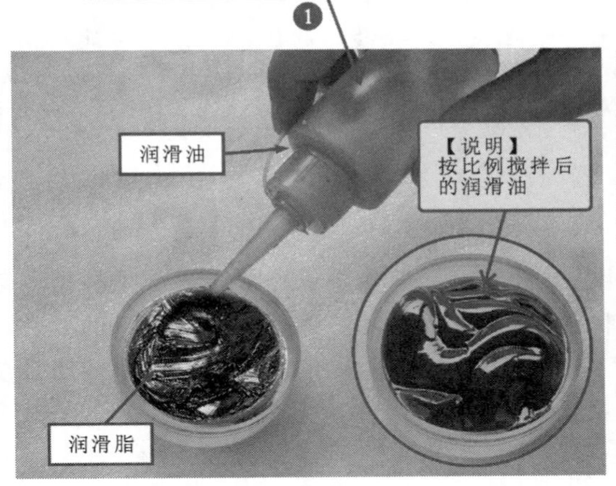

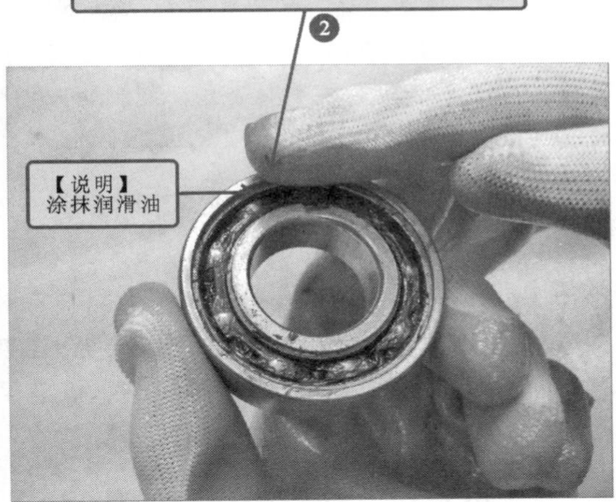

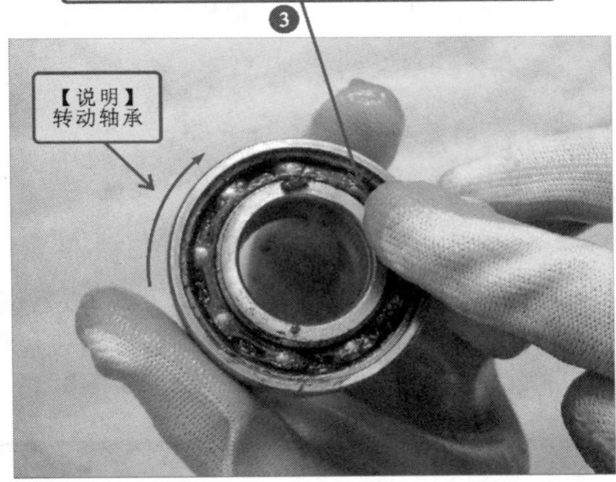

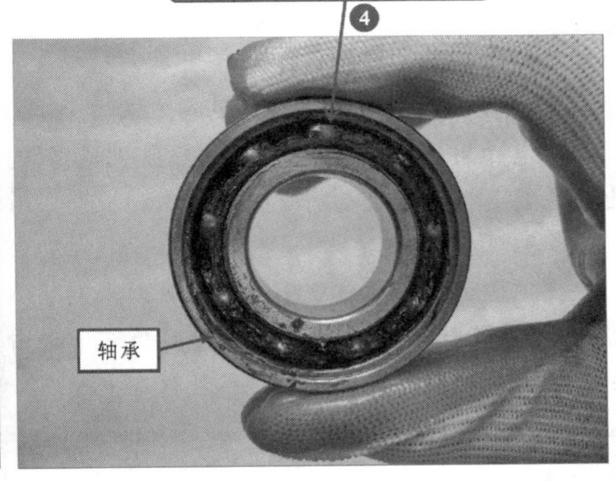

图10-16　轴承润滑的具体操作方法

【注意】

在轴承润滑操作中，注意使用润滑脂过多或过少都会引起轴承的发热，使用过多时会加大滚动的阻力，产生高热，润滑脂熔化会流入绕组；使用过少时则会造成加快轴承的磨损。

【注意】

不同种类的润滑脂根据其特点，适应于不同应用环境中的电动机，因此在对电动机进行润滑操作时应根据实际环境进行选用。另外还应注意以下几点：

① 轴承润滑脂应定期补充和更换；

② 补充润滑脂时要用同型号润滑脂；

③ 补充和更换润滑脂应为轴承空腔容积的1/3～1/2；

④ 润滑脂应新鲜、清洁且无杂物。

不论使用哪种润滑脂，在使用前均应拌入一定比例（6:1～5:1）的润滑油，对转速较高、工作环境温度高的轴承，润滑油的比例应少些。

10.2 电动机需要定期维护检查

在电动机的保养维护环节，除日常对电动机进行一定养护操作外，还必须根据电动机使用的环境和使用频率，对其进行定期的维护检查，以便能够尽早发现设备的异常状态，及时进行处理，防患于未然，以确保运行中设备的安全，有利于整个动力传动系统的良好运行，有效防止事故发生造成人员和经济损失。

10.2.1 电动机定期维护检查的基本方法和项目

对电动机进行维护检查，不能够盲目进行，需要采用正确的操作方法，并能够明确哪些方面需要进行检查维护，下面我们就来看一看对电动机进行定期维护检查的方法以及检修维护的基本项目都有哪些。

1. 电动机定期维护检查的基本方法

对电动机进行定期维护检查时应根据实际的应用环境，采用合适恰当的方法进行，如常见的方法主要有视觉检查、听觉检查、嗅觉检查、触觉检查和测试检查几种。

（1）视觉检查

视觉检查是指通过观察电动机表面来判断电动机的运行状态，如图10-17所示。例如：观察电动机外部零部件是否有松动，电动机表面是否有脏污、油渍、锈蚀等，电动机与控制引线连接断电是否有变色、烧焦等痕迹，若存在上述现象应及时分析其原因，进行处理。

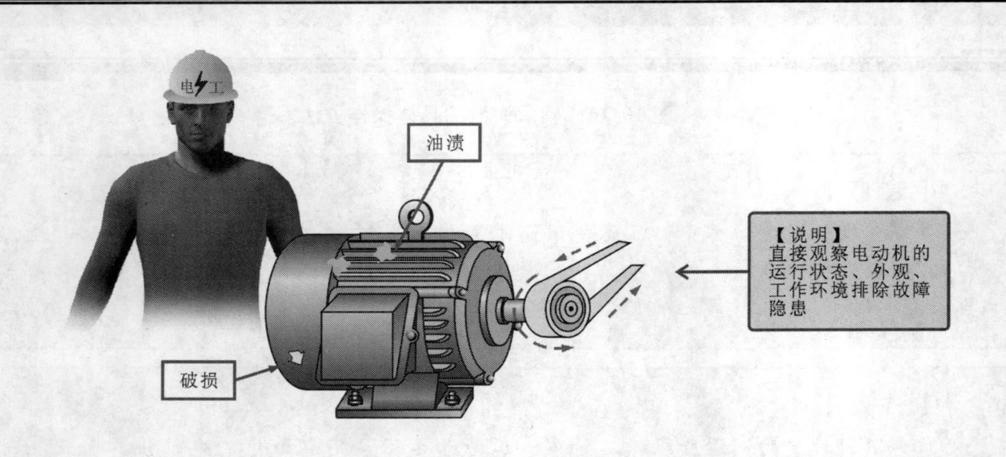

图10-17　通过视觉对电动机进行定期维护检查

【注意】

通过视觉进行定期维护检查时，除了观察电动机本身的运行状态外，注意观察电动机的运行环境，看看周围有没有漏水或有没有影响电动机通风散热的物件等，只要发现可能影响电动机工作的情况，都需要及时处理。

（2）听觉检查

听觉检查是指通过对电动机运行时发出的声音来判断电动机工作状态是否正常的一种方法，如图10-18所示。如电动机出现较明显的电磁噪声、机械摩擦声、轴承晃动、振动等杂音时，应及时停止设备运行，进行检查和维护。

图10-18　通过听觉对电动机进行定期维护检查

【资料】

通过认真听电动机的运行声音可以有效地判断出电动机当前状态。但若电动机所在环境比较嘈杂，可借助螺丝刀或听棒等辅助工具，贴近电动机外壳进行细听，如图10-19所示，从而判断电动机有无因轴承缺油引起的干磨、定子与转子扫膛等情况，及时发现故障隐患，排除故障。

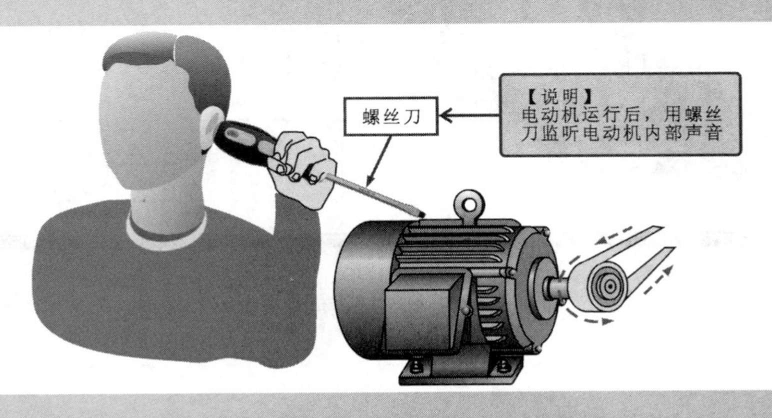

图10-19　借助螺丝刀或听棒倾听电动机内部声响

(3) 嗅觉检查

嗅觉检查是指通过嗅觉检查电动机在运行中是否有不良故障，如图 10-20 所示。例如若闻到焦味、烟味或臭味，则表明电动机可能出现运行过热、绕组烧焦、轴承润滑失效、内部铁心摩擦严重等故障，应及时停机进行检查和修理。

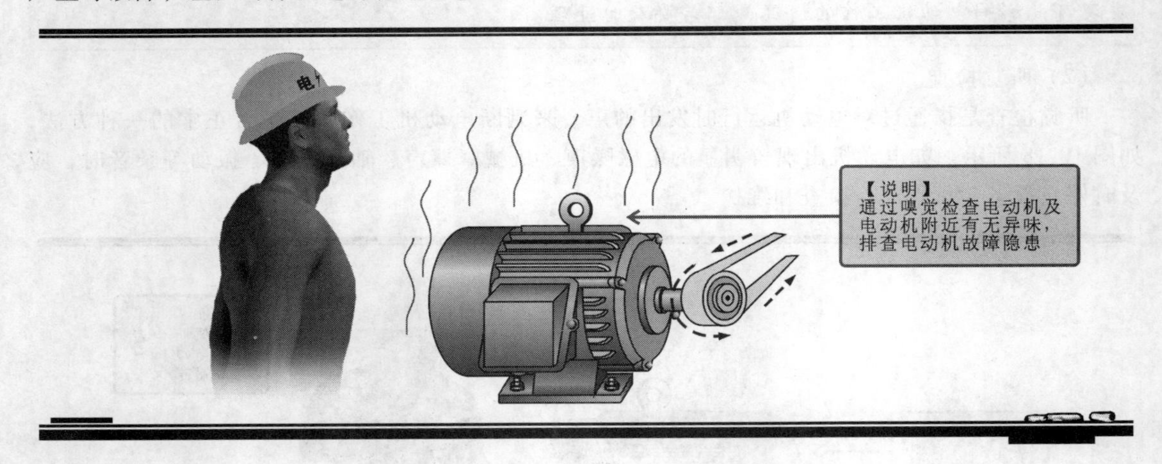

图 10-20　通过嗅觉对电动机进行定期维护检查

(4) 触觉检查

触觉检查是指用手背触摸电动机外壳，检查其温度是否在正常范围内，或检查其是否有明显的振动现象，如图 10-21 所示。一般若电动机外壳温度过高可能其内部存在过载、散热不良、堵转、绕组短路、工作电压过高或过低、内部摩擦情况严重等故障；电动机明显的振动可能是电动机零部件松动、电动机与负载连接不平衡、轴承不良等故障，应及时停机进行检查和修理。

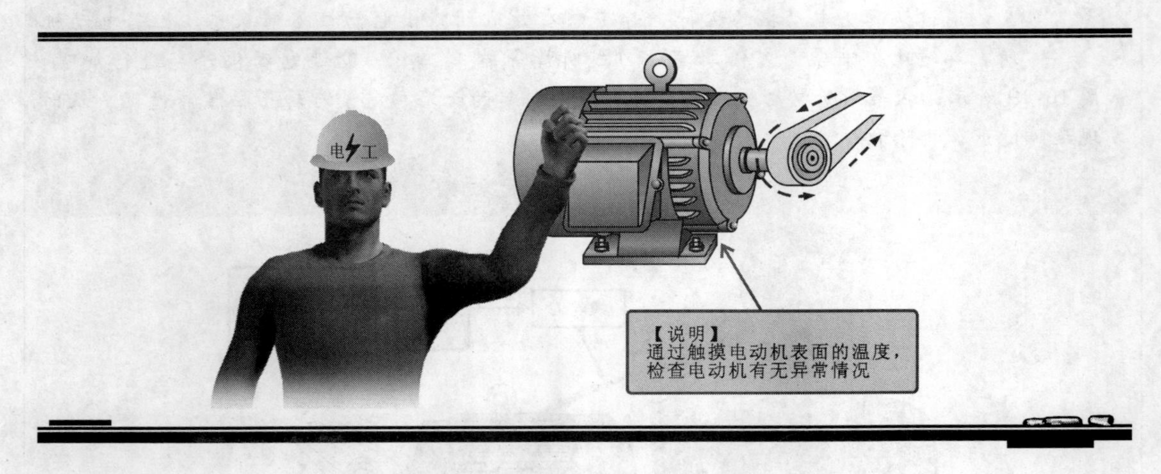

图 10-21　通过嗅觉对电动机进行定期维护检查

提问

采用触摸法检查电动机的时候，为什么要用手背触摸？

用手背触摸电动机外壳是一种预防电动机外壳带电而发生触电的方法。通常来说，若电动机外壳带电，当用手与带电体接触，条件反射发生收缩会握紧拳头，若此时手心朝下，则会直接握住带电体，从而引发触电事故；若手背朝下接触带电体，反而会因握拳头的动作背离带电体，因而避免触电事故发生。

当然，即使如此，为了更加确保人身安全，在采用触摸法时，由于人体要与电动机直接接触，在操作前一般需要首先用试电笔等设备检查电动机外壳有无带电情况，如图10-22所示，防止因电动机漏电造成意外伤亡发生。

回答

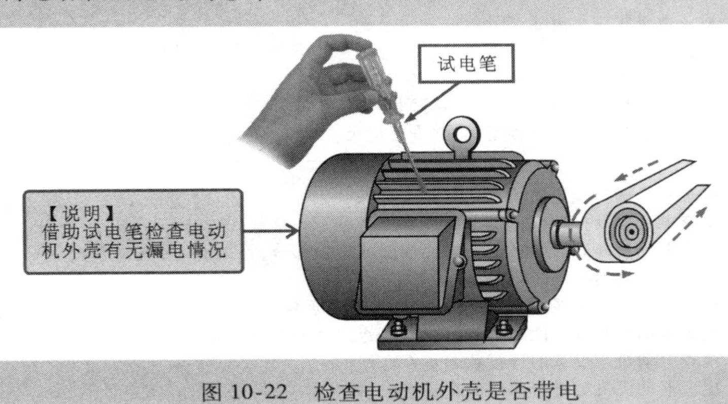

图10-22　检查电动机外壳是否带电

（5）测试检查

在电动机运行时，可对电动机的工作电压、运行电流等进行检测，以判断电动机有无堵转、供电有无失衡等情况，及早发现故障，排除故障。

例如，图10-23所示为借助钳形表检测三相异步电动机各相的电流，正常情况下，各相电流

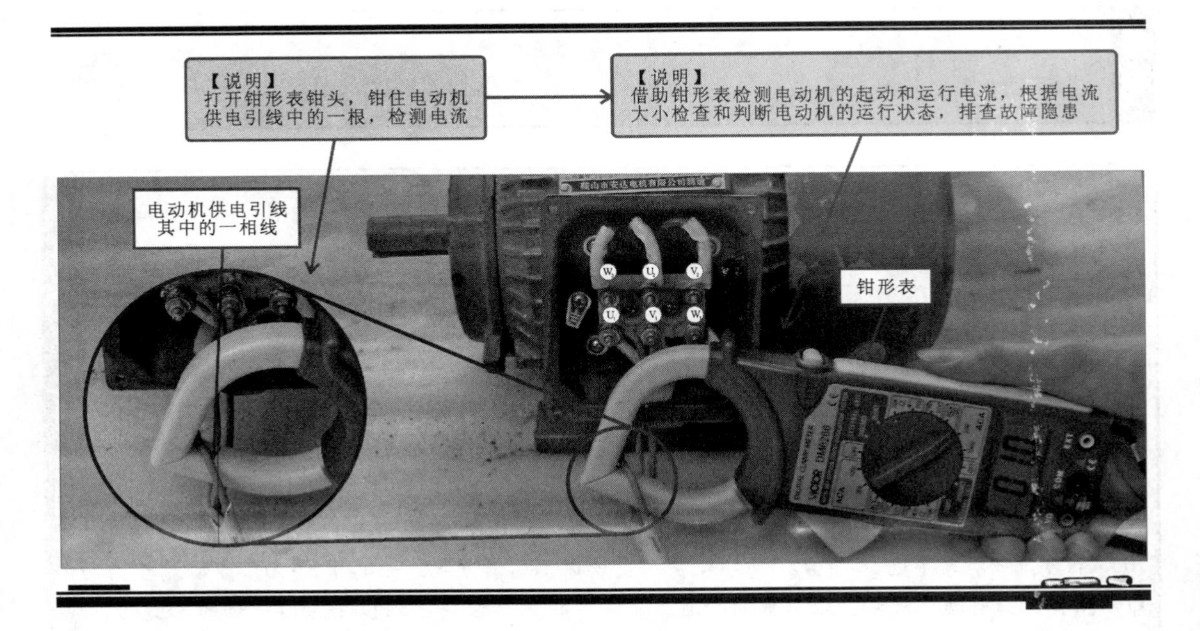

图10-23　借助钳形表检测三相异步电动机各相的电流

与平均值的误差不应超过10%，如用钳形表测得的各相电流差值太大，则可能有匝间短路，需要及时处理，避免故障扩大化。

2. 电动机定期维护检查的基本项目

电动机的定期维护检查包括每日检查、每月或定期巡查以及每年年检检查等内容，根据维护时间和周期的不同，其所维护和检查的项目也有所不同，一般其日常维护的项目如表10-2所列。

表10-2 电动机日常维护项目速查表

检查周期	检 查 项 目
每日例行检查	1. 检查电动机整体外观、零部件，并进行记录； 2. 检查电动机运行中是否有过热、振动、噪声和异常现象，并进行记录； 3. 检查电动机散热风扇运行是否正常； 4. 检查电动机轴承、带轮、联轴器等润滑是否正常； 5. 检查电动机传动带磨损情况，并进行记录
定期例行检查	1. 检查每日例行检查的所有项目； 2. 检查电动机及控制线路部分的连接或接触是否良好，并进行记录； 3. 检查电动机外壳、带轮、基座有无损坏或破损部分，并提出维护方法和时间； 4. 测试电动机运行环境温度，并进行记录； 5. 检查电动机控制线路有无磨损、绝缘老化等现象； 6. 测试电动机绝缘性能（绕组与外壳、绕组之间的绝缘电阻），并进行记录； 7. 检查电动机与负载的连接状态是否良好； 8. 检查电动机关键机械部件的磨损情况，如电刷、换向器、轴承、集电环、铁心； 9. 检查电动机转轴有无歪斜、弯曲、擦伤、断轴情况，若存在上述情况制订检修计划和处理方法
每年年检	1. 检查轴承锈蚀和油渍情况，进行清洗和补充润滑脂或更换新轴承； 2. 检查绕组与外壳、绕组之间、输出引线的绝缘性能； 3. 必要时对电动机进行拆机，清扫内部脏污、灰尘，并对相关零部件进行保养维护，如清洗、上润滑油、擦拭、除尘等； 4. 电动机输出引线、控制线路绝缘是否老化，必要时重新更换线材

提问

我们了解了这么多，对电动机又是保养又是维护的，做这些操作到底有什么实际意义呢？

回答

在检修实践中会发现，电动机出现故障大部分是由于缺相、超载、人为或环境因素和电动机本身原因造成的。而缺相、超载、人为或环境因素都能够在日常检查过程中发现，有利于及时排除一些潜在的故障隐患。特别是环境因素，它的好坏是决定电动机使用寿命的重要因素，及时检查对减少电动机故障和事故，提高电动机的使用效率十分关键。

由此可知，对电动机等设备进行日常维护是十分关键的一项工作。特别是对于一些生产型企业车间和厂房中，电动机数量达几十台甚至几百台，若日常维护不及时，导致停产以及设备的修理费用等都将为企业带来很大的损失。

这里我给大家举一个实际案例。某企业在2000—2010年的10年间，累计烧毁电动机达1000余台，平均每年达70余台，仅修理费用支出达180余万元。而其中的70%左右属于因维护不良，如电动机进水、轴承缺油、通风不畅、拆装后检查不到位等原因所致的。由此，不难了解电动机定期维护检查和保养的重要性和必要性。

10.2.2 直流电动机要做哪些定期维护检查

在直流电动机投入使用的过程中，做好定期维护检查是电动机维修、维护人员工作中的一项重要内容。这里，我们从整体上了解一下直流电动机的基本维护检查常识，如维护周期、日常维护项目、定期维护及年检内容等。

1. 维护周期

加强日常维护检查，是保证电动机安全有效运行的关键。针对直流电动机自身的结构和工作特点，其日常维护项目和周期如表10-3所列。

表10-3 直流电动机维护周期

检修类别	日常维护	定期维护	年检
检修周期	每天	1～3月(可根据实际情况而定)	1～3年或必要时

2. 日常维护项目

(1) 直流电动机电刷与集电环间刷火的检查

通过观察刷火是在直流电动机运行过程中了解其状态的有效方法。一般通过刷火的颜色既可以综合判断电动机的各种故障前兆。

正常状态下刷火为淡黄色、蓝色或白色的火花，若刷火中存在绿色火花，表明电刷和换向器表面铜片有严重的烧伤，应及时停机进行检查和修理。

(2) 换向器的检查

换向器是直流电动机中关键的部件，一般可通过观察其表面颜色判断电动机当前状态。

若换向器出现有规律的隔片烧伤，则多为出现刷粉将换向片局部短路，应及时清理电刷粉；

若换向器局部局域烧黑，则多为换向器表面不圆，电刷运行时产生弧光，引起换向器局部烧黑；

若换向器沿圆周不均匀烧黑，则多为电动机转子不平衡等原因引起电动机运行不稳定，电刷与换向器之间刷火引起换向器烧黑。

(3) 电刷的检查

电刷是直流电动机中的典型部件，也是易损部件之间，日常维护中应重点检查其是否过热、磨损是否过快、电刷振动且噪声大等。

若电刷过热，多为其机械磨损严重发热，应及时停机更换电刷；

若电刷磨损过快，多为电刷与换向器接触不良、粉尘过多等；

若电刷振动且伴有噪声，则多为电刷与换向器距离过大，电刷弹簧失效、电刷架脱落等，应及时停机检查修理电刷装置或更换电刷。

(4) 电动机散热及润滑系统的检查

电动机散热、润滑是日常维护检修中的重点检查项目。由通风散热及润滑不当引起电动机故障率较高，因此应引起重视。

3. 定期维护项目及年检

直流电动机的定期及年检视实际情况进行，一般可分为三个阶段：

(1) 初级维护

① 电动机外壳清洁、电动机内部绕组、换向器表面灰尘清洁及刷粉、磁粉清洁；

② 检查和更换电刷、弹簧和电刷架等；

③ 测量各绕组的绝缘电阻并记录；

④ 清理换向器表面、输出引线端子，重新对引起连接端进行绝缘处理；

⑤ 对轴承进行清洗和润滑；

⑥ 对电动机零部件、螺钉、螺栓等进行紧固处理。

（2）中级维护

① 包含初级维护全部项目；

② 对电动机进行拆解，清洁、浸漆、干燥处理；

③ 更换轴承、电刷、电刷架及有严重磨损的机械部件；

④ 输出引线和控制线路重新连接、绝缘处理等；

⑤ 测试绕组直流电阻、片间电阻、对地耐压等参数。

（3）高级维护

① 包含中级维护全部项目；

② 电动机进行拆解、清洗和干燥处理；

③ 必要时更换全部线圈，并进行浸漆、干燥处理；

④ 校正转子平衡性；

⑤ 检修和处理常见故障等。

10.2.3 交流电动机要做哪些定期维护检查

交流电动机作为应用最为广泛的一类电动机，在其投入使用的整个过程中，做好定期维护检查是电动机维修、维护人员工作中的一项重要内容。这里，我们主要以三相异步电动机为例，从整体上了解一下交流电动机的基本维护检查常识，如维护周期、日常维护项目、定期维护及年检内容等。

1. 维护周期

三相异步电动机的应用领域十分广泛，对该类电动机进行检查维护时应根据电动机的结构特点、所述类别、应用环境等综合因素拟定有效的维护计划和措施。

一般来说，三相异步电动机的维护周期如表10-4所列。

表10-4 三相异步电动机的维护周期

检修类别	日常维护	定期维护	检修
检修周期	每天	3~6月（可根据实际情况而定）	必要时

2. 日常维护项目

三相异步电动机的保养与维护也是其应用与运行中的必要操作，一般可重点从以下几个方面入手：

（1）电动机外壳及应用环境的检查

检查三相异步电动机外壳是否有严重灰尘、油渍、破损、漏电等现象，并进行清洁和修理；测试电动机日常运行中的环境温度，不应出现过高和过低情况，注意冷却、散热、

通风。

（2）电动机轴承润滑的检查

三相异步电动机带动负载运行时，轴承的工作频率较高，对其进行清洁、润滑和补充润滑脂的操作非常重要。另外，其带动负载运行时，应特别注意检查电动机与负载的联动装置，如带轮、联轴器、传动带等运行是否良好。

（3）排除电动机较易出现故障隐患

根据前述的日常维护方法，用看、听、闻、摸等方法对电动机的运行状态进行初步诊断，对可能存在的故障隐患进行及时恰当的处理，防患于未然。

（4）电动机基本工作条件的检查

除上述对电动机本身的保养与维护项目外，电动机的实际工作电压等也是日常维护中不可缺少的检查内容，正常情况下，电动机应在不超过额定电压的5%～10%、相间电压不平衡不超过5%的范围内运行，否则极易损坏电动机。

3. 定期维护项目及年检

三相异步电动机的定期检修，一般可根据实际情况分为三个阶段：

（1）初级检修

① 对电动机内外进行清扫；

② 清洗轴承，并进行检查和润滑操作；

③ 对绕组绝缘电阻进行检查，并适当进行绕组绑扎、加固、浸漆、干燥等处理；

④ 处理定子内部松动的槽楔和绝缘层；

⑤ 紧固所有的螺钉、螺栓；

⑥ 清理风扇尘埃。

（2）中级检修

◆包含初级检修全部项目；

◆ 对电动机线圈绕组绝缘进行测试，并更换局部松动的线圈；

◆ 更换定子铁心内部槽楔，加强绕组端部绝缘；

◆ 对电动机进行拆卸后，各关键部件检查和处理；

◆ 对电动机轴承、带轮、传动带或联轴器进行更换；

◆ 对电动机转轴做平衡测试；

◆ 对电动机整机性能做实验分析和调试。

（3）高级检修

① 包含中级检修全部项目；

② 对电动机进行拆解，并拆除绕组，重新进行绕制；

③ 对电动机转子转轴进行校正平衡；

④ 测量定子、转子线圈及电缆线路的绝缘电阻，并进行调整和处理；

⑤ 对电动机主要机械零部件进行更换和调整；

⑥ 对转子部分进行全面检查。如清扫转子，检查鼠笼条、平衡块及风扇，检修转子线圈，检修电刷与集电环，更换转子和修理铁心；

⑦ 对电动机各项性能指标做严密测试，并进行调试。

注意：一般情况下，初级检修的周期为0.5～1年、中级检修的周期为2～5年、高级检修为3～20年，应根据实际情况指定。

【注意】

对于在特殊环境中使用的电动机，除应根据基本的维护周期进行检查和养护外，还应根据应用环境特点进行特殊保养或有针对性的制定专门的维护周期和重点维护项目。例如：深井泵中使用的电动机，如图10-24所示，由于该电动机工作环境影响，对该类电动机进行定期检查维护时，不仅要完成基本检查项目的定期维护，特别应注意制定完善的检查周期，对电动机的绝缘性能进行重点保养和维护，检查周期相较在干燥环境中工作的电动机也要缩短。

图10-24 深井泵中使用的电动机

读者需求调查表

亲爱的读者朋友：

您好！为了提升我们图书出版工作的有效性，为您提供更好的图书产品和服务，我们进行此次关于读者需求的调研活动，恳请您在百忙之中予以协助，留下您宝贵的意见与建议！

个人信息

姓名		出生年月		学历	
联系电话		手机		E-mail	
工作单位				职务	
通讯地址				邮编	

1. 您感兴趣的科技类图书有哪些？

□自动化技术　□电工技术　□电力技术　□电子技术　□仪器仪表　□建筑电气

□其他（　　）以上各大类中您最关心的细分技术（如 PLC）是：（　　　）

2. 您关注的图书类型有：

□技术手册　□产品手册　□基础入门　□产品应用　□产品设计　□维修维护

□技能培训　□技能技巧　□识图读图　□技术原理　□实操　□应用软件

□其他（　　）

3. 您最喜欢的图书叙述形式：

□问答型　□论述型　□实例型　□图文对照　□图表　□其他（　　）

4. 您最喜欢的图书开本：

□口袋本　□32 开　□B5　□16 开　□图册　□其他（　　）

5. 图书信息获得渠道：

□图书征订单　□图书目录　□书店查询　□书店广告　□网络书店　□专业网站

□专业杂志　□专业报纸　□专业会议　□朋友介绍　□其他（　　）

6. 购书途径：

□书店　□网络　□出版社　□单位集中采购　□其他（　　）

7. 您认为图书的合理价位是（元/册）：

手册（　　）图册（　　）技术应用（　　）技能培训（　　）基础入门（　　）其他（　　）

8. 每年购书费用：

□100 元以下　□101～200 元　□201～300 元　□300 元以上

9. 您是否有本专业的写作计划？

□否　□是（具体情况：　　）

非常感谢您对我们的支持，如果您还有什么问题欢迎和我们联系沟通！

地址：北京市西城区百万庄大街 22 号　机械工业出版社电工电子分社　邮编：100037

联系人：张俊红　联系电话：13520543780　传真：010-68326336

电子邮箱：buptzjh@163.com（可来信索取本表电子版）

编著图书推荐表

<table>
<tr><td>姓名</td><td></td><td>出生年月</td><td></td><td>职称/职务</td><td></td><td>专业</td><td></td></tr>
<tr><td>单位</td><td colspan="3"></td><td>E-mail</td><td colspan="3"></td></tr>
<tr><td>通讯地址</td><td colspan="5"></td><td>邮政编码</td><td></td></tr>
<tr><td>联系电话</td><td colspan="2"></td><td colspan="5">研究方向及教学科目：</td></tr>
<tr><td colspan="8">个人简历（毕业院校、专业、从事过的以及正在从事的项目、发表过的论文）：</td></tr>
<tr><td colspan="8">您近期的写作计划有：</td></tr>
<tr><td colspan="8">您推荐的国外原版图书有：</td></tr>
<tr><td colspan="8">您认为目前市场上最缺乏的图书及类型有：</td></tr>
</table>

地址：北京市西城区百万庄大街22号　机械工业出版社，电工电子分社

邮编：100037　网址：www.cmpbook.com

联系人：张俊红　电话：13520543780　010-68326336（传真）

E-mail：buptzjh@163.com（可来信索取本表电子版）